2283

ES V

ABFALLWIRTSCHAFT
IN FORSCHUNG UND PRAXIS

Band 122

Oberflächenabdichtung von Deponien und Altlasten 2001

Neue Erkenntnisse aus Wissenschaft und Praxis – Neuerungen durch die Abfallablagerungs- und Deponieverordnung

Herausgegeben von
Dipl.-Geol. Dr. Thomas Egloffstein,
Dipl.-Ing. Gerd Burkhardt
und Prof. Dr. Dr. Kurt Czurda,
im Auftrag des Arbeitskreises Grundwasserschutz e.V.
und der Überwachungsgemeinschaft Bauen
für den Umweltschutz e.V.

ERICH SCHMIDT VERLAG

Die Deutsche Bibliothek – CIP-Einheitsaufnahme

Egloffstein, Thomas:
Oberflächenabdichtung von Deponien und Altlasten 2001 : neue Erkenntnisse aus Wissenschaft und Praxis - Neuerungen durch die Abfallablagerungs- und Deponieverordnung / Thomas Egloffstein, Gerd Burkhardt und Kurt Czurda im Auftr. des Arbeitskreises Grundwasserschutz e.V. und der Überwachungsgemeinschaft Bauen für den Umweltschutz e.V. - Berlin : Erich Schmidt, 2001
(Abfallwirtschaft in Forschung und Praxis ; Bd. 122)
ISBN 3-503-06075-8

ISBN 3 503 06075 8

Alle Rechte vorbehalten
© Erich Schmidt Verlag GmbH & Co., Berlin 2001
www.erich-schmidt-verlag.de

Gedruckt auf Recyclingpapier
„RecyMago" der Fa. E. Michaelis & Co.,
Reinbek

Druck und Bindung: Bitter, Recklinghausen

Vorwort

Das Vortragsprogramm des 11. Karlsruher Deponie- und Altlastenseminar gliedert sich in einen politischen und einen fachtechnischen Schwerpunkt. Neuerung durch die Abfallablagerungs- und die Deponieverordnung, Fragen zur Beurteilung und Genehmigung alternativer Abdichtungen nach dem Wegfall der Zuständigkeit des DIBt bzw. nach dem Auslaufen der DIBt-Zulassungen sowie die Bewertung von Oberflächenabdichtungen durch ein LAGA-Arbeitspapier interessieren Deponieinhaber und fachlich Beteiligte.

Der fachtechnische Teil beschäftigt sich neben der Vorstellung neuer alternativer Abdichtungssysteme wie TRISOPLAST und der Kapillarblockbahn schwerpunktmäßig mit Fragen des Wasserhaushaltes, der Rekultivierungsschicht und der Langzeitfunktionsfähigkeit der mineralischen Oberflächenabdichtung. Bleibt die mineralische Oberflächenabdichtung langfristig funktionsfähig, bzw. wie kann der Wasserhaushalt so beeinflusst werden, dass die langfristige Funktionsfähigkeit gewährleistet werden kann? Widersprüchliche Ergebnisse lassen derzeit noch keine sichere Beurteilung der Randbedingungen zu. Der Rekultivierungsschicht kommt im Hinblick auf den Wasserhaushalt eine steigende Bedeutung zu. Wird eine auf die Bepflanzung abgestimmte und dimensionierte Rekultivierungsschicht eines Tages das Oberflächenabdichtungssystem ersetzen? Deponiewald statt Oberflächenabdichtung? Hier besteht noch Forschungsbedarf.

Zunehmend werden temporäre statt endgültiger Oberflächenabdichtungen nach TA-Si (oder gleichwertig) geplant und umgesetzt. Der Standard der TA-Si ist nach Ansicht vieler Deponieinhaber zu aufwendig und zu teuer. Gleichwertige, kostengünstigere Lösungen zur TA-Si werden von den Genehmigungsbehörden oft nur nach einem langwierigen und aufwendigen Genehmigungsverfahren genehmigt. Hinzu kommen häufig zusätzlichen Auflagen, wie z.B. die Kontrolle des alternativen Oberflächenabdichtungssystems nach einigen Jahren. Warum dann nicht lieber eine temporäre Oberflächenabdichtung wählen? Eine solche wird einfach und schnell genehmigt, hat i.d.R. wesentlich geringere Anforderungen und ist damit deutlich günstiger als die Regelabdichtung nach TA-Si. Zudem besteht die nicht unberechtigte Hoffnung, dass eine solche temporäre Abdichtung in 10 oder 20 Jahren als endgültige Oberflächenabdichtung verbleiben kann. Temporäre Abdichtungen sind jedoch teurer als endgültige Abdichtungen, da bei der Aufbringung der endgültigen Abdichtung noch einmal Kosten anfallen. Die Spekulation auf den

Verbleib als endgültige Abdichtung beinhaltet so ein hohes Kostenrisiko und verschiebt ein Stück eigene Verantwortung auf die zukünftige Generation.

Das 11. Karlsruher Deponieseminar findet diesmal wieder an gewohnter Stelle im Tulla-Hörsaal und mit der Fachausstellung im Foyer des Tulla-Hörsaals statt. Die Veranstalter, die wissenschaftliche Leitung und die Organisatoren haben wieder einmal, aktuelle technische und politische Entwicklungen, Trends und neue Erkenntnisse aus Forschung und Praxis in ein interessantes Programm umgesetzt. Für den Erfahrungsaustausch am Rande des Vortragsprogramms ist durch das Rahmenprogramm gesorgt. Wir wüschen Ihnen und uns eine gelungene Veranstaltung.

Karlsruhe, Oktober 2001   Thomas Egloffstein, Gerd Burkhardt, Kurt Czurda

ICP Ingenieurgesellschaft
Prof. Czurda und Partner mbH
Eisenbahnstr, 36
76229 Karlsruhe

Inhalt

Neue rechtliche Regelungen für Deponien und die Ablagerung von Abfällen auf Deponien - Neuerungen durch das Artikelgesetz, die Abfallablagerungsverordnung und die Deponieverordnung
ORR Dr. C.-André Radde, Bundesministerium für Umwelt, Naturschutz und Reaktorsicherheit 1

Eignungsbeurteilung alternativer Abdichtungen - Vorgehensweise der Länder nach dem Wegfall der Zuständigkeiten des DIBt am Beispiel von TRISOPLAST
Dipl.-Ing. W. Bräcker, Niedersächsisches Landesamt für Ökologie 19

Genehmigungspraxis der Regierungspräsidien in Baden-Württemberg nach dem Auslaufen der DIBt-Zulassungen für Asphaltdichtungen und Bentonitmatten am Beispiel des Regierungspräsidiums Stuttgart
BD Dipl.-Ing. H. Mutschler, Regierungspräsidium Stuttgart 31

Das LAGA-Arbeitspapier zum Themenbereich Oberflächenabdichtung und –abdeckungen
OBR P. Bothmann, Landesanstalt für Umweltschutz, Baden-Württemberg 37

Bewertungshilfe für Deponien
Dr. U. Nienhaus, Landesumweltamt Nordrhein-Westfalen 47

Das alternative Abdichtungssystem TRISOPLAST® – Testfelder und Ausführungsbeispiele in Benelux und Deutschland
Ir. J. Wammes, GID Milieutechniek BV, NL-Kerkdriel, Dipl.-Ing. C. Riedel, TRISOPLAST Deutschland / TD Umwelttechnik GmbH & Co.KG 67

Durchführung und Auswertung von in situ Großscherversuchen zur Bestimmung des Reibungsverhaltens einer Kombinationsabdichtung
Dr.-Ing. Th. Kruse, EA Herdecke, Ing.-Büro f. Geotechn. u. Umwelt Dipl.-Ing. R. Schicketanz, Ingenieurbüro Schicketanz 99

Wissenschaftlich-technische Fragen beim Einsatz von geotextilen Dränmatten in der Deponietechnik
Dr. W. Müller, Bundesanstalt für Materialforschung und Prüfung 117

Ein neues Verfahren zur Überwachung von Oberflächenabdichtungen – Faseroptische Leckortung mittels Heat-Pulse-Methode
Dipl.-Geophys. J. Dornstädter, GTC Kappelmeyer GmbH 151

WATFLOW Ein Werkzeug zur Optimierung der Planung, des Betriebs und der Nachsorge von Deponien
Dr.-Ing. I. Obermann, Hochtief Umwelt GmbH 163

Modellierung des Wasserhaushaltes von Systemen zur Oberflächensicherung von Deponien mit dem Deponie- und Haldenwasserhaushaltsmodell BOWAHALD
Dr. V. Dunger, Institut für Geologie, TU Bergakademie Freiberg 179

Überprüfung der Wirksamkeit von mineralischer Oberflächenabdichtungen in Bayern
TOAR Dipl.-Ing. K. Drexler, Bayerisches Landesamt für Umweltschutz 213

Die mineralische Oberflächenabdichtung – Quo vadis ?
Dipl.-Ing. G. Burkhardt, Dr. Th. Egloffstein, ICP Karlsruhe 223

Wie dicht muss bei Altdeponien und Altablagerungen eine Oberflächenabdichtung sein? – Mumifizierung oder kontrollierte natural attenuation des Deponiekörpers
Prof. Dr.-Ing.-habil. L. Luckner, Dresdner Grundwasserforschungszentrum e.V.
Dipl.-Ing. R. Schinke, Grundwasserforschungsinstitut GmbH Dresden 247

Verzicht auf Oberflächenabdichtungen durch forstliche Rekultivierung von Deponien – Deponiewald statt Oberflächenabdichtungen?
Dipl.-Ing. G. Bönecke, Forstliche Versuchs- u. Forschungsanstalt B.-W. 263

Zur Oberflächenabdichtung von Deponien mit geeigneten Abfallstoffen unter Einbeziehung von wasserglasvergüteten Klärschlämmen
Prof. Dr. P. Belouschek, Humboldt-Universität zu Berlin, TERRACHEM Essen GmbH, Dipl.-Ing. J.U. Kügler, Ingenieurbüro Kügler, Essen 281

Testfeldergebnisse der konventionellen Kapillarsperre und Kapillarblockbahn im Oberflächenabdichtungssystem der Deponie Breinermoor
Dr. N. von der Hude, Bilfinger + Berger Bauaktienges.,
S. Möckel, W. Menke, Gebrüder Friedrich GmbH 295

Die Wasserhaushaltschicht als „Ewigkeitskomponente" für alle „mineralischen" Oberflächenabdichtungen (Erdstoffdichtung, Bentonitmatte, Kapillarsperre) ?
Dr. Th. Egloffstein, Dipl.-Ing. G. Burkhardt, ICP Karlsruhe 317

Autorenliste

Prof. Dr. **P. Belouschek**
Humboldt-Universität zu Berlin, TERRACHEM Essen GmbH

Dipl.-Ing. **Gerhard Bönecke**
Forstliche Versuchs- und Forschungsanstalt, B.-W., Freiburg

OBR **Peter Bothmann**
Landesanstalt für Umweltschutz Baden-Württemberg, Karlsruhe

Dipl.-Ing. **Wolfgang Bräcker**
Niedersächsisches Landesamt für Ökologie, Hildesheim

Dipl.-Ing. **Gerd Burkhardt**
ICP Ingenieurgesellschaft Prof. Czurda und Partner, Karlsruhe

Dipl.-Geophys. **Jürgen Dornstädter**
GTC Kappelmeyer GmbH, Karlsruhe

TOAR Dipl.-Ing. **Karl Drexler**
Bayerisches Landesamt für Umweltschutz, Augsburg

Dr. **Volkmar Dunger**
Institut für Geologie, TU Bergakademie Freiberg

Dr. **Thomas Egloffstein**
ICP Ingenieurgesellschaft Prof. Czurda und Partner, Karlsruhe

Dr.-Ing. **Thomas Kruse**
EA Herdecke, Ing.-Büro für Geotechnik und Umwelt, Ahlenberg

Dipl.-Ing. **J.U. Kügler**
Ingenieurbüro Kügler, Essen

Prof. Dr.-Ing.-habil. **Ludwig Luckner**
Dresdner Grundwasserforschungszentrum e.V.

Dipl.-Ing. **Walter Menke**
Gebrüder Friedrich GmbH, Salzgitter

Dipl.-Ing. **Stefan Möckel**
Abfallwirtschaftsbetrieb Landkreis Leer

Dr. **Werner Müller**
Bundesanstalt für Materialforschung und Prüfung, Berlin

BD Dipl.-Ing. **Hans Mutschler**
Regierungspräsidium Stuttgart

Dr. **Ulrike Nienhaus**
Landesumweltamt Nordrheinwestfalen, Düsseldorf

Dr.-Ing. **Ingmar Obermann**
Hochtief Umwelt, Essen

ORR Dr. **André Radde**
Bundesministerium für Umwelt, Naturschutz und Reaktorsicherheit, Bonn

Dipl.-Ing. **Claus Riedel**
TRISOPLAST Deutschland / TD Umwelttechnik GmbH & Co.KG, Wentorf

Dipl.-Ing. **Rolf Schicketanz**
Ingenieurbüro Schicketanz, Aachen

Dipl.-Ing. **R. Schinke**
Grundwasserforschungsinstitut GmbH, Dresden

Dr. **Nico von der Hude**
Bilfinger Berger AG, Frankfurt a. M.

Ir. **Jack Wammes**
GID Millieutechniek BV, Kerkdriel, Niederlande

Neue rechtliche Regelungen für Deponien und die Ablagerung von Abfällen auf Deponien

Neuerungen durch das Artikelgesetz, die Abfallablagerungsverordnung und die Deponieverordnung

C.-André Radde[*]

Inhalt

1. Gesetz zur Umsetzung der UVP-Änderungsrichtlinie, der IVU-Richtlinie und weiterer EG-Richtlinien zum Umweltschutz 2
2. Verordnung über die umweltverträgliche Ablagerung von Siedlungsabfällen und über biologische Behandlungsverfahren 5
   2.1 Verordnung über die umweltverträgliche Ablagerung von Siedlungsabfällen (Abfallablagerungsverordnung) 6
3. Entwurf einer Deponieverordnung 10
4. Schlussbemerkungen 17

Einleitung

Am 16. Juli 1999 ist die EG-Richtlinie über Abfalldeponien (Richtlinie 1999/31/EG des Rates vom 26. April 1999 über Abfalldeponien, ABl. EG Nr. L 182) in Kraft getreten (Anlage). Diese muss in Deutschland durch rechtliche Regelungen auf Gesetzes- oder mindestens Verordnungsniveau umgesetzt werden. Daran wurde und wird gegenwärtig intensiv gearbeitet. Dabei wäre es zu kurz gegriffen, würde man nur die Deponierichtlinie betrachten. Vielmehr wirken sich auch weitere europäische Vorschriften unmittelbar auf die Deponierung und damit auch auf die Umsetzung der Deponierichtlinie aus. In diesem Zusammenhang sind in den letzten Monaten mehrere rechtliche Neuregelungen auf dem Gebiet der Anlagenzulassung und Abfallentsorgung in Kraft getreten bzw. wurden erarbeitet. Diese schreiben nicht nur Bewährtes, wie z.B. den Stand der Technik der Abfallabla-

---

[*] Dr. C.-André Radde, Bundesministerium für Umwelt, Naturschutz und Reaktorsicherheit Referat WA II 4 - Siedlungsabfälle - Postfach 12 06 29, D - 53048 Bonn

gerung der TA Siedlungsabfall und der TA Abfall Teil 1 in Form von rechtsverbindlicheren Verordnungen fest. Darüber hinaus werden durch diese Regelungen, z.T. in Umsetzung EG-rechtlicher Vorgaben, neue sowohl materiell-rechtliche als auch verfahrensrechtliche Anforderungen festgeschrieben bzw. bestehende an EG-Recht angepasst. Dies betrifft z.B. die Genehmigung von Abfalldeponien und Langzeitlagern einschl. finanzieller Sicherheitsleistungen, die Stilllegung und Nachsorge von Deponien einschl. dafür erforderlicher Rückstellungen, die Stilllegung von nicht dem Stand der Technik entsprechenden Altdeponien, die Beendigung der Ablagerung von biologisch abbaubaren Abfällen sowie die mechanisch-biologische Behandlung von Abfällen und die Ablagerung derart behandelter Abfälle. Bei diesen Regelungen handelt es sich im Einzelnen um

- das Gesetz zur Umsetzung der UVP-Änderungsrichtlinie, der IVU-Richtlinie und weiterer EG-Richtlinien zum Umweltschutz (Artikelgesetz; BGBl. I S. 1950 vom 2.8.2001),

- die Verordnung zur umweltverträglichen Ablagerung von Siedlungsabfällen (Abfallablagerungsverordnung; BGBl. I S. 305 vom 27.2.2001) und

- den Entwurf einer Deponieverordnung.

Diese werden im Folgenden näher dargestellt und erläutert.

1. Gesetz zur Umsetzung der UVP-Änderungsrichtlinie, der IVU-Richtlinie und weiterer EG-Richtlinien zum Umweltschutz

Das Artikelgesetz ist nach langer und kontroverser Diskussion im Bundestag und Bundesrat am 3. August 2001 in Kraft getreten. Es dient der Umsetzung der UVP-Änderungsrichtlinie (Richtlinie 97/11/EG des Rates vom 3. März 1997 zur Änderung der Richtlinie 85/337/EWG über die Umweltverträglichkeitsprüfung bei bestimmten öffentlichen und privaten Projekten, ABl. EG Nr. L 73 vom 14. März 1997, S. 5), der IVU-Richtlinie (Richtlinie 96/61/EG des Rates vom 24. September 1996 über die integrierte Vermeidung und Verminderung der Umweltverschmutzung, ABl. EG Nr. L 257 vom 10. Oktober 1996, S. 26) und der Kommissionsentscheidung zum Schadstoffemissionsregister (KOM-Entscheidung vom 17. Juli 2000 über den Aufbau eines europäischen Schadstoffemissionsregisters (EPER) gemäß Artikel 15 der IVU-Richtlinie, ABl. EG Nr. L 192, S. 36).

Mit der UVP-Änderungsrichtlinie wurde das Prüfverfahren im Rahmen der Zulassung von Deponien deutlicher gefasst, ergänzt und verbessert. Zu den Projektarten, die in jedem Fall einer UVP zu unterziehen sind, zählen Deponien für gefährliche Abfälle. Für alle anderen Deponien muss im Einzelfall geprüft werden, ob eine Umweltverträglichkeitsprüfung durchzuführen ist. Die Vorschriften der IVU-Richtlinie finden auf alle Deponien mit einer Aufnahmekapazität von mehr als 10 t pro Tag oder einer Gesamtkapazität von mehr als 25.000 t Anwendung, mit Ausnahme der Deponien für Inertabfälle.

Durch die KOM-Entscheidung vom 17. Juli 2000 wurden Einzelheiten der Emissionserklärung verbindlich festgelegt. Auch hier sind Deponien mit einer Aufnahmekapazität von über 10 t pro Tag und einer Gesamtkapazität von mehr als 25.000 t einbezogen, mit Ausnahme der Deponien für Inertabfälle.

Darüber hinaus werden mit dem Artikelgesetz im Hinblick auf Deponien einzelne Anforderungen/Festlegungen der EG-Deponierichtlinie in deutsches Recht umgesetzt.

Im Hinblick auf die Prüfungs- und Zulassungsverfahren sowie den Betrieb von Deponien werden mit dem Artikelgesetz in Artikel 2 das Bundes-Immissionsschutzgesetz, in Artikel 4 die Verordnung über genehmigungsbedürftige Anlagen (4. BImSchV einschl. Anhang) und in Artikel 8 das Kreislaufwirtschafts- und Abfallgesetz geändert.

Im Einzelnen wurden geändert bzw. hinzugefügt:

- 4. BImSchV, Anhang I
  In Nr. 8.14 wurden Langzeitlager aufgenommen.

- § 7 Abs. 4 BImSchG
  Zur Umsetzung der Anforderungen der Deponierichtlinie für Langzeitlager wird im Bundes-Immissionsschutzgesetz eine neue Verordnungsermächtigung aufgenommen, wonach die Anforderungen an Deponien für diese Lager übernommen werden können.

- § 3 KrW-/AbfG
  Im KrW-/AbfG werden die Begriffsbestimmungen für Deponien und für Inertabfälle neu aufgenommen. In Umsetzung der IVU-Richtlinie wird die gesetzliche Definition des Standes der Technik, der auch von Deponien einzuhalten ist, neu bestimmt (§ 12 Abs. 3 wird aufgehoben).

- § 31 Abs. 3 KrW-/AbfG

Für Deponien für besonders überwachungsbedürftige und überwachungsbedürftige Abfälle mit einer Aufnahmekapazität von 10 t oder mehr pro Tag oder mit einer Gesamtkapazität von 25.000 t ist grundsätzlich ein Planfeststellungsverfahren durchzuführen. Ausnahmen nur für Deponien für Inertabfälle.

- § 31 Abs. 4 KrW-/AbfG

Im Kreislaufwirtschafts- und Abfallgesetz wird für sonstige Änderungen bei Deponien ein Anzeigeverfahren eingeführt. Der Betreiber wird hierdurch verpflichtet, alle Änderungen bei der zuständigen Behörde anzuzeigen, die Auswirkungen auf die Umwelt haben können.

- § 32 Abs. 1 KrW-/AbfG

Die besonderen Genehmigungsvoraussetzungen der IVU-Richtlinie und der Deponierichtlinie, wie die Pflichten zur Vermeidung von Unfällen und zur effizienten Energienutzung, werden neu aufgenommen.

- §§ 34, 36 KrW-/AbfG

Art. 13 der Deponierichtlinie enthält detaillierte Regelungen des Stilllegungs- und Nachsorgeverfahrens bei Deponien. In § 34 wird die Verordnungsermächtigung (Art und Umfang von Antragsunterlagen) auf Plangenehmigung und Stilllegung erweitert. Im § 36 wird eine formale Abnahme der Stilllegung (feststellender Verwaltungsakt) durch die zuständige Behörde neu aufgenommen.

- § 36 a KrW-/AbfG

Verpflichtung zur Abgabe einer Emissionserklärung bei Deponien, die bestimmte Schadstoffschwellenwerte überschreiten. Weiterhin wird eine Ermächtigung aufgenommen, wonach die Bundesregierung Inhalt, Umfang, Form und Zeitpunkt der Abgabe der Emissionserklärung sowie die bei der Ermittlung der Emissionen einzuhaltenden Verfahren regeln sowie etwaige Befreiungen im Verordnungsweg festlegen kann.

- § 36 b KrW-/AbfG

Alle im Zuge der Planfeststellung erteilten Anordnungen, Ablehnungen oder Änderungen sowie im Zuge der Überwachung der von der Deponie ausgehenden Emissionen vorliegenden Ergebnisse sind der Öffentlichkeit zugänglich.

- § 36 c KrW-/AbfG

Zur Umsetzung der technischen, betrieblichen und organisatorischen Anforderungen der Deponierichtlinie an die Errichtung, die Beschaffenheit, den Betrieb und die Stilllegung von Deponien sowie die Nachsorge zum Schutz der menschlichen Gesundheit werden im Kreislaufwirtschafts- und Abfallgesetz die erforderlichen Rechtsverordnungsermächtigungen aufgenommen, auf deren Grundlage eine Deponieverordnung beschlossen werden kann. Diese Deponieverordnung soll auch Anforderungen an bestehende Deponien enthalten; hierzu wird eine notwendige Ermächtigung zur Regelung von Vorsorgeanforderungen sowie von verbindlichen Übergangsristen für Altdeponien aufgenommen.

§ 36 d KrW-/AbfG
Im Kreislaufwirtschafts- und Abfallgesetz wird eine Regelung aufgenommen, wonach vom Deponiebetreiber kostendeckende Entgelte bzw. Gebühren oder Abgaben für die Ablagerung erhoben werden müssen (u.a. Errichtung, Betrieb, 30 Jahre Nachsorge).

2. Verordnung über die umweltverträgliche Ablagerung von Siedlungsabfällen und über biologische Behandlungsverfahren

Seit 1. März diesen Jahres ist die Verordnung über die umweltverträgliche Ablagerung von Siedlungsabfällen und über biologische Abfallbehandlungsanlagen in Kraft. Mit dieser Artikelverordnung wurde der rechtliche Rahmen für die Siedlungsabfallentsorgung der Zukunft neu gesetzt. Die neuen Regelungen werden die Siedlungsabfallwirtschaft in Deutschland einen großen Schritt nach vorne bringen, da hierdurch sowohl einem drohenden zeitlichen als auch verfahrensmäßigen weiten Auseinanderdriften der Umsetzung der Bestimmungen der TA Siedlungsabfall und damit des Niveaus der Siedlungsabfallentsorgung in Deutschland Einhalt geboten wurde. Die Verordnung wird zu einer erheblichen Vereinfachung und Vereinheitlichung des Vollzugs bei der Behandlung und Ablagerung von Abfällen und damit zu mehr Rechtsklarheit und Rechtssicherheit führen. Durch die gewählte Form als Rechtsverordnung wird sichergestellt, dass die Vorgaben für alle rechtlich verbindlich sind; es verbleibt kein Spielraum für Sonderregelungen, Billiglösungen oder die Nichteinhaltung von Fristen zu Lasten der Umwelt.

Ziel der Artikelverordnung ist es, die medienübergreifende umweltverträgliche Behandlung und Ablagerung von Siedlungsabfällen sicherzustellen. Sie gilt sowohl für die Ablagerung von Siedlungsabfällen auf Deponien sowie die Behandlung von Siedlungsabfällen zum Zweck der Einhaltung der Deponiezuordnungskriterien. In Artikel 1 (Abfallablagerungsverordnung) werden dafür Anforderungen an die Beschaffenheit von abzulagernden Abfällen und an die Deponien festgelegt. Artikel 2 (30. BImSchV) regelt die Anforderungen an die Errichtung, die Beschaffenheit und den Betrieb von biologischen Abfallbehandlungsanlagen für Siedlungsabfälle und Artikel 3 (Verordnung zur Änderung der Abwasserverordnung, Anhang 23) schreibt abwasserrechtliche Anforderungen für biologische Abfallbehandlungsanlagen fest.

2.1 Verordnung über die umweltverträgliche Ablagerung von Siedlungsabfällen (Abfallablagerungsverordnung)

Mit der Abfallablagerungsverordnung wurde insbesondere ein wichtiger Schritt getan zur Beendigung der Ablagerung unbehandelten Hausmülls. Mit dieser unzeitgemäßen und ökologisch bedenklichen Form der Siedlungsabfallentsorgung ist spätestens am 31. Mai 2005 Schluss; Ausnahmemöglichkeiten hiervon sind nicht vorgesehen.

Die Regelungen der Verordnung gehen aber weiter. So wird es zukünftig auch möglich sein, in technologisch hochwertigen mechanisch-biologischen Behandlungsanlagen sortierte und intensiv biologisch vorbehandelte Abfälle abzulagern, soweit sie die anspruchsvollen Deponiezuordnungskriterien der Ablagerungsverordnung einhalten. Bei der Wahl der entsprechenden Zuordnungskriterien haben wir es uns nicht leicht gemacht und sind dafür z.T. auch in die Kritik geraten mit dem Vorwurf, bei dem einen oder anderen Kriterium überzogen zu haben. Mit dem Blick auf ein hohes Umweltschutzniveau – und hier waren sich die Umweltminister von Bund und Ländern einig – wurden anspruchsvolle aber erreichbare Grenzwerte festgelegt, dies war notwendig und richtig.

Im Einzelnen:

Die Ablagerungsverordnung richtet sich an Deponiebetreiber, Betreiber von Anlagen zur Behandlung von Siedlungsabfällen sowie an Besitzer von Siedlungsabfällen zur Beseitigung; sie gilt nicht für private Haushaltungen. Sie definiert sowohl Anforderungen an den Standort, Bau und Betrieb von Deponien als auch Anforderungen an die Qualität der abzulagernden Abfälle - sowohl für MBA-Abfälle als auch für anderweitig behandelte Abfälle als auch für mineralische und produktionsspezifische Abfälle - und regelt somit die Zuordnung für den größten Teil der in Deutschland anfallenden Abfälle zu Deponien. Damit werden bereits wesentliche Anforderungen der EG-Deponierichtlinie was den Bereich der Siedlungsabfallentsorgung anbetrifft in nationales Recht umgesetzt.

Die Ablagerung von unbehandelten Abfällen, die die Deponiezuordnungskriterien nicht einhalten, wird grundsätzlich verboten. Auch dies eine Forderung der EG-Deponierichtlinie, hier in verschärfter und konkreterer Form, durch die Vorgabe von Deponiezuordnungskriterien, umgesetzt. Die diesbezüglichen Übergangsregelungen der TASi wurden übernommen. Auf der Grundlage der Nr. 12 der TA Siedlungsabfall erteilte Ausnahmen von der Zuordnung von Abfällen zu Deponien haben bis längstens 31. Mai 2005 Bestand. Somit muss spätestens ab dem 1. Juni 2005 die Ablagerung nicht ausreichend vorbehandelter Abfälle beendet werden.

Mit § 3 Abs. 1 werden die besonderen Anforderungen der TA Siedlungsabfall an Deponien, z.B. an den Standort (u.a. Geologie und Lage zum Grundwasser), die Errichtung, die Stabilität, den Betrieb sowie den Abschluss und die Nachsorge, unverändert übernommen. Damit wird deutlich gemacht, dass diese Anforderungen nach wie vor dem Stand der Technik entsprechen und an der grundsätzlichen Einteilung der Deponien für Siedlungsabfälle in zwei Klassen festgehalten wird. Dabei sind bezüglich der Deponiebasisabdichtungssysteme, wie bisher gemäß TA Siedlungsabfall auch, gleichwertige Systeme nach Genehmigung durch die zuständigen Behörden zulässig.

Gleichwertige Systeme bedeutet „gleich dicht" und „gleich beständig"; dabei können einzelne Dichtungskomponenten durch gleichwertige ersetzt werden, ein Kombinationssystem jedoch nicht durch eine Einzelkomponente. Da diese Anforderungen von den diesbezüglichen Anforderungen der Deponierichtlinie abweichen, wird in der Deponieverordnung die Gleichwertigkeit zu den Regelanforderungen gemäß Richtlinie definiert, für den Fall, dass die geologische Barriere in kombinatorischer Wirkung mit dem Basisabdichtungssystem einen gegenüber den Regelanforderungen gleichwertigen dauerhaften Schutz des Bodens und des Grundwasser sicherstellt.

Die sonstigen allgemeinen und übergreifenden Anforderungen der TA Siedlungsabfall insbesondere an die Organisation und das Personal von Abfallbehandlungsanlagen sowie die Information und Dokumentation (Nummer 6 TA Siedlungsabfall, mit Ausnahme der Nummern 6.2.2 und 6.2.3) und die Anforderungen an Zwischenlager, Behandlungsanlagen und Deponien (Nummern 7, 8 und 9 TA

Siedlungsabfall) bleiben unberührt und werden erst mit der Deponieverordnung in Umsetzung der Deponierichtlinie übernommen.

Der Bundesrat hat in den § 3 einen Absatz 2 dahingehend eingefügt, dass gering belastete, mineralische Abfälle auch auf Deponien oder Deponieabschnitten (Bauschutt- und Bodenaushubdeponien) abgelagert werden dürfen, die die in Absatz 1 genannten Anforderungen an die Deponieklasse I nicht vollständig erfüllen. Unter der Voraussetzung, dass die Schadstoffbelastung der abzulagernden Abfälle wesentlich unter den Zuordnungskriterien des Anhanges 1 für die Deponieklasse I liegt und damit das Gefährdungspotential vergleichsweise gering ist, können bestimmte gering belastete mineralische Abfälle z.B. auf nicht abgedichteten Deponien (Bauschutt- und Bodenaushubdeponien) abgelagert werden. Dies wird durch eine entsprechende Regelung in der Deponieverordnung, die eine Deponieklasse Ia für Inertabfälle vorsieht, konkretisiert. Als Richtwerte für die Schadstoffbelastung können von der zuständigen Behörde die Z0- bzw. Z1-Werte der Technischen Regeln der LAGA-Anforderungen an die stoffliche Verwertung von mineralischen Reststoffen/Abfällen herangezogen werden.

Die Deponiezuordnungskriterien für die Deponieklasse I und II wurden unverändert aus der TA Siedlungsabfall übernommen. Auch diese entsprechen nach wie vor dem Stand der Technik; eine Verschärfung war nicht erforderlich. Dabei ist eine Vermischung mit dem Ziel der Einhaltung der Zuordnungskriterien – bis auf die Festigkeitswerte – untersagt.

Für die Ablagerung von mechanisch-biologisch behandelten Abfällen gelten abweichend davon bzw. zusätzlich folgende Deponiezuordnungskriterien:

- TOC im Feststoff: $\leq 18\,\%$ oder
- maximal zulässiger Heizwert (H_o): 6000 kJ/kg
- Atmungsaktivität: ≤ 5 mg O_2/gTS oder
- Gasbildung: 20 Nl/kg TS
- TOC (Eluat): ≤ 250 mg/l

Diese Zuordnungskriterien sind von den MBA-Abfällen – auch hinsichtlich der Festigkeit – ohne Vermischung einzuhalten. Eine gemischte Ablagerung mit anderen verordnungskonformen Abfällen ist allerdings auch für MBA-Abfälle möglich.

Die Anforderungen gelten nur für grundsätzlich biologisch abbaubare Abfälle, die – mit dem Ziel der Ablagerung – ein mechanisch-biologisches Endrotteverfahren durchlaufen haben. Somit ist ein weitestgehender Abbau der biologisch abbaubaren Bestandteile sowie eine Abreicherung von organischen Schadstoffen in den abzulagernden Abfällen sichergestellt. Andere, im Zuge einer mechanischen oder mechanisch-biologischen Behandlung, auch eines Trockenstabilisierungsverfahrens, abgetrennte Teilströme (z.B. inerte Abfälle) müssen für die Ablagerung die Deponiezuordnungskriterien des Anhanges 1 einhalten.

Die Ablagerung von MBA-Abfällen muss auf einer Deponie der Klasse II erfolgen oder – entsprechend den Übergangsregelungen - auf nachgerüsteten Altdeponien (Hausmülldeponien). Die Abfälle sind hochverdichtet und trocken im Dünnschichteinbau einzubauen; heizwertreiche Bestandteile sind vor der Ablagerung abzutrennen.

Schließlich regelt die Ablagerungsverordnung auch den Weiterbetrieb von Altdeponien. Hier haben wir uns für ein Stufenkonzept entschieden, nach dem ökologisch unzulängliche Deponien nach und nach geschlossen werden sollen. Grundsatz ist zunächst, dass mit Inkrafttreten der Verordnung am 1. März 2001 überhaupt nur noch die Deponien weiterbetrieben werden dürfen, die gemäß der Nr.11 der TA Siedlungsabfall nachgerüstet sind. Diese Forderung ist nicht überzogen, sind doch seit dem Inkrafttreten der TA Siedlungsabfall nunmehr 8 Jahre vergangen, Zeit genug, die Nachrüstanforderungen der TASi erfüllt zu haben. Bis 2005 brauchen diese entsprechenden Altdeponien die weitergehenden Anforderungen der Verordnung nicht zu erfüllen.

Ab 1. Juni 2005 dürfen Abfälle grundsätzlich nur noch auf Deponien abgelagert werden, die den Anforderungen der Verordnung entsprechen. Bis 15. Juli 2009 sind befristet Abweichungen hinsichtlich der allgemeinen Anforderungen an Deponien und der geologischen Barriere möglich. Die Abfallablagerung auf Altdeponien ohne entsprechende Basisabdichtungssysteme wird ab 2005 weitgehend untersagt, dort dürfen für einen Übergangszeitraum bis 2009 lediglich noch mineralische Abfälle abgelagert werden. Spätestens ab dem 15. Juli 2009 müssen dann alle in Deutschland betriebenen Siedlungsabfalldeponien die Anforderungen der Abfallablagerungsverordnung einhalten. Das Abschlussdatum 15. Juli 2009 entspricht der EU-Deponierichtlinie, die bis zu diesem Zeitpunkt die Nachrüstung bzw. Stilllegung nicht verordnungskonformer Deponien verlangt.

Ein Wort zum Verhältnis der Abfallablagerungsverordnung zur bestehenden TA Siedlungsabfall und zur geplanten Deponieverordnung.

Als Rechtsvorschrift gehen die Regelungen der Abfallablagerungsverordnung den entsprechenden Regelungen der TA Siedlungsabfall, die ja eine Verwaltungsvorschrift ist, vor und ersetzen sie. Dies betrifft insbesondere die Anforderungen an die abzulagernden Abfälle, die Zuordnung von Abfällen zu Deponien, die Anforderungen an Deponien und die Übergangsregelungen. Überall dort, wo die Verordnung keine Regelungen trifft, gelten die Anforderungen der TA Siedlungsabfall weiter. Insofern kann insbesondere von der Ausnahmeregelung Nr. 2.4 der TA Siedlungsabfall im Hinblick auf die Ablagerungskriterien zukünftig kein Gebrauch mehr gemacht werden.

Die Abfallablagerungsverordnung wird in nächster Zeit durch die zur weiteren vollständigen Umsetzung der EG-Richtlinie über Abfalldeponien zu erlassende Rechtsvorschrift (Deponieverordnung) ergänzt, nicht jedoch durch sie ersetzt werden. Der Erlass einer Abfallablagerungsverordnung im Vorgriff auf die Deponieverordnung war notwendig, um den Entscheidungsträgern möglichst rasch Klarheit hinsichtlich der zukünftig zulässigen Restabfallbehandlungsverfahren zu geben, und die Frist 31. Mai 2005 für die Beendigung der Ablagerung unbehandelter oder unzureichend behandelter Abfälle nicht zu gefährden.

3. Entwurf einer Deponieverordnung

Neben den unter 1. und 2. dargestellten Aspekten der EG-Deponierichtlinie, die durch das Artikelgesetz bzw. die Abfallablagerungsverordnung umgesetzt wurden, werden die verbleibenden Anforderungen durch die Deponieverordnung umgesetzt. Die Deponieverordnung lässt dabei die Regelungen der Abfallablagerungsverordnung unberührt. Sie regelt somit die betrieblich-technischen Anforderungen nur für Deponien für gefährliche Abfälle, Untertagedeponien und alle Klassen von Langzeitlagern. Darüber hinaus regelt sie i.W. die verfahrensrechtlichen Anforderungen für alle Deponieklassen.

Im Einzelnen enthält die Deponieverordnung folgende Regelungsbereiche:

Teil 1: allgemeine Bestimmungen (§ 1 und 2)

In Teil 1 wird im Wesentlichen der Anwendungsbereich der Verordnung klargestellt. Hierzu übernimmt der Entwurf grundsätzlich die in der Deponierichtlinie geforderte Klassifizierung und unterscheidet nach Deponien und Langzeitlagern für Inertabfälle (Klasse Ia und Ib), Deponien und Langzeitlagern für Siedlungsabfälle und Abfälle die wie Siedlungsabfälle entsorgt werden (Klasse II) sowie Deponien und Langzeitlagern für besonders überwachungsbedürftige (gefährliche) Abfälle (Klasse III). Als weitere Klasse, für die nach der Deponierichtlinie besondere Anforderungen festzulegen sind, wird die Untertagedeponie (Klasse IV) eingeführt.

Dabei umfasst die Deponieverordnung die Ablagerung aller Abfälle, die auch der Abfallrahmenrichtlinie unterfallen. Ausgenommen von der Anwendung sind somit nur einige dort ausdrücklich genannte Abfälle, soweit für diese bereits andere Rechtsvorschriften gelten. Für Deutschland bedeutet das, dass bspw. die Ablagerung bergbauspezifischer Abfälle oder radioaktiver Abfälle nicht dem Anwendungsbereich der Deponierichtlinie unterfallen. Für bergbauspezifische Abfälle regelt das Bundesberggesetz die Ablagerung abschließend, für radioaktive Abfälle das Atomgesetz.

Im persönlichen Anwendungsbereich richtet sich die Deponieverordnung an Betreiber und Inhaber o.g. Anlagen, Abfallbesitzer sowie an die für den Vollzug zuständigen Behörden.

Teil 2: Errichtung und Betrieb von Deponien (§ 3 - § 11)

Für die in § 2 festgelegten Deponieklassen werden in § 3 die Anforderungen an die Errichtung festgelegt. Diese werden dabei nicht explizit neu definiert, sondern durch in Bezugnahme der entsprechenden Anforderungen der TA Abfall, Teil 1 sowie der TA Siedlungsabfall bestimmt, soweit nicht bereits mit der Abfallablagerungsverordnung (für die Deponieklassen I und II) die entsprechenden Standards festgelegt worden sind.

Gemäß Deponierichtlinie ist der dauerhafte Schutz des Bodens und des Grundwassers durch eine Kombination aus geologischer Barriere und Basisabdichtungssystem zu erreichen, dessen Komponenten in Anhang 1 festgeschrieben werden. Die Deponieverordnung schreibt hier – in 1:1 Umsetzung der Deponierichtlinie – deren diesbezügliche Anforderungen zunächst als Regelanforderungen fest. Gleichzeitig werden technische Maßnahmen zur Nachbesserung der geologischen Barriere zugelassen und die Gleichwertigkeit des Regelsystems mit den entsprechenden Anforderungen der TA Abfall und der Abfallablagerungsverordnung an die Deponien für den Fall festgestellt, dass die geologische Barriere in kombinatorischer Wirkung mit dem Basisabdichtungssystem einen gegenüber den Regelanforderungen gleichwertigen dauerhaften Schutz des Bodens und des Grundwassers sicherstellt. Weiterhin werden für alle Deponien die Anforderungen an Organisation und Personal, Information und Dokumentation sowie die organisatorischen Voraussetzungen der Inbetriebnahme festgelegt.

Als Ablagerungsvoraussetzung wird ein Behandlungsgebot vorgeschrieben. Dieses gilt nicht, wenn die Abfälle die Zuordnungskriterien der Anhänge 1 oder 2 der Abfallablagerungsverordnung bzw. des Anhanges 3 der Deponieverordnung (bisherige TASo-Werte) einhalten. Für mineralische Inertabfälle (Deponieklasse Ia) wurden zunächst keine Deponiezuordnungskriterien festgeschrieben. Hier werden die diesbezüglichen Ergebnisse der TAC-Beratungen abgewartet.

Für einzelne Abfallarten werden ausdrückliche Ausnahmen von der Zuordnung festgelegt. So dürfen Jarosit-, Geothid-, Zuckerrübenschlämme oder Abfälle der Eisen- und Stahlindustrie aus der nassen Stufe der Gichtgasreinigung des Hochofens, abweichend von § 3 Abs. 3 der Abfallablagerungsverordnung, auch bei Überschreitung einzelner Zuordnungswerte des Anhangs 1 der Abfallablagerungsverordnung auf einer Monodeponie der jeweiligen Deponieklasse abgelagert werden.

Verfestigte oder stabilisierte Abfälle dürfen nur dann in einer Deponie der Klassen Ia, Ib, II oder III abgelagert werden, wenn sie die entsprechenden Zuordnungswerte für die jeweilige Deponieklasse einhalten und der Anlieferer dem Deponiebetreiber nachweist, dass die Verfestigungs- oder Stabilisierungswirkung unter Ablagerungsbedingungen langfristig erhalten bleibt.

Stabile, nicht reaktive besonders überwachungsbedürftige Abfälle, deren Auslaugverhalten dem von Abfällen entspricht, die die Zuordnungskriterien nach Anhang 1 der Abfallablagerungsverordnung einhalten, dürfen auf einer Deponie der Klasse II abgelagert werden.

Flüssige Abfälle dürfen ausnahmsweise auf einer Monodeponie abgelagert werden, wenn der Abfall unter Ablagerungsbedingungen kurzfristig soweit konsolidiert oder sich verfestigt, dass der jeweilige Zuordnungswert für die Festigkeit eingehalten wird.

Eine Vermischung von Abfällen untereinander oder mit anderen Materialien ist nur zur Erreichung der Festigkeitskriterien zulässig.

Folgende Abfälle dürfen nicht auf einer Deponie der Klassen Ia, Ib, II oder III abgelagert werden:

- flüssige Abfälle,
- Abfälle, die als explosiv, korrosiv, brandfördernd, hoch entzündlich, leicht entzündlich oder entzündbar eingestuft sind,
- infektiöse Abfälle,
- nicht identifizierte oder neue chemische Abfälle aus Forschungs-, Entwicklungs- und Ausbildungstätigkeiten, deren Auswirkungen auf den Menschen und die Umwelt nicht bekannt sind, soweit sie als besonders überwachungsbedürftig eingestuft sind,
- ganze Altreifen,
- Abfälle, die zu erheblichen Geruchsbelästigungen für die auf der Deponie Beschäftigten und für die Nachbarschaft führen und
- Abfälle, bei denen aufgrund der Herkunft oder Beschaffenheit durch die Ablagerung wegen ihres Gehalts an langlebigen oder bioakkumulierbaren toxischen Stoffen eine Beeinträchtigung des Wohls der Allgemeinheit zu besorgen ist.

Um sicherzustellen, dass von den abgelagerten Abfällen auch langfristig keine unvorhergesehenen Beeinträchtigungen ausgehen, wird bei besonders überwachungsbedürftigen Abfällen ein gegenüber der Abfallablagerungsverordnung verschärftes Abfallannahmeverfahren gefordert.

Zur Überwachung des Deponiebetriebs werden Anforderungen zum Einbau der Abfälle in den Deponiekörper, zur Kontrolle der Deponieauswirkungen und zur Dokumentation aller Überwachungsergebnisse geregelt.

In ihrem Zusammenwirken stellen die o.a. Anforderungen sicher, dass eine Deponie umweltverträglich betrieben, ihr Verhalten effizient überwacht wird und dass auch bei einem unerwarteten Fehlerauftritt sofortige Schutzmaßnahmen greifen, die eine Beeinträchtigung des Wohls der Allgemeinheit verhindern.

<u>Teil 3: Betriebene Deponien (§ 12 und § 13)</u>

Zunächst werden für alle Altdeponien zulassungsrechtliche Vorgaben in der Form festgeschrieben, dass der Deponiebetreiber verpflichtet ist, der zuständigen Behörde spätestens bis 15. Juli 2002 schriftlich anzuzeigen, ob und unter welchen Voraussetzungen er die Deponie weiter betreiben will. Für den Fall des Weiterbetriebs hat er nachzuweisen, dass die Deponie den Anforderungen der Deponieverordnung oder der Abfallablagerungsverordnung entspricht oder die geplanten Maßnahmen zur Anpassung an den Stand der Technik zu beschreiben. Anderenfalls ist die Deponie spätestens zum 15. Juli 2009 stillzulegen.

Materiell sind für alle betriebenen oberirdischen Deponien mit Ausnahme der Deponien für besonders überwachungsbedürftige Abfälle die erforderlichen Anpassungs- und Übergangsanforderungen bereits abschließend mit der Abfallablagerungsverordnung bestimmt worden. Vor dem Hintergrund, dass die Altanlagenregelungen der TA Abfall, Teil 1 sämtlich abgelaufen sind und dass mit dem vorliegenden Verordnungsentwurf keine, gegenüber der TA Abfall, Teil 1 neuen materiellen Anforderungen festgelegt werden, wurden für Sonderabfalldeponien und Untertagedeponien keine materiellen Altdeponieregelungen aufgenommen.

Teil 4: Stilllegung und Nachsorge (§ 14 und § 15)

Die Anforderungen zur Stilllegung und Nachsorge einer Deponie beschränken sich auf Deponien für besonders überwachungsbedürftige Abfälle und Untertagedeponien, da für die anderen Deponieklassen die entsprechenden Anforderungen bereits in der Abfallablagerungsverordnung festgelegt worden sind. Ergänzend werden für alle Deponien die verfahrensmäßigen Anforderungen zur „endgültigen Stilllegung einer Deponie", die aufgrund von § 36 Abs. 3 KrW-/AbfG mit der Abnahme der technisch erforderlichen Maßnahmen für eine umweltverträgliche Nachsorgephase abgeschlossen ist, sowie zur „Entlassung einer Deponie aus der Nachsorgephase" konkretisiert.

In der Stilllegungsphase hat der Betreiber einer Deponie der Klassen III oder IV alle erforderlichen Maßnahmen durchzuführen, um negative Auswirkungen der Deponie auf die in § 10 Abs. 4 KrW-/AbfG genannten Schutzgüter während der Stilllegungsphase und Nachsorgephase zu verhindern. Hierzu zählt bei Deponien der Klasse III insbesondere die Einrichtung eines Oberflächenabdichtungssystems. Die Anforderungen hierfür sind nach Nr. 9.4.1.4 der TA Abfall definiert. Bei Deponien der Klasse IV sind die erforderlichen Maßnahmen nach Nr. 10.6 der TA Abfall definiert.

Teil 5: Langzeitlager (§ 16 - § 18)

Die Deponierichtlinie bezieht in der Definition „Deponie" die sogenannten Langzeitlager in ihren Anwendungsbereich ein. Mit der neuen Nummer 8.14 der 4. BImSchV werden als Langzeitlager solche Lager neu eingeführt, in denen Abfälle vor deren Beseitigung oder Verwertung jeweils über einen Zeitraum von mehr als einem Jahr gelagert werden. Diese Anlagen unterliegen den materiell rechtlichen und verfahrensrechtlichen Anforderungen des BImSchG. Über die neue Verordnungsermächtigung des § 7 Abs. 4 BImSchG können jedoch zusätzlich die zur Umsetzung der Deponierichtlinie erforderlichen Anforderungen für diese Langzeitlager festgelegt werden. Diese Verordnungsermächtigung wird mit der vorliegenden Verordnung ausgeschöpft.

Nach überwiegender Meinung der für den Vollzug zuständigen Länder wird es allerdings in der Praxis solche Langzeitlager nicht oder nur sehr eingeschränkt geben. Dementsprechend werden keine spezifischen Anforderungen für Langzeitlager aufgenommen. Die Klassifizierung der Langzeitlager entspricht der für oberirdische Deponien. Alle standortbezogenen sowie betrieblich/technischen Anforderungen, die für Deponien gelten, wie die an die geologische Barriere oder das Basisabdichtungssystem, werden für Langzeitlager entsprechend zur Anwendung gebracht. Modifiziert werden allein die Voraussetzungen für die Annahme von Abfällen und die Anforderungen zur Stilllegung und Nachsorge. Es wird grundsätzlich verboten in solchen Lagern Abfälle zu lagern, deren nachfolgende Entsorgung nicht gesichert ist. Insofern ist bei der Annahme zusätzlich ein Dokument beizubringen, dass die nachfolgende Entsorgung nachweist. Die Höhe der Sicherheitsleistung muss sich an den maximalen Entsorgungskosten orientieren und nach Abschluss des Lagers ist die Entsorgung der Abfälle zu dokumentieren.

Teil 6: Sonstige Vorschriften (§ 19 – § 25)

In Teil 6 werden insbesondere die verfahrensrechtlichen Anforderungen der Deponierichtlinie für alle Deponien umgesetzt. Langzeitlager sind nicht einbezogen; sie unterfallen den zulassungsrechtlichen Anforderungen des Bundes-Immissionsschutzgesetzes.

Eine wesentliche Anforderung ist die Forderung nach Stellung einer finanziellen Sicherheit. Für die Ausgestaltung der finanziellen Sicherheit sieht der Referentenentwurf im Gegensatz zur Deponierichtlinie keine Ausnahme für den Betreiber einer Deponie für Inertabfälle vor. Höhe und Art der finanziellen Sicherheit werden nicht konkret vorgegeben, sondern entsprechend dem überwiegenden Wunsch der Länder in das Ermessen der zuständigen Behörde gestellt. Soweit Deponien durch Körperschaften des öffentlichen Rechts betrieben werden, ist bei ihnen regelmäßig kein Illiquiditätsrisiko zu befürchten. Der Referentenentwurf sieht deshalb eine Freistellung von der finanziellen Sicherheit für diese Institutionen vor.

In Umsetzung der entsprechenden verfahrenstechnischen Anforderungen der Deponierichtlinie werden weiterhin Einzelheiten der Antragstellung auf Zulassung, Änderung und Stilllegung einer Deponie, die grenzüberschreitende Behörden- und Öffentlichkeitsbeteiligung bei planfeststellungspflichtigen Vorhaben sowie die Mindestinhalte der behördlichen Entscheidung festgelegt. Außerdem wird eine turnusmäßige Überprüfung der behördlichen Entscheidungen gefordert.

In der Deponiepraxis werden vielfach Abfälle zur Verwertung angeliefert, die beispielsweise als Wegematerial oder für Zwischenabdeckungen eingesetzt werden. Um hier zu einem einheitlichen Vollzug zu gelangen, werden in § 24 des Entwurfs die Voraussetzungen der Verwertung konkretisiert. Voraussetzung für die Anerkennung als Verwertung ist die bauphysikalische Eignung der verwendeten Abfälle, deren Einsatz für deponiebautechnische Zwecke in dem für die Deponieinfrastruktur notwendigem Maß und die Ersparnis von Aufwendungen durch den Ersatz von Primärrohstoffen.

Nach Artikel 5 Absatz 5 der Deponierichtlinie müssen die Mitgliedstaaten spätestens zum 15. Juli 2003 ihre Strategie zur Verringerung der zur Deponierung bestimmten, biologisch abbaubaren Abfälle festlegen und die Kommission hiervon unterrichten. In § 25 wird diese Verpflichtung aufgenommen. In Erfüllung dieser Verpflichtung werden die Länder aufgefordert, dem Bund bis spätestens 1. April 2003 zu berichten, durch welche Maßnahmen und wann die darauf hinauslaufenden Anforderungen der Deponieverordnung sowie der Abfallablagerungsverordnung hinsichtlich der Deponiezuordnungswerte erfüllt sein werden.

<u>Teil 7: Schlussvorschriften (§ 26 - § 28)</u>

Die Übergangsvorschriften für die Ablagerung von Siedlungsabfällen sind abschließend in der Abfallablagerungsverordnung geregelt. Übergangsvorschriften zur Anpassung der betrieblichen oder materiellen Anforderungen für Sonderabfalldeponien, Untertagedeponien oder Langzeitlager sind nicht erforderlich. Einzig für die Stellung des fachkundigen Personals, die Festlegung von Auslöseschwellen für die Grundwasserüberwachung sowie für die Stellung der finanziellen Sicherheit werden Übergangsfristen eingeräumt.

Außerdem werden in den Schlussvorschriften die Ordnungswidrigkeitentatbestände sowie das Inkrafttreten geregelt.

Anhänge

Bestandteil des Referentenentwurfs der Deponieverordnung sind auch vier Anhänge:

Anhang 1 legt die Kriterien für die Gleichwertigkeit der kombinatorischen Wirkung von geologischer Barriere und Basisabdichtungssystem nach den Systemanforderungen der TA Abfall, Teil 1 sowie der TA Siedlungsabfall zu den entsprechenden Anforderungen aus Anhang 1 der Deponierichtlinie fest.

Anhang 2 bestimmt die biologischen Abfälle, die dem Bericht der Länder zur Umsetzung der Reduzierungsstrategie der erzeugten biologisch abbaubaren Abfälle zugrunde zu legen sind.

Anhang 3 legt die Zuordnungskriterien für die Deponieklasse III für besonders überwachungsbedürftige Abfälle fest.

Anhang 4 bestimmt, was als sachkundiges Labor im Sinne von Artikel 12 Buchstabe C der Deponierichtlinie anzusehen ist. Im übrigen werden die für die Beprobung von Abfällen anzuwendenden Analysevorschriften definiert. Soweit mit der Ablagerungsverordnung für die Bestimmung einzelner Parameter bereits die entsprechenden Prüfvorschriften festgelegt worden sind, wird auf diese Bezug genommen.

4. Schlussbemerkungen

Die Anhörung der beteiligten Kreise zur Deponieverordnung ist für den Oktober/November 2001 vorgesehen. Die Verordnung bedarf nach Beschluss durch das Bundeskabinett der Zustimmung durch den Bundestag und Bundesrat.

Eignungsbeurteilung alternativer Abdichtungen - Vorgehensweise der Länder nach dem Wegfall der Zuständigkeiten des DIBt am Beispiel von TRISOPLAST

Wolfgang Bräcker[*]

Inhalt

1. Eignungsbeurteilung 19
2. Zulassungen 20
    2.1 Abfallrechtliche Zulassungen 20
    2.2 Bauaufsichtliche Zulassungen 21
    2.3 Unterschiede der Zulassungen 23
    2.4 Aktuelle Anwendbarkeit der Zulassungen 24
3. Eignungsbeurteilung neuer Produkte 25
4. Literatur 29

1. Eignungsbeurteilung

Für die Basis und Oberflächenabdichtung von Deponien werden natürliche und künstlich hergestellte Baustoffe eingesetzt. Nach den abfallrechtlichen Vorschriften TA Abfall [6] und TA Siedlungsabfall (TASi) [7] sowie Richtlinien der Länder sind dies i. w. Lehme und Tone für mineralische Abdichtungen, Kiese für mineralische Entwässerungsschichten, Kunststoffdichtungsbahnen und Geotextilien.

Die Eigenschaften natürlicher mineralischer Baustoffe wie Lehm, Ton und Kies können je nach Gewinnungsort stark variieren. Es ist daher unerlässlich, in jedem einzelnen Fall die Eignung der zur Anwendung vorgesehen Baustoffe zu prüfen (**"projektbezogener Eignungsnachweis"**). Für die Untersuchungen sind in den Richtlinien genormte Prüfverfahren genannt.

---

[*] Dipl.-Ing. Wolfgang Bräcker, Niedersächsisches Landesamt für Ökologie
Postfach 10 10 62, 31110 Hildesheim, wolfgang.braecker@nloe.niedersachsen.de

Der Produktionsprozess von künstlich hergestellten Abdichtungselementen, wie z. B. Kunststoffdichtungsbahnen, lässt sich genau steuern, so dass ein einmal auf seine Eignung hin geprüftes und für geeignet erklärtes Produkt unabhängig von dem jeweiligen Anwendungsfall ohne weitere Eignungsprüfungen verwendet werden kann ("**projektunabhängiger Eignungsnachweis**"). In diesem Fall ist lediglich durch Qualitätssicherung eine gleichbleibende Qualität des Produktes zu gewährleisten und die Identität mit dem in der Eignungsprüfung untersuchten Produkt festzustellen.

Neben den genannten Abdichtungselementen werden eine Reihe weiterer Produkte angeboten. Hierbei handelt es sich zum Teil um eine Mischung aus natürlichen mineralischen Baustoffen, die mit künstlichen Zusatzstoffen vermischt werden, um die Eigenschaften der natürlichen Baustoffe zu verbessern. Einerseits besteht hinsichtlich der Eignungsbeurteilung der Zusatzstoffe und des Gemisches die gleiche Möglichkeit eines projektunabhängigen Eignungsnachweises wie für die künstlich hergestellten Abdichtungselemente. Andererseits ist auch hier die Prüfung der Eignung der natürlichen mineralischen Baustoffe unerlässlich. Als Lösung bietet sich in diesem Fall ein "**projektunabhängiger Nachweis der grundsätzlichen Eignung**" an. Darin müssen die Anforderungen an die natürlichen Baustoffe exakt festgelegt und im Anwendungsfall auf Einhaltung hin geprüft werden.

2. Zulassungen

2.1 Abfallrechtliche Zulassungen

Die Eignungsbeurteilung von Kunststoffdichtungsbahnen erfordert umfangreiche Kenntnisse über Materialeigenschaften und -verhalten. Hierzu müssen zum Teil auch Firmengeheimnisse offengelegt werden. Weil diese in der Regel Dritten nicht zugänglich gemacht werden, kann weder seitens des Vorhabensträgers noch seitens der Behörden die Eignung von Kunststoffdichtungsbahnen hinreichend beurteilt werden.

Als 1988 erstmalig Kunststoffdichtungsbahnen als Abdichtungselemente in einer Richtlinie verbindlich vorgeschrieben wurden [11], bot es sich daher an, die Eignungsbeurteilung einer zentralen und kompetenten Stelle zu übertragen. Auf der Rechtsgrundlage des niedersächsischen Dichtungserlasses erteilt die Bundesanstalt für Materialforschung und -prüfung (BAM), Berlin als darin genannte zuständige Stelle Zulassungen für Kunststoffdichtungsbahnen im Deponiebau. Fachliche

Grundlage des Zulassungsverfahrens ist eine in Anstimmung mit Vertretern niedersächsischer Landesämter von der BAM entwickelte Zulassungsrichtlinie [5]. Aufgrund der engen Wechselwirkungen zwischen beiden Elementen wurde vereinbart, bei der BAM das Zulassungsverfahren auch auf geotextile Schutzschichten für Kunststoffdichtungsbahnen auszudehnen.

Das Zulassungserfordernis für Kunststoffdichtungsbahnen durch die BAM wurde 1992 in Thüringen übernommen [14].

Mit Inkrafttreten von TA Abfall 1991 und TASi 1993 wurde festgelegt, dass "die Eignung von Kunststoffdichtungsbahnen in der Regel durch einen geeigneten Gutachter z. B. das Deutsche Institut für Bautechnik (DIBt) oder die BAM festgestellt werden sollte" (TA Abfall) bzw. "nur für Deponieabdichtungssysteme zugelassene Kunststoffdichtungsbahnen verwendet werden dürfen und die Zulassung auch durch die BAM erfolgen kann" (TASi). Gemäß Anhang E der TA Abfall, der auch für den Geltungsbereich der TASi Anwendung findet, wird gefordert, dass der Nachweis der Eignung von Kunststoffdichtungsbahnen sowie der geplanten Fügetechnik durch einen Zulassungsbescheid zu erbringen ist.

Aufgrund der positiven Erfahrungen mit den seit 1988 laufenden Zulassungen von Kunststoffdichtungsbahnen für Niedersachsen wurde nach Inkrafttreten der abfallrechtlichen Verwaltungsvorschriften des Bundes von zahlreichen Bundesländern auf diese Zulassungen zurückgegriffen.

2.2 Bauaufsichtliche Zulassungen

TA Abfall und TASi weisen ausdrücklich darauf hin, dass Prüfpflichten nach anderen Rechtsvorschriften unberührt bleiben und somit parallel zum Abfallrecht zu beachten sind. In den meisten Bauordnungen der Länder sind Deponien als Bauwerke aufgeführt und unterliegen somit nicht nur dem Abfallrecht, sondern auch dem Baurecht.

Bauprodukte dürfen eingesetzt werden, wenn sie bestimmten technischen Regeln entsprechen ("geregelte Bauprodukte"). Im Deponiebau werden jedoch überwiegend Abdichtungsmaterialien eingesetzt, für die es keine Technischen Baubestimmungen gibt, bzw. für die, weil es sich um neue Abdichtungsmaterialien handelt, keine allgemein anerkannte Regeln der Technik existieren ("nicht geregelte Bauprodukte"). Soll die Verwendbarkeit derartiger Bauprodukte nachgewiesen werden, ist nach Musterbauordnung [1] das DIBt die zuständige Stelle, allgemeine bauaufsichtliche Zulassungen zu erteilen.

Zunächst mussten vom DIBt Beurteilungsgrundlagen für die an die neuen Abdichtungselemente zu stellenden Anforderungen erarbeitet werden. Um die baurechtlichen Zulassungen auch für den Vollzug des Abfallrechts nutzen zu können, machte das DIBt auch die abfallrechtlichen Verwaltungsvorschriften (TA Abfall und TA-Si) zur materiellen Grundlage seiner Zulassungstätigkeit. Das DIBt gründete den Arbeitskreis "Grundsätze der Deponietechnik und Sicherung von Altlasten" (AK GDSA). Dieser versuchte aus der Leistungsfähigkeit der Elemente der Regelabdichtungssysteme diese Anforderungen abzuleiten und stellte sie in den "Grundsätze für den Eignungsnachweis" [9] zusammen.

Die eigentliche Eignungsbeurteilung der Bauprodukte erfolgte dann in materialspezifischen Sachverständigenausschüssen (SVA). In diesen Sachverständigenausschüssen wurden, sofern mehrere Zulassungsanträge verschiedener Anbieter zu einem Abdichtungselement vorlagen, parallel zu den Beratungen der Anträge materialspezifische Zulassungsgrundsätze erarbeitet. Hierdurch konnten die Entscheidungen über die Anträge auf einer einheitlichen Grundlage getroffen werden. Im Gegensatz zur BAM, die im Rahmen ihre Zulassungstätigkeit auch eigene Untersuchungen durchführt, sind die Ausschüsse unter der Geschäftsführung des DIBt i. w. durch externe Fachleute besetzt und die allgemeine bauaufsichtliche Zulassung weitgehend auf deren Fachmeinung gestützt.

Für die Zulassung von Kunststoffdichtungsbahnen bestand eine Doppelzuständigkeit beim DIBt und der BAM. Beide Institutionen vereinbarten daher in Abstimmung mit dem Umweltbundesamt, dass die BAM zunächst die Zulassung von Kunststoffdichtungsbahnen weiterführen soll, diese Zulassungen aber grundsätzlich auch für baurechtliche Belange akzeptiert würden. Das DIBt bearbeitete hingegen allgemeine bauaufsichtliche Zulassungen für alternative Abdichtungen. Die Vereinbarung zwischen DIBt und BAM war pragmatisch, berücksichtigte jedoch nicht, dass für derartige Entscheidungen die Zuständigkeit bei den obersten Baubehörden (ARGEBAU) und den obersten Abfallbehörden der Länder (LAGA) liegt. Aus diesem Grund versuchte 1996 / 1997 eine von der LAGA eingesetzte Arbeitsgruppe die Möglichkeiten einer Aufgabenübertragung abfallrechtlicher Zulassungen auf das DIBt zu prüfen. Diese Übertragung scheiterte formal, weil die Verwaltungsvorschriften TA Abfall und TASi keine ausreichende Rechtsgrundlage für die Zulassung durch das DIBt darstellen, das DIBt satzungsgemäß für den Bereich des Abfallrechts nicht zuständig ist und eine Satzungsänderung nicht möglich war. Mit der Aufgabenübertragung hätten ferner die mit der Zulassungstätigkeit verbundenen Kosten von den Abfallressorts der Länder getragen werden müssen. Dies wurde von einigen Ländern nicht akzeptiert, zumal die BAM ihre Zulassungstätigkeit einschließlich der damit verbundenen Kosten für die Materialuntersuchungen für die Länder kostenlos durchführt. Vor diesem Hintergrund entschied die ARGE-BAU, dass Bauprodukte für Deponien für die Erfüllung baurechtlicher Anforderungen nur eine untergeordnete Bedeutung hätten und in die Liste C des DIBt aufzunehmen seien. Diese Liste trat am 15.05.1998 in Kraft [8]. Seitdem bedürfen Bauprodukte für Deponien keiner allgemeinen bauaufsichtlichen Zulassung mehr. Das DIBt hat daraufhin seine diesbezügliche Tätigkeiten eingestellt.

Bis zu diesem Zeitpunkt hatte das DIBt folgende allgemeinen bauaufsichtlichen Zulassungen erteilt:

- Deponieasphalt
- Bentonitmatten (BECO, Huesker, Naue)
- vergütete mineralische Abdichtungen
  (Chemoton und DYWIDAG-Mineralgemisch)
- Rohre (BAUKU und Frank)

2.3 Unterschiede der Zulassungen

Die Prüfungen der BAM basieren auf worst-case-Untersuchungen, die strenger sind, als wenn sie unmittelbar aus den Zuordnungskriterien der einzelnen Deponieklassen von TA Abfall und TASi abgeleitet würden. Wird die ausreichende Beständigkeit einer Kunststoffdichtungsbahn festgestellt, so kann davon ausgegangen werden, dass sie unter realen Deponiebedingungen daher weit auf der sicheren Seite liegt. Diese Vorgehensweise trägt auch den Unwägbarkeiten der in heutigen, aus weitgehend unbehandelten Abfällen aufgebauten Deponien ablaufenden chemischen, physikalischen und biochemischen Prozessen sowie der realistisch fehlenden Reparierbarkeit von Abdichtungselementen an der Deponiebasis Rechnung. BAM-Zulassungen genügen dem Vorsorgeprinzip des Abfallrechts.

Nach Baurecht (z.B. [12]) müssen bauliche Anlagen so angeordnet, beschaffen und für ihre Benutzung geeignet sein, dass die öffentliche Sicherheit nicht gefährdet wird. Somit müssen die baurechtlich zu stellenden Anforderungen dem Gefahrenabwehrprinzip und nicht dem strengeren Vorsorgegrundsatz genügen. Den DIBt-Zulassungen liegen aber die Leistungsfähigkeit der Regelabdichtungssysteme und die Einwirkungen auf die Abdichtungselemente zu Grunde, die im AK GDSA aus den Zuordnungskriterien von TA Abfall und TASi abgeleitet wurden. Daher müssten die hierauf erteilten Zulassungen ebenfalls zur Erfüllung des Vorsorgeprinzips ausreichen. Soweit in den Zulassungen auch auf die mögliche Anwendbarkeit bei Altdeponien hingewiesen wurde, ist dies jedoch nicht immer zutreffend. Auch wurde die der TA Abfall und der TASi zu Grunde liegenden Sicherheitsphilosophie verlassen, weil gemäß DIBt-Grundsätze zur Sicherung der Dauerbeständigkeit bei Oberflächenabdichtungen auch Kontroll-, Wartungs- und Ertüchtigungsmaßnahmen vorgenommen werden können.

Unsicherheiten hinsichtlich Einwirkungen und Materialverhalten wurden in den DIBt-Zulassungen mit Sicherheitszuschlägen begegnet, die umso größer waren, je geringer der jeweilige Kenntnisstand zum Zeitpunkt der Beratungen war. Die Sicherheitszuschläge sind beispielsweise bei Unsicherheiten der Durchlässigkeitsbeiwerte nicht immer ausreichend, wenn einfache Zuschläge Unsicherheiten im Bereich von Zehnerpotenzen kompensieren sollen.

Zulassungsgegenstand einer DIBt-Zulassung ist zunächst das Produkt, der einer BAM-Zulassung das fertig eingebaute Abdichtungselement einschließlich aller in der Zulassung genannten Anforderungen an die Qualitätssicherung bei Herstellung und Einbau. Werden einzelne Elemente der Qualitätssicherung nicht eingehalten, beispielsweise der Einbau durch einen Verlegefachbetrieb der den Anforderungen der BAM [3] genügt, handelt es sich bei der verlegten Kunststoffdichtungsbahn nicht mehr um eine zugelassene Kunststoffdichtungsbahn.

BAM-Zulassungen werden unbefristet erteilt, können aber widerrufen werden, wenn hierfür Veranlassung besteht. Allgemeine bauaufsichtliche Zulassungen werden in der Regel auf 5 Jahre befristet erteilt. Dies trifft für alle bauaufsichtlichen Zulassungen von Deponiebauteilen zu. Daher sind zum jetzigen Zeitpunkt nur noch die Zulassungen der Bentonitmatten und der vergüteten mineralischen Abdichtungen gültig. Diese Zulassungen laufen im Frühjahr 2003 aus.

2.4 Aktuelle Anwendbarkeit der Zulassungen

Die Zulassungen der BAM werden ständig neuen Entwicklungen, beispielsweise Änderungen der am Markt verfügbaren Rohstoffe, angepasst. Gültige Zulassungsscheine der BAM genügen in vollem Umfang dem nach TA Abfall und TASi vorzulegenden Eignungsnachweis. Da aus der Zulassung allein jedoch nicht eindeutig ersichtlich ist, ob die aktuelle Zulassung vorliegt und diese noch gültig ist, sollte vor jeder Anwendung die Gültigkeit durch Rückfrage bei der BAM geprüft werden.

Seitdem Bauprodukte für Deponien auf der Liste C des DIBt stehen, ist es aus bauaufsichtlicher Sicht unerheblich, ob eine allgemeine bauaufsichtliche Zulassung noch gültig ist oder bereits abgelaufen ist. Für die für den Vollzug des Abfallrechts zuständigen Behörden sind die vorliegenden allgemeinen bauaufsichtlichen Zulassungen sowie die Grundsätze für den Eignungsnachweis und die materialspezifischen Zulassungsgrundsätze jedoch eine wertvolle Hilfe bei der Eignungsbeurteilung alternativer Abdichtungen. Die Zulassungen fließen in diesem Fall nicht formal sondern materiell in die Entscheidung der Behörde ein. Aufgrund der Tatsache, dass die Grundsätze nicht abschließend mit den obersten Abfallbehörden abgestimmt wurden und die Zulassungen beispielsweise auch für Anwendungen empfohlen werden, die nicht Basis der Grundsätze waren, wird vielfach seitens der Abfallbehörden im Genehmigungsverfahren und der Überwachung die allgemeine bauaufsichtliche Zulassung nicht als alleiniger Nachweis der Eignung anerkannt. Darüber hinaus existieren landesspezifische, über die Vorgaben von TA Abfall und TASi hinausreichende Anforderungen, die die unmittelbare Anwendbarkeit der allgemeinen bauaufsichtlichen Zulassungen einschränken.

Einsatzmöglichkeiten und -grenzen auch zugelassener alternativer Abdichtungen wurden in einer LAGA ad-hoc-Arbeitsgruppe beraten und die Ergebnisse beispielsweise in [13] veröffentlicht.

3. Eignungsbeurteilung neuer Produkte

Auch nach Einstellung der Zulassungstätigkeit für Deponiebauteile durch das DIBt geht die technische Entwicklung im Deponiebau weiter. Bei der Beurteilung, ob neue Produkte geeignet sind, können sich die Genehmigungsbehörden nicht mehr auf Zulassungen berufen, sondern müssen entsprechende Eignungsnachweise einfordern und die Gutachten im Detail prüfen. Da die Genehmigungsbehörden mit dieser Aufgabe in der Regel personell überfordert sind, bedienen sie sich auch unter dem Gesichtspunkt eines landeseinheitlichen Vollzugs des Abfallrechts der fachtechnischer Beratung durch die Landesfachbehörden.

Neue Produkte werden meist zeitgleich in mehreren Bundesländern angeboten. Damit bietet es sich an, dass sich alle betroffenen Länder bei der Eignungsbeurteilung abstimmen. Dies dient neben der Schonung personeller Ressourcen in den Behörden auch der Reduzierung des Aufwandes auf Seiten des Produktanbieters.

Für die Form der Abstimmung gibt es kein festgelegtes Regularium. Am Ende des Abstimmungsprozesses kann aufgrund einer fehlenden Rechtsgrundlage auch keine allgemein gültige Zulassung stehen. Die Ergebnisse der Untersuchungen und die Beurteilung werden aber schriftlich, beispielsweise in Form von Protokollen, niedergelegt und können dann seitens der Anbieter, der Antragsteller und Planer sowie der Behörden in die konkreten Genehmigungsverfahren einbezogen werden.

Ein erstes derartiges Abstimmungsverfahren fand im Zusammenhang mit der Eignungsbeurteilung von Dichtungskontrollsystemen statt. Als Ergebnis wurde von der BAM eine vom Arbeitskreis Dichtungskontrollsysteme (AKDKS) erarbeitete Empfehlung [2] herausgegeben auf deren Basis die BAM projektunabhängige Eignungsgutachten im Auftrag der Produktanbieter erarbeiten kann.

Im zweiten Abstimmungsverfahren soll TRISOPLSAT als mineralisches Abdichtungsmaterial auf seine Eignung hin beurteilt werden. Was TRISOPLSAT im einzelnen ist, kann dem nachfolgenden Referat von WAMMES und RIEDEL entnommen werden. An dieser Stelle sollen lediglich die Hintergründe und Methodik der Vorgehensweise einer abgestimmten Eignungsbeurteilung vorgestellt werden.

Anlass für die Beschäftigung mit TRISOPLAST seitens des NLÖ war ein konkretes Vorhaben der Oberflächenabdichtung einer Siedlungsabfalldeponie. Die zuständige Bezirksregierung bat Ende 2000 in diesem Zusammenhang das NLÖ um fachtechnische Stellungnahme zur Eignung von TRISOPLAST. Für die Eignungsbeurteilung wurde seitens des Planers eine gutachterliche Stellungnahme der BAM [4] vorgelegt. Diese schloss zwar in der Zusammenfassung mit einer positiven Einschätzung des Materials, verwies aber zu verschiedenen Themen auf noch laufende bzw. erforderliche Untersuchungen, Unterlagen und Nachweise. Auf dieser Basis war eine abschließende Beurteilung seitens des NLÖ nicht möglich. Daraufhin erkundigte sich das NLÖ bei anderen Landesumweltämtern, ob dort Erfahrungen mit TRISOPLAST vorlagen. Dabei stellte sich heraus, dass dieses Produkt auch in anderen Bundesländern ein aktuelles Thema ist, konkrete Erfahrungen jedoch noch nicht vorlagen und auch noch keine Entscheidungen über die Eignung getroffen wurden. Es wurde seitens der Behörden beschlossen, dass die Eignung von TRISOPLAST gemeinsam beurteilt werden sollte. Dieses Vorgehen stieß auch beim Anbieter auf eine positive Resonanz.

Da es sich bei TRISOPLAST um ein vergütetes mineralisches Abdichtungsmaterial handelt, bot es sich an, zu prüfen, auf welcher Basis andere vergütete mineralische Abdichtungsmaterial beurteilt wurden. Grundsätzlich vergleichbar schienen die Produkte CHEMOTON und Dyckerhoff-Mineralgemisch, die ein bauaufsichtliche Zulassungsverfahren durchlaufen haben. Da für die fachliche Beurteilung weiterer externer Sachverstand erforderlich war, wurde beschlossen, dass zu den Beratungen im wesentlichen diejenigen Fachleute hinzugezogen werden sollten, die auch im Sachverständigenausschuss des DIBt an den Zulassungen dieser Produkte mitgewirkt haben. Ferner wurde das Labor IV.32 der BAM aufgrund seiner

Erfahrungen mit Polymerbaustoffen zur Beurteilung der Polymerbestandteile eingebunden.

Am 14.03.2001 trafen sich zunächst die Vertreter von 10 Landesumweltämtern und dem Umweltbundesamt, um den derzeitigen Kenntnis- und Sachstand in den einzelnen Ländern zu ermitteln und die weitere Vorgehensweise abzustimmen.

Im Ergebnis wurde festgestellt, dass in insgesamt 9 Bundesländern mehr oder weniger konkrete Anfragen bezüglich eines möglichen Einsatzes von TRISOPLAST als Abdichtungsmaterial vorliegen.

Beurteilungsgrundlage für TRISOPLAST sollten die DIBt-Grundsätze für den Eignungsnachweis [9], die Zulassungsgrundsätze des DIBt [10] und der Anhang E der TA Abfall darstellen, die aber den aktuellen Entwicklungen bezüglich des Standes der Technik und der abfallrechtlichen Vorschriften entsprechend modifiziert anzuwenden sind:

- Stand der Technik ist ein Durchlässigkeitsbeiwert der mineralischen Dichtungsschicht von $k \leq 5.10\text{-}10$ m/s. Deshalb ist der Nachweis der hydraulischen Leistungsfähigkeit entsprechend der Deponieklasse III zu führen.
- Grundlage muss die Wirksamkeit der Abdichtung im Endzustand sein (Umwandlung des Bentonits, Abbau des Polymers).
- Die Dauerbeständigkeit des Materials darf nicht durch Kontroll-, Wartungs- oder Ertüchtigungsmaßnahmen sichergestellt werden.
- Es sind Aussagen zur Umweltverträglichkeit zu machen.
- Der Einsatz von Abfällen für die Herstellung des Abdichtungsmaterials, wie er teilweise im Ausland praktiziert wird, kann derzeit nicht beurteilt werden.

Am zweiten Tag der Veranstaltung, dem 15.03.2001, nahmen neben den Behördenvertretern zwei Firmenvertreter und acht externe Fachleute teil.

Auf der Basis der am ersten Tag vereinbarten Beurteilungsgrundlagen sollte über die Leistungsfähigkeit von TRISOPLAST beraten werden. Hierbei zeigte es sich schnell, dass das Material in der Vergangenheit zahlreichen Untersuchungen unterzogen wurde, die Ergebnisse aber nicht systematisch aufbereitet vorliegen. Insgesamt wurde festgestellt, dass TRISOPLAST ein hochwertiges mineralisches Abdichtungsmaterial ist, eine abschließende Beurteilung der Eignung von TRI-

SOPLAST nach den DIBt-Grundsätzen mit derzeitigem Kenntnisstand jedoch noch nicht möglich ist. Um den noch erforderlichen Umfang der Untersuchungen abschätzen zu können, sind zunächst alle bisher existierenden, umfangreichen Untersuchungsergebnisse vorzulegen.

Die dann noch durchzuführenden Untersuchungen sollten sich auf ein definiertes Gemisch beziehen:

- Bandbreite der Einbauparameter
- einzuhaltender Verdichtungsgrad
- Untersuchungen zur Herstellbarkeit

Diese Grundlagen sind Voraussetzung, um über die Anzahl der erforderlichen Einbaulagen und die Mindesteinbaudicke entscheiden zu können.

Nach dem Fachgespräch wurden in einer "Dokumentation TRISOPLAST" die bisherigen Untersuchungsergebnisse zusammengestellt. In kleineren Gruppen wurde Spezialfragen, wie beispielsweise dem bodenmechanischen Verhalten und den Polymereigenschaften sowie der diesbezüglich erforderlichen Qualitätssicherung nachgegangen. In verschiedenen Versuchsfeldern wurde die Herstellbarkeit der Abdichtung untersucht.

In der Zeit zwischen der Abgabe der schriftlichen Fassung dieses Vortrages und der Veranstaltung werden verschiedene Untersuchungen abgeschlossen bzw. Zwischenergebnisse vorgelegt. Aus diesem Grund kann an dieser Stelle keine aktuellere Einschätzung abgegeben werden, als die zum Zeitpunkt des ersten Fachgesprächs. Aktuelle Ergebnisse werden wie auch die Protokolle vom März 2001 kurzfristig nach Ende weiterer Fachgespräche auf der Internetseite von Herrn Stief (www.deponie-online.de) veröffentlicht.

Die Vorgehensweise einer Eignungsbeurteilung wie am Beispiel TRISOPLAST wurde aus der Not heraus gewählt, weil derzeit keine zuständige Stelle verfügbar ist, abfallrechtliche Zulassungen alternativer Abdichtungselemente zu erteilen. Der Aufwand seitens des Anbieters und der Behörden konnte durch die Koordinierung in Grenzen gehalten werden. Die Arbeit ist nur möglich wegen des auch persönlichen Engagements der externen Fachleute. Die Vorarbeiten aus den bauaufsichtlichen Zulassungsverfahren sind eine erhebliche Hilfe bei der Festlegung des Untersuchungsbedarfs und der -methoden sowie bei der Bewertung der Ergebnisse. Anderenfalls hätten zunächst die Beurteilungskriterien erarbeitet werden müssen, wie dies im Zusammenhang mit der Eignungsbeurteilung von Dichtungskontrollsystemen geschehen ist.

Diese Art der Eignungsbeurteilung ist kurzfristig ein gangbarer Weg. Er ist aber aufwendig und kann nicht die Dauerlösung darstellen. Die am Fachgespräch im März 2001 teilnehmenden Landesamtsvertreter halten es daher für erforderlich, dass im Zuge der Umsetzung der EU-Deponierichtlinie in nationales Recht festgelegt wird, dass für werkmäßig hergestellte Elemente in Abdichtungssystemen ein projektunabhängiges Eignungsgutachten abfallrechtlich verankert und eine Zulassungsstelle verbindlich genannt wird. Ebenso sollte ein projektunabhängiges Gutachten der grundsätzlichen Eignung darin vorgeschrieben werden für deponieseitig hergestellte Elemente der Abdichtungssysteme, wenn hierzu Additive verwendet werden oder diese Elemente aus Mischgut hergestellt werden. Auch wenn die Eignung von Elementen in Abdichtungssystemen einmal festgestellt wurde, bedarf diese Feststellung einer regelmäßigen Überprüfung, ob sie noch dem sich entwickelnden Stand der Technik entspricht. Hierfür bietet die Befristung von Zulassungen die besten Voraussetzungen.

4. Literatur

[1] ARGEBAU
Musterbauordnung - MBO, Juni 1996

[2] BAM
Anforderungen an Dichtungskontrollsysteme in Oberflächenabdichtungen von Deponien - Empfehlungen des Arbeitskreises Dichtungskontrollsysteme (AKDKS); Labor IV. 32, Deponietechnik; November 2000

[3] BAM
Fachbetrieb für den Einbau von Kunststoffkomponenten in Deponieabdichtungssystemen - Empfehlungen der BAM für die Anforderungen an die Qualifikation und die Aufgaben eines Fachbetriebes; November 1996

[4] BAM
Gutachtliche Stellungnahme zu TRISOPLAST als mineralische Abdichtungsschicht von Deponien; BAM 15.05.2000; Az.: VII.23-26200

[5] BAM
Richtlinie für die Zulassung von Kunststoffdichtungsbahnen als Bestandteil einer Kombinationsdichtung für Siedlungs- und Sonderabfalldeponien sowie für Abdichtungen von Altlasten; Juli 1992

[6] BUND
Zweite Allgemeine Verwaltungsvorschrift zum Abfallgesetz (TA Abfall); Teil 1: technische Anleitung zur Lagerung, chemisch / physikalischen und biologischen Behandlung, Verbrennung und Ablagerung von besonders überwachungsbedürftigen Abfällen; Bek. d. BMU vom 12.3.1991 - WA II 5 - 30121 -1/8 -

[7] BUND
Dritte allgemeine Verwaltungsvorschrift zum Abfallgesetz (TA Siedlungsabfall); technische Anleitung zur Verwertung, Behandlung und sonstigen Entsorgung von Siedlungsabfällen vom 14.Mai 1993; Bundesanzeiger Jahrgang 45 Nr. 99a

[8] DIBT
Bauregelliste A, Bauregelliste B und Liste C; Mitteilungen Deutsches Institut für Bautechnik vom 04.05.1998, 29. Jahrgang Sonderheft Nr. 18

[9] DIBT
Grundsätze für den Eignungsnachweis von Dichtungselementen in Deponieabdichtungssystemen; November 1995

[10] DIBT
Zulassungsgrundsätze für Dichtungsschichten aus natürlichen mineralischen Baustoffen in Basis- und Oberflächenabdichtungssystemen von Deponien; Sachverständigenausschuss "Deponieabdichtungen mit mineralischen Baustoffen"; DIBt Dezember 1997

[11] NIEDERSACHSEN
Abdichtung von Deponien für Siedlungsabfälle; RdErl .d. MU vom 24.06.1988 - 207-62812/21; Nds. MBl. Nr. 22/1988 S. 632

[12] NIEDERSACHSEN
Neufassung der Niedersächsischen Bauordnung (NBauO) vom 13.07.1995 Nds. GVBl. Nr. 14/1995 Seite 200

[13] NIEDERSÄCHSISCHES LANDESAMT FÜR ÖKOLOGIE
AbfallwirtschaftsFakten 6: Oberflächenabdeckungen und –abdichtungen, Bräcker, W.; 2000

[14] THÜRINGEN
Verwaltungsvorschrift des Thüringer Ministeriums für Umwelt und Landesplanung - Die geordnete Anlagerung von Abfällen - vom 11.09.1992, Thüringer StAnz. Nr. 40 S. 1344, 1992.

Genehmigungspraxis der Regierungspräsidien in Baden-Württemberg nach dem Auslaufen der DIBt-Zulassungen für Asphaltdichtungen und Bentonitmatten am Beispiel des Regierungspräsidiums Stuttgart

Hans Mutschler[*]

Inhalt

1. Zulassung von Deponien 31
2. Zuständigkeiten 32
3. Genehmigungspraxis für Dichtungssysteme 33
4. Literaturhinweise 36

1. Zulassung von Deponien

Planfeststellung (§ 31 Abs. 2 KrW-/AbfG)

Für die Errichtung und den Betrieb von Deponien sowie deren wesentliche Änderung benötigt man in Deutschland eine Zulassung durch die zuständige Behörde Im Normalfall ist dies eine Planfeststellung.

Plangenehmigung (§ 31 Abs. 3 KrW-/AbfG)

An Stelle des Planfeststellungsverfahrens kann aber auch ein Plangenehmigungsverfahren ohne Öffentlichkeitsbeteiligung durchgeführt werden, wenn es sich um die Errichtung und den Betrieb einer unbedeutenden Deponie handelt und keine erheblichen nachteiligen Auswirkungen auf eines der in § 2 Abs. 1 des Gesetzes über die Umweltverträglichkeitsprüfung genannten Schutzgutes (Menschen, Tiere, Pflanzen, Boden, Wasser, Luft, Klima, Landschaft, Kultur- und sonstige Sachgüter) haben kann; oder wenn die **wesentliche** Änderung einer Deponie oder ihres

---

[*] Dipl.-Ing. Hans Mutschler, Regierungspräsidium Stuttgart, Ruppmannstr. 21, 70565 Stuttgart

Betriebes beantragt wird, soweit die Änderung ebenfalls keine erheblichen nachteiligen Auswirkungen auf eines der o. g. Schutzgüter haben kann. Für Deponien zur Ablagerung besonders überwachungsbedürftiger Abfälle kann keine Plangenehmigung erteilt werden.

Was eine unbedeutende Deponie ist, wurde jetzt im sogenannten Artikelgesetz vom 27. Juli 2001 mit < 10 Tonnen/Tag oder < 25000 Tonnen Gesamtkapazität definiert. Damit gibt es praktisch keine unbedeutenden Deponien mehr.

Zulassungsfreie Änderungen/Anzeigebedürftig

Unwesentliche Änderungen einer Deponie können ohne Zulassung erfolgen. Seit 3. August 2001 benötigt man auch formell für diese Änderungen eine Anzeige nach den Regeln des Immissionsschutzrechts (§ 15 BImschG). Bisher haben wir diese Anzeige informell gehandhabt. Unwesentliche Änderungen dürfen nach außen keine größeren Auswirkungen entfalten als die bereits in der Zulassung für die Deponie berücksichtigten Auswirkungen. Dies ist für den Einzelfall anhand von Plänen und Beschreibungen zu beurteilen, die Bestandteil der Anzeige sind.

Praktisch wird die zulassungsfreie Änderung z. B. bei der Oberflächendichtung einer bereits planfestgestellten Deponie. Ist die neue Oberflächendichtung nun eine wesentlich oder eine unwesentliche Änderung? Als grobe Richtung in Stuttgart hat sich eingespielt, dass wir zumindest ein Plangenehmigungsverfahren durchführen, wenn bisher keine Oberflächendichtung auf der Deponie vorgesehen war. Wenn dagegen bereits eine Regeldichtung nach TASi zugelassen war und nun eine „alternative" Dichtung gebaut werden soll, sehen wir dies in der Regel als unwesentliche Änderung an und verzichten auf ein Zulassungsverfahren. Die unten beschriebenen Gleichwertigkeitsnachweise müssen aber im Rahmen der Anzeige geführt werden.

2. Zuständigkeiten

In Baden-Württemberg ist immer die untere Abfallrechtsbehörde (Landratsamt, Bürgermeisteramt beim Stadtkreis) zuständig, soweit nichts Anderes bestimmt ist. Anders bestimmt (hier beschränkt auf Deponien) ist es:

- Für die **Planfeststellung** nach § 31 Abs. 2 KrW-/AbfG ist die höhere Abfallrechtsbehörde (Regierungspräsidium) als zuständige Anhörungs- und Planfeststellungsbehörde bestimmt. Für alle weiteren Zulassungen und Anordnungen ist nichts anderes bestimmt, do dass z. B. für die Plangenehmigung nach § 31 Abs. 3 auch bei einer vom Regierungspräsidium planfestgestellten Deponie grundsätzlich das Landratsamt zuständige Behörde ist. Landratsamt und Regierungspräsidium müssen sich also vor dem Zulassungsverfahren einigen, ob eine Planfeststellung oder eine Plangenehmigung das „richtige" Zulassungsverfahren ist. Dieser Fall kommt aber in Baden-Württemberg ziemlich selten vor, weil:

- Die Aufgaben der unteren Abfallrechtsbehörde von der höheren Abfallrechtsbehörde wahrgenommen werden, wenn die Gebietskörperschaft, für deren Bezirk die untere Abfallrechtsbehörde zuständig ist, Antragsteller oder Adressat einer Anordnung oder sonstigen Maßnahme ist. Dasselbe gilt für eine juristische Person des Privatrechts oder einen Abfallverband, an denen die Gebietskörperschaft zu mehr als 50 % beteiligt ist. Das Landratsamt kann sich also keine Deponie für seinen eigenen Landkreis genehmigen. Da die allermeisten Deponien in Baden-Württemberg von den Land- und Stadtkreisen betrieben werden, nehmen hier in der Regel die Regierungspräsidien originäre Aufgaben der Landratsämter wahr. Die Deponie geht erst nach Stilllegung und Schlussabnahme wieder in die Obhut des Landkreises zurück. Auch für die Altlasten sind die Landkreise zuständig.

3. Genehmigungspraxis für Dichtungssysteme

3.1 Deponieabdichtungssysteme

Die **Regeldichtungssysteme** sind in der TASi Ziff. 10.4.1.3 und 10.4.1.4 beschrieben. Zur Ausführung und Qualitätssicherung sind in der TASi Ziff. 10.4.1.1 und 10.4.1.2 Hinweise und Verweise auf die TA-Abfall enthalten. Die TASi lässt auch gleichwertige Abdichtungssysteme zu. Diese „alternativen" Dichtungssysteme müssen sich selbstverständlich an den Anforderungen der Regeldichtung messen lassen. Durch die Ablagerungsverordnung wurden diese Anforderungen ausdrücklich bestätigt und von der reinen Verwaltungsvorschrift zur Verordnung aufgewertet.

Da die Anforderungen der Regeldichtungssysteme in ihren Auswirkungen nicht quantifiziert sind, macht die „Messung" am Regeldichtungssystem natürlich gewisse Schwierigkeiten. Erschwerend kommt hinzu, dass die Sachbearbeiter in den Zulassungsbehörden mehr Generalisten und eher in der Lage sind, die notwendigen Fragen zu stellen als die erforderlichen Antworten der Spezialisten zu geben. Die

Zulassungsbehörden waren deshalb dankbar für die Hilfestellung durch das DIBt, einer unabhängigen Instanz mit dem erforderlichen Spezialwissen.

3.2 Gleichwertigkeitsnachweis

Der Gleichwertigkeitsnachweis ist vergleichbar mit einer Zulassung und ersetzt unter Umständen das Genehmigungsverfahren. Im Gleichwertigkeitsnachweis sollten auch Fragen der Herstellung und der Qualitätssicherung gelöst werden. Solche Fragen werden typischerweise in einer Bauartzulassung oder in einer allgemeinen bauaufsichtlichen Zulassung geregelt. Auch wenn eine solche bauaufsichtliche Zulassung nach dem Baurecht nicht erforderlich ist, wäre eine allgemeine Zulassung für die Elemente des Abdichtungssystems außerordentlich hilfreich. Ich halte es in zeitlicher und finanzieller Hinsicht sowie unter dem Gesichtspunkt der Wirksamkeit des Abdichtungssystems einfach für effektiver, wenn die generellen Herstellungs- Verlege- und Prüfvorschriften von Spezialisten für viele Fälle in einer allgemeinen Zulassung geregelt würden, als in jedem Einzelfall von den Generalisten der Deponiebetreiber, der planenden Ingenieurbüros und der Zulassungsbehörden.

Für den Gleichwertigkeitsnachweis ist es erforderlich, dass:

- Deponiebetreiber/Antragsteller
- Ingenieurbüro
- Fachgutachter
- Zulassungsbehörde

eng zusammenarbeiten. Nur wenn die unterschiedlichen Vorstellungen und Erkenntnisse der Beteiligten aufeinander abgestimmt werden, ist es möglich, Reibungsverluste sowie den zeitlichen und finanziellen Aufwand für den Gleichwertigkeitsnachweis zu optimieren.

3.3 Grundsätze der Zulassungsbehörde für die Bewertung von Gleichwertigkeitsnachweisen bei Deponieabdichtungssystemen

„Alternative" Deponieabdichtungssysteme müssen dem Regeldichtungssystem nach TASi gleichwertig (nicht gleich) sein. Die Feststellung der Gleichwertigkeit setzt eine Bewertung voraus. Eine solche Bewertung ist in abfallrechtlichen Entscheidungen, die ja ein „planerisches Ermessen" zulassen, durchaus üblich und nicht auf den Gleichwertigkeitsnachweis von Deponieabdichtungssystemen beschränkt. Das „planerische Ermessen" führt natürlich dazu, dass die Entscheidungen der einzelnen Sachbearbeiter nicht deckungsgleich sind. Trotzdem haben sich Bewertungsgrundsätze ausgebildet, die relativ einheitlich angewandt werden:

- Anwendung der Grundsätze für den Eignungsnachweis von Dichtungselementen in Deponieabdichtungssystemen des DIBt. Insbesondere die dort genannten Leistungen einer Deponiedichtung (Dichtigkeit, Mechanische Widerstandsfähigkeit, Beständigkeit und Herstellbarkeit) müssen im Gleichwertigkeitsnachweis abgearbeitet sein.
- Für jeden Gleichwertigkeitsnachweis im Einzelfall ist ein Fachgutachten erforderlich, welches im Zweifel nicht vom planenden Ingenieurbüro stammt.
- Allgemein bekannte oder unstrittige Punkte können einfach und kurz abgehandelt werden.
- Besonderheiten und vor allem strittige Punkte müssen ausführlich behandelt und detailliert nachgewiesen werden.
- Vorhandene Allgemeinzulassungen können verwendet werden, auch wenn die Geltungsdauer abgelaufen ist. Man muss das Rad nicht jedes Mal neu erfinden.
- Auf TASi-Deponien Klasse II halten wir an einer Kombinationsdichtung fest. Die in einigen der LAGA-Arbeitspapiere (nächster Vortrag) angesprochene Möglichkeit auf Verzicht eines Dichtungselements sehen wir sehr skeptisch.
- Kein Dichtungssystem ist perfekt - auf ewig haltbar und hundertprozentig dicht. Dies trifft auch auf die Regeldichtung nach TASi zu, die Regeldichtung ist aber der Maßstab für die Bewertung.

3.4 Genehmigungspraxis nach Auslaufen der DIBt-Zulassungen

Die allgemeine Genehmigungspraxis beim Regierungspräsidium Stuttgart habe ich in den vorigen Punkten dargestellt. Wenn die Geltungsdauer der Allgemeinzulassungen des DIBt ausgelaufen sein wird, ändert sich an dieser Praxis nicht viel. Der Ablauf der Geltungsdauer der entsprechenden Zulassungen ist zunächst ein formaler Vorgang. Die Erkenntnisse, die hinter der Allgemeinzulassungen standen, sind durch das Ende der Geltungsdauer ja nicht plötzlich falsch geworden, deshalb werden diese Zulassungen nach wie vor eine Erkenntnisquelle für die Zulassungsbehörde sein, die hohes Vertrauen genießt. Die unmittelbare Geltung ist natürlich abgelaufen. Ein Fachgutachten für den Gleichwertigkeitsnachweis im Einzelfall wird in Zukunft erforderlich sein. Vielleicht beantragt ja auch ein Hersteller die Allgemeinzulassung für seine Dichtung bei der BAM. Für diese Dichtung wäre dann der alte Zustand wieder hergestellt; ein großer Wettbewerbsvorteil.

4. Literaturhinweise

Gesetz zur Förderung der Kreislaufwirtschaft und Sicherung der umweltverträglichen Beseitigung von Abfällen (Kreislaufwirtschafts- und Abfallgesetz - KrW-/AbfG) vom 27. 9. 1994 (BGBl. I 1994 S. 2705) mit letzter Änderung vom 27. 7. 2001 durch Artikel 8 des

Gesetzes zur Umsetzung der UVP-Änderungsrichtlinie, der IVU-Richtlinie und weiterer EG-Richtlinien zum Umweltschutz vom 27. 7. 2001 (BGBl. I 2001 S. 1950)

Gesetz über die Vermeidung und Entsorgung von Abfällen und die Behandlung von Altlasten in Baden-Württemberg (Landesabfallgesetz - LabfG) in der Fassung vom 15. 10. 1996 zuletzt geändert durch Artikel 2 des Gesetzes vom 14. 3. 2001 (GBl. S. 434)

Verordnung über die Umweltverträgliche Ablagerung von Siedlungsabfällen und über biologische Abfallbehandlungsanlagen (Abfallablagerungsverordnung - AbfAblV) (BGBl. I 2001 S. 305)

Dritte allgemeine Verwaltungsvorschrift zum Abfallgesetz (TA Siedlungsabfall); technische Anleitung zur Verwertung, Behandlung und sonstigen Entsorgung von Siedlungsabfällen vom 14. Mai 1993 (Bundesanzeiger, Jahrgang 45, Nummer 99 a vom 29. 5. 1993)

Zweite allgemeine Verwaltungsvorschrift zum Abfallgesetz (TA Abfall) - Technische Anleitung zur Lagerung, chemisch/physikalischen, biologischen Behandlung, Verbrennung und Ablagerung von besonders überwachungsbedürftigen Abfällen vom 12. 3. 1991 (BMBl S. 139, ber. S 469)

Grundsätze für den Eignungsnachweis von Dichtungselementen in Deponieabdichtungssystemen, Deutsches Institut für Bautechnik, November 1995

Die LAGA – Arbeitspapiere zum Themenbereich Oberflächenabdichtungen und – abdeckungen

Peter Bothmann[*]

Inhalt

1. Einleitung 37
2. Arbeitsgruppe 38
3. Arbeitspapiere 38
4. Hintergründe, Besonderheiten 39
5. Umsetzung 44
6. Ausblick 44
7. Literatur 45

1. Einleitung

Nach in Kraft treten der TA Siedlungsabfall (TASi) im Jahr 1993 schien die Kreativität im Deponiebau Flügel bekommen zu haben. Obwohl durch den Vorschlag von Regelsystemen endlich einheitliche Vorgaben für die Sicherung der Deponie gemacht worden waren, wollte sie niemand realisieren. Es wurden in den Folgejahren eine Vielzahl an alternativen Abdichtungssystemen entwickelt und zur Genehmigung eingereicht. Die zuständigen Behörden hatten häufig Probleme, die nach TASi geforderte Gleichwertigkeit mit dem Regelabdichtungssystem festzustellen und die Ergebnisse der Gleichwertigkeitsprüfungen wichen oft - selbst bei identischen Alternativsystemen - stark voneinander ab.

Aus dieser Situation heraus sah sich die Länderarbeitsgemeinschaft Abfall (LAGA) 1998 veranlasst, Papiere in Auftrag zu geben, die die Basis für einen bundeseinheitlichen Vollzug bei der Deponiegenehmigung bilden könnten. Da aktuell nur

---

[*] Peter Bothmann, LfU Landesanstalt für Umweltschutz Baden-Württemberg
Griesbachstraße 1 u. 3, 76185 Karlsruhe

noch Oberflächenabdichtungen zur Genehmigung anstehen, wurde dieser Themenbereich zuerst in Angriff genommen.

2. Arbeitsgruppe

Die LAGA – Papiere zum Themenbereich Oberflächenabdichtungen und – abdeckungen wurden in den Jahren 1998 und 1999 von einer Arbeitsgruppe aus Ländervertretern unter Federführung Bayerns erarbeitet. Die Arbeitsgruppe startete im März 1998 noch unter dem Namen „Deponietechnik für den Bereich TASi" und wurde dann ein Jahr später – nachdem die LAGA beschlossen hatte, nur noch zeitlich befristete ad-hoc-Arbeitsgruppen einzurichten – in die ad-hoc- Arbeitsgruppe „Infiltration von Wasser in den Deponiekörper und Oberflächenabdichtungen und –abdeckungen" übergeführt.

Entsprechend dem Beschluss der LAGA wurde das Papier zu „Infiltration von Wasser in den Deponiekörper" dem Bund als Grundlage für die Novellierung der TASi empfohlen.

Die Papiere zu Oberflächenabdichtungen und –abdeckungen sind beispielsweise im Internet unter www.DeponieOnline.de als pdf – Datei verfügbar. In Papierform wurden sie als „AbfallwirtschaftsFakten 6" vom Niedersächsischen Landesamt für Ökologie und vom Niedersächsischen Landesamt für Bodenforschung im März 2000 herausgegeben (1).

Die Arbeitsgruppe wurde nach der Fertigstellung der Papiere zu den Oberflächenabdichtungen in die ad-hoc-Arbeitsgruppe „Stilllegung und Nachsorge bei Deponien" übergeführt. Im Jahr 2000 wurde ein entsprechender Bericht fertiggestellt und gemäß LAGA-Beschluß dem Bund für die geplante Umsetzung der EU-Deponierichtlinie als Basispapier zugeleitet.

3. Arbeitspapiere

Die folgenden alternativen Oberflächenabdichtungselemente wurden abgehandelt:
- Bentokiesabdichtung
- Bentonitmatten
- Wasserglasvergütete Abdichtungen
- Asphaltabdichtung
- Kapillarsperre

- Kunststoffdichtungsbahn als alleinige Abdichtung
- Geotextile Entwässerungsschichten

Weiter gibt es Papiere zu

- Rekultivierungsschichten

und

- Temporäreren Oberflächenabdeckungen

Die jeweiligen Papiere sind nach einem gleichbleibenden Muster aufgebaut:
1. Thema und Bezug zur TASi
2. Wirkungsweise
3. Praxisanwendungen / Erfahrungen
4. Würdigung in Hinblick auf die Vorgaben der TASi
5. Empfehlungen der Arbeitsgruppe

Ergänzend dazu finden sich Literaturhinweise und Anhänge mit Praxisbeispielen.

In meinem Beitrag will ich weniger den Inhalt der Papiere behandeln als vielmehr anhand einiger Beispiele zeigen, weshalb manche Empfehlung nicht die vom Planer, Anwender oder Produkthersteller erwartete Form annahm.

4. Hintergründe, Besonderheiten

4.1 Geotextile Entwässerungsschichten

Geotextile Entwässerungsschichten sind Produkte aus Kunststoff, die als Wasserdränage oberhalb von Dichtungsschichten eingesetzt werden können.

Der besondere Reiz für Planer und Anwender liegt in ihrer geringen Dicke – diese beträgt nur wenige Zentimeter – und erlaubt deshalb bei engen Platzverhältnissen auch noch die Anordnung eines Dichtungssystems ohne größere Erdumlagerungen oder Inanspruchnahme von zusätzlichen Flächen.

Außerdem sind Geotextile Entwässerungsschichten auch bei schlechtem Wetter einfach zu verlegen. Sie werden als Rollenware geliefert und gestoßen ausgelegt, die Stöße können durch Verklebungen gesichert werden.

Anstelle der nach TASi vorgegebenen Entwässerungsschicht (16/32 bzw. 8/16, gewaschenes Material, Rundkorn, Stärke 0,30 m, Langzeit- k_f-Wert $\geq 1\cdot 10^{-3}$ m/s) soll also ersatzweise eine Geotextile Entwässerungsschicht zwischen Dichtungsschicht und Rekultivierungsschicht angeordnet werden.

Unter „Geotextilen Entwässerungsschichten", auch „Geokunststoff - Dränschichten" genannt, versteht man Schichten grobstrukturierter Kunststoffschaumpartikel oder sogenannte Wirrgelege die zwischen Vliesschichten eingebunden werden (Geokomposits). Die Schichtstärken der Einzelschichten liegen im Bereich weniger Zentimeter (i.d.R. 2 bis 4 cm). Durch Auflasten aus der Rekultivierungsschicht, der Vegetationsschicht und ggfs. dem Verkehr werden die Schichtstärken weiter reduziert. Als Materialien für Vlies- und Dränschichten sind hauptsächlich PE oder PP im Einsatz.

Nachweise - zum Beispiel durch die Landesgewerbeanstalt Bayern (LGA) in Nürnberg geführt - ergaben, dass Geotextile Entwässerungsschichten im nicht gealterten Zustand geeignet und in der Lage sind, das durch die Rekultivierungsschicht sickernde Niederschlagswasser ab der geforderten Mindestneigung (≥ 5 %) an der Oberfläche abzuleiten.

Das Ziel der TASi, eine nachsorgearme Deponie u.a. durch eine dauerhaft wirksame Oberflächenabdichtung zu erzielen, ist jedoch aus nachfolgend genannten Gründen bei vollständigem Ersatz der langzeitbeständigen Regel - Entwässerungsschicht durch eine Geotextile Entwässerungsschicht nicht zu erreichen.

Bei Bemessungen hat sich gezeigt, dass dünnlagige Geotextile Entwässerungsschichten große Böschungslängen nicht drucklos entwässern können, so dass die Deckschichten unter Auftrieb geraten und dann nicht mehr standsicher sind.

Auch wenn eine Geotextile Entwässerungsschicht im *Neuzustand* für die Entwässerungsaufgabe grundsätzlich geeignet erscheint, die hydraulische Leistungsfähigkeit grundsätzlich ausreicht, um das anfallende Wasser abzuleiten, so ist ein Versagen durch Zusetzung mit eingespülten Feinpartikeln (Kolmation) und Durchwurzelungen wegen der sehr geringen Dicke von 2 bis 4 cm - das ist ein Porenraum von maximal 35 l / m^2 - viel eher zu erwarten als bei einer 30 cm starken Kiesschicht mit einem Porenraum von ca. 105 l / m^2.

Nach der neuen EU - Deponierichtlinie soll die Dränageschicht eine Verstärkung auf 50 cm (Porenraum ca. 175 l / m^2) erfahren.

Ein Versagen der druckentspannenden Dränschicht oberhalb eines Wasserstauers - hier der Dichtungsschicht – führt in Hanglagen zu der Gefahr, dass die Deckschichten abrutschen (s.o.). Bei Geotextilen Entwässerungsschichten sind folgende Versagensarten relevant:

- Versetzung der Wasserleitbahnen durch Kolmation und Wurzelwuchs
- Verringerung des Porenvolumens durch Kriechen unter Auflast
- Verringerung des Porenvolumens durch Alterung und Kompression unter Auflast

Die Alterung wird durch den allseitigen oxidativen Angriff in Verbindung mit der großen Oberfläche bei Dränmaterialien beschleunigt (im Vergleich zur KDB). Sie bewirkt eine Verminderung der Stützfunktion, die notwendig ist, um das Porengerüst offen zu halten.

Bei den Nachweisführungen über die Gleichwertigkeit der Geotextilen Entwässerungsschichten wurde regelmäßig für die zum Vergleich herangezogene TASI-Entwässerungsschicht der Langzeit - k_f - Wert von $1 \cdot 10^{-3}$ m/s angesetzt, obwohl dieser im Ausgangszustand bei der geforderten Körnung 16/32 tatsächlich im Bereich von $1 \cdot 10^{-1}$ m/s liegt, also deutlich höher ist.

Hinsichtlich der Funktion der Dränschicht als Wurzelsperre für die Dichtungsschicht wird auf den Bericht „Forstwirtschaftliche Rekultivierung von Deponien mit TA Siedlungsabfall - konformer Oberflächenabdichtung" (2) verwiesen, in dem als eine Maßnahme zur Begrenzung des Wurzelwachstums in der Rekultivierungsschicht folgende Empfehlung steht: „*Vermeidung eines Wasserangebots im oberen Bereich der Entwässerungsschicht durch Wahl einer größeren Dicke dieser Schicht*".

Geotextile Entwässerungsschichten, auch mehrlagig angeordnet, können dieser Anforderung nicht entsprechen.

Besonders kritisch ist das Lanzeitverhalten der Geotextilen Entwässerungsschichten in Verbindung mit der Kombinationsabdichtung zu sehen:

Da die Kunststoffdichtungsbahn (KDB) anerkanntermaßen nur eine zeitlich begrenzte Lebensdauer besitzt - vgl. "Grundsätze für den Eignungsnachweis von Dichtungselementen..." (3), und die aus gleichen Materialien bestehende Geotextile Entwässerungsschicht ebenfalls nur begrenzt haltbar ist, muss angenommen werden, dass, wenn die absolut wasserdichte KDB durch Alterung undicht wird, gleichzeitig (oder schon früher) die Geotextile Entwässerungsschicht ebenfalls durch Alterung versagt.

Damit ist die als Langzeitsicherung vorgesehene mineralische Dichtungsschicht nur noch eingeschränkt funktionsfähig, denn die Wirksamkeit eines Abdichtungssystems mit einer mineralischen Dichtungsschicht ist direkt abhängig von der sicheren druckentspannenden Funktion des darüberliegenden Dränelementes.

Tabelle: *Vergleich Dränage gemäß TASi und Geotextile Entwässerungsschicht*

Kriterium	Kiesdränage 16/32	Geotextile Dränschicht.
a. Dicke	30 cm	2 - 4 cm
b. Porenvolumen	ca. 105 l / m^2	< 35 l / m^2
c. Porengröße	groß	klein - mittel
d. Materialbeständigkeit	extrem	unbekannt
e. Langzeitstandsicherheit	gegeben	unbekannt
f. Wurzelsperrfunktion	vorhanden	nicht vorhanden

Aus diesen Gründen hat die Arbeitsgruppe folgende – für manche etwas überraschende - Empfehlung gegeben:

„Vorschlag zur Anwendung:

- *als Entwässerungsschicht bei temporären Abdeckungen nach TASi Nr. 11.2.1, Buchstabe h*

- *als Entwässerungsschicht in Oberflächenabdichtungssystemen von Deponien der Klassen I, II und bei Altdeponien in Kombination mit einer reduzierten mineralischen Entwässerungsschicht."*

Die AG sah noch Forschungsbedarf hinsichtlich der Durchwurzelungsproblematik und der Langzeitfestigkeit der Geokunststoffe.

4.2 Asphaltabdichtung

Entgegen der teilweise – auch hier im Hause - sehr kritischen Einstellung gegenüber Asphaltabdichtungen als Oberflächenabdichtung von Deponien, nahm die AG eine positive Einschätzung dieses Systems vor. Grund dafür waren die schon langjährigen Erfahrungen mit Deponiebasisabdichtungen aus diesem Material, die bauaufsicht-liche Zulassung der Asphaltbasisdichtung für Deponien der Klasse II verbunden mit der Kreierung eines sogenannten „Deponieasphalts" durch das Deutsche Institut für Bautechnik (DIBt) (4) sowie die mittlerweile sehr zahlreichen Testfelderfahrungen an Deponieoberflächen.

Der Vorschlag der AG geht dahin, grundsätzlich die Asphaltdichtungsschicht nur als Ersatz für die KDB in der Kombinationsdichtung zu sehen, dabei aber die mineralische Dichtungsschicht etwas in der Dicke zu reduzieren, da das mineralische Korngerüst der Asphaltschicht auch ohne Bindemittel Dichtungseigenschaften hat.

Die Anordnung einer alleinigen Asphaltdichtungsschicht - ohne unterlagernde mineralische Abdichtung - soll bei *„besonderen Bedingungen"* möglich sein. Dabei dachte man insbesondere an die Abdichtung standsicherer steiler Böschungen, bei denen keine größeren lokalen Setzungen mehr zu erwarten sind und wo eine zusätzliche mineralische Abdichtung nur unter sehr schwierigen Bedingungen realisiert werden könnte.

In Baden-Württemberg sind bisher verschiedene temporäre Asphaltabdichtungen gebaut worden. Eine entgültige Asphaltabdichtung wurde geplant und planfestgestellt.

4.3 Bentonitmatten

Die Arbeitsgruppe sah den Einsatzbereich für Bentonitmatten bei Altdeponien ausschließlich in der temporären Abdeckung bis zum Abklingen der Hauptsetzungen. Als Ersatz der mineralischen Dichtungsschicht in der Kombinationsabdichtung kommen Bentonitmatten bisher nicht in Betracht, da einige Fragen zur Langzeitbeständigkeit noch offen sind.

Bentonitmatten erhalten ihre Dichtfunktion durch das zwischen Vliesstoffen eingelagerte Bentonit. Da Bentonit nur einen Reibungswinkel von zwei bis vier Grad besitzt (Bentonit wird beispielsweise bei Erdbohrungen als Schmiermittel eingesetzt) müssen auftretende Scherkräfte in den Bentonitmatten über die Kunststoffvernadelung, die die Vliesstoffe verbindet und zusammenhält, übertragen werden. Durch die Alterung der Kunststoffe, zum Beispiel durch Oxidation, geht die Beanspruchbarkeit der Vernadelung zurück und die Scherkräfte können nicht mehr aufgenommen werden, es wirkt dann nur noch die Reibung. Mehr als 4 bis 5 Grad geneigte Böschungen könnten dann abrutschen. Wegen der sehr viel größeren spezifischen Oberfläche der Vernadelung ist diese dem oxidativen Angriff eher ausgesetzt als beispielsweise die Kunststoffdichtungsbahn in der gleichen Exposition.

Auf Grund des noch unklaren Langzeit - Standsicherheitsverhaltens folgte die AG auch den Vorgaben aus der Allgemeinen bauaufsichtlichen Zulassung des DIBt für Bentonitmatten im Einsatz auf Klasse I –Deponien nicht vollständig.

Empfohlen wird der Einsatz zur

> „endgültigen Oberflächenabdichtung von Deponien .. der Klasse I .. (nur) in flach geneigten Bereichen."

Das DIBt dagegen lässt den Einsatz bis zu einer Böschungsneigung von 1:3 zu.

4.4 Kunststoffdichtungsbahn als alleiniges Dichtungselement

Kunststoffdichtungsbahnen aus PEHD sind inzwischen eines der am besten erforschten Dichtungselemente auf dem Markt. Über die BAM – zugelassenen Kunststoffdichtungsbahnen, und nur solche werden auf Deponien als entgültige Abdichtungselemente eingesetzt, steigerten sich die Aussagen hinsichtlich ihrer Langzeitbeständigkeit von ursprünglich 20 bis 50 Jahre auf über 100 Jahre.

Diese Entwicklung und die Diskussion um die nach TASi vorgegebene mineralische Abdichtung hinsichtlich ihres Austrocknungs- und Durchwurzelungsverhaltens bewog die AG dazu, Kunststoffdichtungsbahnen auch als alleinige Dichtungselemente für die dauerhafte Abdichtung von Klasse I – Deponien zu empfehlen.

5. Umsetzung

Bezüglich der LAGA-Papiere zu Oberflächenabdichtungen und –abdeckungen wurde den Ländern empfohlen, diese den Vollzugsbehörden als praxisnahe Empfehlungen zur Umsetzung der TA Siedlungsabfall zur Kenntnis zu bringen. Dies geschah in Baden-Württemberg in Form eines Erlasses an die Regierungspräsidien am 12. Mai 2000. Ähnlich setzten auch die meisten anderen Bundesländer die LAGA - Empfehlung um.

6. Ausblick

Die Aussagen in den LAGA-Papieren stellen den Stand des Wissens bis Ende 1999 dar. Schon bei Beendigung der Arbeit zeigte es sich, dass weitere neue Systeme auf den Markt kommen werden, die ebenfalls einer Bewertung unterzogen werden müssten. Da jedoch die Aktionszeit dieser ad-hoc-Arbeitsgruppe beendet war, konnten zum Beispiel Dichtungselemente aus Trisoplast oder kontrollierbare Oberflächenabdichtungen nicht mehr behandelt werden.

Hinsichtlich der kontrollierbaren Oberflächenabdichtungen hat jedoch ein unter Federführung der Bundesanstalt für Materialforschung und –prüfung (BAM) operierender Arbeitskreis die Aufgabe übernommen, verschiedene Systeme zu bewerten und Empfehlungen für den Einsatz zu geben. Da nahezu alle Bundesländer im Arbeitskreis vertreten waren, konnte sichergestellt werden, dass behördliche Anforderungen ausreichend berücksichtigt wurden. Das Ergebnis der Arbeit ist in Form eines Berichts im November 2000 von der BAM veröffentlicht worden (5).

Es ist zu erwarten, dass sich die LAGA in nächster Zeit, wenn ein Bedarf dazu in den Ländern erkennbar wird, erneut mit dem Thema „Alternative Oberflächenabdich-tungen" befassen muss.

7. Literatur

(1) LAGA - ad-hoc-Arbeitsgruppe Oberflächenabdichtungen und –abdeckungen: Papiere zu Oberflächenabdichtungen und –abdeckungen, in: Abfallwirtschafts-Fakten 6, Niedersächsisches Landesamt für Ökologie und Niedersächsisches Landesamt für Bodenforschung, Hildesheim, März 2000 (internet: www.DeponieOnline.de)

(2) Ministerium für Umwelt und Verkehr Baden-Württemberg: Forstwirtschaftliche Rekultivierung von Deponien mit TA Siedlungsabfall - konformer Oberflächen-dichtung, Handbuch Abfall, Band 13, Herausgeber: LfU Baden-Württemberg, Karlsruhe, 1997

(3) Deutsches Institut für Bautechnik: Grundsätze für den Eignungsnachweis von Dichtungselementen in Deponieabdichtungssystemen, November 1995

(4) Deutsches Institut für Bautechnik: Allgemeine bauaufsichtliche Zulassung, Deponieasphalt für Deponieabdichtungen der Deponieklasse II", in: Asphalt für Deponieabdichtungen, Deutsches Asphaltinstitut e.V., Bonn,1996

(5) Bundesanstalt für Materialforschung und –prüfung (BAM): Anforderungen an Dichtungskontrollsysteme in Oberflächenabdichtungen von Deponien, 1. Auflage, November 2000 (internet: www.bam.de)

Deo für die Deponie! REHAU-Deponiegasfenster mit Biofiltermantel.

REHAU AG + Co
Verkauf Deponietechnik
Ytterbium 4
91058 Erlangen
Tel.: 0 91 31/92 55 32
Fax: 0 91 31/92 56 12
Erlangen.VG.Deponie@REHAU.com
www.REHAU.de

Die Zeiten, in denen eine Deponie zum Himmel stinken muss, sind Gott sei Dank vorbei.
Ein besonderes „Deo für die Deponie" ist das neue **REHAU-Konzept zur passiven Entgasung** von Deponien:

- mit komplett neuer Technologie
- mit einem extrem hohen Wirkungsgrad
- mit geringen Investitionskosten
- mit einfacher Handhabung

REHAU unterstützt Sie von A bis Z. Bei allen Bauabschnitten: von der Basis- über die Oberflächenabdichtung bis hin zur Deponieentgasung und Sanierung. Von Einzelkomponenten bis zu individuell zugeschnittenen Bedarfspaketen.

Wir senden Ihnen gerne Informationsmaterial zur kompletten REHAU-Produktpalette für die moderne Deponie!

NEUERSCHEINUNG • **Band 120**

Abfallwirtschaft
in Forschung und Praxis

Mechanisch-biologische Abfallbehandlung: Technologien, Ablagerungsverhalten und Bewertung

Gesamtdarstellung der wissenschaftlichen Ergebnisse des Verbundvorhabens „Mechanisch-biologische Behandlung von zu deponierenden Abfällen"

Herausgegeben von Dr.-Ing. KONRAD SOYEZ, Wissenschaftlicher Koordinator des vom BMBF geförderten Verbundvorhabens
2001, XX, 294 Seiten, DIN A5, kartoniert, DM 89,–/sfr. 78,–/ ab 1.1.2002 € (D) 46,80. ISBN 3 503 06000 6

❚ Mit dem Förderschwerpunkt Mechanisch-biologische Behandlung von zu deponierenden Abfällen (MBA) hat der BMBF 1993 in seiner Projektträgerschaft Abfallwirtschaft und Altlastensanierung am Umweltbundesamt eine abfallwirtschaftliche Fragestellung von erheblicher gesellschaftlicher Relevanz aufgenommen und seit 1994 im Rahmen eines Verbundvorhabens gefördert.

❚ Beteiligt waren fast 30 wissenschaftliche Institutionen und Praxispartner, die in insgesamt 17 Projekten praktisch alle Aspekte dieser Technologie bearbeitet haben. Ihre Überlegungen flossen in die Entwürfe für eine Ablagerungsverordnung und für eine Bundesimmissionsschutzverordnung ein, die speziell für die MBA Technologie die hochgesteckten Ziele der Umweltgesetzgebung sichern sollen.

❚ Der hiermit vorgelegte Gesamtbericht des Verbundes stellt die wissenschaftlichen Grundlagen der MBA erstmals in der Breite ihrer Aspekte dar. Das wird es der Fachwelt und den Verwaltungen erlauben, die noch laufende Diskussion um die neue Ablagerungsverordnung und die Immissionsschutzverordnung fachgerecht zu führen und Entscheidungen um neue abfallwirtschaftliche Anlagen fundiert zu treffen.

❚ **Ingenieure und Anlagenbauer finden die für ihre Arbeit unerlässlichen Grundlagen, um Anlagen zu planen und zu bauen und damit die wissenschaftlichen Ergebnisse zügig praxiswirksam zu machen.**

ESV ERICH SCHMIDT VERLAG
Berlin Bielefeld München
www.erich-schmidt-verlag.de
e-mail: ESV@esvmedien.de
www.umweltonline.de

Bewertungshilfe für Deponien

Ulrike Nienhaus[*]

Inhalt

1. Einführung 47
2. Aufbau und Inhalt der Bewertungshilfe 48
3. Ausgewählte Bewertungskriterien 59
4. Ausblick 65
5. Literatur 65

1. Einführung

Die Abfallablagerungsverordnung (AbfAblV) in Verbindung mit der TA Siedlungsabfall und die TA Abfall enthalten umfassende Anforderungen an die geologische und hydrogeologische Standorteignung, den Bau und Betrieb von Deponien, die Betriebsüberwachung sowie die Informations- und Dokumentationspflicht des Betreibers gegenüber der zuständigen Behörde. Die Anforderungen aus diesen Rechtsvorschriften finden ihren Niederschlag in den abfallrechtlichen Zulassungen der dafür zuständigen Behörden. Neben diesen Zulassungen steht in NRW die Ordnungsbehördliche Verordnung über die Selbstüberwachung von oberirdischen Deponien (Deponieselbstüberwachungsverordnung - DepSüVO), die für die Deponiebetreiber unmittelbar verbindlich ist.

Angesichts der zur Ablagerung gelangenden und künftig für die Ablagerung zu erwartenden Abfallarten und -mengen auf der einen Seite und der bestehenden Deponiekapazitäten auf der anderen Seite werden mittelfristig vielfältige Entscheidungen über den Weiterbetrieb, die Nachrüstung, die Erweiterung oder auch die Stilllegung von Deponien zu treffen sein. Maßgebliches Kriterium neben der Erfassung und Auswertung der Betriebsdaten sollte das Sicherheitspotential der Deponien unter Zugrundelegung der Standortkriterien im Einzelfall sein. Objektive

---

[*] Dr. Ulrike Nienhaus, Landesumweltamt NRW, Wallneyer Str. 6, 45133 Essen

Kriterien können hier zum Konsens über solche Entscheidungen beitragen. Auf Anregung des Ministeriums für Umwelt und Naturschutz, Landwirtschaft und Verbraucherschutz NRW und unter Beteiligung der Umweltverwaltung und von kommunalen Spitzenverbänden wurde ein Verfahren zur Bewertung der Sicherheit von Deponien erarbeitet und erprobt. Ziel war es, den Entsorgungsträgern und zuständigen Behörden mit der „Bewertungshilfe für Deponien" ein landeseinheitliches Instrument als Entscheidungshilfe zur Verfügung zu stellen.

Im Folgenden werden der Aufbau der Bewertungshilfe sowie die Grundlagen für die Ableitung der Bewertungskriterien vorgestellt.

2. Aufbau und Inhalt der Bewertungshilfe

2.1 Entwicklung des Bewertungskonzeptes

Die Bewertungshilfe wurde anhand von 10 ausgewählten Deponiestandorten entwickelt. Die Auswahl der Modelldeponien erfolgte nach folgenden Kriterien:

- Deponien nach AbfAblV Anhang 1 und nach TA Abfall Teil 1,
- unterschiedliche Deponiealter und somit Deponiestandards,
- Restlaufzeiten über das Jahr 2005 hinaus,
- unterschiedliche Deponiegrößen,
- unterschiedliche Deponieformen (Gruben- oder Talverfüllungen, Haldendeponien),
- unterschiedliche Untergrundverhältnisse (Locker- oder Festgestein),
- unterschiedliche Grundwasserverhältnisse (Deponien mit und ohne Grundwasserzutritten bzw. mit und ohne Grundwasserhaltungs- oder vertikalen Abdichtungsmaßnahmen).

Für die Entwicklung des Bewertungsschemas wurden in einem ersten Arbeitsschritt die derzeitigen Anforderungen an den Bau und Betrieb von Deponien in Form eines Anforderungskataloges aufgelistet. Diese zunächst bewusst sehr weitreichende Zusammenstellung basiert im Wesentlichen auf folgenden Rechts- und Regelwerken:

- Kreislaufwirtschafts- und Abfallgesetz (KrW-/AbfG),
- TA Siedlungsabfall (TA Si),

- TA Abfall, Teil 1 (TA A),
- Landesabfallgesetz NRW (LAbfG),
- Deponieselbstüberwachungsverordnung (DepSüVO),
- LUA-Merkblatt Nr.12 zur „Anwendung der TA Siedlungsabfall bei Deponien",
- LWA-Richtlinie Nr. 18 „Mineralischen Deponieabdichtungen",
- MURL-Rahmenkonzept zur Planung von Sonderabfallentsorgungsanlagen.

Die sich aus diesen Rechtsvorschriften und Technischen Regelwerken ergebenden allgemeinen Anforderungen wurden aus fachlicher Sicht konkretisiert.

2.2 Aufbau des Bewertungsverfahrens

Das Bewertungsprinzip setzt sich aus mehreren Einzelschritten zusammen. Ein Ablaufschema ist in Abbildung 1 wiedergegeben. Nach einer systematischen Erfassung und Aggregation der Einzelsachverhalte einer Deponie findet zunächst eine Prüfung und Bewertung der Datengrundlage statt. Das Ergebnis findet unmittelbar Eingang in die spätere Gesamtbewertung der Deponie.

Kernstück ist die Bewertung nach dem sog. E.T.I.-Konzept. Dieses fußt auf der Grundüberlegung, dass die Langzeitsicherheit einer Deponie von den folgenden drei Sachverhalten in ihrer Gesamtheit abhängt (Abbildung 2):

- **E** für Emissionspotenzial
  potenziell emittierbarer stofflicher Inhalt der Deponie
- **T** für Transmissionspotenzial
  vorhandene Barrieren zur Unterbindung der Freisetzung von Inhaltsstoffen
- **I** für Immissionen/Immissionsempfindlichkeiten
  durch Immissionen aktuell oder potenziell betroffene Nutzungen und Naturfunktionen im Deponieumfeld

Die Langzeitsicherheit ergibt sich aus der Zusammenführung der Einzelpotenziale, wobei eine Zuordnung zu drei Bewertungsstufen erfolgt (Klassifikation).

Aus Gründen der Handhabbarkeit und Übersichtlichkeit kann das E.T.I.-Bewertungsschema nicht alle Anforderungen an den Bau und Betrieb einer Deponie bzw. nicht alle Gegebenheiten berücksichtigen. Für die abschließende Bewertung einer Anlage werden daher weitere, so genannte Zusatzinformationen herangezogen. Die Gesamtbewertung setzt sich somit aus einer klassifizierenden Bewertung und einer zusätzlichen verbal argumentativen Bewertung der Deponie zusammen.

Die Bewertung erfolgt für den aktuellen Zustand. Durch bauliche oder betriebliche Maßnahmen oder auch durch gezielte Nachuntersuchungen unzureichend bekannter Sachverhalte können sich im Laufe der Zeit Veränderungen einstellen, die zu einer abweichenden Bewertung führen können. Daher ist in jedem Fall der Zeitpunkt der Bewertung festzuhalten und zu beachten.

2.3 Grundlagen der Bewertung

Als Grundlage für die Bewertung sind im ersten Schritt die relevanten Daten der Anlage zu erheben und aufzubereiten. Das Ergebnis der Bewertung hängt im Wesentlichen von dem Modell ab, in dem die zu untersuchende Deponie abgebildet wird. Der Erfassung und Aufbereitung der Anlagendaten kommt somit eine zentrale Bedeutung zu.

Die Betriebsdaten einschließlich aller Überwachungsdaten sind nach den Anforderungen der AbfAblV in Verbindung mit der TA Si und der TA A durch den Deponiebetreiber in Jahresübersichten zusammenzustellen. Weitere Einzelheiten zur Erhebung und Bewertung der Daten sowie zur Vorlage bei der zuständigen Behörde regelt die Deponieselbstüberwachungsverordnung (DepSüVO).

Die Erfahrungen bei der Datenerfassung der Modelldeponien auf der Basis der verschiedenen Unterlagen haben gezeigt, dass auch feststehende, in den derzeit gültigen Rechts- und Regelwerken definierte Begriffe unterschiedlich ausgelegt werden. Vor einer vergleichenden Gegenüberstellung sind die Anlagendaten auf Plausibilität zu prüfen. Es zeigt sich, dass der Grad der Vor- und Kontrolluntersuchungen sowie der Dokumentationen für die einzelnen Anlagen sehr unterschiedlich ist.

Für die Bewertung der Datengrundlage wurden Kriterien benannt, anhand derer eine Zuordnung zu drei Bewertungsstufen vorzunehmen ist:

- vollständige Datengrundlage / große Aussagesicherheit,
- lückenhafte Datengrundlage / mittlere Aussagesicherheit,
- unvollständige Datengrundlage / geringe Aussagesicherheit.

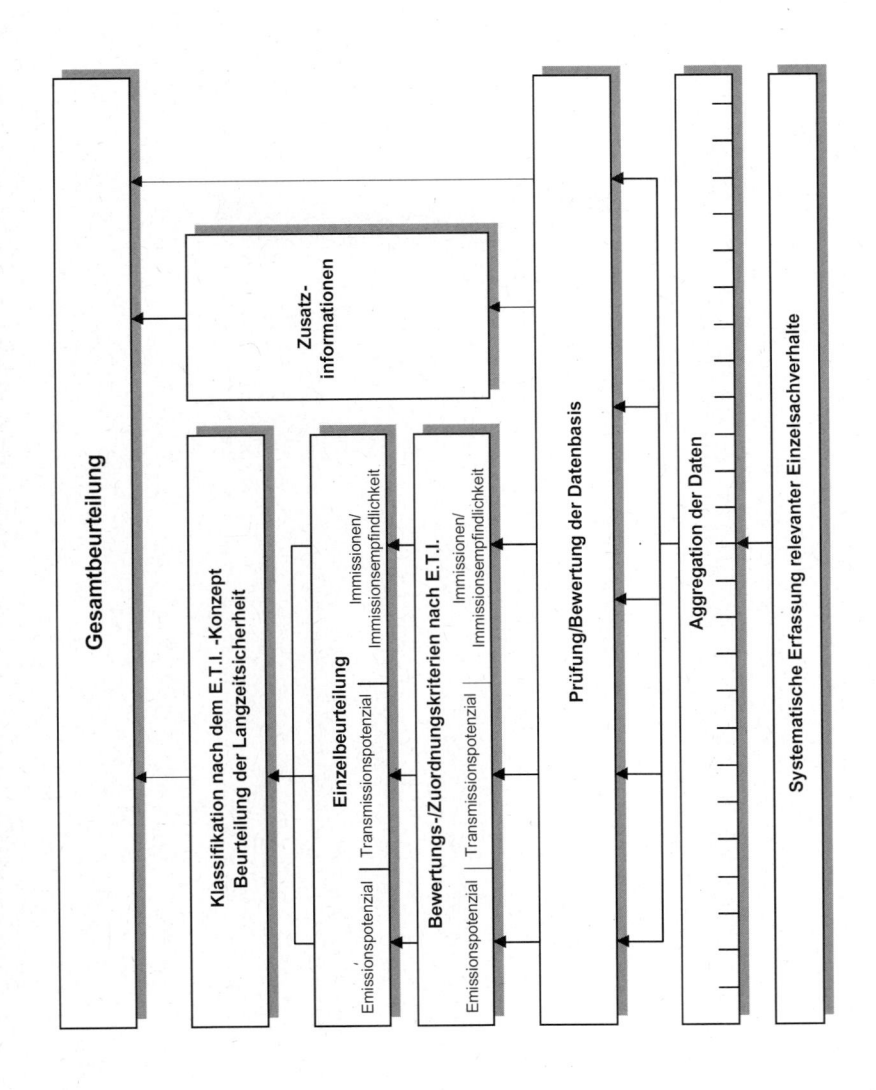

Abb. 1: *Ablaufschema der Bewertungshilfe*

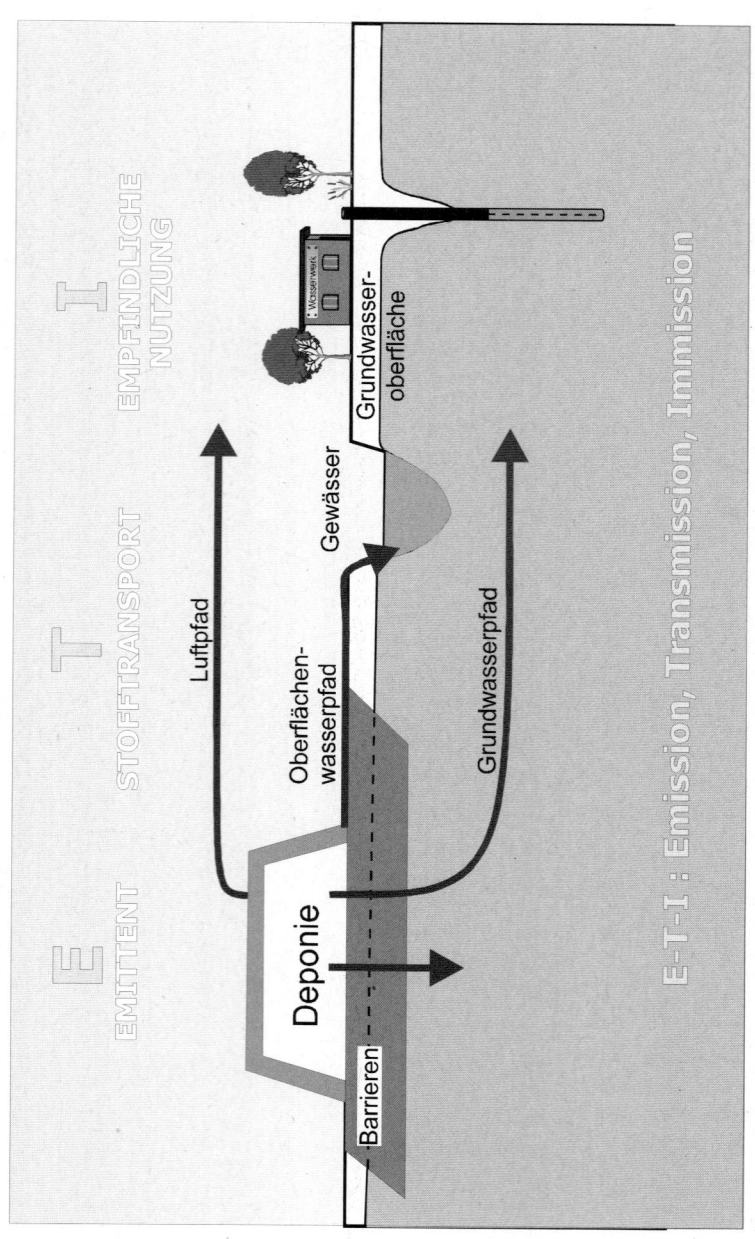

Abb. 2: Schemabild E.T.I.

2.4 Klassifikation nach dem E.T.I.-Konzept

Die Deponieabschnitte werden einzeln nach dem E.T.I.-Konzept bewertet. Das Prinzip der abschnittsweisen Bewertung ist in Abbildung 3 dargestellt. Bei der überwiegenden Zahl der Deponien existieren mehrere Betriebsabschnitte, die sich in der Regel altersbedingt in ihrer Ausstattung unterscheiden. Je nach Aufbau der Deponie können die Betriebsabschnitte seitlich nebeneinander oder übereinander mit unterschiedlich großen Überlappungsbereichen angeordnet sein.

Kriterien für die Unterscheidung von Deponieabschnitten sind vor allem:

- die Geologische Barriere/Technische Nachbesserung der Geologischen Barriere,
- die Geometrie der Deponiebasis,
- die Basisabdichtung,
- das Sickerwasserfassungssystem,
- das Gasfassungssystem.

Teilweise sind die einzelnen Betriebsabschnitte durch vertikale Abdichtungen (z. B. mit der Verfüllung hochgezogene Lehmschürzen oder Tonwälle) oder horizontale Zwischenabdichtungen getrennt und/oder werden unterschiedlich beschickt.

Die als Bewertungskriterien im Rahmen des E.T.I.-Konzeptes herangezogenen Aspekte sind in Tabelle 1 zusammengestellt. Sie gelten sowohl für Deponien nach AbfAblV Anhang 1 als auch für Deponien nach TA A. Die Bewertung nach dem E.T.I.-Konzept dient der Einschätzung der Langzeitsicherheit einer Deponie, die als wesentliche Voraussetzung für den Weiterbetrieb oder eine Erweiterung der Anlage anzusehen ist. Das E.T.I.-Schema berücksichtigt daher sicherheitsrelevante Aspekte, die sich nicht oder nur mit sehr hohem Aufwand abändern lassen.

Die Bewertung erfolgt anhand einer ordinalen Skala ähnlich z. B. dem Prinzip der ökologischen Risikoanalyse. Die Einstufung in eine Ordinalstufe kann nicht die Realität abbilden, in der fließende Übergänge vorherrschen. Die Unstetigkeiten zwischen den Stufen führen zu Ergebnissprüngen. Je niedriger die Zahl der Stufen ist, desto größer sind die Sprünge zwischen ihnen.

Im Sinne der Übersichtlichkeit und der Handhabbarkeit der Bewertungshilfe wurden dennoch im Regelfall nur die drei Bewertungsstufen gut (+), mittel (o) und schlecht (-) eingeführt. Nicht für jedes Kriterium lässt sich sinnvoll eine Zuordnung zu drei Bewertungsstufen vornehmen, teilweise sind nur die Stufen + und - belegt (Beispiel: Lage der Deponie innerhalb oder außerhalb von Wasserschutzgebieten).

Die Zuordnungskriterien für die Bewertungsstufen sind so festgelegt, dass bei einer „guten" Bewertung nach dem heutigen Stand der Technik die Langzeitsicherheit als gewährleistet angesehen werden kann. Soweit die Prüfkriterien aus der TA Si / TA A abgeleitet sind und dort konkrete Anforderungen bestehen, wird deren Erfüllung - bis auf eine Ausnahme - der höchsten Bewertungsstufe zugeordnet, die mit dem Symbol + gekennzeichnet ist. Die Anforderungen der TA Si / TA A sind damit überwiegend der Wertmaßstab für das Bewertungsverfahren. Ausgenommen davon ist die Bewertung der Geologischen Barriere, an die im Hinblick auf die Langzeitsicherheit in der TA Si relativ geringe Anforderungen gestellt werden.

Die Einzelbewertungen eines Kriteriums werden z. T. unter Überbegriffen zusammengeführt, die schließlich in den Einzelbewertungen für die Sachverhalte E, T und I münden. Aus diesen ergibt sich die Klassifikation für eine Anlage. Die Zusammenführung der Bewertungskriterien unter Überbegriffen geht aus Tabelle 1 hervor.

Tabelle 2 zeigt eine die Zusammenfassung der Bewertungskriterien mit einer gutachterlichen Bewertung der aggregierten Einzelsachverhalte.

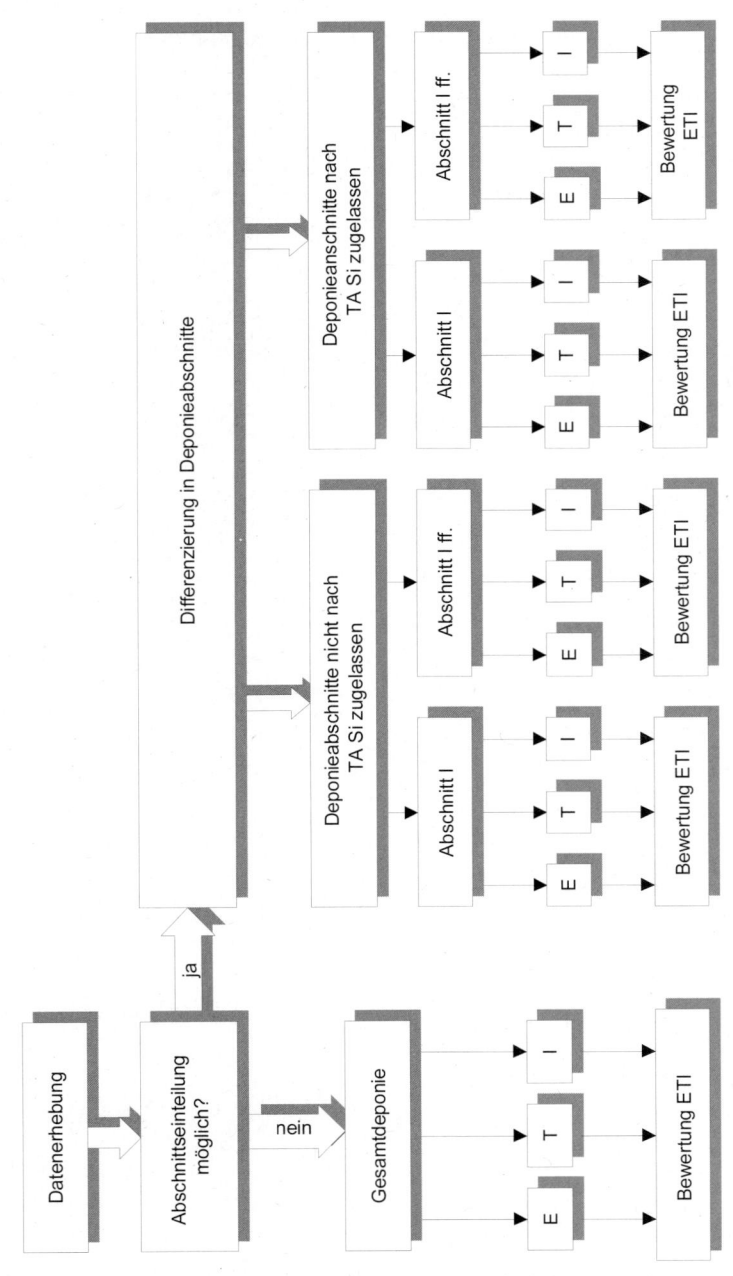

Abb. 3: *Deponieabschnittsbezogene Bewertung nach dem E.T.I.-Konzept*

Tab. 1: Bewertungskriterien für Deponien der Deponieklasse II nach AbfAblV Anhang 1 und TA Abfall im Rahmen des E.T.I.-Konzeptes

Sachverhalt	Bewertungskriterien		
Emissionspotenzial	Sickerwassermenge		Anteil am Niederschlag
			Sickerwasserspende
	Sickerwasserqualität		elektrische Leitfähigkeit
			TOC
			toxische Stoffe
	Deponiegasemissionen		Deponieumgebung
			Deponieoberfläche
Transmissionspotenzial	Untergrundverhältnisse	Geologische Barriere / Technische Nachbesserung	
		hydrologische Wirkfaktoren	Grundwasserstand
			Wasserzutritte im Deponieplanum
		Untergrundstabilität	
	Basisabdichtung		
	Entwässerung		Sickerwasserfassung
			Geometrie der Deponiebasis
	Temporäre Abdeckung		
	Oberflächenabdichtungssystem		Art der Abdichtung
			Rekultivierung
			Gefälle
Immissionenen/ Immissionsempfindlichkeiten	Grundwasserqualität		Stoffe mit hoher Nachweishäufigkeit
			Stoffe mit hohem Toxizitätspotenzial
	Nutzungen / Naturfunktionen	Siedlungen	Abstand zur Deponie
			Sichtkontakt zur Deponie
			Verkehrsanbindung
			Geruchs-/Lärmbelästigungen
		Wasserwirtschaft	Trinkwasserschutzgebiete
			Heilquellenschutzgebiete
			wasserwirtschaftliche Nutzungen
		Ökologische Schutzgebiete	

Tab. 2: Verknüpfung der Einzelsachverhalte E.T.I zur Bewertung des langfristigen Sicherheitspotenzials einer Deponie

Einzelbewertung			langfristiges Sicherheits-potenzial
Emissions-potenzial	Transmissions-potenzial	Immissionen und/oder Immissions-empfindlichkeiten	
E	T	I	E T I
+ gering	+ gering	+ keine/niedrig	+
+ gering	+ gering	o mittel	
+ gering	o mittel	+ keine/niedrig	
o mittel	+ gering	+ keine/niedrig	
+ gering	++ sehr gering	+ keine/niedrig	
+ gering	++ sehr gering	o mittel	
+ gering	++ sehr gering	- vorhanden/hoch	
o mittel	++ sehr gering	+ keine/niedrig	
o mittel	++ sehr gering	o mittel	
- hoch	++ sehr gering	+ keine/niedrig	
- hoch	++ sehr gering	o mittel	
+ gering	+ gering	- vorhanden/hoch	o
- hoch	+ gering	+ keine/niedrig	
+ gering	o mittel	o mittel	
o mittel	+ gering	o mittel	
o mittel	o mittel	+ keine/niedrig	
o mittel	+ gering	- vorhanden/hoch	
o mittel	o mittel	o mittel	
+ gering	- hoch	+ keine/niedrig	
+ gering	- hoch	o mittel	
- hoch	+ gering	o mittel	
- hoch	o mittel	+ keine/niedrig	
o mittel	++ sehr gering	- vorhanden/hoch	
- hoch	++ sehr gering	- vorhanden/hoch	
+ gering	o mittel	- vorhanden/hoch	-
o mittel	o mittel	- vorhanden/hoch	
o mittel	- hoch	+ keine/niedrig	
o mittel	- hoch	o mittel	
- hoch	+ gering	- vorhanden/hoch	
- hoch	o mittel	o mittel	
+ gering	- hoch	- vorhanden/hoch	
o mittel	- hoch	- vorhanden/hoch	
- hoch	o mittel	- vorhanden/hoch	
- hoch	- hoch	+ keine/niedrig	
- hoch	- hoch	o mittel	
- hoch	- hoch	- vorhanden/hoch	

2.5 Kompensationsmöglichkeiten

Für die Ableitung des Bewertungsmaßstabes wurden in der Regel die Anforderungen der TA Si bzw. der TA A als Wertmaßstab herangezogen. Die TA Si und TA A lassen jeweils unter Nr. 2.4 eine Unterschreitung der Mindestanforderungen zu, wenn im Einzelfall der Nachweis erbracht wird, dass durch andere geeignete Maßnahmen das Wohl der Allgemeinheit - gemessen an den Anforderungen der Technischen Anleitungen - nicht beeinträchtigt wird. Eine Beeinträchtigung des Wohls der Allgemeinheit liegt dann vor, wenn die in § 10 Abs. 4 Satz 2 KrW-/AbfG aufgeführten Schutzgüter beeinträchtigt werden. Bei Unterschreitung von Mindestanforderungen wird demnach eine Kompensation gefordert, das heißt andere Maßnahmen, die in der TA Si nicht oder nicht in diesem Umfang vorgesehen sind.

Viele Anforderungen der TA Si / TA A sind als Mindestanforderung formuliert, wenngleich sie in der Deponiepraxis oft als Höchstanforderung ausgelegt werden. In Einzelfällen werden jedoch die Mindestanforderungen überschritten. Sofern für einen Einzelsachverhalt eine deutliche Übererfüllung von TA Si- bzw. TA A-Anforderungen gegeben ist, wird dieser einer vierten Bewertungsstufe zugeordnet, die mit ++ gekennzeichnet ist. Eine Übererfüllung der Anforderungen nach TA Si bzw. TA A kann bei folgenden Einzelsachverhalten auftreten:

- Geologische Barriere/Technische Nachbesserung,
- Basisabdichtung,
- Sickerwasserfassung,
- Oberflächenabdichtungssystem.

2.6 Zusatzinformationen

In die Gesamtbewertung einer Deponie fließen neben den in Tabelle 1 genannten E.T.I.-Kriterien weitere Zusatzinformationen mit ein. Dabei handelt es sich um Sachverhalte, die im Hinblick auf den Weiterbetrieb oder den Abschluss einer Deponie wesentlich sind, die sich jedoch einer direkten Vergleichbarkeit entziehen. Dazu zählen folgende Punkte:

- Behandlungsbereiche,
- Sickerwasserspeicher/Sickerwasserbehandlung,
- Oberflächenwasserfassung/Oberflächenwasserbehandlung,

- Gasfassung/Gasbehandlung,
- Infrastruktur,
- Sonderbauwerke,
- Verfüllzustand.

Diese Kriterien werden standortbezogen betrachtet und in die Gesamtbewertung mit einbezogen.

3. Ausgewählte Bewertungskriterien

Für das Bewertungsmodell wurden innerhalb der zu betrachtenden Bereiche *Emmission – Transmission – Immission* Bewertungskriterien entwickelt. Diesen Einzelkriterien wurden Bewertungssachverhalte zugeordnet, die im Folgenden einer Bewertungsstufe zugeordnet wurden. Nachstehend werden für die 3 Betrachtungsebenen ausgewählte Bewertungskriterien vorgestellt.

3.1 Emission - Sickerwasserqualität

Die Sickerwasserinhaltsstoffe können 4 Gruppen zugeordnet werden:

- Organische Inhaltsstoffe ausgedrückt durch die Parameter CSB, BSB_5, TOC bzw. DOC, AOX, IR KW, Phenol-Index, PAK, PCB, u. a.,
- Stickstoffverbindungen, hauptsächlich Ammonium, aber auch Nitrat und Nitrit,
- anorganische Salzbildner wie Chlorid, Sulfat, Hydrogenkarbonat, Natrium, Kalium, Magnesium und Calcium, auch ausdrückbar durch die elektrische Leitfähigkeit (Lfk),
- Schwer-/Halbmetalle wie Arsen, Cadmium, Blei, Chrom, Kupfer, Nickel, Quecksilber oder Zink.

Die organischen Sickerwasserinhaltsstoffe machen ca. 5 - 20 % der Gesamtbelastung aus, die anorganischen ca. 80 - 95 %.. Bei den anorganischen Stoffen handelt es sich überwiegend um Salzbildner, in erster Linie Hydrogenkarbonat, Chlorid, Natrium und Kalium. Daneben kommen Stickstoffverbindungen vor, die zu über 95 % aus Ammonium bestehen. Schwermetallverbindungen stehen mengenmäßig zurück.

Für die Bewertung der Sickerwasserqualität werden die elektrische Leitfähigkeit als Maß für die Gesamtbelastung mit anorganischen Stoffen und der TOC-Wert als Maß für die Gesamtbelastung mit organischen Stoffen herangezogen (Tabelle 3). Nur wenn der TOC-Wert nicht bestimmt wird, wird auf den CSB-Wert zurückgegriffen, der durch sauerstoffzehrende anorganische Inhaltsstoffe beeinflusst wird. Dabei wird unterstellt, dass TOC und CSB in einem Verhältnis von 1 : 2 stehen.

Tab. 3: *Zuordnungskriterien für die Bewertung der Sickerwasserqualität von Deponien der Deponieklasse II nach AbfAblV Anhang 1*

E2 Sickerwasserqualität			Bewertungsstufe		
			+	o	-
E2.1 anorg. Belastung	Lfk	[mS/m]	≤ 500	> 500 - 1.500	> 1.500
E2.2 organische Belastung	TOC	[mg/l]	≤ 500	> 500 - 2.500	> 2.500
	(CSB)	[mg/l]	≤ 1.000	> 1.000 - 5.000	> 5.000
E2.3 Toxische Stoffe	AOX	[mg/l]	≤ 0,5	> 0,5 - 2,0	> 2,0
	PAK n. EPA	[µg/l]	≤ 5	> 5 - 50	> 50
	PCB	[µg/l]	≤ 10	> 10 - 100	> 100
	Phenole	[mg/l]	≤ 20	> 20 - 50	> 50
	IR KW	[mg/l]	≤ 20	> 20 - 100	> 100
	BTEX	[mg/l]	≤ 0,5	> 0,5 - 2,0	> 2,0
	LCKW	[mg/l]	≤ 0,2	> 0,2 - 1,0	> 1,0
	NH_4-N	[mg/l]	≤ 200	> 200 - 1.000	> 1.000
	Arsen	[mg/l]	≤ 0,05	> 0,05 - 0,5	> 0,5
	Blei	[mg/l]	≤ 0,1	> 0,1 - 1	> 1
	Cadmium	[µg/l]	≤ 10	> 10 -100	> 100
	Chrom VI	[mg/l]	≤ 0,01	> 0,01 - 0,1	> 0,1
	Kupfer	[mg/l]	≤ 0,5	> 0,5 - 5	> 5
	Nickel	[mg/l]	≤ 0,1	> 0,1 - 1	> 1
	Quecksilber	[µg/l]	≤ 2	> 2 - 20	> 20
	Zink	[mg/l]	≤ 0,5	> 0,5 - 5	> 5
	Cyanid l.fr.	[mg/l]	≤ 0,05	> 0,05 - 0,5	> 0,5

Die Bewertung der Toxizität des Sickerwassers erfolgt anhand der organischen Summenparameter AOX, PAK, PCB, Phenole, IR KW, BTEX und LCKW sowie der anorganischen Parameter Ammonium-Stickstoff (NH_4-N), Arsen, Blei, Cadmium, Chrom VI (wenn nicht bestimmt Gesamt-Chrom), Kupfer, Nickel, Quecksilber, Zink und Cyanid (leicht freisetzbar, wenn nicht bestimmt: Gesamt-Cyanide). In der Regel werden nicht alle diese Parameter routinemäßig im Sickerwasser bestimmt. Die Zuordnung zu einer Bewertungsstufe erfolgt anhand des ungünstigsten Falles.

Die Sickerwasserqualität kann nicht losgelöst von der Sickerwassermenge bewertet werden. Bei Fremdwasserzutritten in die Deponie (z. B. Grundwasser-, Hangwasser- oder Oberflächenwasserzutritte) wird das Sickerwasser verdünnt. Diesem Umstand wird bei der Zusammenführung der Kriterien Sickerwassermenge, Sickerwasserqualität und Deponiegasaustritte zum Emissionspotenzial Rechnung getragen.

Wie die Sickerwassermenge ist auch die Sickerwasserqualität im Regelfall als arithmetisches Mittel über die vergangenen 5 Betriebsjahre der Deponie abschnittsbezogen zu ermitteln. Sollten z. B. aufgrund bautechnischer Maßnahmen in diesem Zeitraum Veränderungen der Sickerwasserqualität zu erwarten sein, sind die für die Bewertung maßgebenden Daten anhand von Prognosen zu ermitteln.

3.2 Transmission - Basisabdichtung

Bedingt durch die unterschiedlichen Zeitpunkte der Inbetriebnahme besteht bei den heutigen Deponien eine breite Palette an Basisabdichtungsvarianten. Noch in den 60er Jahren wurde in der Regel keine gesonderte Basisabdichtung für Deponien errichtet, sondern ein "naturdichter Untergrund" ausgewählt. Mit zunehmender Erkenntnis über die Belastungssituation im Umfeld von Deponien wurden zunächst einfache Abdichtungen und später hochwertige Kombinationsabdichtungen gefordert.

Der höchsten Bewertungsstufe wird die bundesweit nach TA Si-Niveau geforderte Kombinationsabdichtung zugeordnet (Tabelle 4). Aus der Praxis sind Fälle bekannt, bei denen die Mindestmächtigkeit der mineralischen Dichtung von 0,75 m deutlich überschritten ist. Die Übererfüllung der TA Si-Anforderungen, die bei diesem Bewertungskriterium möglich ist, wird mit ++ bewertet und kann zur Kompensation schlechter bewerteter Kriterien führen.

Durch die Einführung der LWA-Richtlinie Nr. 18 werden in NRW für die mineralische Dichtungskomponente über die TA Si hinausgehende Anforderungen gestellt. Statt eines Durchlässigkeitsbeiwertes von $k_f \leq 5 \cdot 10^{-10}$ m/s ist ein Wert von $\leq 1 \cdot 10^{-10}$ m/s festgeschrieben. Bei der Abfassung der LWA-Richtlinie Nr. 18 wurde davon ausgegangen, dass mit optimierten bautechnischen Bedingungen und geeigneten mineralischen Abdichtungsstoffen, wie sie in der Richtlinie festgelegt worden sind, grundsätzlich eine Dichtigkeit von $k_f \leq 1 \cdot 10^{-10}$ m/s erreicht werden kann und aus Umweltschutzgründen auch zu fordern ist. Die Einhaltung der Grenzwerte ist für jede Stichprobe aus der fertigen Dichtung im Laborversuch nachzuweisen. Die eingebaute Dichtung weist daher im Mittel immer eine erkennbar unterhalb des geforderten Grenzwertes liegende Durchlässigkeit auf. Vor diesem Hintergrund wird die Einhaltung des Grenzwertes der LWA-Richtlinie im Gegensatz zu größeren Mächtigkeiten der mineralischen Dichtung nicht als Kompensationsmöglichkeit angesehen.

Tab. 4: *Zuordnungskriterien für die Bewertung der Basisabdichtung bei Deponien der Deponieklasse II nach AbfAblV Anhang 1*

Bewertungsstufe	T5 Basisabdichtung
+	Kombinationsabdichtung nach TA Si einschließlich aller Anforderungen an die Herrichtung des Planums und die Qualitätssicherung gemäß TA Si
0	Kombinationsdichtungen unter TA Si-Niveau oder mineralische Abdichtungen mit nachweislich $\geq 0{,}5$ m Mächtigkeit und $k_f \leq 5 \cdot 10^{-10}$ m/s
-	mineralische Abdichtungen mit $< 0{,}5$ m Mächtigkeit und/oder $k_f > 5 \cdot 10^{-10}$ m/s oder Bitumenbahnen Oder Kunsstoffdichtungsbahnen oder keine Basisabdichtung

3.3 Immission - Grundwasserqualität

Die Beschreibung einer im Ist-Zustand feststellbaren Beeinflussung der Grundwasserqualität durch deponiebürtige Stoffeinträge erfolgt durch einen Vergleich der Stoffkonzentrationen im Anstrom und im Abstrom.

Mit Hilfe eines Grundwassergleichenplanes, der die aktuellen mittleren Grundwasserströmungsverhältnisse repräsentiert, werden An- und Abstromgebiete der Deponie bestimmt. Für die Auswertung der Beschaffenheitsdaten werden die jeweils im Anstrom- und Abstromgebiet vorhandenen Grundwassermessstellen berücksichtigt, die im Rahmen des Deponieüberwachungsprogramms festgelegt sind. Unberücksichtigt bleiben Grundwassermessstellen, die sich im seitlichen Grundwasserstrom befinden bzw. die im Anstrom unmittelbar am Deponierand liegen. Letztere werden ausgeschlossen, da hier erfahrungsgemäß deponiebürtige Einflüsse der Grundwasserbeschaffenheit nicht auszuschließen sind.

Für die Bewertung der Grundwasserqualität werden zwei Stoffgruppen unterschieden. Die Zuordnungskriterien für die Bewertung sind in Tabelle 5 aufgeführt.

- **Stoffgruppe 1: Stoffe mit hoher Nachweishäufigkeit (I1.1)**

Bei der Stoffgruppe 1 handelt es sich um Stoffe, die im Rahmen von Untersuchungen an Altablagerungen und Altdeponien besonders häufig nachgewiesen werden. Durch eine Auswertung ausgewählter Parameter wird eine generelle Beeinflussung des Grundwassers durch Stoffeinträge von mobilen Anionen und Kationen aus dem Deponiesickerwasser betrachtet.

Aus der Stoffgruppe der anorganischen Anionen und Kationen werden als charakteristische Parameter, die häufig auf eine deponiebürtige Beeinflussung des Grundwassers hinweisen, Chlorid, Sulfat, Bor, Kalium und Ammonium ausgewählt.

- **Stoffgruppe 2: Stoffe mit hohem Toxizitätspotenzial (I1.2)**

Bei der Stoffgruppe 2 handelt es sich um Stoffe, die aufgrund ihrer toxischen Eigenschaften nicht im Grundwasser auftreten dürfen. Die Bewertung der Grundwasserqualität in Zusammenhang mit den Stoffen mit hohem Toxizitätspotenzial folgt folgendem Grundgedanken: Stoffe mit hohem Toxizitätspotenzial sind im Sinne eines flächendeckenden Grundwasserschutzes grundsätzlich vom Grundwasser fernzuhalten. Eine bei diesen Parametern durch Analyseergebnisse belegte Verschlechterung der Grundwasserqualität, die durch schadstoffhaltiges Deponiesickerwasser hervorgerufen wird, führt im Rahmen der Bewertungshilfe grundsätzlich zu einer Abwertung.

Als Stoffe mit hohem Toxizitätspotenzial werden die gleichen Substanzen bzw. Substanzgruppen betrachtet wie bei der Beurteilung der Sickerwasserqualität (AOX, PAK n. EPA, PCB, Phenole, Kohlenwasserstoffe, BTEX, LCKW, Arsen, Schwermetalle, Cyanide $_{l. fr.}$.

Tab. 5: *Zuordnungskriterien für die Bewertung der Grundwasserqualität bei Deponien der Deponieklasse II nach AbfAblV Anhang 1*

Bewertungsstufe	I1 Grundwasserqualität
	I1.1 Stoffe mit hoher Nachweishäufigkeit
+	im Abstrom festgestellte Stoffkonzentrationen (ggf. auch Vorbelastung) gegenüber Anstrom nicht verändert
o	im Abstrom festgestellte Stoffkonzentrationen höher, Mittelwerte im Abstrom höher als im Anstrom, aber niedriger als Maximumwerte im Anstrom (bei mindestens 2 von 5)
-	im Abstrom festgestellte Stoffkonzentrationen deutlich höher, Mittelwerte im Abstrom höher als im Anstrom und höher als Maximumwerte im Anstrom (bei mindestens 2 von 5)
	I1.2 Stoffe mit hohem Toxizitätspotenzial
+	im Abstrom festgestellte Stoffkonzentrationen (ggf. auch Vorbelastung) gegenüber Anstrom nicht verändert
o	im Abstrom Einzelbefunde, Stoffkonzentrationen gegenüber Anstrom geringfügig erhöht, Mittelwerte im Abstrom höher als im Anstrom, aber niedriger als Maximumwerte im Anstrom (bei mindestens 1 Parameter)
-	im Abstrom Einzelbefunde, Stoffkonzentrationen gegenüber Anstrom deutlich erhöht, Mittelwerte im Abstrom höher als im Anstrom und höher als Maximumwerte im Anstrom (bei mindestens 1 Parameter)

Für die Bewertung werden die Daten aus den vergangenen fünf Betriebsjahren zugrunde gelegt. Bei der Auswertung der hydrochemischen Daten werden in Zusammenhang mit der Untersuchung der Stoffe mit hoher Nachweishäufigkeit alle Analysen der Grundwassermessstellen des Überwachungsprogramms im An- und Abstrom berücksichtigt. Es werden somit jeweils mittlere hydrochemische Verhältnisse für An- und Abstrom betrachtet.

Bei den Untersuchungen zu den Stoffen mit hohem Toxizitätspotenzial wird dagegen die Messstelle im Abstrom mit der höchsten Belastung mit der im Anstrom vorhandenen Grundwasserqualität vergleichen, d. h. bei diesen Stoffen- bzw. Stoffgruppen wird ein Vergleich des ggf. im Abstrom festgestellten Belastungsschwerpunktes mit der Grundwasserqualität im Anstrom durchgeführt.

4. Ausblick

Die Bewertungshilfe für Deponien stellt ein Instrument für die Entsorgungsträger und die zuständigen Behörden zur Bewertung des langfristigen Sicherheitspotenzials von Deponien dar. Sie dient als Entscheidungsgrundlage für die zu treffenden Entscheidungen hinsichtlich des Weiterbetriebes, der Nachrüstung und auch der Stilllegung von Deponien; dies auch insbesondere im Zusammenhang mit den Übergangsfristen nach §6 der AbfAblV.

Die vorliegende Bewertungshilfe stellt den methodischen Teil dar. Die bei der Erprobung der Bewertungshilfe bei Deponien der Deponieklasse II nach AbfAblV Anhang 1 sowie um Deponien nach TA Abfall Teil 1 erzielten Ergebnisse sollen in einem weiteren Schritt allgemein zugänglich gemacht werden. Die Methodik bezieht die bei der Deponieüberwachung erhobenen Grunddaten ein und bewertet die Langzeitsicherheit einer Deponie nach deren potenziell emittierbarem stofflichen Inhalt, den vorhandenen Barrieren zur Unterbindung der Freisetzung von Inhaltsstoffen und den gegebenen oder denkbaren Einwirkungen und Nutzungen und Naturfunktionen im Deponieumfeld.

5. Literatur

MINISTERIUM FÜR UMWELT UND NATURSCHUTZ, LANDWIRTSCHAFT UND VERBRAUCHERSCHUTZ NRW (Hrsg.) (2001):
    Bewertungshilfe für Deponien, 83 S., 6 Anl., Düsseldorf.

DRITTE ALLGEMEINE VERWALTUNGSVORSCHRIFT ZUM ABFALLGESETZ (TA Siedlungsabfall): Technische Anleitung zur Verwertung, Behandlung und sonstigen Entsorgung von Siedlungsabfällen vom 14.05.1993, BAnz. Nr. 99a.

GESETZ ZUR FÖRDERUNG DER KREISLAUFWIRTSCHAFT UND SICHERUNG DER UMWELTVERTRÄGLICHEN BESEITIGUNG VON ABFÄLLEN (Kreislaufwirtschafts- und Abfallgesetz – KrW-/AbfG) vom 27.09.1994, BGBl. I, S. 2705.

ORDNUNGSBEHÖRDLICHE VERORDNUNG ÜBER DIE SELBSTÜBERWACHUNG VON OBERIRDISCHEN DEPONIEN (Deponieselbstüberwachungsverordnung – DepSüVO), GV.NRW. Nr. 22 vom 29. Mai 1998, S. 284 – 375.

VERORDNUNG ÜBER DIE UMWELTVERTRÄGLICHE ABLAGERUNG VON SIEDLUNGSABFÄLLEN und über biologische Abfallbehandlungsanlagen, BGBl. Teil I, Nr. 10, S. 305.

ZWEITE ALLGEMEINE VERWALTUNGSVORSCHRIFT ZUM ABFALLGESETZ (TA Abfall), Teil 1: Technische Anleitung zur Lagerung, chemisch/physikalischen, biologischen Behandlung, Verbrennung und Ablagerung von besonders überwachungsbedürftigen Abfällen vom 12.03.1991, GMBl. S. 139, ber. S. 469.

Das alternative Abdichtungssystem TRISOPLAST® Testfelder und Ausführungsbeispiele in Benelux und Deutschland

Jack Wammes*, Claus Riedel**

Inhalt

1. Vorbemerkungen 67
2. Herstellverfahren von TRISOPLAST® 72
3. Eigenschaften von TRISOPLAST® 76
4. Beständigkeit von TRISOPLAST® 82
5. Untersuchungen zur Wirksamkeit von TRISOPLAST® 91
6. Ausführungsbeispiele 92
7. Literatur / Dokumente 95

1. Vorbemerkungen

1.1 Herstellung und Wirkprinzip von TRISOPLAST®

TRISOPLAST® ist ein innovatives mineralisches Abdichtungsmaterial. Es wurde in den Niederlanden zur technischen Reife entwickelt, durch unabhängige Prüfinstitute erfolgreich auf seine Verwendbarkeit untersucht und wird seit 1995 für unterschiedliche Abdichtungsaufgaben genehmigt und angewandt. TRISOPLAST® ist patentrechtlich geschützt. Es besteht aus folgenden Komponenten:

  Mineralstoff (z.B. Sand), Bentonit und Polymer

Die Komponenten werden in Mischanlagen bei geringer Wasserzugabe gemischt und auf dem trockenen Ast der Proctorkurve eingebaut.

---

* Ir. Jack Wammes, GID Milieutechniek BV, NL-Kerkdriel
** Dipl.-Ing. Claus Riedel, TRISOPLAST® Deutschland / TD Umwelttechnik GmbH & Co KG, Wentorf

An die Komponenten von TRISOPLAST® werden definierte Anforderungen gestellt, deren Einhaltung überwacht wird. In jedem Projekt wird ein Konformitätsnachweis geführt, der sichert, dass nur Komponenten verwendet werden, die die Standardqualität von TRISOPLAST® erfüllen.

Die Mischung der Komponenten erfolgt ausschließlich in eichfähigen Anlagen und im BatchBetrieb. Dabei werden im ersten Schritt das trockene Polymerpulver und das Bentonitpulver vermischt und im zweiten Verfahrensschritt der mineralische Zuschlagsstoff mit dem Bentonit-Polymer-Gemisch vermischt.

Die Massenanteile der drei Grundkomponenten am fertigen TRISOPLAST®-Mischgut ergeben sich wie folgt (siehe Bild 1):

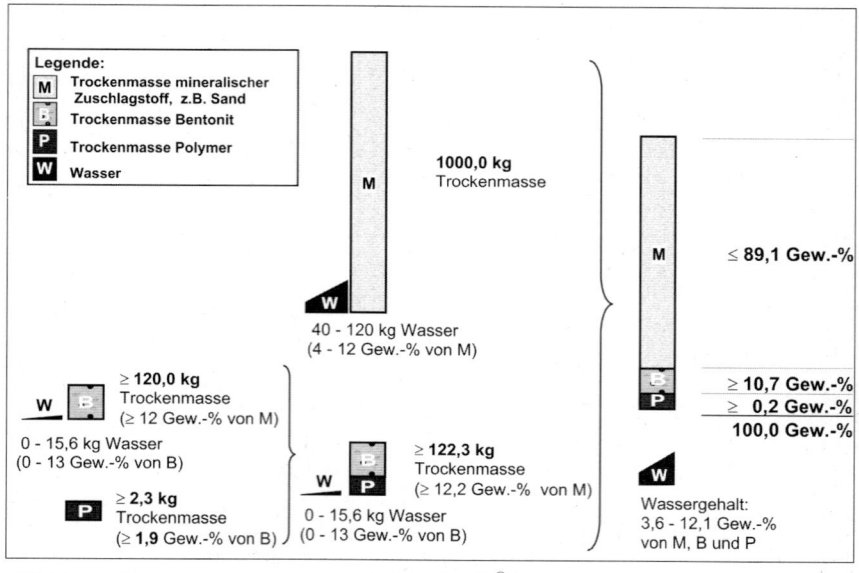

Bild 1   *Zusammensetzung von TRISOPLAST®*

Die fertige Mischung ist locker, wirkt körnig und ist rieselfähig, ohne feste Klumpen zu bilden. Das TRISOPLAST®-Mischgut wird mit konventionellem Erdbaugerät (Teleskopbagger und Glattmantelwalzen mit geringer Bodenpressung) auf einem tragfähigen Auflager einlagig in voller Schichtstärke eingebaut. TRISOPLAST® ist in seinem Kornaufbau, Tonmineralgehalt und Wassergehalt wesentlich homogener als die meisten natürlichen Tone, weist kein Überkorn auf und stellt zur Einhaltung der geforderten niedrigen Durchlässigkeit geringere Anforderungen an die erforderliche Mindesttrockendichte .Es sind große Flächenleistungen realisierbar , womit der Einbau von TRISOPLAST® und Kunststoffdichtungsbahn wesentlich einfacher zu koordinieren ist als bei der herkömmlichen Kombinationsdichtung.

Seine besondere Wirkung erzielt TRISOPLAST® durch die Zugabe des Polymers. Bei dem Polymer handelt es sich um eine gegen mikrobiellen Abbau äußerst beständige polyethylenähnliche Kohlenstoffhauptkette mit hoher Molmasse und funktionellen Seitengruppen, die sehr starke sorptive Bindungen mit dem Tonmineral Bentonit eingehen, so dass ein praktisch irreversibles Netz aus Polymer und Bentonit entsteht.

In TRISOPLAST® wird ein bestimmtes Polymer mit definierten Eigenschaften eingesetzt. Die Spezifikationen dieses Polymers sind bei der Bundesanstalt für Materialforschung und -prüfung (BAM) in Berlin vertraulich hinterlegt. Ausgewählte unabhängige Experten wurden ebenfalls unter Geheimhaltungsverpflichtung über die Art und die Spezifikationen des Polymers informiert.

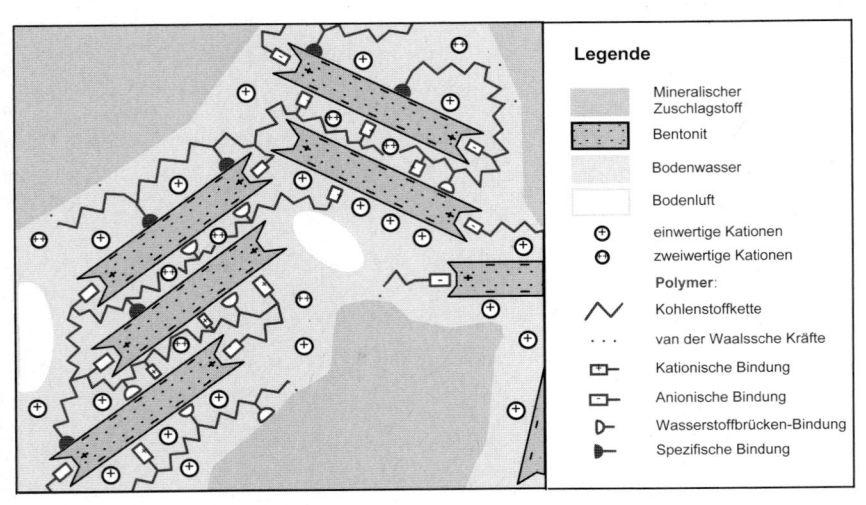

Bild 2   *Schematische Darstellung des Zusammenwirkens von Bentonit und Polymer*

Der Herstellungsprozess des Polymers und dessen Lieferung vom Werk bis zur Mischung mit dem Bentonit wird vollständig nach einem durch die BAM begutachteten und als geeignet bewerteten Verfahren durch die Eigenüberwachung des Polymerherstellers, durch die Eigenüberwachung von GID Milieutechniek und TD Umwelttechnik GmbH & Co. KG sowie durch unabhängige Fremdprüfer überwacht und qualitätsgesichert.

Durch das Verkleben und das elastische Verketten der Tonmineralteilchen und Porenzwischenräume erhält TRISOPLAST® seine besonderen bodenmechanischen Eigenschaften: sehr geringe Wasserdurchlässigkeit, rissfreie Verformbarkeit über extreme Krümmungsradien, extrem langsame Wasserabgabe und stark behinderter Ionenaustausch.

Gegenüber der herkömmlichen, aus natürlichen Tonen auf dem nassen Ast der Proctorkurve verdichteten mineralischen Dichtung hat TRISOPLAST® im Verbund mit einer Kunststoffdichtungsbahn die folgenden wesentlichen Vorteile:

Sehr homogenes Dichtungsmaterial aus definierten Komponenten in hochgenauen Mischanlagen qualitätsgesichert hergestellt: aufgrund der sehr geringen Streuung der Materialeigenschaften, des Fehlens von Überkorn, der sehr geringen Wasserdurchlässigkeit und der geringen Anforderungen an die Verdichtung in einer Lage und mit geringerer Schichtmächtigkeit einsetzbar.

- viel schnellerer Einbau, daher wesentlich bessere Abstimmung des Einbaus mit dem Verleger der Kunststoffdichtungsbahn und frühzeitiger Schutz vor Witterungseinflüssen
- weniger Materialverbrauch und geringerer Transportaufwand
- keine Gefährdung der Kunststoffdichtungsbahn durch Überkorn
- wesentlich bessere rissfreie Verformung, endgültige Abdichtungssysteme daher schon auf setzungsempfindlichen Flächen ohne zusätzliche temporäre Maßnahme möglich
- besseres Langzeitverhalten durch erheblich geringere Austrocknungs- und Schrumpfrissgefährdung (Einbau auf dem trockenen Ast der Proctorkurve, Verzögerung der Wasserabgabe durch die abschirmende Wirkung des das Polymer)

- besseres Langzeitverhalten durch deutlich langsamere Wasserabgabe an Pflanzenwurzeln
- besseres Langzeitverhalten durch Behinderung des Ionenaustauschs
- geringere Mächtigkeit und u.U. höheres Abfalleinlagerungsvolumen

1.2 Einsatz von TRISOPLAST® zur Abdichtung von Deponien und Altlasten

TRISOPLAST® wird zur Abdichtung von Baugruben, Teichen, Lagerflächen, Fundamenten Lärmschutzwällen sowie Deponien und Altlasten eingesetzt. In den Niederlanden wurde TRISOPLAST® für die Anwendung in Deponieabdichtungssystemen durch verschiedene staatliche und unabhängige privatwirtschaftliche Institute unter der Aufsicht der NOVEM (Staatliches Institut für technische Neuentwicklungen, Niederlande) untersucht, bewertet und zugelassen. Seither wurden dort rund 3,95 Mio. m² mit TRISOPLAST® abgedichtet (1,45 Mio. m² in der Basisabdichtung, 2,5 Mio. m² in der Oberflächenabdichtung). Weitere Anwendungen im Deponie- und Altlastenbereich liegen in folgenden Ländern vor: Belgien 0,45 Mio. m² Basis- und Oberflächenabdichtung bei 8 Projekten; Finnland 0,2 Mio. m², davon 12 ha bei 3 Deponieprojekten.

In diesem Jahr sind die ersten TRISOPLAST®-Ausführungsprojekte in Deutschland realisiert worden, die nachfolgend aufgeführt sind:

A Testfelder: 1. Testfeld auf der Deponie Rothenbach (NRW) mit 2.100 m²). 2. Testfeld Dillinger Hütte (2 Felder a 250 m²). 3. Testfeld Deponie Hamberg (1 Feld 250 m², Installation am 10.11.2001). 4. Testfeld Deponie MEAB (Brandenburg) mit 250 m².

B Ausgeführte Projekte und Projekte in der Realisierung:

5. Speicher- und Rückhaltebecken für Deponieoberflächenwasser (ZDH Hubbelrath,NRW, ca. 1.000 m² Basisabdichtung eines Teiches).

6. temporäre Oberflächenabdichtung Deponie Pritzwalk-Sommersberg (Brandenburg, 42.000 m², Schichtstärke 7 cm).

Weitere Projekte sind in der Planung, der Bearbeitungs- und Genehmigungsstand der einzelnen Maßnahmen ist noch nicht abgeschlossen.

2. Herstellverfahren von TRISOPLAST®

Nachfolgend wird die schrittweise Herstellung von TRISOPLAST® von der Eignungsprüfung und Auswahl der Komponenten über den Mischprozess bis zum Einbau des Mischguts im Abdichtungssystem im Überblick beschrieben. Der gesamte Herstellungsprozess unterliegt einer Qualitätssicherung durch Eigen- und Fremdprüfung sowie behördlicher Überwachung. Die Vorgehensweise bei der Qualitätssicherung ist detailliert im Merkblatt Qualitätssicherung bei Abdichtungen aus TRISOPLAST® (DOK 2001-03) beschrieben. Die qualitätsgerechte Herstellung wird lückenlos durch Identitätsnachweise, Misch- und Prüfprotokolle dokumentiert und kann in den wesentlichen Punkten anhand von Rückstellproben auch nach Abschluss der Baumaßnahme noch nachvollzogen und geprüft werden.

2.1 Auswahl der TRISOPLAST®-Komponenten

Für die Herstellung von TRISOPLAST® -Mischgut werden nur Komponenten verwendet, die die in Kapitel 2 genannten Anforderungen erfüllen. Die Untersuchung und die Auswahl der Komponenten ist in Teil 2 des QM-Merkblatts dargestellt.

Nach Abschluss der Voruntersuchungen der Komponenten wird im Labor - per Hand in der gleichen Reihenfolge und Feststoffdosierung wie später in der Mischanlage - eine Testmischung der ausgewählten Komponenten durchgeführt. An dieser Testmischung wird der Konformitätsnachweis geführt, der belegt, dass die Qualität der aus den ausgewählten Komponenten hergestellten Testmischung mit der Standardqualität von TRISOPLAST® konform ist und die Anforderungen an die Dichtwirkung erfüllt werden, die in den Auflagen des Planfeststellungsbeschlusses, dem Genehmigungsbescheid, dem Qualitätssicherungsplan und dem Bauvertrag sowie dem Liefervertrag mit TD Umwelttechnik GmbH & Co. KG gestellt werden. Im Konformitätsnachweis werden weiterhin die für den Einbau zulässige Spanne des Wassergehalts und die erforderlich Mindesttrockendichte nach Einbau der TRISOPLAST®-Dichtung ermittelt.

Die Verwendung anderer als der beschriebenen Grundstoffe für die Herstellung von TRISOPLAST®, z.B. Reststoffe als mineralischer Zuschlagstoff, andere Tonkomponenten oder Oberflächen- oder Grundwasser als Mischwasser, ist nicht zulässig. Sollte dieses im Einzelfall gewünscht werden, so wäre ein projektbezogener Verwendbarkeitsnachweis zu führen, dessen Umfang deutlich über den des Konformitätsnachweises hinausgeht (vergleiche hierzu die Ausführungen im Teil 5 des QS-Merkblattes).

2.2 Herstellung des TRISOPLAST®-Mischguts

2.2.1 Stationäre und mobile Mischanlagen

Das TRISOPLAST®-Mischgut wird in mobilen Spezialmischanlagen („in plant") vor Ort hergestellt. Für kleinere Projekte wird das Fertiggemisch in stationären Anlagen hergestellt und dorthin transportiert oder Fertiggemisch aus Zwischenlägern bereitgestellt (TRISOPLAST®-Fertiggemisch kann witterungsgeschützt längere Zeit eingelagert werden). Das Mischverfahren, die Art der eingesetzten Komponenten und die Genauigkeit der Dosierung sind bei mobilen und stationären Anlagen gleich.

2.2.2 Mischtechnik (Variante Mobilmischanlage)

Die Technik der TRISOPLAST®-Mischanlagen entspricht der Technik, die in Mischanlagen zur Herstellung von güteüberwachten Zementbetonen eingesetzt wird. Darüber hinaus sind diese Mischanlagen in der Lage, in Chargen hochgenau dosierte Vormischprodukte (Pulver/Pulver) zu erzeugen und diese der integrierten Batch-Hauptmischstufe (Bentonit/Polymer + Mineralstoff + ggf. Wasser) in exakter Zugabedosierung und -reihenfolge bereitzustellen (gravimetrische Stehendverwiegung, variabler Zugriff auf die Start- und Übergabezeiten für jede Komponente, Anpassung der effektiv erforderlichen reinen Mischzeit). Somit kann vor Ort ein qualitativ hochwertiges Produkt auf hierfür abgestimmter optimaler Anlagentechnik erzeugt werden. Es sind Stundenleistungen von 50 bis 80 t/h möglich. Zur Aufstellung der Anlagen wird ein teilbefestigter Untergrund oder entsprechend verlegte Fahrbahnplatten benötigt (20 m x 4 m befestigt, gesamter Flächenbedarf für das Equipment ca. 30 m x 15 m ohne Zwischenlager, Boxen für Schüttgüter etc.). Bilder 3 und 4 zeigen eine solche Anlage.

Bild 3   TRISOPLANT MIX 70/3500A

TRISOPLANT MIX 70/3500A

Leistung: 70 t/h Mischgut bei 40 Batches/h
Aufbau/Abbau: 1 Tag
straßenmobil: 80 km/h (TÜV Rheinland)

Mineralischer Zuschlagstoff
Aufgabe (Radlader)
+
Dosierung

TRISOPLAST

Bentonitsilo
85 m³

Polymerdosierung

Bentonit-Polymer-
Mischaggregat

Trisoplast-Mischgut

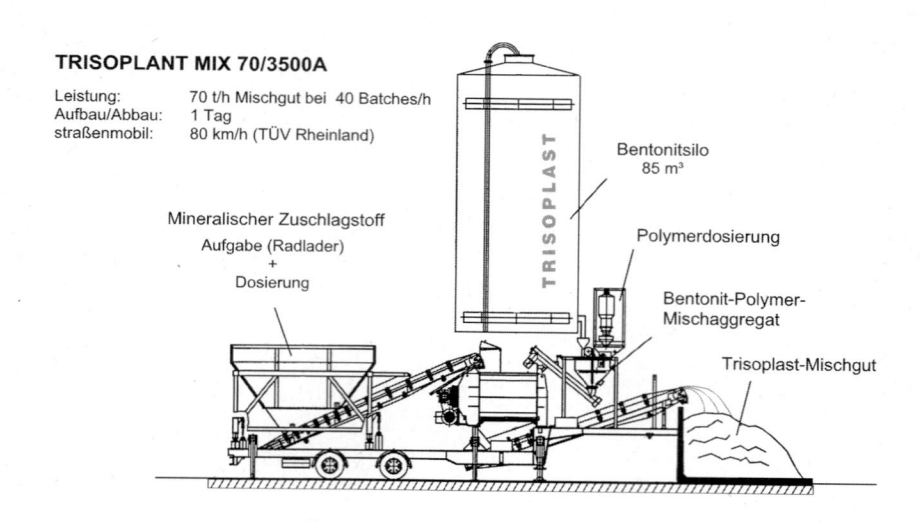

Bild 4   Mobile TRISOPLAST® -Mischanlage

2.3 Einbau von TRISOPLAST®

Das TRISOPLAST®-Mischgut wird an der Mischanlage auf Dumper geladen und ohne Vermischung mit Fremdmaterial am Einbauort umgeschlagen.

Bild 5 *Einbau und Verdichten von TRISOPLAST® Mischgut auf dem Projekt Diemerzeedijk*

Das Auflager der Dichtung wird auf ± 2 cm profiliert und hat ein Verformungsmodul von ≥ 45 MN/m². Der Einbau der TRISOPLAST®-Dichtung erfolgt in einer Lage, die in der Oberflächenabdichtung mindestens 7 cm mächtig ist. Dazu wird das Mischgut mit einem Longstick-Bagger in einem ‚je nach Breite der anschließend zu verlegenden Kunststoffdichtungsbahn rund 5 bis 11 m breiten Streifen verteilt. Das lose geschüttete Mischgut wird dann unter Bezug auf einen randlich liegenden Stahlträger glatt auf eine Höhe von rund 13 cm abgezogen. Daraufhin wird die Schütthöhe in der Fläche mit dem Zollstock kontrolliert und das Material anschließend mit einer leichten Glattmantelwalze verdichtet. Für die Verdichtung von TRISOPLAST® sollten Walzen eingesetzt werden, deren statische Linienlast 1/3 des Wertes der Walze beträgt, die zur Verdichtung der Tragschicht eingesetzt wurde. Die fertige TRISOPLAST®-Dichtung wird unverzüglich mit der Kunststoffdichtungsbahn überdeckt. Durch die hohe Flächenleistung des TRISOPLAST®-Einbaus kann der Bauablauf gut mit der Verlegung der Kunststoffdichtungsbahn koordiniert werden.

Vor Beginn des routinemäßigen, flächenhaften Einbaus des TRISOPLAST®-Mischguts in das Abdichtungssystem wird die Bautechnik in einem Versuchsfeld überprüft und ggf. optimiert.

Die Anforderungen an das Versuchsfeld, das Auflager, den flächigen Einbau von TRISOPLAST® sowie das Vorgehen bei der Qualitätssicherung sind in den QM-Merkblättern dargelegt und werden im projektspezifischen Qualitätssicherungsplan konkretisiert.

3. Eigenschaften von TRISOPLAST®

3.1 Allgemeine Kennzeichnung

TRISOPLAST® wurde in den Niederlanden zur technischen Reife entwickelt. Dabei wurden unterschiedliche Mischungsverhältnisse der Komponenten einer Eignungsprüfung unterzogen. Schließlich wurde in den Niederlanden der TRISOPLAST®-Standard mit einer Einwaage von 13 Gew.-% Bentonit-Polymer-Gemisch bezogen auf die Trockenmasse des mineralischen Zuschlagstoffes definiert. Bentonit und Polymer werden als liefertrockene Pulver gemischt, daraufhin der erdfeuchte mineralische Zuschlagstoff hinzugegeben und das fertige Mischgut auf dem trockenen Ast der Proctorkurve eingebaut.

3.2 Dichtigkeit

Dichtigkeit gegenüber infiltriertem Niederschlagswasser

Zahlreiche Institutionen haben die Durchlässigkeit von TRISOPLAST®-Dichtungen in Laborversuchen nach unterschiedlichen Methoden untersucht. Tabelle 1 gibt einen Überblick über die Ergebnisse der Bestimmung an TRISOPLAST®-Standardmischungen.

Die Gesamtschau der vorliegenden Laborversuche zeigt ausnahmslos sehr niedrige, deutlich unter $1 \cdot 10^{-10}$ m/s, häufig bei $6 \cdot 10^{-12}$ bis $3 \cdot 10^{-11}$ m/s liegende Durchlässigkeitsbeiwerte. Die Durchlässigkeitswerte sind weniger von Wassergehalt und Trockendichte abhängig als bei herkömmlichen mineralischen Dichtungen. Bei auf dem trockenen Ast der Proctorkurven eingebauten TRISOPLAST®-Proben sind die Zeiten zur Aufsättigung der Proben im Laborversuch ausgesprochen lang (mehrere Monate).

Tabelle 1 Durchlässigkeit von TRISOPLAST® gegenüber Wasser (Laborbestimmungen)

Institut	Dokument	Methode (Versuchsdauer)	Proben-höhe [cm]	Einbau-wassergehalt [Gew.-%]	Trockendichte [g/cm³]	k-Wert [m/s]
Grondmechanica Delft	1994-02	Festwandzelle (14 Tage)	8,0	25	1,410	$2,9 \cdot 10^{-11}$
DLO	1996-02	Falling Head (639 Tage)	2,5	3,5	1,485 (92 % D_{Pr})	$1,0 \cdot 10^{-11}$
DLO	1996-02	Falling Head (200 Tage)	2,5	3,5	1,490 (92 % D_{Pr})	$1,2 \cdot 10^{-11}$
DLO	1997-01	Falling Head nach Hoeks et al 1990 (bis Werte konstant)	2,5	25,0	1,560 (92 % D_{Pr})	$4,3 \cdot 10^{-11}$
DLO	1997-01	dito	2,5	16,0	1,560 (92 % D_{Pr})	$6,9 \cdot 10^{-11}$
DLO	1997-01	dito	2,5	20,0	1,680 (99 % D_{Pr})	$3,7 \cdot 10^{-11}$
DLO	1997-01	dito	2,5	16,0	1,690 (100 % D_{Pr})	$2,7 \cdot 10^{-11}$
INSA Lyon	1997-02	Festwandzelle (60 Tage Versuch, dann extrapoliert)	4,0	6,5	1,46	$3 \cdot 10^{-11}$
KOAC	nach 1998-02 und 1996-01	DIN 18130 (o.A.)	8,0	o.A.	o.A.	$\ll 1 \cdot 10^{-12}$
KOAC	nach 1998-02 und 1996-01	CUR (o.A.)	8,0	o.A.	o.A.	$\ll 1 \cdot 10^{-12}$
Geotechn. Büro Prof. Düllmann	nach 1998-02	Triax (o.A.)	o.A.	o.A.	o.A.	$2,2 \cdot 10^{-12}$
IGT	1999-01	Triax (i=30, stationärer Zu- und Ablauf)	12,0	17,0	1,70	$7,1 \cdot 10^{-12}$
IGT	1999-01	dito	12,0	20,0	1,61	$7,5 \cdot 10^{-12}$
IGT	1999-01	dito	12,0	13,0	1,76 (100 % D_{Pr})	$7,8 \cdot 10^{-12}$
IGT	1999-01	dito	12,0	16,0	1,72 (100 % D_{Pr})	$2,6 \cdot 10^{-11}$
IGT	1999-01	dito	12,0	16,0	1,664 (100 % D_{Pr})	$2,4 \cdot 10^{-11}$
DLO	1999-05	Verformungs-gerät (Bestimmung vor der Verformung) (bis Werte konstant)	2,5	12,0	1,600	$6 \cdot 10^{-12}$
IGT	2000-02	Triax (i=30, stationärer Zu- und Ablauf)	12,0	5 bis 23 (n = 21)	1,2 bis 1,8 (n = 21)	$3,4 \cdot 10^{-12}$ bis $8,9 \cdot 10^{-11}$ (n = 21)
ISIS	2001-06	Triax (i=50, vorläufige Werte)	12,0	13,3	1,73	$4 \cdot 10^{-11}$
ISIS	2001-06	dito	12,0	14,6	1,75	$2 \cdot 10^{-11}$
ISIS	2001-06	dito	12,0	13,8	1,77	$< 1 \cdot 10^{-11}$
ISIS	2001-06	dito	12,0	13,6	1,8	$2 \cdot 10^{-11}$

Auf einem 600 m² großen Versuchsfeld in Spinder bei Tilburg wurden über einen Zeitraum von fünf Monaten Infiltrationsmessungen an gestörten und ungestörten Proben mit einem Durchmesser von 30 cm durchgeführt (DOK 1997-01). Die mittlere Infiltrationsrate betrug dabei 0,08 mm/d. Bei einem Gradienten von 27 ergibt sich daraus ein Durchlässigkeitsbeiwert von $3,3 \cdot 10^{-11}$ m/s.

Die BAM schreibt nach Sichtung der vorliegenden Untersuchungen zum Durchlässigkeitsbeiwert von TRISOPLAST® (DOK 2000-08):

„Die Durchlässigkeitsbeiwerte verändern sich nur gering bei Veränderungen der Dichte, so dass eine ausreichende Abdichtungsfunktion auch ohne besondere Anforderungen an die Verdichtung beim Einbau erreicht wird. Nach Untersuchungen des Staring Centre wird der Durchlässigkeitsbeiwert bei Verdichtungsgraden oberhalb $D_{Pr}= 92\ \%$ kaum von der Dichte beeinflusst.

Mit den ermittelten Durchlässigkeitsbeiwerten (max. $k =4,3 \cdot 10^{-11}$ ist errechnet worden, welche Dicke eine TRISOPLAST® -Schicht haben muss, um nach den niederländischen Vorschriften für Deponieabdichtungen auszureichen: Bei Verwendung von Standard-TRISOPLAST® reicht bei Basisabdichtungen eine Schichtdicke von 6 cm, bei Oberflächenabdichtungen eine Schichtdicke von 5 cm aus, damit die zulässigen Durchflussmengen pro Jahr von 20 mm nicht überschritten werden.

Die in deutschen Vorschriften geforderten Durchlässigkeitsbeiwerte werden erheblich unterschritten. In den Grundsätzen für den Eignungsnachweis von Dichtungselementen in Deponieabdichtungssystemen des DIBt werden für den hydrostatischen Aufstau bei Oberflächenabdichtungen (Tabellen 4.4-3 und-4) geringere Werte angesetzt als in den niederländischen Vorschriften; hinsichtlich der Durchflussraten bei Deponieklasse I minimal 4,5fach höhere Werte. Daraus ergibt sich, dass die nach niederländischen Vorschriften erforderlichen Schichtdicken den Anforderungen der deutschen Vorschriften sicher genügen. Die für die Deponieklassen II und III angestrebten Durchflussraten der Kombinationsdichtungen, die gegen Null gehen sollen, sind allerdings durch eine TRISOPLAST® -Dichtung allein nicht zu erreichen."

3.2.1 Dichtigkeit gegenüber Deponiesickerwasser

Bestimmungen des Durchlässigkeitsbeiwertes von TRISOPLAST® -Dichtungen gegenüber Deponiesickerwasser wurden durchgeführt (Doppelbestimmungen an 6 Proben mit unterschiedlichen Trockendichten). Der Versuch (DOK 1997-01)wurde an 2,5 cm hohen Proben über einen Zeitraum von 3 Monaten durchgeführt und ergab einen mittleren Durchlässigkeitsbeiwert von $2,5 \cdot 10^{-11}$ m/s. Dieser Wert lag unter dem in einem Parallelversuch mit Wasser bestimmten Wert von $4,3 \cdot 10^{-11}$ m/s. Die Autoren schlussfolgern, dass Deponiesickerwasser keinen negativen Effekt auf die Durchlässigkeit von TRISOPLAST® hat. Der Untersuchungszeitraum wurde auf 1 Jahr ausgedehnt und die vorliegenden Ergebnisse bestätigt .

3.2.2 Dichtigkeit gegenüber aggressiven flüssigen Medien

Bestimmung der Durchlässigkeit von TRISOPLAST® -Dichtungen gegenüber den Prüfmedien Rohöl, Phenol, Diesel und Meerwasser wurden durchgeführt (DOK 1996-02) Die TRISOPLAST®-Proben wurden für diese Untersuchungen mit Leitungswasser hergestellt und dann mit den jeweiligen Perkolaten beaufschlagt. Die Versuche wurden je nach Prüfmedium über maximal 50, 169 und 639 Tage durchgeführt. Bei den Permeaten Rohöl und Phenol nahm die Durchlässigkeit mit zunehmender Versuchsdauer sogar leicht ab. Bei Diesel und Meerwasser nahmen die Werte mit der Zeit deutlich zu. Bei Aceton wurde kein Einfluss auf die Durchlässigkeit festgestellt. Sämtliche Messwerte sind allerdings sehr gering. Es ist somit belegt, dass TRISOPLAST® für diese aggressiven flüssigen Medien nur sehr gering durchlässig ist. Durchlässigkeitsbestimmungen gegen Salzsäure (PH 1,5 und 3) und Natronlauge (PH 8,9 und 10) sind auch durchgeführt worden (DOK 1997-01) Auch hier ergaben sich gegenüber Vergleichsversuchen mit Wasser keine erhöhten Durchlässigkeiten.

3.3 Mechanische Widerstandsfähigkeit

3.3.1 Standsicherheit und Verformungssicherheit

Es liegen eine ganze Reihe von durchgeführten Untersuchungen vor, wie etwa die Untersuchungen in den Niederlanden , durchgeführt von Grondmechanica Delft (DOK 1994 –02)zur Bestimmung der Scherfestigkeit von verschiedenen TRISO-PLAST®-Proben nach Konsolidation unter isotroper Spannung im undränierten Scherversuch (C_u-Versuch) einer Triaxialzelle. Aus den Versuchsergebnissen wurde die Standsicherheit von TRISOPLAST® an Böschungen und die Tragfähigkeit berechnet.

Berechnungen der Tragfähigkeit von TRISOPLAST® haben aus den ermittelten Daten unter verschiedenen Lastflächen (Rüttelplatte, Raupenkette und Walzenaufstandsfläche) ergeben, dass TRISOPLAST® mit gängigem Gerät bei Flächendrücken von 5 kN/m^2 bis 10 kN/m^2 verdichtet werden kann. Die getesteten TRISOPLAST®-Mischungen können laut Bericht mit leichten Raupen oder leichten Walzen überfahren und verdichtet werden.

Das Scherverhalten des Verbundes Kunststoffdichtungsbahn und TRISOPLAST® wurde von Grondmechanica Delft (DOK 1997-04 und 1998 -03) und von der Universität Hannover (DOK 2001 -09) untersucht.

Der Verfasser der Untersuchung in 1997 kommt zu dem Schluss, dass bei Anwendung der während der Proben benutzte Materialien einer Abdichtung aus TRISOPLAST® und HDPE-Dichtungsbahn bei Hangneigungen von 1 : 3 stabil ist.

Durch die Universität Hannover sind Reibungsversuche von TRISOPLAST® mit 3 unterschiedlichen BAM-zugelassenen Kunststoffdichtungsbahnen und einem Geotextil dargestellt (DOK 2001 –08). TRISOPLAST® wurde mit einem Wassergehalt von 12 Gew.-% nd einer Trockendichte von 1,67 g/cm^3 (entsprechend 92 % der Proctordichte von 1,82 g/cm^3) in das Prüfgerät eingebaut. In den Versuchen kamen folgende Kunststoffdichtungsbahnen zum Einsatz:

„Dura Seal HD BAM glatt 3 mm" der Fa. Geolining: beidseitig glatt

„Megakron" der Fa. Naue itb GmbH & Co. KG: auf Prüfseite Megakron-Struktur

„DRS" 2,5 mm, der Fa. GSE Lining Technology: beidseitig sandrau

Bei dem getesteten Geotextil handelt es sich um das Produkt „Depotex 305 R" der Fa. Naue Fasertechnik GmbH & Co. KG (PEHD, mechanisch verfestigtes Vlies mit ca. 300 g/m^3 Flächengewicht.

Die Versuchsdurchführung erfolgte in Anlehnung an die Empfehlung GDA E 3-8 und den Entwurf der DIN EN ISO 12957-1 in einem Rahmenschergerät mit 30 cm x 30 cm großer Prüffläche und vertikal verschieblichem oberen Rahmen. Die Prüfgeschwindigkeit betrug 0,0167 mm/min, die Konsolidierungszeit rund 12 h, die Versuche wurden ohne Wassereinstau durchgeführt. Die Versuche ergaben folgende Reibungsspannungswerte im Bruch- und im Gleitzustand:

Tabelle 2 Reibungsspannungswerte zwischen TRISOPLAST® und KDB oder Geotextil

Schichtgrenze	Normalspannung σ [kN/m²]	Bruchzustand τ [kN/m²]	Gleitzustand τ [kN/m²]
„Trisoplast" — „Dura Seal HD BAM glatt 3mm"	20 40 80	5,8 11,9 22,2	5,7 11,2 20,3
„Trisoplast" — „Megakron 2,5mm"	20 40 80	— — —	20,3 35,4 68,7
„Trisoplast" — „DRS 2,5mm"	20 40 80	— — —	19,6 36,9 68,1
„Trisoplast" — „Depotex 305 R"	20 40 80	— — —	11,2 26,8 56,7

Umfangreiche Versuche zur Auswirkungen von Verformungen auf die Durchlässigkeit von TRISOPLAST® liegen ebenfalls vor, wie etwa die Untersuchungsberichte von Boels (DOK 1997 -05 und 1999 –04 und 05). Dort wurde der Einfluss von Deformationen auf die Durchlässigkeit von TRISOPLAST® anhand eines vom DLO-Staring Centre entwickelten Laborverfahrens untersucht.

Eine Probe mit einem Durchmesser von 0,4 m und einer Dicke von 0,025 m wurde in eine Versuchsapparatur eingebaut und unter gesättigten oder ungesättigten Bedingungen bei einer regulierbaren Deformationsrate mit 0 bis 250 kPa belastet. Die Proben wurden mit einer Trockendichte von 1,6 g/cm³ eingebaut. Der Wassergehalt der ungesättigten Proben betrug 12 Gew.-%. Unter gesättigten Bedingungen wurde eine Probe um 0, 1, 2, 3, 5, 7,5 und 10 % deformiert und jeweils nach Erreichen des stationären Zustandes die Durchlässigkeit bestimmt. Bei der Verformung der ungesättigten Proben wurde für jede Laststufe eine neue Probe eingebaut. Folgende Ergebnisse wurden ermittelt:

Unter gesättigten Bedingungen wurde nach der Deformation eine Zunahme der Durchlässigkeitsbeiwerte von $6 \cdot 10^{-12}$ m/s (0 %) auf $2,3 \cdot 10^{-11}$ m/s (5 %) festgestellt. Bei Verformungen über 5 % wurden keine weiteren signifikanten Veränderungen der Durchlässigkeit festgestellt ($2,1 \cdot 10^{-11}$ m/s).

Die Durchlässigkeit bei deformierten ungesättigten Proben nimmt von $6 \cdot 10^{-11}$ m/s (7,5 %) auf $3,7 \cdot 10^{-11}$ m/s (10 %) ab.

Sämtliche bestimmten Durchlässigkeitsbeiwerte sind gering und zeigen, dass die extreme Verformung der Probe rissfrei erfolgte.

Weitere umfangreiche Untersuchungen sind in Deutschland durchgeführt worden (DOK 2000 –3 , 2000 –05)

In DOK 2000-03 sind die Ergebnisse von einaxialen Zugversuchen dargestellt. Sechs Proben (d = 35 mm, l = 80 mm) mit Wassergehalten von 7,5, 15 und 20 Gew.-% und Trockendichten zwischen 1,45 g/cm^3 und 1,67 g/cm^3 wurden weggesteuert mit einer Verformungsgeschwindigkeit von ca. 0,05 mm/min oder rund 0,1 %/min belastet. Die bestimmten Zugfestigkeiten lagen zwischen 9 kPa und 22 kPa, die Grenzdehnungen zwischen 1,0 % und 3,0 %. Aus den Versuchsergebnissen wurden nach der GDA-Empfehlung E 2-13 die maximal zulässigen Krümmungsradien bestimmt. Sie betragen für eine Abdichtungsschicht von 0,1 m je nach Wassergehalt zwischen 5 m und 12 m. TRISOPLAST®-Dichtungen sind damit extrem verformbar, ohne Schaden zu nehmen.

4. Beständigkeit von TRISOPLAST®

4.1 Beständigkeit gegen chemische Einwirkungen

Infiltriertes Niederschlagswasser, Deponiesickerwässer und andere aggressive Flüssigkeiten können auf Deponieabdichtungen chemisch einwirken. Wie schon im Kapitel "Eigenschaften von TRISOPLAST®" dargelegt, liegen umfangreiche Untersuchungsberichte vor. Abgesehen von einer moderaten Erhöhung des Durchlässigkeitsbeiwertes bei der Durchströmung mit Diesel und Meerwasser (nach 639 Tagen) wurden keine Schäden beobachtet, die auf eine Beeinträchtigung der Abdichtungswirkung hindeuten würden. Weitere Untersuchungen zur Beständigkeit von TRISOPLAST® gegen Säuren und Laugen wurden im Zusammenhang mit anderen Untersuchungen zur Beständigkeit gegen mikrobiologische Einwirkungen durchgeführt (DOK 1993 –01).

Bei bentonithaltigen Abdichtungen stellt sich zudem die Frage nach der Auswirkung von Kationenaustausch auf die Abdichtungseigenschaften, insbesondere Durchlässigkeit und Quellvermögen.

TRISOPLAST® enthält Na-aktivierten Bentonit, der mit dem Polymer vernetzt ist. In Kapitel 1 wurden die Interaktionen zwischen Polymer und Bentonit beschreiben. Infolge dieser Interaktionen der funktionellen Seitengruppen mit dem Tonmineral, insbesondere der kationischen und der spezifischen Adsorption, ist ein erheblicher Teil der Austauschplätze für Kationen belegt und dem Ionenaustausch entzogen. Die Kationenaustauschkapazität von TRISOPLAST® beträgt daher auch nur 450 mmol(eq)/kg (DOK 1997-01). In reinen Bentoniten ohne Polymerzusatz ist die Kationenaustauschkapazität rund doppelt so hoch.

Weiterhin wird TRISOPLAST® auf dem trockenen Ast der Proctorkurve mit einer sehr geringen ungesättigten Wasserleitfähigkeit eingebaut. In TRISOPLAST®-Dichtungen steht somit im Vergleich zu herkömmlichen, auf dem nassen Ast der Proctorkurve eingebauten Dichtungen ein viel geringerer wassergefüllter Fließquerschnitt zur Verfügung, so dass der konvektive und der diffusive Eintrag mehrwertiger Ionen, der die Voraussetzung für einen Ionenaustausch bilden würde, stark behindert und verzögert wird.

Schließlich enthält TRISOPLAST® aus der werksseitigen Aktivierung des Bentonits noch einen gewissen Überschuss an ungelöstem Soda, der im Zuge der allmählichen Befeuchtung der TRISOPLAST®-Dichtung in Lösung geht, für entsprechend hohe Na-Konzentrationen in der Bodenlösung sorgt und somit einen Puffer darstellt.

Aus den genannten Gründen ist der Ionenaustausch in TRISOPLAST® stark behindert und TRISOPLAST® weitaus weniger durch Ionenaustausch gefährdet als Dichtungen, die nicht mit Polymer modifizierten Na-Bentonit enthalten.

Ausführliche theoretische Überlegungen und Berechnungen mit Simulationsmodellen zum langfristigen Ionenaustausch in TRISOPLAST® und dessen Auswirkungen auf die Wasserdurchlässigkeit sind in den Berichten von Boels (DOK 1999 –03 und 1999 -04) enthalten. Demnach würde die Durchlässigkeit über einen Zeitraum von 100 Jahren aufgrund von Ionenaustausch um rund 16 % zunehmen.

4.2 Beständigkeit gegen biologische Einwirkungen

4.2.1 Mikroorganismen und Pilze

ATO-DLO hat umfangreiche Untersuchungen (DOK 1993 –01) durchgeführt, die aussagen, dass das Ton-Gel unter Deponiebedingungen gegen mikrobiellen Angriff beständig ist und die Säurebeständigkeit des Bentonits durch die Mischung mit dem Polymer im Ton-Gel deutlich erhöht wird.

Das niederländische TNO Kunststoffen en Rubber Institut bewertet im Auftrag des staatlichen Institut für technische Neuentwicklungen (NOVEM) die bis 1995 durchgeführten Untersuchungen zur Beständigkeit des Polymers in TRISO-PLAST® wie folgt:

Nach vielen Jahren wird das Polymer unter Feldbedingungen kaum oder überhaupt nicht biologisch abgebaut werden. Wenn überhaupt, wird der Abbau auf die obersten Schichten beschränkt sein, da das Polymer im Ton-Polymer-Gel kaum zugänglich ist. Der relativ hohe pH-Wert des Gels wird den biologischen Prozess zusätzlich verlangsamen.

Das Polymer wird im Ton-Polymer-Gel von der UV-Strahlung abgeschirmt. Im Test wurde das Polymer durch UV-Bestrahlung stärker zersetzt als im Feld zu erwarten war, da im Labor nur eine dünne Schicht Ton-Polymer-Gel untersucht wurde, bei der relativ zur Gesamtmenge eine größere Fläche der Strahlung ausgesetzt war.

In den Temperaturversuchen wurde das Polymer im Ton-Polymer-Gel nicht zersetzt. Thermogravimetrisch wurde bestimmt, dass sich Seitengruppen des Polymers bei 300°C abspalten. Für natürliche Bedingungen spielt dies aus Sicht der Autoren keine Rolle.

Die Untersuchung des Polymers unter sauren Bedingungen hat keinen Hinweis auf eine Zersetzung ergeben. Die höchsten Durchlässigkeiten des Ton-Polymer-Gels wurden bei einem pH-Wert von 7 gemessen, was die Autoren ebenfalls als Hinweis werten, der gegen eine chemische Zersetzung spricht.

Aufgrund der geringen Durchlässigkeit von Abdichtungen aus dem Ton-Polymer-Gel besteht nach Ansicht der Autoren keine Gefahr der Auswaschung von Polymer.

Die Autoren empfehlen vergleichende Untersuchungen über die biologische, temperaturbedingte, photooxidative und chemische Beständigkeit des Polymers im Ton-Polymer-Gel unter Feldbedingungen und in zeitraffenden Laborversuchen durchzuführen. Basierend auf den verfügbaren Untersuchungsergebnissen kann nach ihren Aussagen angenommen werden, dass das Polymer im Ton-Polymer-Gel nicht messbar angegriffen oder abgebaut wird. Folglich wird das Ton-Polymer-Gel von ihnen als beständiges System für die Basis- und Oberflächenabdichtung von Deponien beurteilt.

Die BAM bewertet die in den Niederlanden durchgeführten Untersuchungen in ihrem Gutachten (DOK 2000-08) wie folgt:

„Die bereits vorliegenden Untersuchungen (Zitat) ergaben, dass TRISOPLAST® im Sinne bestehender Normen und gängiger Untersuchungen zum Abbau von Kunststoffen durch biologische Vorgänge nicht messbar abgebaut wird; eine besondere Empfindlichkeit gegenüber biologischem Abbau ist deshalb nicht zu erwarten. Sie ist aber auch nicht sicher auszuschließen, da die üblichen Untersuchungen zur biologischen Beständigkeit nicht eine Langzeitbetrachtung zum Gegenstand haben, wie sie wegen der sehr langen Funktionszeiträume für Deponieabdichtungssysteme erforderlich ist. Zur biologischen Beständigkeit kann hier ohne zusätzliche Versuche noch nicht abschließend Stellung genommen werden."

Diese zusätzlichen Versuche wurden daraufhin in Absprache mit der BAM beim Umwelttechnischen Büro Dr. R. Wienberg in Auftrag gegeben. Diese Versuche werden an Probematerial durchgeführt, das radioaktiv markiertes Polymer enthält, so dass im Gegensatz zu den bisher durchgeführten Versuchen auch kleinste Abbauraten des Polymers zuverlässig gemessen werden können.

4.2.2 Pflanzen

Die Einwirkung von Pflanzenwurzeln auf eine TRISOPLAST®-Dichtung wurde in zeitraffenden Laborversuchen im Vergleich zu einem herkömmlichen mineralischen Dichtmaterial (Geschiebemergel, identisch mit dem in den Testfeldern auf der Deponie Hamburg-Georgswerder untersuchten Material) untersucht. Zu dieser Untersuchung liegen Zwischenberichte vor (DOK 2000-06 und 2001-07). Eine Publikation über die Versuche wird als Beitrag zum Landfill Symposium Sardinia '01 (Melchior et al. 2001) erscheinen.

Insgesamt wurden 4 Versuchskästen (42cm x 60 cm) hergestellt, in denen zwei TRISOPLAST®- und zwei Geschiebemergeldichtungen (jeweils 7 cm dick) auf einem Sandauflager (5 cm Sand 0/2) eingebaut wurden.

Von August 1999 bis Januar 2000 waren die Dichtungen mit 5 cm Entwässerungsschicht (Kies 1/3) und 23 cm Oberboden bedeckt. Auf dem Oberboden wurde Gerste eingesät. Um die Versuche zu beschleunigen, wurde der überdeckende Boden bis zur Dichtungsoberkante im Januar 2000 und durch eine nur 10 cm dicke Oberbodenschicht ersetzt, die direkt auf der Dichtung lag und wiederum mit Gerste bepflanzt wurde. Nach den beiden Einsaaten wurden die Versuchskästen zunächst intensiv bewässert, damit die Samen keimen und die Pflanzen sich etablieren konnten. Danach wurde die Bewässerung vollständig eingestellt, um Trockenstress zu erzeugen und die Pflanzen zu zwingen, in tieferen Bodenbereichen, d.h. den Dichtungen, nach Wasser zu suchen.

Bild 6 zeigt die in der Mitte der Dichtung mit Tensiometern gemessene Entwicklung der Wasserspannung als Maß der Austrocknung in den Dichtungen. Die Wasserspannung steigt in der Geschiebemergeldichtung rund dreimal schneller als in TRISOPLAST®. Bei ca. 850 hPa wird der methodisch begrenzte Messbereich von Tensiometern überschritten, so dass die Wasserspannung nicht mehr gemessen werden kann. Die Extrapolation der Wasserspannungsdaten ist spekulativ, legt allerdings aufgrund des fast linearen Werteverlauf die Vermutung nahe, dass am Ende der zweiten Trockenphase in TRISOPLAST® Wasserspannungen von mindestens 1.200 hPa geherrscht haben.

Während der 2. Bewässerungsphase sinkt die Wasserspannung in der Geschiebemergeldichtung abrupt auf 0 hPa ab. Das die Dichtung überstauende Wasser sickert entlang bevorzugter Wasserwege sehr schnell in die Dichtung. In TRISOPLAST® nimmt die Wasserspannung demgegenüber nur sehr langsam ab. Diese Wasserspannungsabnahme hält außerdem auch nach Ende der Bewässerung weiterhin an. Das in der Bewässerungsphase an der Dichtungsoberkante infiltrierte Wasser verteilt sich sehr langsam in der Dichtung, die Dichtung ist nicht geschädigt.

In den Versuchen waren beide Dichtungen einem extremen Trockenstress unterworfen (sehr geringe Überdeckung, sehr lange absolut trockene Phase). Wurzeln sind in beide Dichtungen eingedrungen, in den Geschiebemergel allerdings in höherer Zahl als in TRISOPLAST®. Vermutlich sind die Anreize, in die TRISOPLAST® -Dichtung zu wachsen aufgrund der sehr langsamen Wasserabgabe des Materials geringer. Zudem fehlen im Gegensatz zum Geschiebemergel austrocknungsbedingte Haarrisse, die das Einwachsen von Pflanzenwurzeln begünstigen. Während der Geschiebemergel bereits nach der 1. Trockenphase und noch sehr viel stärker nach der 2. Trockenphase ausgetrocknet und durch Schrumpfung geschädigt war, blieb TRISOPLAST® auch nach der 2. Trockenphase plastisch und als Dichtung vollständig wirksam.

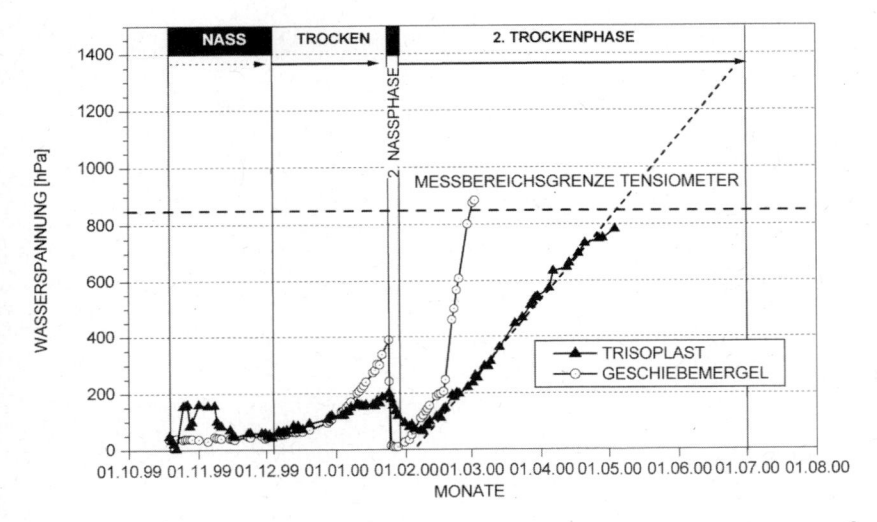

Bild 6 *Wasserspannung in den Durchwurzelungsversuchen an TRISOPLAST® - und Geschiebemergeldichtungen im Labor*

4.2.3 Tiere

Zur Beständigkeit von TRISOPLAST®-Dichtungen gegen Nagetiere oder andere im Boden lebende Tiere wurden bislang keine Untersuchungen durchgeführt. Auch für andere mineralische Dichtungen sind hierzu keine gezielten Nachweise bekannt. Unterschiede zu anderen mineralischen Dichtungen sind bei der Beständigkeit gegen Tiere nicht zu erwarten. Es sind die üblichen Schutzmaßnahmen vorzusehen (ausreichende Überdeckung, Schutz durch eine Kunststoffdichtungsbahn etc.).

4.3 Beständigkeit gegen physikalische Einwirkungen

4.3.1 Temperatur

Der Einfluss von Frost auf die Durchlässigkeit von TRISOPLAST®-Dichtungen wurde untersucht (DOK 2001 –05). Die Untersuchung erfolgte im Triaxialgerät nach den Methoden DIN 18130 und ASTM-5084 an Proben, die wie im Proctor-Versuch auf einen Verdichtungsgrad von 96 % der Proctordichte verdichtet wurden. Die Frostphasen dauerten jeweils 3 Tage, die Auftauphase 1 Tag. Die Proben waren an der Basis mit freiem Wasser verbunden. Nach jedem Frost-Tau-Zyklus wurde der Durchlässigkeitsbeiwert der Probe bestimmt. Bei der Bestimmung des k-Wertes betrug der Zelldruck 100 kPa. Während der Frost-Tau-Phasen wurde der Zelldruck auf 20 kPa gesenkt. Der Durchlässigkeitsbeiwert entwickelte sich wie folgt:

nach dem ersten Frost-Tau-Wechsel: $3,5 \cdot 10^{-11}$ m/s

nach dem zweiten Frost-Tau-Wechsel: $2,2 \cdot 10^{-11}$ m/s

nach dem dritten Frost-Tau-Wechsel: $1,8 \cdot 10^{-11}$ m/s

Auf der Grundlage dieser Laborversuche ist kein schädlicher Einfluss von Frost auf die Dichtwirkung von TRISOPLAST® erkennbar. Dennoch sollte die Einwirkung von Frost auf die TRISOPLAST®-Dichtung durch zügige Überdeckung mit Bodenmaterial verhindert werden. Dauerhaft ist in Deponieabdichtungen infolge der üblichen Überdeckungsmächtigkeiten keine Frosteinwirkung auf die TRISOPLAST®-Dichtung zu erwarten.

4.3.2 Witterung

Von Frost (s.o.) abgesehen, ist der Einfluss der Witterung auf die TRISOPLAST® - Dichtung auf die Bauphase beschränkt. Hierzu liegen umfangreiche Erfahrungen aus den ausgeführten Projekten vor. Gegenüber Wind ist TRISOPLAST® aufgrund seiner Klebrigkeit unempfindlich. Solange das Mischgut noch locker geschüttet ist und noch nicht verdichtet wurde, sind schwache Niederschläge unschädlich. Starke Niederschläge und Niederschläge auf eine abgewalzte TRISOPLAST® -Dichtung können, wie bei anderen mineralischen Dichtungen auch, zu unakzeptablen Aufweichungen führen, die einen Rückbau der Flächen zur Folge haben. Gegen Austrocknung ist TRISOPLAST® sehr viel unempfindlicher als die meisten anderen mineralischen Dichtungen. Zudem ist aufgrund der hohen Flächenleistung bei der Herstellung der TRISOPLAST®-Dichtung eine schnelle Überdeckung der Dichtung mit der Kunststoffdichtungsbahn ohne baubetriebliche Zwangspunkte möglich.

DOK 1997-01 enthält Durchlässigkeitsversuche an einer Probe mit einer Trockendichte von 1,56 g/cm² nach der Einwirkung von UV-Strahlung (750 J/cm²) über einen Zeitraum von 3 Monaten. Der Durchlässigkeitsbeiwert betrug $5,9 \cdot 10^{-12}$ m/s.

4.3.3 Wassergehaltsänderungen

Die Austrocknung und damit verbundene Schrumpfrissbildung stellt eine reale Gefährdung von mineralischen Dichtungen in der Oberflächenabdichtung dar. Zur Untersuchung der Austrocknungsempfindlichkeit von TRISOPLAST® wurden zeitraffende Laborversuche unter möglichst deponienahen Randbedingungen durchgeführt (DOK 2000-06 und 2001-07 sowie Melchior et al. 2001). Dabei wurde TRISOPLAST® vergleichend mit dem in den Testfeldern auf der Deponie Hamburg-Georgswerder untersuchten Geschiebemergel getestet. Für die Geschiebemergeldichtung ist im Feldversuch nachgewiesen, dass erste austrocknungsbedingte Schäden bei Wasserspannungen zwischen 200 hPa und 500 hPa auftreten. Die Verwendung des gleichen Materials im Laborversuch erlaubte somit zum einen die Prüfung, ob die gewählte Apparatur und Versuchsdurchführung geeignet ist, das im Feld festgestellte Verhalten des Geschiebemergels zu reproduzieren, und sofern dieses gegeben ist zum anderen die Bewertung von TRISOPLAST® gegenüber einem gängigen mineralischen Dichtmaterial.

Die Versuchszellen entsprechen Festwandzellen, in denen die Proben mit 10 cm Durchmesser und einer Höhe von 7 cm auf einer keramischen Platte verdichtet und seitlich mit einem Acrylglaszylinder verklebt werden, um die sonst im Feld herrschende Kohäsion zum seitlich anschließenden Dichtungsmaterial zu simulieren. In der Apparatur werden die Proben unterschiedlich langen Nass- und Trockenperioden unterworfen. In den Nassphasen wird die Oberfläche der Proben mit ionenreichem Wasser überstaut (hier: elektrische Leitfähigkeit ~1.100 µS/cm, pH ~8, ~200 mg/l Ca, ~15 mg/l Mg) um die Infiltration und Durchsickerung der Proben bei gleichzeitiger Möglichkeit zu Ionenaustausch zu testen. In den Trockenphasen wird wasserdampfungesättigte Luft über die Probenoberfläche ventiliert (hier: Ventilation mit Luft mit einer relativen Luftfeuchte von 75 %, was im Gleichgewicht einer Wasserspannung im Boden von 380.000 hPa entspräche). Die Proben werden während der gesamten Versuchsdurchführung kontinuierlich mit einer Auflast belastet (hier 16 kN/m²) und die Hebung oder Senkung der Probenoberkante über eine Messuhr mit 0,01 mm Auflösung erfasst.

Bild 7 zeigt die gemessenen Wasserspannungsverläufe. Die Versuche laufen seit dem 27.08.1999 und sind noch immer nicht abgeschlossen. In der ersten Bewässerungsphase wurde der einwandfreie Einbau der Proben geprüft, bevor die Proben dann in der 1. Trockenphase bis auf eine Wasserspannung von 650 hPa ausgetrocknet wurden. In der 2. Bewässerungsphase war die Infiltration von Wasser in die TRISOPLAST® -Probe äußerst gering und in der Apparatur nicht messbar ($< 1 \cdot 10^{-10}$ m³/(m²xs), trat keine Durchsickerung der Dichtung auf und die Wasserspannung nahm nur sehr langsam und aufgrund der langsamen Wasserverteilung in der Probe auch nach Ende der Bewässerungsphase noch ab. In der Geschiebemergeldichtung sank demgegenüber die Wasserspannung sofort mit Beginn der Bewässerung auf 0 hPa, da sich in der Dichtung wasserleitende Schrumpfrisse gebildet hatten. Die Durchsickerung betrug $6 \cdot 10^{-6}$ m³/(m²xs) und sank nur sehr langsam innerhalb einiger Tage auf Werte um $1 \cdot 10^{-7}$ m³/(m²xs). Das im Feld festgestellte Austrocknungsverhalten der Geschiebemergeldichtung konnte somit im Laborversuch reproduziert werden. In der 2. Trockenphase wurden die Dichtung stärker ausgetrocknet (rund 850 hPa). TRISOPLAST® blieb wiederum ungeschädigt während die Durchlässigkeit der Geschiebemergeldichtung nochmals zugenommen hat. Anschließend wurde die Mergelprobe ausgebaut und damit begonnen die TRISOPLAST®-Probe mit einem hydraulischen Gradienten von 5 aufzusättigen, um die folgende Trockenphase vom Zustand maximaler Wassersättigung der TRISOPLAST®-Probe zu beginnen. Die Wasseraufnahme der TRISOPLAST® - Probe ist äußerst langsam. Auch nach Monaten ist noch keine Sättigung eingetreten. Es herrschen immer noch Unterdrücke in der Probe. Auch die Quellhebung der Probe ist sehr gering. Vom Ende der 1. Bewässerung bis zum Ende der 2. Entwässerungsphase hat sich die Dichtungsoberkante um 0,9 mm gesetzt. In den anschließenden 8 Monaten der 3. Bewässerungsphase hat sie sich um rund 0,2 mm wieder gehoben.

Die Versuche zeigen, dass die Wasserabgabe und die Wasseraufnahme von TRISOPLAST® äußerst langsam erfolgen. Das Material verhält sich wesentlich besser als die untersuchte Geschiebemergeldichtung. Bisher ist es trotz gegenüber Feldbedingungen sehr rabiater Randbedingungen (5 Monate mit ununterbrochener Austrocknung mit einem sehr hohen Sättigungsdefizit der Ventilationsluft) nicht gelungen, TRISOPLAST® soweit auszutrocknen, dass Schrumpfrisse auftreten. Die Versuche werden fortgesetzt.

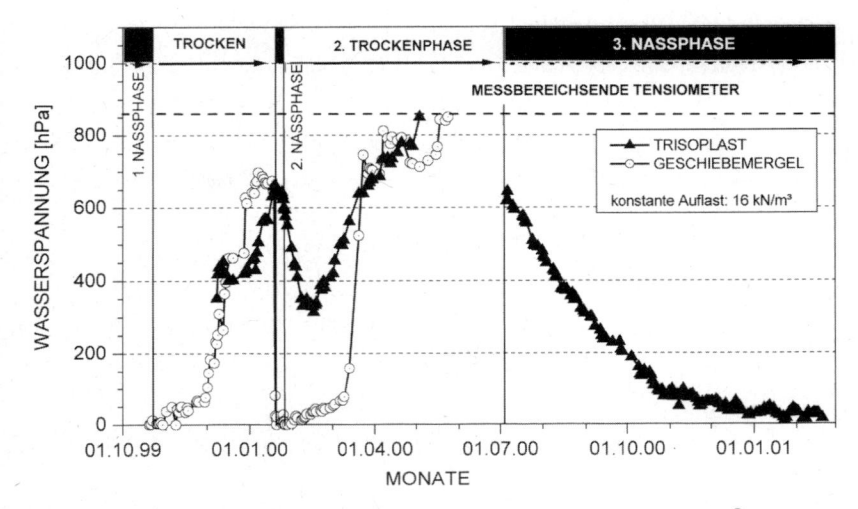

*Bild 7   Wasserspannungen in Geschiebemergel- und TRISOPLAST®-
Dichtungen während Trocken-Nass-Zyklen im Laborversuch*

5. Untersuchungen zur Wirksamkeit von TRISOPLAST®

5.1 Probefelder

Bei allen Abdichtungsmaßnahmen mit TRISOPLAST® werden vor Beginn des routinemäßigen, flächenhaften Einbaus Probefelder zur Prüfung und ggf. Optimierung der im Projekt durch die ausführende Firma eingesetzten Bautechnik und Bauabläufe angelegt und untersucht (vgl. QM-Merkblatt, DOK 2001-03). Das gilt auch für die in den Niederlanden und in Belgien in der Vergangenheit durchgeführten Projekte.

In Deutschland wurde das erste Probefeld von 2100 qm Größe auf der Deponie Rothenbach im Kreis Heinsberg, Nordrhein-Westfalen angelegt. DOK 2001-06 enthält Angaben zur eingesetzten Bautechnik und zu den Ergebnissen der Kontrollprüfungen. In diesem Probefeld wurden die Schichtdicken kontrolliert (6 von 7 Werten erfüllten den Sollwert von 7,0 cm, 1 Wert lag bei 5,5 cm) sowie bodenmechanische Kennwerte bestimmt. Trotz des bei einem von zwei Bestimmungen unzulässig geringen EV_2-Wertes der Tragschicht (22,4 MN/m²) wurden an allen acht Proben hohe Trockendichten von $\rho_d \geq 1,73$ g/cm³ sowie an jeweils vier Proben einaxiale Druckfestigkeiten ≥ 143 kN/m² und Wasserdurchlässigkeitsbeiwerte $\leq 4 \times 10^{-11}$ m/s gemessen. Im Juli 2001 sind in dieses Probefeld Tensiometer eingebaut worden, um die Wasserspannungsverläufe an der Unterkante der Rekultivierungsschicht, in der TRISOPLAST®-Dichtung sowie im Auflager in den kommenden Jahren zu verfolgen.

5.2 Lysimeterstudien

Großlysimeter („Testfelder") mit Flächen von jeweils 250 m² werden im Oktober 2001 im Land Brandenburg auf der Deponie Deetz sowie in Baden-Württemberg auf der Deponie Hamberg hergestellt. In diesen Großlysimetern wird die Wirksamkeit der TRISOPLAST® -Dichtung über mehrere Jahre unter Deponiebedingungen gemessen.

5.3 Aufgrabungen ausgeführter Systeme

Im September 2001 werden TRISOPLAST®-Abdichtungen, die in den vergangenen Jahren in den Niederlanden ausgeführt wurden, aufgegraben und durch unabhängige Gutachter in Augenschein genommen und untersucht . Die Ergebnisse dieser Aufgrabungen und Untersuchungen werden sorgfältig und nachvollziehbar dokumentiert und der Fachöffentlichkeit zugänglich gemacht.

6. Ausführungsbeispiele

Die bislang wichtigsten und flächenmäßig bedeutsamsten Ausführungsbeispiele stammen aus den Niederlanden und Belgien und sind in den folgenden Tabellen aufgelistet.

Tabelle 3 *Ausgeführte Oberflächenabdichtungen (Einsatz von TRISOPLAST® unter einer Kunststoffdichtungsbahn)*

Projekt	Fläche in ha	Herstellungszeit
CAW-Westfriesland	5,6	1995
1. Phase Afvalberging Tammer	3,1	1996
De Kragge 1	22,5	1997
Bavel Phase 2	8,5	1998
Hofmans	4	1999
Uden	6,1	1999
Bavel Phase 3	10	2000
Bovenfeld	7,2	2000
Top-Noodzeeweg	1,1	2000
Essent	2,6	2001
Tammer	4	2001
De Kragge 2	6	2001
De Langenberg	5,5	2001

Tabelle 4 *Ausgeführte Oberflächenabdichtungen (Einsatz von TRISOPLAST® ohne Kunststoffdichtungsbahn)*

Projekt	Fläche in ha	Herstellungszeit
VBM Maasvlakte	0,7	1995
Braambergen	10,8	1996
De Vam	7	1998
Schelphoek	13,4	1998/1999
Langen Akker	11,2	1999
Diemerzeedijk, Amsterdam	53	1999/2000

Tabelle 5 *Ausgeführte Basisabdichtungen (Einsatz von TRISOPLAST® unter einer Kunststoffdichtungsbahn)*

Projekt	Fläche in ha	Herstellungszeit
Smink Afvaldverwerkning	8,7	1995
VBM Maasvlakte c.v.	2	1996
OLAZ Middenen Noord zeeland	4	1997
De Wierde	5,5	1998
Landgraaf	6,6	1999
Korvenmaki dump site (Finnland)	1,7	1999
Vink Barneveld	5,1	2000
Vink Barneveld	1,75	2000
4. Phase Veluwse Afvald Recycling (De Var)	1,5	2000
Vink Barneveld	2,8	2001
Heiloo GP Groot	0,64	2001
5. Phase Veluwse Afval Recycling (de Var)	3,5	2001
4. Phase De Vam	3	2001

Tabelle 6 *Ausgeführte Basisabdichtungen (Einsatz von TRISOPLAST® ohne Kunststoffdichtungsbahn) Berichte und Publikationen zu TRISOPLAST®*

Projekt	Fläche in ha	Herstellungszeit
1. Phase Van Bentum Recycling	2	2000
2. Phase Van Bentum Recycling	9	2000

7. Literatur / Dokumente

Jahr	Dokumenten-nummer	Literaturzitat
1993	1993-01	*Van der Zee, M., D. de Wit, H. Tournois (1993):* The biological and chemical stability of a special clay-polymer gel. Final report. ATO-DLO – Agricultural Research Service - Inst. for Agrotechnological Research. 21 S. + Anlage
1994	1994-01	*Environmental Management Directorate-General, Soil Protection Department (1994):* Suitibility of TRISOPLAST as a landfill barrier. Letter from L.J. Gravesteijn to F.P. van Schagen (Water Management, Environment and Transport Department). 2 S.
	1994-02	*Grondmechanica Delft - Soil Structure Department (1994):* Vertical load-bearing capacity and slope stability of a special clay gel. Final report. Projekt Manager H. Larsen. Kerkdriel. 25 S. + Anlage
1995	1995-01	*TNO Kunststoffen en Rubber Instituut (1995):* Durability of the polymer in a clay-polymer gel. Stellungnahme von J. Breen an NOVEM. 5 S.
	1995-02	*Venmans, A.A.M. (1995):* Englische Übersetzung eines Schreibens an G.I.D., J. Wammes. TRISOPLAST squeezing behavior. Grondmechanica Delft. 2 S.
	1995-03	*Staring Centre (SC-DLO) (1995):* Invloed percolaat op doorlatendheid TRISOPLAST. Schreiben vom 24.01.1995 an General Industrial Developments Benelux B.V., Boels, D. 2 S.
1996	1996-01	*Grontmij (1996):* TRISOPLAST Protocols for landfill covers and liners. De Bilt, Niederlande. Bearbeitet durch K. van der Wal. 32 S. + Anlagen
	1996-02	*Boels, D., G.J. Veermann (1996):* Doorlateneheid van TRISOPLAST voor verschillende vloeistoffen. DLO Staring Centrum, Rappert 487. Wageningen. 21 S.
	1996-03	*Staring Centre (SC-DLO) (1996):* Functionality/Quality of TRISOPLAST. Report from D. Boels. Wageningen. 7S.
1997	1997-01	*Weitz, A.M., D. Boels, H.J.J Wiegers, J.J. Evers-Vermeer (1997):* Application of TRISOPLAST for lining of landfills. Staring Centre (SC-DLO), Report 142. Wageningen. 50 S. + Anlage

Jahr	Dokumenten-nummer	Literaturzitat
	1997-02	**Didier, G., V. Norotte (1997):** Durchlässigkeit und Quellvermögen von TRISOPLAST. INSA-Lyon-URGC-Géotechnique. 5 S. + Anlagen
	1997-03	**KOAC-Vught (1997):** Het onderzoeck naar de invloed van een gesimuleerde zetting van TRISOPLAST op de invloed van de waterdoorlatenheid. 5 S. + Anlage
	1997-04	**Zon, W.H. van der (1997):** Wrijingsweerstand TRISOPLAST/folie. Factual Report. Grondmechanica Delft. 3 S. + Anlage
	1997-05	**Boels, D (1997):** Schreiben vom 19.12.1997 an General Industrial Developments Milieutechniek B.V., Head of Physical Soil Conservation Departement. 1 S. + Anlage
1998	1998-01	**GID Milieutechniek (1998):** TRISOPLAST - List of references. Velddriel, Niederlande. 6 S.
	1998-02	**GfL Planungs- und Ingenieurgesellschaft (1998):** Verbesserte mineralische Abdichtungen aus einem polymervergüteten Bentonit-Sand-Gemisch. Bremen. 20 S.
	1998-03	**Zon, W.H. van der (1998):** Schuifweerstandsproeven TRISOPLAST/HDPE-flex. Report 981012. Grondmechanica Delft. 4 S. + Anlagen
	1998-04	**Buhck-Gruppe (1998):** Standard-Lastenheft für das Anlegen einer TRISOPLAST-Sperrschicht, Hamburg. 15 S.
1999	1999-01	**Dücker IGT (1999):** Kurzbericht zur Eignungsbewertung von TRISOPLAST als Dichtungsmittel im Deponiebau - Voruntersuchungen. Neuss. 10 S.
	1999-02	**Ruardi, P. (1999):** Use of TRISOPLAST. Faxreport to Mr. Risto Kuusiniemi. Ministerie van Volkshuisvesting, Ruimtelijke Ordening en Milieubeheer, 1 S.
	1999-03	**Boels, D. (1999):** Theory of the evolution of permeability of TRISOPLAST in a liner construction combined with HDPE geomembrane. DLO-Winand Staring Centre Wageningen. 17 S.
	1999-04	**Boels, D. & K. van der Wal (1999):** TRISOPLAST: New Developments in Soil Protection. Proceedings Sardinia 99, 7th Intern. Waste Management and Landfill Symposium, 4-8.10.99 in Cagliari, Italy, S. 77-84.

Jahr	Dokumenten-nummer	Literaturzitat
	1999-05	***Boels, D, & D. Schreiber (1999):*** Effecten van alzijdige rek op de waterdoorlatendheid van minerale afdichtingmaterialen. DLO- Staring Centre, Rapport 681. Wageningen. 25 S.
2000	2000-01	***Kühle-Weidemeier, M., Bogon, H. (2000):*** Leistungsfähigere und kostengünstige mineralische Abdichtungen. Müll und Abfall, 4/00, 192-19
	2000-02	***Dücker IGT (2000):*** Vermerk Nr. 4: QM TRISOPLAST – Probefeldbau mit TRISOPLAST. Neuss. 9 S
	2000-03	***Dücker IGT (2000):*** Vermerk Nr. 6: QM TRISOPLAST – Verformungs- und Festigkeitseigenschaften (1). Neuss. 11 S.
	2000-04	***Dücker IGT (2000):*** Vermerk Nr.7: QM TRISOPLAST – Wasserspannung als Funktion des Wassergehaltes. Neuss. 4 S.
	2000-05	***Dücker IGT (2000):*** Vermerk Nr. 9: QM TRISOPLAST – Druck- und Zeitsetzung (1). Neuss. 3 S. + Anlagen
	2000-06	***IGB (2000):*** Untersuchung von TRISOPLAST® für den Einsatz als Oberflächenabdichtung – Laborversuche zum Austrocknungsverhalten. Zwischenbericht. Hamburg 20 S. + Anlagen
	2000-07	***Dücker IGT (2000):*** Schreiben vom 20.07.2000 an IGB, Dr. Melchior. Neuss 5 S.
	2000-08	***Bundesanstalt für Materialforschung und –prüfung (2000):*** Gutachtliche Stellungnahme zu TRISOPLAST® als mineralische Abdichtungsschicht von Deponien. Berlin, 15.05.2000, 8 S. + 1 Anlage
2001	2001-01	***ISIS GmbH (2001):*** Vermerk Nr. 10: QM TRISOPLAST – Verdichtbarkeit und Durchlässigkeit. Neuss. 3 S. + Anlagen
	2001-02	***ISIS GmbH (2001):*** Vermerk Nr. 11: QM TRISOPLAST – Auswertung Durchlässigkeit. Neuss. 3 S.
	2001-03	***IGB GmbH (2001):*** Merkblatt Qualitätssicherung bei Abdichtungen aus TRISOPLAST®. 5 Teile mit diversen Anlagen und 2 Anhängen. Hamburg, Stand: 01.02.2001.
	2001-04	***ISIS GmbH (2001):*** Geotechnische Stellungnahme zum Langzeitscherfestigkeitsverhalten von TRISOPLAST. Neuss, 07.02.2001, 6 S.

	2001-05	***Jaakko Pöyry Infra – Geocenter (2001):*** The effect of freeze-thaw cycles on permeability of TRISOPLAST. Vantaa, Finnland, 07.02.2001, 1 S.
	2001-06	***ISIS GmbH (2001):*** Geotechnische Stellungnahme zur Herstellung eines Probefeldes auf der Deponie Rothenbach. Neuss, 27.02.2001, 5 S.
	2001-07	***IGB (2000):*** Untersuchung von TRISOPLAST® für den Einsatz als Oberflächenabdichtung – Laborversuche zum Austrocknungsverhalten. 2. Zwischenbericht. Hamburg, März 2001, 22 S. + 9 Anlagen
	2001-08	***Niedersächsisches Landesamt für Ökologie(2001):*** Deponieabdichtung – Eignungsbeurteilung alternativer Abdichtungselemente – Fachgespräch TRISOPLAST. Protokolle der Gespräche am 14. und 15.03.2001 in Hildesheim. 9 S.
	2001-09	***Universität Hannover – Institut für Grundbau, Bodenmechanik und Energiewasserbau (2001):*** Reibungsversuche TRISOPLAST. Hannover, 25.04.2001, 3 S. + 4 Anlagen.

Durchführung und Auswertung von in situ Großscherversuchen zur Bestimmung des Reibungsverhaltens einer Kombinationsabdichtung

Thomas Kruse[*] und Rolf Schicketanz[**]

Inhalt

1. Einleitung 99
2. Laborscherversuche zum Bauvorhaben 101
3. Aufbau und Durchführung der in situ Großscherversuche 104
4. Auswertung und Ergebnisse der Großscherversuche 106
5. Anregungen zur Versuchsoptimierung 111
6. Zusammenfassung 112
7. Literaturverzeichnis 113
8. Bilddokumentation 114

1. Einleitung

Die Abfallentsorgungsanlage des Kreises Olpe wird derzeit mit einer Deponiebasisabdichtung in mehreren Bauabschnitten erweitert, um die prognostizierte Abfallmenge in den nächsten Jahren aufnehmen zu können.

Die Bauabschnitte umfassen Basiserweiterungsflächen von im Mittel ca. 13.000 m².

Die Basisabdichtung ist jeweils als Kombinationsabdichtung analog zu Abschnitt 10 der TA Siedlungsabfall (s. a. § 3, Abfallablagerungsverordnung) [1, 2] ausgebildet; die Neigung der Flächen weist überwiegend ein Verhältnis von 1 : 4 auf.

Die im Vorfeld erfolgte Nachweisführung zur Standsicherheit hat gezeigt, dass aufgrund des erforderlichen Bauablaufs und der vorhandenen Randbedingungen

---

[*] Dr.-Ing. Thomas Kruse, Ing.-Büro f. Geotechnik und Umwelt, 58313 Herdecke
[**] Dipl.-Ing. Rolf Schicketanz, Ingenieurbüro Schicketanz, 52066 Aachen

für den Mülleinbau in den Grenzflächen der einzelnen Dichtungsschichten ein rechnerischer Reibungswinkel von $\varphi_{cal} \geq 18{,}3°$ erreicht werden muss [3].

Tabelle 1: *Schichtenfolge im Dichtungssystem*

	Schichtenaufbau der Kombinationsbasisabdichtung
oben ↑	**Flächenfilter** d = 50 ± 2 cm, bestehend aus: • sauberer Grauwacke-Splitt 8/56 mm, d = 20 ± 2 cm • gewaschenes, gedrungenes Kieskorn 16/32 mm, d = 30 +2/-0 cm
	Mineralisches-Deponie-Dichtungsschutzsystem (MDDS) sandgefüllte Schutzbahn; Flächengewicht ≥ 35 kg/m², Dicke ca. 2 cm, mit BAM-Zulassungsschein
	Kunststoffdichtungsbahn d $\geq 2{,}5$ mm, PE-HD, beidseitig strukturiert; mit BAM-Zulassungsschein
unten	**Künstliche mineralische Dichtung** dreilagig, Lagendicke ≥ 25 cm, verdichtet

Parallel dazu durchgeführte Labor-Reibungsversuche nach der GDA-Empfehlung E 3-8 [4] bzw. DIN EN ISO 12957-1 (Entwurf) [9] in einem Rahmenschergerät 300 x 300 mm ergaben Reibungswinkel, die nach Abminderung zum Rechenwert knapp am Sollwert bzw. sogar darunter lagen.

Nach der Erfahrung aus zurückliegenden Labor- und baupraktischer Reibungsversuchen [10], kann nicht ausgeschlossen werden, dass Reibungsversuche im Labormaßstab aufgrund ihrer zum Teil stark streuenden Ergebnisse in Grenzfällen ein gewisses Risiko bei der Standsicherheitsnachweisführung darstellen.

Zur Auswahl der erforderlichen Oberflächenstruktur der Kunststoffdichtungsbahn wurden von der Fremdprüfinstitution auf dem Probefeld der Baumaßnahme großmaßstäbliche Reibungsversuche (in situ) angeregt und durch den Bauherrn genehmigt. Über den Aufbau, die Durchführung, die Auswertung und das Ergebnis dieser Großscherversuche soll in dieser Ausarbeitung berichtet werden.

Für die verständnisvolle Unterstützung durch den Bauherrn, das Planungsbüro, die Baufirma und die Produktlieferanten soll an dieser Stelle besonders gedankt werden.

2. Laborscherversuche zum Bauvorhaben

Vor Aufnahme der Bautätigkeit zur Erweiterung der Müllablagerungsfläche auf der Abfallentsorgungsanlage des Kreises Olpe waren durch das beauftragte Planungsbüro, Ingenieurbüro Gröticke + Partner GmbH, Voruntersuchungen zu Fragen der Auswahl geeigneter Dichtungskomponenten und der Standsicherheit eingeleitet worden.

Durch ein Nebenangebot des beauftragten Bauunternehmens, Fa. Wittfeld GmbH & Co. KG, sollte als 3-lagige tonmineralische Dichtungslage ein Ton aus der Grube "Stremmer" eingesetzt werden. Diesem wurde als Kunststoffdichtungsbahn (KDB) das Produkt CARBOFOL PE-HD 507 mit BAM-Zulassung des Herstellers NAUE SERROT Europe GmbH & Co. KG zugeordnet.

Während in dem vorausgegangenen Bauabschnitt mit vergleichbarem Materialeinsatz die Eignung der unterseitigen KDB-Oberflächenstruktur "Karo-Noppe" nachgewiesen worden war, musste die oberseitige KDB-Struktur sowohl auf die Planumsneigung von 1 : 4, als auch auf die gewählte Geokunststoff-Schutzlage "Mineralisches-Deponie-Dichtungs-Schutzsystem" (MDDS) der Fa. Gebr. Friedrich GmbH abgestimmt werden. Zu diesem Zweck wurde ein Standsicherheitsnachweis für den Bau-, Betriebs- und Endzustand geführt, der als Sollwert einen Rechenwert für den Reibungswinkel $\varphi_{erf.} \geq 18{,}3°$ ergab [3].

Parallel ließ der MDDS-Lieferant am IGBE der TU Hannover labormäßige, projektbezogene Reibungsversuche zwischen Kunststoffdichtungsbahnen mit unterschiedlicher Oberflächenstruktur und MDDS-Mattenproben nach der GDA-Empfehlung E 3-8 durchführen.

Die folgenden Versuchsergebnisse ergaben [5]:

Tabelle 2: Ergebnisse der Laborscherversuche

\multicolumn{4}{c}{Reibungsversuche IGBE, E 3-8 KDB / MDDS-Matte}			
KDB-Struktur	Normalspannung	Prüfgeschwindigkeit	Versuchsergebnis	
			Winkel	Adhäsion
"glatt"	20 - 40 kN/m²	1 mm/min	16° *⁾	k.A.
	100 - 500 kN/m²		18° *⁾	k.A.
	20 - 500 kN/m²		20° *⁾	k.A.
"Organat"	20 - 40 kN/m²	1 mm/min	25°/19° *⁾	k.A.
	100 - 500 kN/m²		20°/17° *⁾	k.A.
	20 - 500 kN/m²		20°/17° *⁾	k.A.
"Orgakron"	20 - 40 kN/m²	1 mm/min	20° *⁾	k.A.
	100 - 500 kN/m²		19° *⁾	k.A.
	20 - 500 kN/m²		20° *⁾	k.A.

*⁾ Gleitzustand (30 mm)

Über die Reibungskraftübertragung zwischen der Dichtungsbahn-Struktur "Karo-Noppe" und dem vorgesehenen Ton ("Grube-Stremmer") lagen folgende Labordaten vor [6]:

Tabelle 3: Reibungsversuche KDB "Karo-Noppe"/ Ton ("Grube-Stremmer")

Institut Datum	Kasten cm x cm	Geschwind. mm/min	Auflast kN	Winkel Grad	Adhäsion kN/m²
tBU 23.03.00	30 x 30	0,0083	20/30/40	30,7°	21,1
tBU 24.05.00	30 x 30	0,0083	40/70	32,6°	11,7
tBU 24.05.00	30 x 30	0,0083	100/200/300	19,8	31,2

Für den Ton ("Grube-Stremmer") wurden folgende Daten ermittelt:

Tabelle 4: Scherversuch für das Dichtungsmaterial aus Ton (Grube Stremmer)

	\multicolumn{5}{c}{Reibungsversuche an Ton (Eignungsprüfung 17.04.00)}				
Institut Datum	Kasten cm x cm	Geschwind. mm/min	Auflast kN	Winkel °	Kohäsion kN/m²
PTM 00-2002-01 April 2000	30 x 30	0,03	100/200/300	22,9	26,7

Aus der Standsicherheitsberechnung ergab sich, dass die Gleitebene "Kunststoffdichtungsbahn/MDDS-Matte" als die kritische Gleitfläche im Dichtungsaufbau anzusehen ist. Deshalb kam der Auswahl einer geeigneten Oberflächenstruktur der KDB an ihrer Oberseite zur MDDS-Matte eine besondere Bedeutung zu.

Aus den Laborversuchen gemäß Tabelle 2 ist zu ersehen, dass im Gegensatz zur Oberflächenstruktur "Organat" für die Oberflächenstrukturen "glatt" und "Orgakron" an Hand der Scherspannungs-Verschiebungsdiagramme kein definierter Bruchzustand ermittelt werden konnte, so dass hilfsweise als Ergebnis die Gleitwerte bei 30 mm Gleitweg festgelegt wurden. Ferner waren nach der GDA-Empfehlung E 3-8 aus den Versuchsergebnissen Rechenwerte ("cal-Werte") für den Standsicherheitsnachweis festzulegen, die bei Anwendung des bisherigen globalen Sicherheitskonzeptes aus den Grundwerten durch Reduzierung mittels parameterspezifischer Sicherheitswerte (hier: entsprechend der Empfehlung EAU 1990 (E 96), Abschnitt 1.13.1.2 [7]) abgeleitet werden.

Gleichfalls war die Forderung $\tau_{oben} < \tau_{unten}$ gemäß der GDA-Empfehlung E 2-7 [8] zu erfüllen, um insbesondere bei Setzungsvorgängen im Müllkörper, Zugspannungen in der Kunststoffdichtungsbahn zu vermeiden.

Ein Erfordernis für in-situ-Großscherversuche auf der Oberfläche, der in einem Probefeld eingebauten Kunststoffdichtungsbahnen, ergab sich durch die Auswertung der labormäßigen Reibungsversuche und dem Vergleich der Ergebnisse mit den rechnerisch ermittelten Sollwerten der zu übertragenden Reibungskräfte.

Tabelle 5: Rechenwerte der Reibungswinkel für MDDS/"Organat" bzw. "Orgakron"

Rechenwerte der Reibungswinkel für MDDS/"Organat" bzw. "Orgakron"				
KDB-Struktur	Normalspannung	Versuchsergebnis Winkel	Rechenwert Winkel	rechn. Sollwert Winkel
"Organat"	20 - 40 kN/m²	25° (Bruchwert)	22,7°	18,3 °
	100 -500 kN/m²	20° (Bruchwert)	18,2°	
"Orgakron"	20 - 40 kN/m²	20° (Gleitwert)	18,2°	18,3 °
	100 -500 kN/m²	19° (Gleitwert)	17,3°	

Die Rechenwerte der Scherwinkel, die im Laborversuch ermittelt wurden, liegen teilweise nahe dem rechnerischen Sollwert bzw. unterschreiten diesen insbesondere bei höherem Normalspannungsniveau.

Mit in situ Großscherversuchen auf dem bestehenden Probefeld unter baupraktischen Bedingungen sollten, mit den beiden in die nähere Wahl gezogenen Oberflächenstrukturen der Kunststoffdichtungsbahnen, die Laborversuchsergebnisse abgesichert werden.

3. Aufbau und Durchführung der in situ Großscherversuche

Für den Bau der Kombinationsabdichtung im aktuellen Bauabschnitt wurde ein Probefeld mit zwei Prüffeldern in einer Planumsneigung von 1 : 4 angelegt. Die Prüffelder unterschieden sich in der oberseitigen Oberflächenstrukturen (Prüffeld 1: "Organat", Prüffeld 2: "Orgakron"), während die unterseitige Oberflächenstruktur "Karo-Noppe" zum Tonplanum hin in beiden Feldern gleich war.

Der Probefeldaufbau erfolgte planmäßig bis einschließlich der Flächenfilterschicht mit d = 50 cm.

Um eine definierte Reibungsfläche und Normalspannung zu erreichen, wurden begrenzende "Scherkästen" gebaut, auf denen je ein Muldencontainer nach DIN 30720 mit 7 m^3 Nennvolumen für Zusatzlasten positioniert wurde.

Die "Scherkästen" wurden aus einem rechteckigen Rahmen gebildet, die aus senkrecht stehenden Holzbohlen in den Außenmaßen von rund 1,90 x 2,90 x 0,30 m und einer Bohlendicke von ca. 45 mm bestanden. Diese wurden direkt auf die MDDS-Matten gestellt und mit der plangemäßen Flächenfilterfüllung im Zuge der Ballastierung der Prüffelder verfüllt.

Anschließend wurde je Prüffeld innerhalb des "Scherkastens" eine Containermulde aufgestellt und durch die Befüllung einer zuvor abgewogenen Menge mit Kies eine zusätzliche Normallast aufgebracht. Die Konsolidierungszeit unter der Gesamt-Normallast betrug rund 72 h.

Bei den Großscherversuchen wurden folgende Auflaststufen erprobt:

Tabelle 6: Bei den Teilversuchen verwendete Auflasten

Oberflächenstruktur	Großscherversuche Probefeld	
	Laststufen	
	1	2
"Organat"	ca. 10,02 kN	ca. 70,9 kN
"Orgakron"	ca. 92,5 kN	ca. 73,9 kN

Für die Zugkrafteinleitung in die Scherrahmen wurde eine Stahlkonstruktion vorgesehen, die aus zwei Doppel-T-Trägern IP 300 und zwei Zugstangen bestand. Durch diese wurden die rück- und frontseitig angeordneten T-Träger starr verbunden. Am frontseitigen T-Träger wurden über Ösen zwei Zugketten angebracht, an denen eine elektronische Kraftmessdose (Typ DYNAFOR der Fa. Greifzug Hebezeug GmbH), angebracht war. Diese war mit einer elektronischen Fernanzeige verbunden.

Die Zugkraft wurde für die Versuche mit "Organat"-Struktur durch eine Planierraupe, Typ CAT D6M LGP, für die Versuche mit "Orgakron"-Struktur durch den Auslegerarm eines Hydraulikbaggers, Typ KOMATSU PC 650, aufgebracht.

Bevor die Großscherversuche durchgeführt werden konnten, wurde das eingebaute Flächenfiltermaterial rund um die "Scherkästen" abgeräumt, die MDDS-Matten bis zu den "Scherkästen" zurückgeschnitten und die Schnittkanten abgenäht, um den Austritt des Feinsandes zu vermeiden, sowie die unterliegende KDB im gleichen Umfang freigeschnitten. Dadurch sollte eine definierte Reibungsfläche geschaffen und die Beobachtung von Gleitbewegungen zwischen KDB und Tonplanum bzw. KDB und MDDS-Matten erleichtert werden.

Zur messtechnischen Erfassung möglicher Verschiebungswege wurden Messmarkierungen zwischen den einzelnen Gleitflächen angebracht.

Der prinzipielle Versuchsaufbau ist in der nachfolgenden Skizze dargestellt:

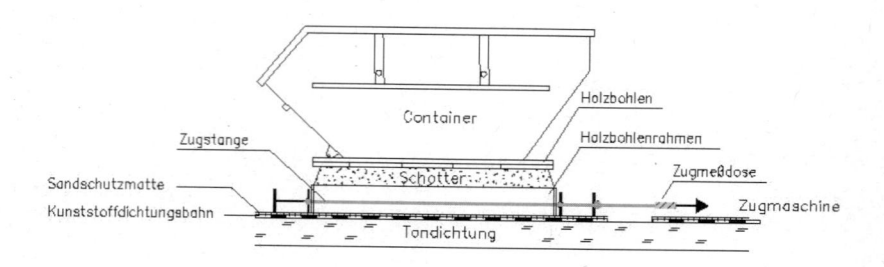

Bild 1: Prinzipskizze des Versuchsaufbaues für die Großscherversuche

4. Auswertung und Ergebnisse der Großscherversuche

Die Ermittlung der erforderlichen Zugkraft, bei gleichzeitiger Erfassung des Verschiebungswegs, war für die Auswertung der Scherversuche ebenso erforderlich wie die Bestimmung der Auflast. Für jede zu untersuchende Oberflächenstruktur ("Orgakron", "Organat") wurden zwei Teilversuche mit unterschiedlicher Auflast (Container halbvoll bzw. ganz gefüllt) ausgeführt. Die Erfassung der Messwerte erfolgte manuell, da kurzfristig eine elektronische Messwerterfassung nicht mehr realisiert werden konnte und zudem schwer abschätzbar war, welche Verformungen bis zum Einsetzen des Bruch- bzw. Gleitvorganges notwendig sein würden.

Theoretisch gilt im Bruchzustand der im Bild 2 dargestellte Zusammenhang:

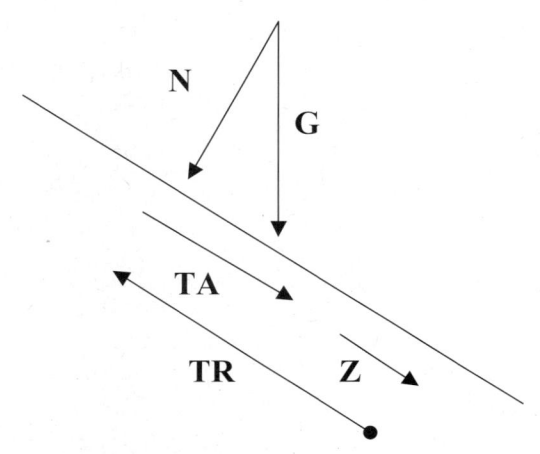

Bild 2: Theoretischer Ansatz für den Bruchzustand

Aus der Gewichtskraft G resultiert eine Normalspannung σ_N und eine hangabwärtsgerichtete Komponente TA, der eine rückhaltende Reibungskraft TR gegenübersteht. Der Bruchzustand tritt gerade ein, wenn TR = TA ≤ 1,0 beträgt. In diesem Fall war es erforderlich, den Bruchzustand durch die Einleitung einer Zugkraft zu erzeugen. Somit gilt für den Bruchzustand:

TR = TA + Z = 1,0

mit

    Z = erforderliche Zugkraft

    TA = N x tan α

    TR = N x tan δ'

Die Messdaten für die einzelnen Versuche sind nachfolgend in Zugkraft/ Verschiebungs-Diagrammen aufgetragen. Aus diesen Diagrammen lässt sich ein Übergang in den Gleitzustand nach einem Verschiebungsweg von mehreren Zentimetern ablesen. Vereinzelt noch auftretende „Peaks" auf dem weiteren Gleitweg sind auf andere Einflüsse, wie z. B. ruckartige Krafteinleitung durch das Umspringen der Raupenketten oder durch das Aufliegen des vorderen Zugrahmens und der MDDS Matte auf dem Ton im freigeschnittenen Bereich zurückzuführen.

Aus den beiden Zugkraft-/Verschiebungs-Diagrammen, die sich aus den Versuchen 1 und 2 für die "Orgakron"-Prägung bei unterschiedlichen Auflasten ergaben, ist Folgendes zu erkennen:

Bis zum Erreichen einer Verschiebung von ca. 5 cm wird zunächst eine recht steiler Zugkraftanstieg beobachtet, danach erfolgt mit zunehmendem Verschiebungsweg kein nennenswerter weiterer Anstieg der Zugkraft; abgesehen von kleineren "Peaks", die möglicherweise auf andere Einflüsse zurückzuführen sind.

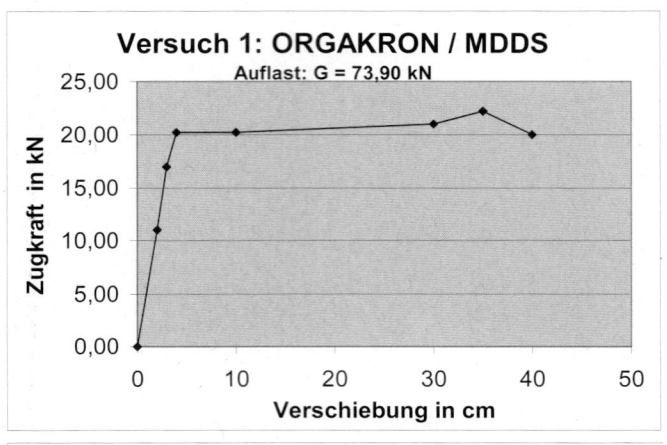

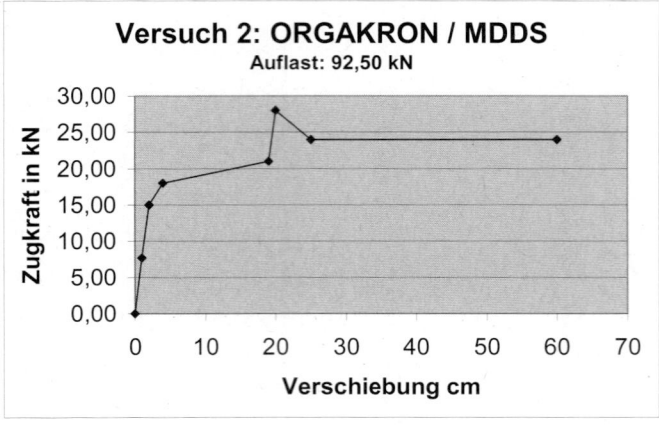

Bild 3 und 4: Zugkraft-/Verschiebungs-Diagramme für die "Orgakron"-Prägung

Bei den Versuchen 3 und 4 mit der "Organat"-Prägung wurde die Zugkraft mittels eines Hydraulikbaggers eingeleitet, wodurch sich ein etwas gleichmäßigerer Versuchsverlauf ergab. Auch hierbei wurde der Bruch bzw. der Übergang zum Gleiten nach ca. 5 cm Verschiebungsweg erreicht.

Bei allen Versuchen war zunächst ein relativ großer Verschiebungsweg bis zum Erreichen des Gleit- bzw. Bruchzustandes erforderlich. Dieses kann auf die notwendigen Verformungen bis zum kraftschlüssigen Anliegen des Rahmens und der Zugeinrichtung sowie Stauchungen und nachfolgende Dehnungen in der MDDS-Matte zurückgeführt werden.

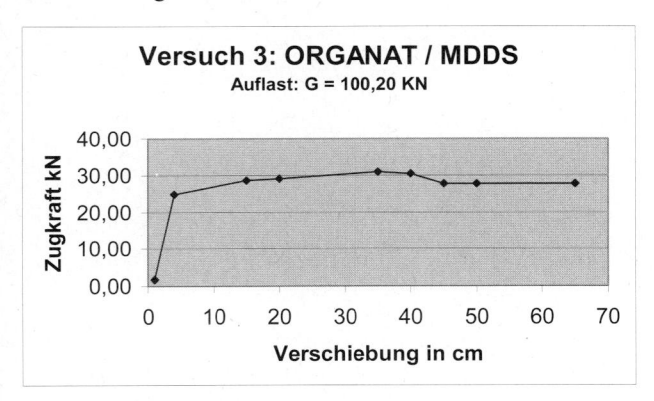

Bild 5: Zugkraft-/Verschiebungs-Diagramm für die "Organat"-Prägung

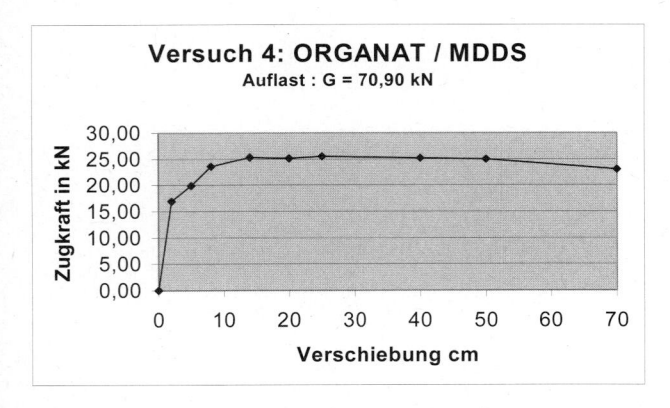

Bild 6: Zugkraft-/Verschiebungs-Diagramm für die "Organat"-Prägung

Für die Ermittlung der Scherparameter wurden jeweils die erforderliche Zugkraft Z und die aus dem Eigengewicht vorhandene hangabwärts gerichtete Schubkraft TA addiert und bei unterschiedlicher Auflast (Normalkraft N) in einem Schubkraft/Auflastdiagramm dargestellt. Die angegebenen Scherwinkel wurden unter Berücksichtigung der Tatsache ermittelt, dass Adhäsion zwischen der Kunststoffdichtungsbahn und der Sandschutzmatte nicht auftritt. Die Schergrade muss folglich durch den Nullpunkt des Schubkraft/Auflastdiagramms verlaufen. Angegeben werden jeweils die Scherwinkel für den Bruch- und den Gleitzustand, die sich aus der Auswertung zwischen den beiden Teilversuchen ergaben.

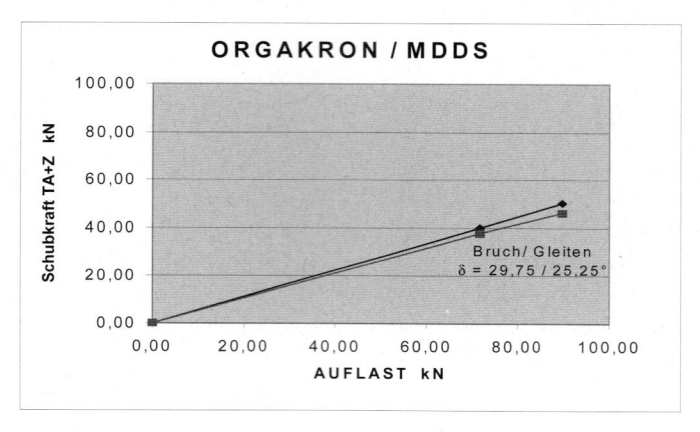

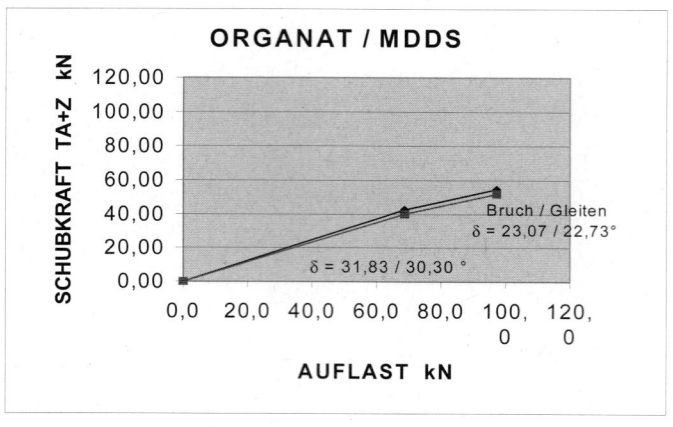

Bild 7 und 8: Verlauf der Schergraden für die jeweiligen Versuche

Bei den Diagrammen ist zu berücksichtigen, dass hier die erforderlichen Kräfte und nicht die Spannungen aufgetragen wurden. Zur Umrechnung in Schubspannungen bzw. Normalspannungen müssten die Kräfte noch durch die Grundfläche der Scherrahmen von F = 5,52 m² dividiert werden.

Die Auswertung der Großscherversuche zeigt, dass die ermittelten Reibungswinkel zwischen der MDDS-Matte und den Kunststoffdichtungsbahnen mit verschiedenen Oberflächenstrukturen im Wesentlichen über den Scherparametern liegen, die in den Laborversuchen ermittelt wurden.

Die Versuchsergebnisse sind in der folgenden Tabelle 7 zusammengestellt.

Tabelle 7: Ergebnisse der Großscherversuche

Versuch	im Bereich der Normalkraft $N = G \times \cos \alpha$ [kN]	Reibungswinkel (Bruchwert) [°]	(Gleitwert) [°]
MDDS/"Orgakron"	71,68 / 89,73	29,75	25,25
MDDS/"Organat"	68,77 / 97,19	23,07	22,73

Die Großscherversuch haben gezeigt, dass die potentielle Gleitfuge tatsächlich zwischen der KDB und der MDDS-Matte liegt. Eine Verschiebung der freigeschnittenen Kunststoffdichtungsbahn auf dem Ton hat bei keinem der Versuche stattgefunden, wie an den unveränderten Eindrücken der Karo-Noppen-Struktur im Ton und den seitlich gesetzten Messmarkierungen nach dem Versuch zu erkennen war.

5. Anregungen zur Versuchsoptimierung

Aus den Erfahrungen bei der Versuchsdurchführung sind folgende Hinweise, Verbesserungen bzw. Änderungsvorschläge für zukünftige Großscherversuche abzuleiten:

- Die Einleitung der Zugkraft sollte möglichst gleichmäßig und ruckfrei, bei geringer Geschwindigkeit erfolgen. Anzuraten ist die Verwendung von Winden, Presse oder Flaschenzügen, wobei eine Raupe oder ein Bagger als Widerlager dienen können.
- Es ist zu überlegen, ob über einen entsprechend angeordneten Zugflansch nach Durchführung des 1. Versuches mit Verschiebeweg von ca. 20 cm,

nicht anschließend auch die Kunststoffdichtungsbahn unter gleicher Auflast vom Ton abgeschert werden kann, so dass auch für Ebene KDB/Ton Scherparameter abgeleitet werden können.
- Die Messwerterfassung kann mittels Videokamera unterstützt werden sofern keine elektronische Messwertaufnahme erfolgt. Es ist zu berücksichtigen, dass relativ große Verschiebewege auftreten können. Bei einer langsamen Zugkrafteinleitung über Winden bzw. Pressen dürfte aber eine manuelle Messwerterfassung ausreichend sein.
- Die Auflastunterschiede bei den einzelnen Teilversuchen sollten größer ausfallen als in diesem Fall.
- Nach Möglichkeit sind drei Teilversuche auszuführen.
- Die Abschergeschwindigkeit sollte reduziert werden.
- Die KDB sollte nicht unmittelbar vor dem Zugrahmen freigeschnitten werden, um einen längeren gleichmäßigen Gleitweg zu ermöglichen.

6. Zusammenfassung

Mittels Großscherversuchen in einem Probefeld konnte nachgewiesen werden, dass die im Großversuch ermittelten Scherparameter zwischen einer Kunststoffdichtungsbahn mit unterschiedlichen Oberflächenstrukturen und der MDDS Matte im Wesentlichen höher lagen, als die Scherwinkel, die sich bei vergleichbaren Laborversuchen ergaben.

Im Großversuch wurde festgestellt, dass zwischen dem verwendeten Ton und der Kunststoffdichtungsbahn mit Karo-Noppe-Struktur nach einer Konsolidierungszeit von 72 Stunden keine Verschiebungen auftreten, wenn die oberhalb der KDB angeordnete MDDS-Matte bis zum Gleiten beansprucht wird. Die Scherfuge, die planmäßig oberhalb der KDB angelegt sein soll, konnte somit nachgewiesen werden. Das Auftreten von Zugkräften in der Kunststoffdichtungsbahn kann, bei Verwendung der hier untersuchten Produkte MDDS Matte auf "Organat" bzw. "Orgakron"-Prägung sowie der Karo Noppe-Struktur auf dem Ton "Grube Stremmer", ausgeschlossen werden. Der geforderte Mindestreibungswinkel von erf. $\delta' > 18,3$ Grad zwischen der Kunststoffdichtungsbahn und der Schutzmatte (MDDS) konnte für beide Oberflächenstrukturen "Organat" und "Orgakron" nachgewiesen werden. Da bereits in vorausgegangenen Bauabschnitten die "Organat"-

Struktur zum Einsatz gekommen war, wird diese auch in den folgenden Abschnitten eingesetzt.

Die Überprüfung von Scherparametern im Großmaßstab kann bei der Durchführung von Großbaumaßnahmen durchaus sinnvoll und ergänzend zu den Laborversuchen eingesetzt werden, wobei der Aufwand im Rahmen des Probefeldes, dass ohnehin erstellt werden muss, in Bezug auf das Gesamtprojekt in der Regel als relativ gering anzusehen ist.

7. Literaturverzeichnis

[1] Dritte Allgemeine Verwaltungsvorschrift zum Abfallgesetz (TA Siedlungsabfall), Mai 1993

[2] Verordnung über die umweltverträgliche Ablagerung von Siedlungsabfällen und über biologische Abfallbehandlungsanlagen (Abfallablagerungsverordnung), Februar 2001

[3] Zentraldeponie Olpe, 6. Unterbauabschnitt; Erweiterung Basisdichtung - Standsicherheitsuntersuchungen - , GGU GmbH, Braunschweig; Juli 2001 (unveröffentlicht)

[4] N.N.: E 3-8 Reibungsverhalten von Geokunststoffen; GDA-Empfehlungen, Geotechnik der Deponien und Altlasten; Deutsche Gesellschaft für Geotechnik e.V., 1997

[5] N.N.: Reibungsversuche, Deponie Olpe; Universität Hannover, Institut für Grundbau, Bodenmechanik und Energiewasserbau (IGBE); April 2001 (unveröffentlicht)

[6] N.N.: Prüfbericht Nr. 1.7/32340/134.3-97 des Institutes für textile Bau- und Umwelttechnik GmbH (tBU), August 1997 (unveröffentlicht)

[7] EAU 1990 (E 96), Empfehlungen des Arbeitsausschusses "Ufereinfassungen", Häfen und Wasserwirtschaft; 8. Auflage

[8] N.N.: E 2-7 Gleitsicherheit der Abdichtungssysteme; GDA-Empfehlungen, Geotechnik der Deponien und Altlasten; Deutsche Gesellschaft für Geotechnik e.V., 1998

[9] DIN EN ISO 12957-1 (Entwurf): "Geotextilien und geotextilverwandte Produkte, Bestimmung der Reibungseigenschaften, Teil 1: Scherkastenversuch", 1998-04

[10] Kruse, Th.: Standsicherheit von Kombinationsabdichtungen auf Deponieböschungen; Mitteilung des Institutes für Grundbau und Bodenmechanik (IGB), TU Braunschweig, Heft Nr. 29, 1989

8. Bilddokumentation

Bild 1: Probefeldfläche mit den zwei Prüffeldern und dem Großscherversuchsaufbau

Bild 2: Versuchsaufbau mit Scherkasten, Krafteinleitungskonstruktion und Belastungscontainer

Bild 3: Zugkrafteinleitung mit elektronischer Kraftmessdose

Bild 4: Versuchsaufbau mit Verschiebungsweg-Messeinrichtung und Messmarkierung

Wissenschaftlich-technische Fragen beim Einsatz von Kunststoff-Dränmatten in der Deponietechnik

Werner Müller[*]

Inhalt

1. Einleitung 117
2. Vorschriften 120
3. Eigenschaften von Kunststoff-Dränmatten 124
4. Beurteilung von Kunststoff-Dränmatten 139
5. Literatur 147

1. Einleitung

Eine Flächenentwässerungsschicht (Dränage) oberhalb der eigentlichen Dichtung ist üblicherweise Bestandteil eines Deponie-Oberflächenabdichtungssystems. Das durch den Rekultivierungsboden sickernde Niederschlagswasser sammelt sich dort und fließt ab. Die Flächenentwässerung muss dabei so gestaltet und bemessen werden, dass sie zwei geotechnische Funktionen erfüllen kann [1].

1. Ohne eine Dränage über der Dichtung würde das im Boden nur langsam abfließende Niederschlagswasser sich in der dichtungsnahen Bodenschicht sammeln, diese durchfeuchten und sich zum Böschungsfuß hin allmählich aufstauen. Mit steigendem Wassergehalt wird die innere Scherfestigkeit eines Bodens in der Regel geringer. Bei einem Wasseraufstau würde die Festigkeit des Rekultivierungsbodens daher stark abnehmen, zugleich aber eine zusätzlich Belastung durch Auftrieb und dynamische Wasserdrücke entstehen. Die Standsicherheit der ganzen Rekultivierungsschicht wäre gefährdet. Wie kritisch Niederschlagsereignisse werden können, hängt ab von der Ergiebigkeit, der Art und Mächtigkeit des Rekultivierungsbodens und dessen Bewuchs. Eine Flächenentwässerung muss also orientiert an diesen Bedingungen genügend Wasser ableiten

---

[*] Dr. Werner Müller, Bundesanstalt für Materialforschung und –prüfung (BAM), Berlin

können. Staunässe wird so ausgeschlossen und zugleich der hangabwärts gerichtete Strömungsdruck nur noch in der Dränageschicht wirksam.

2. Damit wird zugleich verhindert, dass ein mit der Höhe der Wassersäule anwachsender hydraulischer Gradient in der Dichtung entsteht. Die Dränage ist also ein zusätzliches Sicherungselement für Abdichtungen, deren Durchlässigkeit vom hydraulischen Gradienten abhängt. Die rein mineralische Dichtung und insbesondere die nur etwa 1 cm dicke Bentonitmatte sind solche Abdichtungen. Bei der Kapillarsperre ist eine Dränage als Kapillarschicht integraler Bestandteil der Dichtung. Kunststoffdichtungsbahnen sind dagegen auch bei sehr großen hydraulischen Gradienten noch dicht. Bei einer Abdichtung mit einer Kunststoffdichtungsbahn, die auf einem relativ gut durchlässigen Untergrund verlegt wird, kann nur an Fehlstellen ein zur Aufstauhöhe proportionaler Durchfluss entstehen [2]. Bei einer Kombinationsdichtung, die aus einer Kunststoffdichtungsbahn und einer mineralischen Dichtung oder anderen Dichtungskomponenten besteht, erscheint dagegen eine Flächenentwässerung auf der Dichtungsschicht in dieser Funktion entbehrlich.

Schutz der Abdichtung vor zu großen hydraulischen Gradienten und Gewährleistung der Standsicherheit der Rekultivierungsschicht auf einer Dichtung bei kritischen Niederschlagsereignissen sind also die beiden wesentlichen geotechnischen Funktionen einer Flächenentwässerung.

Herkömmlich wird eine Flächenentwässerung aus Kiesschüttungen aufgebaut. Zunehmend werden jedoch auch Kunststoff-Dränmatten[1] eingesetzt.

---

[1] Folgende Begriffe sind im deutschen Sprachraum mehr oder weniger gebräuchlich: *geosynthetisches Dränsystem, geotextile Entwässerungsschicht, Geokunststoff-Entwässerungsschicht, Geokunststoff-Dränelement, Drän-Geokomposit, Drän-Geoverbundstoff, Geodrän, geosynthetische Drainageschicht* usw. Die Vielzahl von Namen, die für diese Produktgruppe verwendet werden, spiegelt die Unsicherheit in der Beurteilung wider.
Für den englischen Sprachraum hat die International Geosynthetics Society (IGS) folgende Begriffe und Definitionen vorgeschlagen: *Geocomposite drain*: A prefabricated subsurface drainage product which consists of a geotextile filter skin supported by a geonet or a geospacer. *Geonet*: A planar, polymeric structure consisting of a regular dense network, whose constituent elements are linked by knots or extrusions and whose openings are much larger than the constituents, used in contact with soil/rock and/or any other geotechnical material in civil engineering application. *Geospacer*: A three-dimensional polymeric structure with large void spaces, used in contact with soil/rock and/or any other geotechnical material in civil engineering application.

Unter den Einwirkungen im Abdichtungsbauwerk werden sich die Eigenschaften der Flächenentwässerung mehr oder weniger stark verändern. Eingeschwemmte Bodenteilchen, Durchwurzelung, Ablagerungen aus chemischen Fällungsreaktionen sowie von Mikroorganismen und aus deren Stoffwechsel können die Hohlräume der Dränageschicht zusetzen und deren Wasserableitvermögen verringern. Langfristige Material- und Strukturveränderungen in den Materialien der Dränage, ausgelöst durch äußere Einwirkungen, können ebenfalls zur Verringerung des Hohlraumvolumens, zum Reißen von Verbindungsstellen im Dränkörper, schließlich gar zum Zusammenbruch des Dränkörpers führen. Dabei können auch neue Gleitflächen entstehen. Der Einbau einer bestimmten Art der Flächenentwässerung in eine Deponieoberflächenabdichtung ist offensichtlich nur dann sinnvoll, wenn über ungewöhnlich lange Zeiträume gewährleistet ist, dass die Einwirkungen und Veränderungen die geotechnischen Funktionen nicht wesentlich beeinträchtigen. Keinesfalls darf in der Dränageschicht eine zusätzlich Gleitfläche entstehen, die den standsicheren Aufbau gefährdet, für dessen Gewährleistung sie oft überhaupt nur eingebaut wurde. Das Langzeit-Wasserableitvermögen und die Langzeit-Scherfestigkeit wollte daher auch der Gesetzgeber mit seinen Anforderungen an die Flächenentwässerung in Deponieabdichtungen sicherstellen (siehe Abschnitt 2).

Kunststoff-Dränmatten bieten Vorteile gegenüber Kiesschüttungen: eine kleinere Dicke, die gleichmäßige Beschaffenheit eines industriell gefertigten Produktes, einfachere Handhabung, einfacherer Transport und Einbau und damit letztendlich auch geringere Kosten. Im Folgenden soll aufgezeigt werden, welche Eigenschaften Kunststoff-Dränmatten haben, wie die langfristigen Veränderungen (Alterung und Kriechen) durch die Einwirkungen beurteilt werden können (Abschnitt 3) und wie Kunststoff-Dränmatten anforderungsgerecht, insbesondere was das Langzeitverhalten angeht, geprüft und ausgewählt werden können (Abschnitt 4).

Derzeit bestehen erhebliche technische Unsicherheiten über Anwendungsgrenzen, Bewertung und Genehmigungsfähigkeit von Kunststoff-Dränmatten. Ein einheitli-

---

Hier der Versuch einer deutschen Übersetzung (fast) frei von Anglizismen: *Kunststoff-Dränmatte*: Eine überwiegend aus Kunststoff industriell vorgefertigte, in der Erde verlegte Matte zur Flächenentwässerung. Die Matte besteht aus einem Kunststoffgitter oder einem anderen tragfähigen, offenporigen Kunststoffgebilde (Sickerschicht oder Dränkörper) und einer auf der Oberseite des Dränkörpers aufgebrachten, geotextilen Filterschicht. In der Regel wird auf der Unterseite ein Geotextil als Schutzschicht aufgebracht.

ches Zulassungsverfahren durch eine unabhängige fachkundige Stelle wäre daher für alle Beteiligten, Hersteller, Bauherr und Genehmigungsbehörde, nützlich.

2. Vorschriften

In den Übergangsregelungen (§6) der Verordnung über die umweltverträgliche Ablagerung von Siedlungsabfällen und über biologische Abfallbehandlungsanlagen, die am 01.03.2001 in Kraft trat, verordnet der Gesetzgeber, dass alle nach diesen Übergangsregelungen zu schließenden Deponien die Anforderungen in Nummer 11 der TA Siedlungsabfall einhalten müssen. Unter dieser Nummer, genauer Abschnitt 11.2.1, Buchstaben h, wird für Hausmülldeponien gefordert:

Nach Verfüllung eines Deponieabschnittes ist ein Oberflächenabdichtungssystem aufzubringen. Deponieoberflächenabdichtungssysteme haben den Anforderungen für Deponien der Klasse II nach den Nrn. 10.4.1.1 Abs. 2ff., 10.4.1.2 und 10.4.1.4 zu entsprechen.

In den genannten Abschnitten der Nummer 10 steht, dass Hausmülldeponien mit einer Kombinationsdichtung aus einer zugelassenen Kunststoffdichtungsbahn (siehe 10.4.1.1) und einer mineralischen Dichtung oder mit einer dazu gleichwertigen Abdichtung (siehe 10.4.1.4) abgedichtet werden müssen. Weiterhin werden im Abschnitt 11.2.2 der Nummer 11 die Anforderungen an sonstige Deponien geregelt:

Nr. 11.2.1 gilt entsprechend.

Die zuständige Behörde entscheidet im Einzelfall über die Anforderungen nach den Buchstaben e), f), g) und h).

Für Bodenaushub- und Bauschuttdeponien soll ein Deponieoberflächenabdichtungssystem nach den für Deponien der Klasse I geltenden Anforderungen vorgesehen werden, soweit dies aufgrund von Art und Zusammensetzung der abgelagerten Abfälle erforderlich ist.

Da man bei Bodenaushub- und Bauschuttdeponien genaue und zuverlässige Angaben über Art und Zusammensetzung der Abfälle oft gar nicht machen kann, wird man sie nach dem Vorsorgegebot in der Regel also mit einer mineralischen Dichtung oder dazu gleichwertigen Abdichtung abdichten müssen.

Die Abschnitte der Nummer 10 der TA Siedlungsabfall, auf die in ihrer Nummer 11 ausdrücklich Bezug genommen wird, enthalten auch die Anforderungen an die Flächenentwässerung. In beiden Fällen (Hausmülldeponie und Bodenaushub- und Bauschuttdeponie) muss eine Entwässerungsschicht Bestandteil des Oberflächenabdichtungssystems sein (siehe Abschnitt 10.4.1.4, Buchstaben c), die die Anforderungen nach Abschnitt 10.4.1.3.2, Buchstaben b, Satz 1 und 2 erfüllt:

Die Entwässerungsschicht ist in einer Dicke von $d \geq 0{,}3$ m herzustellen.

Das Entwässerungsmaterial ist flächig aufzubringen und soll einen Durchlässigkeitsbeiwert $k = 1 \cdot 10^{-3}$ m/s nicht unterschreiten.

Weiterhin wird im Abschnitt 10.4.1.1 auf den Anhang E der TA Abfall verwiesen, in dem detaillierte Anforderungen an das mineralische Material der Flächenentwässerung gestellt werden, die zum Ziel haben, durch geeignete Materialauswahl die langfristige Dränwirkung in einem standsicheren Dichtungsaufbau zu gewährleisten.

Streng genommen, so scheint es, wären nach diesen Vorschriften nur mineralische Flächenentwässerungsschichten zulässig. Man wird jedoch möglicherweise auch für die Flächenentwässerung den allgemeinen Hinweis aus 10.4.1.1, Abs. 1 in Anspruch nehmen können, wonach generell ein alternatives Deponieabdichtungssystem und damit auch eine alternative Entwässerungsschicht geplant und hergestellt werden kann, wenn die Gleichwertigkeit zu den technischen Eigenschaften des Regelabdichtungssystems der TA Siedlungsabfall nachgewiesen wurde. Für eine alternative Flächenentwässerung heißt das aber, wie einleitend betont, dass die langzeitige Dränwirkung und die langzeitige Standsicherheit und Scherfestigkeit tatsächlich nachgewiesen werden müssen.

Man hat den Eindruck, dass in den letzten Jahren Genehmigungsbehörden unter dem Druck vermeintlicher oder wirklicher sogenannter „wirtschaftlicher Zwänge" zunehmend bereit waren und sind, hinter die technischen Standards der TA Siedlungsabfall zurückzugehen. Dabei wird ausgenutzt, dass eine Behörde an eine Verwaltungsvorschrift wie die TA Siedlungsabfall nicht strikt gebunden ist, sondern eigenen Ermessensspielraum hat, zumal diese Verwaltungsvorschrift für den Einzelfall eine sehr pauschal begründete Ausnahmeregelung zulässt. In der Ablagerungsverordnung wird nun ausdrücklich die Einhaltung der Anforderungen der

Nummer 11 und, da darin eingeschlossen, der dort genannten Abschnitte der Nummer 10 der TA Siedlungsabfall gefordert. Es ist eine für die Genehmigungspraxis wichtige juristische Frage, ob diese Anforderungen der Verwaltungsvorschrift damit die Qualität von Rechtssätzen bekommen haben. Die ausführenden Verwaltungsorgane wären dann nämlich in ihrem Verwaltungshandeln zukünftig strikt daran gebunden.

Neben der Ablagerungsverordnung ist die europäische Deponierichtlinie (und eine zukünftige, diese umsetzende Deponieverordnung) zu beachten. Im Punkt 3.3 des Anhangs 1 der Europäischen Deponierichtlinie (Richtlinie 1999/31/EG des Rates vom 26. April 1999 über Abfalldeponien) heißt es generell zu Oberflächenabdichtungen:

Gelangt die zuständige Behörde nach einer Abwägung der Gefährdung für die Umwelt zu der Auffassung, daß der Bildung von Sickerwasser vorgebeugt werden muß, so kann eine Oberflächenabdichtung vorgeschrieben werden.

Es werden dann sehr allgemeine Hinweise für deren Gestaltung gegeben. Empfohlen wird dabei auch eine Dränageschicht > 0,5 m. Da in der europäischen Deponierichtlinie die Errichtung einer Oberflächenabdichtung in das Ermessen der zuständigen Behörden gestellt wird und in diesem Rahmen nur Empfehlungen für deren Gestaltung gegeben werden, sollten hier die oben beschriebenen weitergehenden nationalen Vorschriften der Ablagerungsverordnung greifen, da solche über die europäische Deponierichtlinie hinausgehenden nationalen Regelungen zulässig sind. Aus der Umsetzung der europäischen Deponierichtlinie in eine geplante Deponieverordnung dürften danach also keine wesentlichen neuen Vorschriften für die Gestaltung von Oberflächenabdichtungen resultieren.

Als Interpretationshilfe für den Gleichwertigkeitsbegriff wurden von einer Arbeitsgruppe Oberflächenabdichtungen und –abdeckungen des ATA der LAGA mehrere Arbeitspapiere vorgelegt. Sie geben auch Empfehlungen für die Anwendung alternativer Abdichtungssysteme im Hinblick auf die Vorgaben der TA Siedlungsabfall. Im Arbeitspapier über die geotextilen Entwässerungsschichten werden folgende Anwendungsvorschläge gemacht:

- *als Entwässerungsschicht bei temporären Abdeckungen nach TASi Nr. 11.2.1, Buchstaben h.*

als Entwässerungsschicht in Oberflächenabdichtungssystemen von Deponien der Klasse I, II und bei Altdeponien in Kombination mit einer reduzierten mineralischen Entwässerungsschicht.

Diese Einschränkungen für den Einsatz von Kunststoff-Dränmatten rühren daher, dass in der Arbeitsgruppe noch Forschungsbedarf zur Durchwurzelungsproblematik und zur Langzeitfestigkeit der Geokunststoffe gesehen wurde. Auch hier wird also die Frage des Langzeitverhaltens in den Vordergrund der Beurteilung gestellt.

Die Probleme, vor denen Genehmigungsbehörden bei dem für den Einsatz einer Kunststoff-Dränmatte notwendigen Gleichwertigkeitsnachweis stehen, werden in den AbfallwirtschaftsFakten 5a [3] zu Dränelementen aus Kunststoffen zusammengefasst beschrieben:

Die noch fehlenden Nachweise zur Langzeitbeständigkeit, uneinheitliche Prüfverfahren und die nicht allen Beteiligten zugänglichen Daten zur Charakterisierung der verwendeten Kunststoffe und des Herstellungsprozesses erschweren dem Anwender die Auswahl geeigneter Produkte und der Behörde die fachliche Beurteilung sowie die Erteilung einer hinreichend bestimmten Genehmigung. Es wäre wünschenswert, wenn in Zusammenarbeit von allen mit der Entwicklung, Prüfung, Planung und Genehmigung befaßten Stellen, vergleichbar mit der Tätigkeit der BAM im Rahmen der Zulassung von Kunststoffdichtungsbahnen oder den Empfehlungen zu Kunststoffdichtungsbahnen in temporären Oberflächenabdeckungen, eine einheitliche Bewertung von Dränmatten möglich wäre.

Diese Einschätzung wurde vor 2,5 Jahren zu Papier gebracht. Inzwischen hat sich einiges verbessert. Ein einheitliches, wissenschaftlich fundiertes Konzept für die Beurteilung von Kunststoff-Dränmatten steht jedoch immer noch aus. Die vorliegenden Merkblätter und Empfehlungen [4], [5], [6] beschäftigen sich vor allem mit der Bemessung. Kriterien und Verfahren für die Untersuchung und Beurteilung des Langzeitverhaltens werden dabei nicht ausgearbeitet. In der Deutschen Gesellschaft für Geotechnik (DGGt) beschäftigt sich die Untergruppe 2 des Arbeitskreises 5.1 unter Leitung von Dr. Heibaum mit einer Empfehlung. Der aktuelle Stand der Fachdiskussion wird gut durch die Beiträge im Tagungsband der 15. Fachtagung „Die sichere Deponie" dargestellt, die 1999 in Würzburg stattfand [7], [8], [9], [10].

Unter Berücksichtigung dieser Papiere wird versucht, im Abschnitt 4 ein einheitliches Bewertungskonzept vorzustellen.

3. Eigenschaften von Kunststoff-Dränmatten

Die Eigenschaften von Kunststoff-Dränmatten können in komplexer Weise zeitabhängig sein. Dies macht die Beurteilung der Produkte schwierig. Bevor daher auf das Bewertungskonzept eingegangen wird, sollen die zeitabhängigen Eigenschaften in diesem Abschnitt erläutert werden.

3.1 Aufbau von Kunststoff-Dränmatten

Eine Kunststoff-Dränmatte besteht vor allem aus einem flächigen, in der Regel ein bis mehrere Zentimeter dicken Dränkörper (Sickerschicht, Dränkern) mit Hohlräumen, in die das Wasser von oben leicht eindringen und in denen es sich in der Fläche leicht ausbreiten kann. Der Dränkörper kann aus einem Wirrgelege von dünnen Kunststoffsträngen, aus verpressten Schaumstoffstücken, aus einem Gitter von Kunststoffstäben (Geogitter), aus Kunststoffplatten mit Noppen oder anderen tiefgezogenen Stützkörpern bestehen. Vielfältige Varianten sind hier denkbar. Auf seiner Oberseite wird der Dränkörper mit einer Filterschicht, in der Regel einem Vliesstoff aus Kunststofffasern abgeschlossen. Damit soll das Ausspülen von zunächst feinen, dann gröberen Bodenteilchen und die damit einhergehende Erosion des Bodens und zugleich die Ablagerung solcher Teilchen im Dränkörper (Kolmation) verhindert werden, ohne dabei den leichten Zutritt des Wassers zu sehr zu behindern. Die Filterschicht muss daher ein genügend großes Bodenrückhaltevermögen oder eine sogenannte mechanische Filterfestigkeit und zugleich eine genügend große Wasserdurchlässigkeit oder sogenannte hydraulische Filterwirksamkeit haben. Der Filter ist das zweite wesentliche Element einer Dränmatte. Auf der Unterseite des Dränkörpers wird in der Regel ebenfalls ein Geotextil (Vlies oder Gewebe) aufgebracht (Schutzschicht). Die geotechnische Funktion dieses Geotextils ist von untergeordneter Bedeutung. Liegt die Dränmatte auf einer mineralischen Dichtung, so soll das Eindringen von Material aus der Dichtungsschicht in den Dränkörper verhindert werden. Liegt die Dränmatte dagegen auf einer Kunststoffdichtungsbahn, so soll die Schutzschicht dazu beitragen, diese vor Beschädigungen oder unzulässigen Verformungen zu schützen. Sie kann auch die Funktion einer Stabilisierungsschicht bei nicht erosionsfesten Dichtungsmaterialien unter der Dränmatte übernehmen. Sie sichert jedoch auch den Dränkörper gegen die Beanspruchungen bei der Handhabung und beim Einbau der Dränmatte. Vor allem aber überträgt sie die Reibungskräfte an seiner Unterseite in den Dränkörper, genauso, wie das Filtervlies die Reibungskräfte auf seiner Oberseite. Je nach Produktgestaltung erfolgt die Scherkraftübertragung zwischen Geotextilien und Dränkörper, aber auch zwischen den Elementen innerhalb des Dränkörpers, durch Klebestellen, Schweißpunkte, Gewirke oder Nähte, die den ganzen Verbund zusammenhalten. Unter der Auflast entsteht in den Grenzflächen zusätzlich eine mehr oder weniger große Scherkraftübertragung durch Reibung oder Formschluss. Das Wasserableitvermögen der Sickerschicht, die Filterfestigkeit und -wirksamkeit des Filtervlieses, die innere Scherfestigkeit unter Druck-Scherbeanspruchungen des sandwichartigen Aufbaus einer Dränmatte und die Reibung zwischen Filterschicht und Boden sowie Schutzschicht und Auflager sind deren geotechnisch relevanten Eigenschaften.

Auf die Bemessung von geotexilen Filtern wird in Merkblättern [5] ausführlich eingegangen. Für die Auswahl langzeitbeständiger Vliesstoffe kann auf die Anforderungen der Zulassungsrichtlinie der BAM für Schutzschichten zurückgegriffen werden [11]. Die Anforderungen an die Filterschicht und die zugehörigen Prüfverfahren werden daher hier nicht näher behandelt, sondern nur im Abschnitt 4, Tabelle 1 zusammengestellt.

3.2 Wasserableitvermögen und Kriechen

Das Wasserableitvermögen q einer Kunststoff-Dränmatte ist definiert als Durchfluss nach Volumen Q (m³/s) von Wasser innerhalb der Ebene der Dränmatte bezogen auf deren Breite b:

(1) $\quad q = \dfrac{Q}{b}.$

Abbildung 1 zeigt schematisch den Versuchsaufbau zur Bestimmung dieser Größe. Als Einheit wird in der Regel Liter pro Sekunde pro Meter verwendet. Das Wasserableitvermögen hängt ab vom angelegten hydraulischen Gradienten i, also von dem Verhältnis der Druckhöhendifferenz h_2-h_1 zur Strömungsstrecke L. Im Allgemeinen ist das Wasserableitvermögen[2] dabei jedoch nicht einfach proportional zum hydraulischen Gradienten. Die Extrapolation eines bei geringen hydraulischen Gradienten gefundenen scheinbaren linearen Zusammenhangs zu großen hydraulischen Gradienten kann zu einer krassen Überschätzung des Wasserableitvermögens führen.

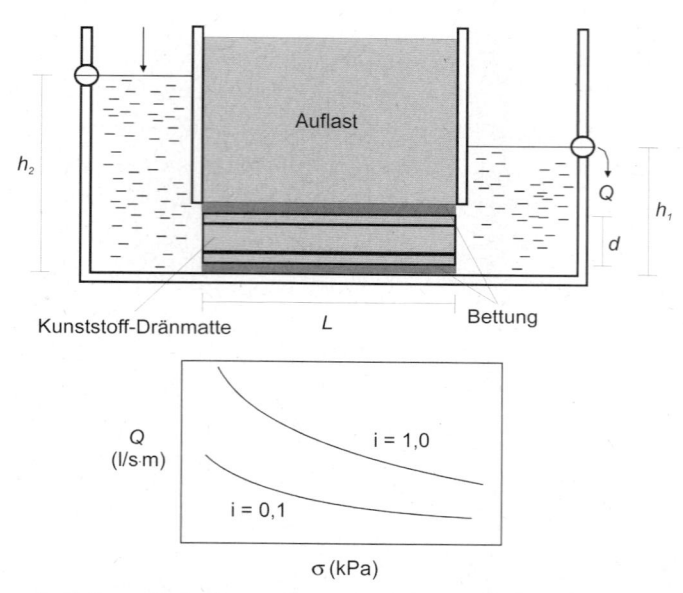

Abbildung 1: Schematische Darstellung eines der möglichen Versuchsaufbauten für die Bestimmung des Wasserableitvermögens innerhalb der Ebene. Diese Prüfgröße hängt vom hydraulischen Gradienten und der Auflast ab.

---

[2] Gelegentlich wird zur Charakterisierung einer Dränmatte deren Transmissivität verwendet. Die Transmissivität Θ wird definiert als Verhältnis von Wasserableitvermögen zum hydraulischen Gradienten:

$$q = \Theta \cdot \frac{h_2 - h_1}{L} = \Theta(i) \cdot i.$$

Sie nimmt wegen des Entstehens turbulenter Strömungen mit wachsendem hydraulischen Gradienten ab und ist daher ebenfalls eine Funktion von i. Auch die Transmissivität ist daher keine von den Einwirkungen unabhängige Produkteigenschaft. Schließlich kann man formal der Dränmatte einen lateralen Durchlässigkeitskoeffizienten k_h durch die Beziehung:

$$\Theta = k_h \cdot d$$

zuordnen, wobei d die Dicke der Dränmatte bezeichnet. Auch dieser Durchlässigkeitskoeffizient hängt vom hydraulischen Gradienten ab.

Das Wasserableitvermögen (und die in Fußnote 2 genannten Größen) werden jedoch nicht nur durch den hydraulischen Gradienten beeinflusst, sondern auch durch die Auflast auf der Dränmatte. Das Gewicht drückt den Kunststoff-Dränkörper zusammen, die Dicke und das Hohlraumvolumen und damit auch das Wasserableitvermögen verringern sich.

Um diese Abhängigkeit des Wasserableitvermögens vom hydraulischen Gradienten und von der Auflast zu berücksichtigen, fordert die Prüfvorschrift DIN EN ISO 12958[3], dass Messungen bei zwei hydraulischen Gradienten i und drei Druckspannungen σ durchgeführt werden. Das Wasserableitvermögen einer Kunststoff-Dränmatte wird also durch eine Matrix von Werten charakterisiert (Abb. 1 unten):

(2) $q = q(\sigma, i)$ $i = 0{,}1$ und $1{,}0$; $\sigma = 20, 100$ und 200 kPa.

Die Kunststoff-Dränkörper zeigen jedoch ein mehr oder weniger stark ausgeprägtes zeitabhängiges Verformungsverhalten. Die Dicke verringert sich nicht nur unmittelbar mit dem Aufbringen der Gewichtskraft, sondern nimmt im Laufe der Zeit weiter ab, da sich das polymere Material und das Gefüge des Dränkörpers erst allmählich an die neue Zwangsbedingung anpassen. Man sagt, dass das Material unter Spannung kriecht. Das Druckkriechen führt also zu einem funktionalen Zusammenhang $d(\sigma, t)$ zwischen der Dicke der Dränmatte d und der Zeit t bei einer bestimmten Druckspannung σ. Diese sogenannte Kriechkurve ist also ein weiteres wichtiges Charakteristikum von Kunststoff-Dränmatten.

Nun werden die Dränmatten im allgemeinen auf geneigtem Untergrund (Böschungswinkel $\alpha > 3\%$) eingebaut. Das Gewicht der Rekultivierungsschicht mit dem Bewuchs erzeugt dann nicht nur eine Druckspannung, sondern über die Hangabtriebskraft auch eine Scherspannung $\tau = \sigma \tan\alpha$. Abhängig von der Art und dem Aufbau des Dränkörpers kann das Druckkriechen unter gleichzeitiger Scherbeanspruchung einen anderen Verlauf nehmen, als bei einer reinen Druckspannung. Streng genommen muss man daher die Funktion $d(\sigma, \tau, t)$ ermitteln. Der Kriechversuch unter Druckbelastung und unter Druck-Scherbelastung soll in der Norm DIN V ENV 1897 beschrieben werden, über die schon seit längerem diskutiert wird [12].

---

[3] Eine Liste der Normen mit Ausgabedatum und Titel findet sich am Ende des Aufsatzes.

Mit der Verminderung der Dicke durch das Kriechen geht auch eine Veränderung des Wasserableitvermögens einher. Diese Größe hängt daher nicht nur vom hydraulischen Gradienten und der Druckspannung (Gleichung 2), sondern auch von der Zeit ab: $q = q(\sigma, i, t)$.

Das Langzeit-Wasserableitvermögen, das aus der von der Zeit abhängigen Verformung des Dränkörpers unter Druck-Scherbeanspruchung resultiert (Scherkriechen), kann folgendermaßen bestimmt werden. Für eine erforderliche Gebrauchsdauer t_G - im Deponiebau sind typischerweise mindestens 100 Jahre anzusetzen - wird die Dicke d_G mit Hilfe der bei einer für die Anwendung typischen Beanspruchung σ_G und τ_G bzw. α_G ermittelten Kriechkurve extrapoliert:

(3) $\qquad d_G = d(\sigma_G, \alpha_G, t \to t_G)$.

Im Versuch zur Bestimmung des Wasserableitvermögens wird die Auflast so hoch gewählt, dass sich die langzeitig zu erwartende Dicke d_G der Dränmatte unmittelbar einstellt. Für einen typischen hydraulischen Gradienten $i_G = \sin\alpha_G$ wird dann das Wasserableitvermögen q_G unter dieser hohen Auflast bestimmt. Aus dem Vergleich mit dem normgemäß ermittelten Wasserableitvermögen $q(\sigma_G, i_G)$ wird ein Abminderungsfaktor A_2' berechnet:

(4a) $\qquad A_2' = \dfrac{q(\sigma_G, i_G)}{q_G}$.

Dieser Faktor wird um weitere Faktoren A_2'' und A_2''' erweitert, die die Unsicherheiten bei der Messung des Wasserableitvermögens (z.B. den Einfluss der Bettung, siehe Abb. 1) und bei der Extrapolation der Kriechkurve ausdrücken: $A_2 = A_2' \cdot A_2'' \cdot A_2'''$. Für den Langzeitwert des Wasserableitvermögens bei Druckspannungen und hydraulischen Gradienten im Bereich von σ_G und i_G erhält man dann:

(4b) $\qquad q(\sigma, i, t_G) = \dfrac{q(\sigma, i)}{A_2}$ für $i \approx i_G$ und $\sigma \approx \sigma_G$.

Mit Gleichung 4b wird also das Langzeitverhalten berücksichtigt, indem man den Kurzzeitwert der Prüfgröße mit einem Faktor abmindert. Auf dieses Konzept, Langzeiteigenschaften durch Abminderungsfaktoren aus Kurzzeitwerten zu berechnen, wird in Abschnitt 4 näher eingegangen.

3.3 Scherfestigkeit und Kriechen

Die Standsicherheit eines Dichtungsaufbaus mit einer Dränmatte wird durch zwei ihrer Eigenschaften bestimmt: Die Reibung zu den benachbarten Schichten und die innere Scherfestigkeit. Die innere Scherfestigkeit setzt sich zusammen aus der Scherfestigkeit der Elemente, aus denen sich der Dränkörper zusammensetzt, und der Scherfestigkeit der Verbindungsstellen im Dränkörper und zwischen Dränkörper und Filter- und Schutzgeotextil.

Die Reibungsparameter zwischen der Dränmatte und einer benachbarten Schicht werden in einem Scherkastenversuch nach der GDA-Empfehlung E 3-8 ermittelt (Abb. 2 oben). Dazu wird bei mehreren Auflasten F_N bzw. Normalspannungen σ im Bereich der für eine Oberflächenabdichtung typischen Beanspruchung σ_G die zugehörige Haftreibung F_R zwischen Dränmatte und benachbarter Schicht, bzw. die zugehörige Haftreibungsspannung τ_R, aus einem Scherwegdiagramm (Abb.2, unten links) ermittelt und die Wertepaare in ein Scherdiagramm eingetragen (Abb. 2, unten rechts). Es ergibt sich, zumindest abschnittsweise, eine Schergerade, von der die beiden Reibungsparameter, nämlich Reibungswinkel δ_R und Adhäsion a_R, als Steigung bzw. Ordinatenabschnitt abgelesen werden können:

(5) $\quad \tau_R = a_R + \sigma \tan \delta_R$.

In der GDA-Empfehlung E 3-8 wird erläutert, wie aus den experimentellen Werten die Rechenwerte für den Standsicherheitsnachweis ermittelt werden.

Die innere (Kurzzeit-)Scherfestigkeit kann mit dem gleichen Versuchsaufbau untersucht werden. Dazu müssen die Ober- und Unterseite der Dränmatte vollflächig fest auf dem oberen und unteren Rahmen des Scherkastens fixiert werden. Analog zur Bestimmung der Reibungsparameter werden für verschiedene Auflasten die zugehörigen maximalen Scherspannungen $\tau_{S,max}$ ermittelt, die sich jeweils beim Scheren mit konstanter Geschwindigkeit ergeben. Die Wertepaare aus Auflast und maximaler Scherspannung werden wieder in ein Scherdiagramm eingetragen. Aus der Schergeraden können dann Kurzzeitwerte für die Parameter abgeleitet werden, die die innere Scherfestigkeit charakterisieren, nämlich Scherwinkel $\varphi_{S,max}$ und Kohäsion $c_{S,max}$:

(6) $\quad \tau_{S,max} = c_{S,max} + \sigma \tan \varphi_{S,max}$.

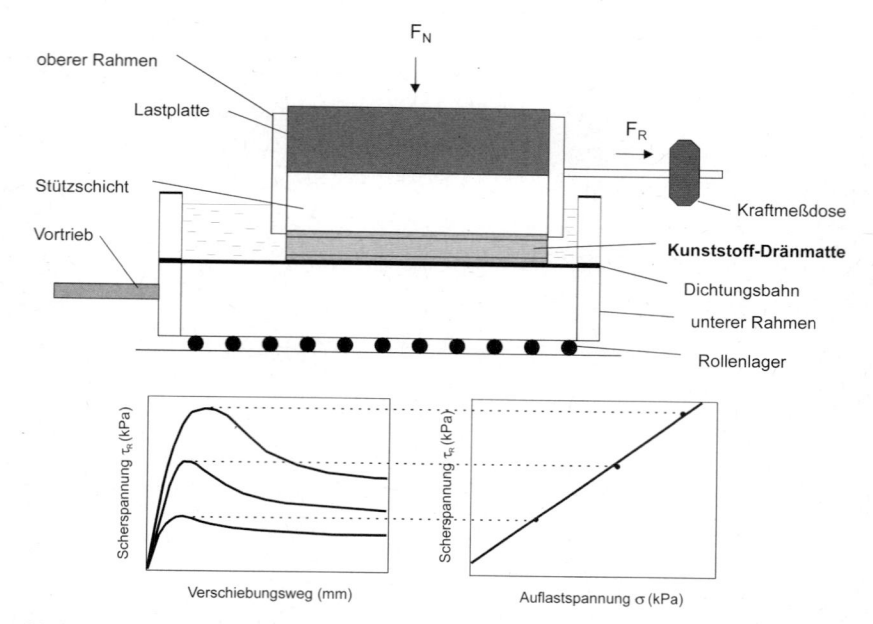

Abbildung 2: Schematische Darstellung des Scherkastenversuchs zur Ermittlung der Reibungsparameter. Die Versuchsdurchführung bei Dränmatten ist schwierig. Schon allein über die Einstellung der Spalthöhe lässt sich trefflich streiten.

Durch das Kriechen der Kunststoff-Dränmatten wird auch die innere Scherfestigkeit eine zeitabhängige Größe. Aus der bei hoher Verformungsgeschwindigkeit im Scherkastenversuch ermittelten Kurzzeit-Scherfestigkeit können deshalb noch keine Rückschlüsse auf die bei konstanter Belastung gegebene langzeitige Scherfestigkeit gezogen werden. Diese muss vielmehr in Zeitstand-Kriechversuchen unter Druck- und Scherbeanspruchung ermittelt werden. Dazu wird die in einer geeignet modifizierten Scherkastenversuchseinrichtung (Abb. 3 rechts) [13] eingebaute Dränmatte bei gegebener Auflast im anwendungsrelevanten Bereich σ_G mit einer konstanten Scherspannung τ belastet. Die Matte verformt sich beim Aufbringen der Scherbeanspruchung zunächst relativ stark. Die Verformung wächst anschließend allmählich immer weiter (stationäres Kriechen). Nach sehr langer Zeit beschleunigt sich der Kriechvorgang und es kommt dann zum Zeitpunkt t zum duktilen Versagen (Abb. 3 links oben). Aus solchen Versuchen kann daher eine Funktion $\tau(\sigma_G, t)$ ermittelt werden, die jeder Scherspannung τ eine bestimmte

Versagenszeit t zuordnet (Zeitstandkurve für duktiles Versagen) (Abb. 3 links unten).

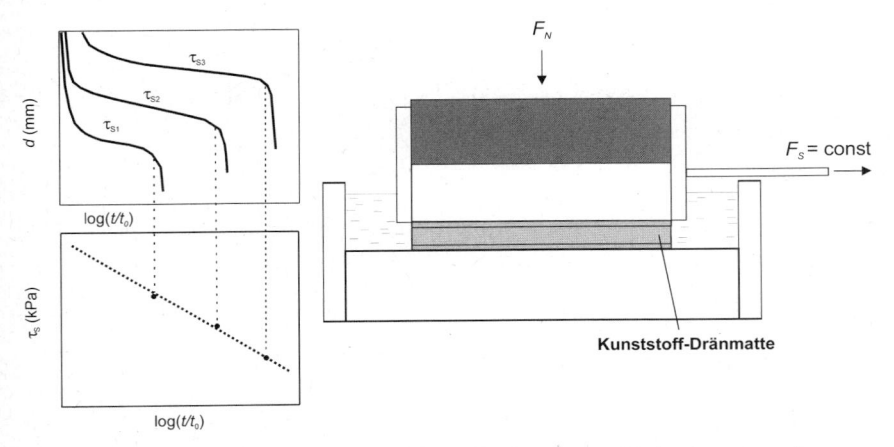

Abbildung 3: Kriechversuch unter konstanter Druck- und Scherbeanspruchung. Aus den Versagenszeiten bei verschiedenen Scherspannungen kann die Zeitstandkurve für das duktile Versagen der Dränmatte ermittelt werden.

Die Langzeit-Scherfestigkeit unter Berücksichtigung des duktilen Versagens kann nun, völlig analog zur Betrachtung beim Wasserableitvermögen, ebenfalls durch einen Abminderungsfaktor ausgedrückt werden. Für eine erforderliche Gebrauchsdauer t_G wird die innere Scherfestigkeit τ_G mit Hilfe der bei einer für die Anwendung in der Oberflächenabdichtung typischen Beanspruchung σ_G ermittelten Zeitstandkurve $\tau(\sigma_G, t)$ extrapoliert:

(7) $\quad \tau_G = \tau(\sigma_G, t \to t_G)$.

Aus dem Vergleich mit der Kurzzeit-Scherfestigkeit $\tau_{S,max}$ wird ein Abminderungsfaktor A_S' berechnet:

(8a) $\quad A_S' = \dfrac{\tau_{S,max}}{\tau_G}$.

Dieser Faktor wird, wie oben, um weitere Abminderungsfaktoren A_S'' und A_S''' erweitert, die die Unsicherheiten bei der Messung und bei der Extrapolation berücksichtigen: $A_S = A_S' \cdot A_S'' \cdot A_S'''$. Für die Langzeit-Parameter der innere Scherfestigkeit bei Druckspannungen im Bereich von σ_G erhält man dann:

(8b)
$$\tan\varphi_S(\sigma, t_G) = \frac{\tan\varphi_{S,\max}}{A_S}$$
$$a_S(\sigma, t_G) = \frac{a_{S,\max}}{A_S}$$
für $\sigma \approx \sigma_G$.

Bei dem hier beschriebenen Verfahren zur Bestimmung der Langzeit-Scherfestigkeit unter Scherkriechen müssen zwei Probleme beachtet werden.

1. Man muss bei den recht komplex aufgebauten Dränmatten sorgfältig prüfen (z.B. anhand der Schadensbilder), inwieweit dieses Verfahren zur Charakterisierung des duktilen Versagens unter Kriechen, wie es in der Kunststofftechnik vielfach verwendet wird, auch bei Dränmatten tatsächlich sinnvoll ist. Es wird ja im allgemeinen so sein, dass das Kriechverhalten und das schließliche Versagen nicht allein von den zeitabhängigen Verformungseigenschaften der Kunststoffelemente, sondern auch von den Verformungseigenschaften des ganzen Gefüges des Dränkörpers und von der ebenfalls von der Verformungsgeschwindigkeit abhängigen Festigkeit der Verbindungsstellen im Dränkörper und zwischen Dränkörper und Geotextilien abhängt. Das tatsächliche Versagensverhalten unter Kriechen könnte dann über lange Zeiträume anders verlaufen, als man aus der Extrapolation der Kurve des duktilen Versagens nach relativ kurzen Zeiten unter hoher Scherbeanspruchung vorhersagen würde.

2. Da die Versuche bei Raumtemperatur durchgeführt werden, erfolgt die Beschleunigung des duktilen Versagens durch Kriechen allein über die Höhe der Scherspannung. Der wirksamste Beschleunigungsfaktor, die Temperatur, wird nicht genutzt. Um überhaupt ein Versagen innerhalb nicht allzu langer Versuchszeit (≤ 10.000 h) bei Raumtemperatur beobachten zu können, wird man mit den Prüfscherspannungen in der Regel nahe an die innere Kurzzeit-Scherfestigkeit herangehen müssen. Die Extrapolation wird dadurch aber sehr unsicher.

Inzwischen liegen Untersuchungsergebnisse zum Druckkriechen, also Kriechkurven $d(\sigma, t)$, von verschiedenen auf dem Markt erhältlichen Kunststoff-Dränmatten vor [9], [8], [10]. Kriechkurven unter Druck- und Scherbeanspruchung $d(\sigma, \tau, t)$ wurden bislang nur in Einzelfällen bestimmt. Ebenso sind Daten für die Bestimmung von Zeitstandkurven für duktiles Versagen $\tau(\sigma_G, t)$ noch sehr fragmentarisch, z.b. das Kollabieren von Tiefziehplatten unter Druck- und Scherbeanspruchung [9], oder gar nicht vorhanden. Daneben gibt es schon vielfältige praktische Erfahrungen mit den Kunststoff-Dränmatten und Ergebnisse aus Ausgrabungen an bis zu 12 Jahre alten Dichtungsbauwerken [14], [15], [16].

Man kann anhand der vorliegenden Daten eine erste vorsichtige Einschätzung versuchen. Die Hersteller von Kunststoff-Dränmatten scheinen die Probleme des Druck- und Scherkriechens ganz gut im Griff zu haben: Die Kriechkurven verlaufen in der Regel sehr flach. Nur in Einzelfällen scheint es große Unterschiede zwischen Druckkriechen und Scherkriechen und relevantes duktiles Versagen zu geben. Die innere Scherfestigkeit unter Druck- und Scherkriechen scheint bei den meisten Produkten sehr groß zu sein. Über sehr lange Zeiträume gesehen, wird daher vermutlich weniger das Kriechen als vielmehr die Alterung und deren Auswirkung auf die Festigkeit und die Zeitabhängigkeit der Kriechmodule von zentraler Bedeutung für die Bewertung der Langzeit-Scherfestigkeit und damit letztlich auch des Langzeit-Wasserableitvermögens sein.

3.4 Kriechen und Altern

Es besteht vielfach, selbst bei Fachleuten, das Missverständnis, dass mit der Ermittlung der Langzeitwerte des Wasserableitvermögens und der inneren Scherfestigkeit nach den Gleichungen (4) und (8) das Langzeitverhalten einer Dränmatte schon ausreichend beschrieben wird. Gerade das ist nicht der Fall. Die Extrapolation in den Gleichungen (3) und (7), bei der aus Messwerten, die bestenfalls über einige Jahre gesammelt wurden, auf voraussichtliche Werte nach mindestens 100 Jahren geschlossen wird, setzt voraus, dass in dieser ganzen langen Zeit von 100 Jahren keinerlei chemische oder physikalische Veränderungen durch Alterung in den Materialien der Dränmatte stattfinden.

Die Spannweite des Alterungsverhaltens von Formmassen kann selbst bei den in der Regel sehr beständigen Arten von Kunststoffen (PE, PP, PET), die bei Kunststoff-Dränmatten zumeist eingesetzt werden, extrem groß sein. Es gibt Formmassen, die erst nach einigen hundert, möglicherweise erst nach Tausenden von Jahren so stark versprödet sind, dass sie dann auftretenden raschen Verformungen von einigen Prozent nicht mehr schadlos folgen könnten [17]. Es gibt jedoch auch Formmassen, die nach wenigen Jahren, bei der Einwirkung von UV-Strahlung u.U. schon nach wenigen Monaten, ihre Festigkeit vollkommen verlieren [18]. Pauschale Aussagen über die mögliche Beständigkeit einer bestimmten Art von Kunststoff dürfen daher nicht ohne weiteres für ein Produkt aus einer bestimmten Formmasse dieses Kunststoffs in Anspruch genommen werden.

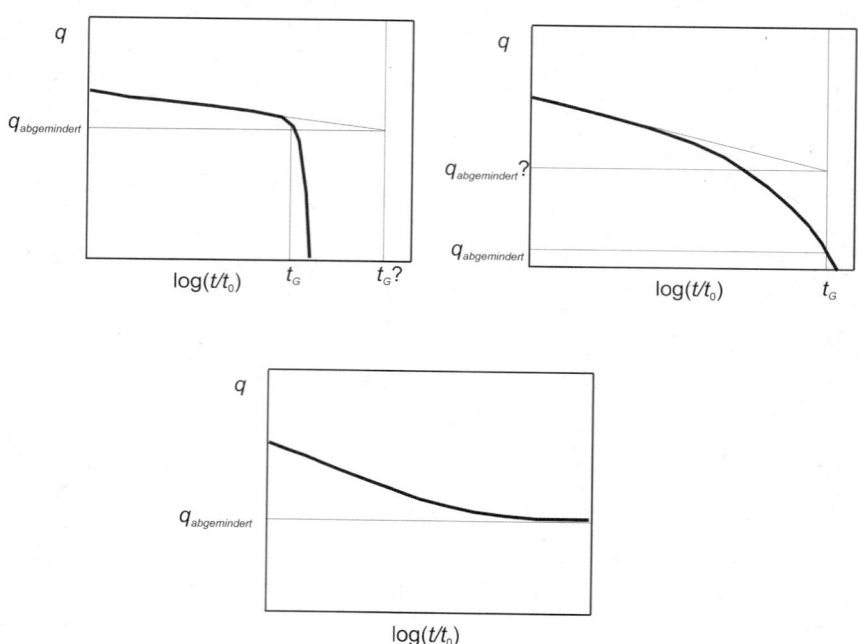

Abbildung 4: Alterung kann zu einem allmählichen (oben rechts), aber auch relativ raschen Festigkeitsverlust (oben links) führen und dadurch das Wasserableitvermögen beeinträchtigen. Die projektierte Gebrauchsdauer kann dadurch weit unterschritten werden oder der tatsächliche Wert des Wasserableitvermögens erheblich kleiner sein als vermutet. Die Auswirkung der Alterung kann im ersten Fall nicht durch einen aus Kriechkurven ermittelten Abminderungsfaktor, im zweiten Fall überhaupt nicht durch einen Abminderungsfaktor beschrieben werden. Bei der Verwendung von Abminderungsfaktoren für die Alterung wird ein Kurvenverlauf (unten Mitte) unterstellt, der weder praktisch noch theoretisch möglich ist.

Im Allgemeinen werden Alterungsvorgänge über einen Zeitraum, der abhängt von der Art und Qualität der Kunststoffe und von den Einwirkungen, sowohl die chemische Struktur, die Morphologie und weitere physikalische Eigenschaften der Kunststoffteile und Verbindungsstellen in der Dränmatte verändern, mit Auswirkungen auf die Festigkeit und das Kriechverhalten. Die formal mögliche Extrapolation von Kriechkurven (3) und aus Kriechversuchen gewonnenen Zeitstandkurven (7) und auch Berechnungen mit Hilfe des Zeit-Temperatur-Verschiebungsgesetzes über diesen ganzen Zeitraum ist dann aber sinnlos (Abb.4). Oder umgekehrt gesagt: Eine Extrapolation von Kriechkurven oder von aufgrund von Kriechkurven gewonnenen Zeitstandkurven für das duktile Versagen ist nur dann zulässig, wenn begleitende spezielle Untersuchungen zum Alterungsverhalten zeigen, dass innerhalb des Extrapolationszeitraums keine relevanten chemischen oder physikalischen Werkstoffveränderungen zu erwarten sind, die zu sprödem Versagen führen oder die Zeitabhängigkeit der Kriechmodule verändern, wenn also das Alterungsverhalten des jeweiligen Produktes für den Extrapolationszeitraum geklärt wurde [17].

3.5 Scherfestigkeit und Altern: Zeitstand-Scherversuch

Das Alterungsverhalten von Geokunststoffen wird durch Immersionsprüfungen, d.h. die Einlagerung in Prüfmedien bei erhöhter Temperatur, oder durch Zeitstandprüfungen bei erhöhter Temperatur, die eine mechanische Belastung mit einer Immersion in einem Prüfmedium verbinden, untersucht. Bei diesen Prüfungen wird durch die Erhöhung der mechanischen Beanspruchung, der Art und Konzentration einwirkender Medien und der Temperatur versucht, eine Beschleunigung der Alterungsvorgänge zu erreichen. Mit zunehmender Verstärkung der Beschleunigungsfaktoren für die Alterung werden zwar immer kürzere Prüfzeiten erreicht, es wird dann jedoch auch zunehmend schwieriger nachzuweisen, dass die so gewonnenen Ergebnisse über das Versagensverhalten tatsächlich auf die Anwendungsbedingungen extrapoliert werden können. Man muss also immer einen Kompromiss zwischen Größe der Beschleunigungsfaktoren und Länge der Prüfzeit schließen. Bei einer Gebrauchsdauer von mindestens 100 Jahren, die es im Deponiebereich zu überprüfen gilt, wird man relativ lange Prüfdauern (ca. 10.000 h) nicht vermeiden können.

Beispiele für solche Langzeitprüfungen sind der Zeitstand-Rohrinnendruckversuch für die Beurteilung des Langzeitverhaltens von Kunststoffrohren und die Warmlagerung in Wasser und an Luft bei 80°C über ein Jahr, die bei der Zulassung von Dichtungsbahnen und geotextilen Schutzschichten durchgeführt werden [11], [19].

Im Rahmen der europäischen Normung werden „Screening Test" erprobt, siehe Tabelle 2, mit denen die Beständigkeit von Geokunststoffen gegen Oxidation und Hydrolyse für Mindestnutzungsdauern von 25 Jahren überprüft werden soll. Einer der effektivsten Beschleunigungsfaktoren ist die Temperatur. Die darf jedoch nicht zu hoch gewählt werden. Ebenfalls im Zusammenhang mit der europäischen Normung wird daher ein Prüfverfahren erprobt, bei dem durch eine Lagerung im Autoklaven unter hohem Sauerstoffdruck, trotz nicht allzu hoher Temperatur (80°C), die oxidative Alterung von polyolefinen Geokunststoffen nach relativ kurzen Prüfdauern (einige Wochen) erzwungen werden kann [20]. Solche Screening Tests können durch Vergrößerung des Untersuchungsumfangs, durch Wahl der Prüfbedingungen und durch lange Prüfdauern zu echten Langzeitprüfungen ausgebaut werden. Warmlagerungen zur oxidativen Beständigkeit von polyolefinen Werkstoffen sollten z.B. immer von Messungen des OIT-Wertes begleitet sein. Bei Kenntnis der Stabilisierung kann durch Beobachtung der relativen Veränderung des OIT-Wertes eine untere Grenze für eine Funktionsdauerabschätzung aus Warmlagerungsversuchen abgeleitet werden [21], [17].

Im Abschnitt 3.1 war deutlich geworden, dass eine Kunststoff-Dränmatte im Vergleich etwa zu einer Dichtungsbahn ein recht komplexes Gebilde darstellt. Dränkörper und Filter- sowie Schutzgeotextil bestehen zumeist aus unterschiedlichen Werkstoffen. Zwischen den Geotextilien und dem Dränkörper, aber auch im Dränkörper, gibt es Schweiß- oder Klebe- oder mechanische Verbindungsstellen. Um das möglicherweise komplexe Versagensverhalten zu untersuchen, genügt es daher nicht, die Beständigkeit einzelner Komponenten zu charakterisieren und die Auswirkung einzelner Beschleunigungsfaktoren auf den Alterungsprozess zu untersuchen. Vielmehr wird man - z.B. in Anlehnung an den Zeitstand-Rohrinnendruckversuch - die wesentliche mechanische Beanspruchung, nämlich die Scherung unter Auflast, mit der Einwirkung von Medien und Temperatur zusammenführen müssen.

Auf die Bedeutung der Zeitabhängigkeit der Scherfestigkeit von Geokunststoffen in der Kombination von Kriechen und Altern wurde von der BAM schon Anfang der 90er Jahre hingewiesen. Inzwischen sind Zeitstand-Scherversuche bei strukturierten Dichtungsbahnen und Bentonitmatten in Gang gekommen [22]. Auch das Langzeitverhalten von Kunststoff-Dränmatten kann in Scherzeitständen, die an der BAM aufgebaut und erprobt wurden (Abb. 5 und 6), geprüft werden. Bei den langen Funktionsdauern, die im Deponiebau erreicht werden müssen, scheint uns auch ein Untersuchungsprogramm zur Langzeit-Scherfestigkeit von Kunststoff-Dränmatten mit Hilfe dieser Scherzeitstände dringend notwendig. Die Prüfungen würde folgendermaßen ablaufen:

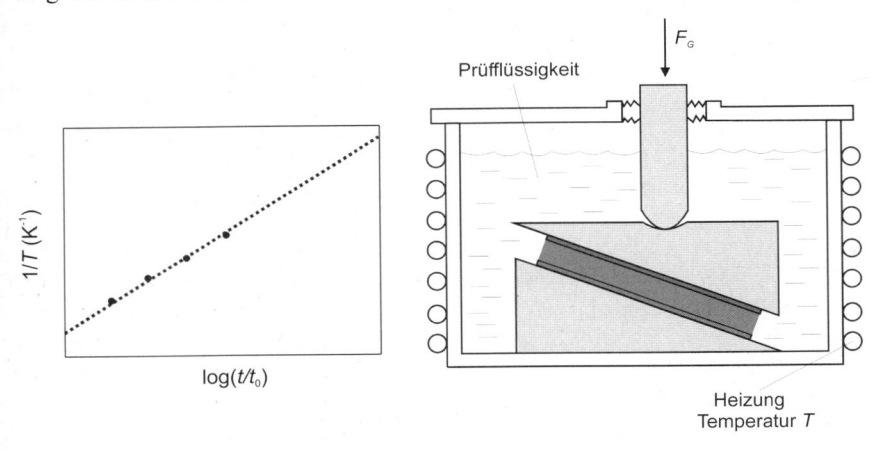

Abbildung 5: Schematische Skizze zum Zeitstandscherversuch. Wärme, Prüfflüssigkeit und Druck-Scherspannung wirken auf die Dränmatte ein. Kriechkurven werden gemessen und die Versagenszeiten sowie die Eigenart des Versagensbildes untersucht. Mit einem Arrhenius-Diagramm für die Wertepaare Versagenzeit und zugehöriger Kehrwert der (absoluten) Prüftemperatur können Funktionsdauern abgeschätzt werden.

Ein Ausschnitt aus dem zu untersuchenden Produkt (ca. 12 cm x 15 cm) wird dabei mit dem Schutzgeotextil auf die schiefe Ebene eines Stahlkeils montiert. Auf einen baugleichen Stahlkeil wird analog das Filtergeotextil befestigt. Die Kunststoff-Dränmatte ist dann fest zwischen den Keilen (Steigungswinkel der Stahlkeile 21,8°; bzw. 1/2,5 oder wahlweise andere Winkel) eingespannt (Abb. 5 rechts). Über einen Hebelmechanismus wird eine für Oberflächenabdichtungen repräsentative Kraft (Auflast) auf den oberen Keil ausgeübt. Der hangparallele Anteil der Auflast wirkt als Scherspannung über die Goetextilien auf den Dränkörper. Der Aufbau befindet sich in einem heizbaren Wasserbad ($T_{max} \sim 80 \pm 1$ °C). Durch erhöhte Temperatur wird, analog zu den Rohrinnendruck-Zeitständen, das Kriechen, die Spannungsrissbildung und die Alterung beschleunigt ablaufen. Wählbare Versuchsparameter sind Auflast (bzw. Auflast/Scherkraft-Verhältnis), Temperatur sowie Art und Zusammensetzung der Prüfflüssigkeit. Über zwei Wegaufnehmer wird die Kompression und Scherverformung der Matte in der Scherebene über lange Zeit mit hoher Präzision ($\Delta s \leq 2/10$ mm) automatisch erfasst. Ein Versagen des Probekörpers unabhängig davon, ob sich dieser Prozess eher schlagartig oder sehr langsam vollzieht. Abb. 6 zeigt die gesamte Versuchseinrichtung.

Im Zeitstand-Scherversuch muss sich beim Aufbringen der Last zunächst eine stabile Scherkraftübertragung ausbilden. Bei der Messung der vertikalen Komponente des Scherwegs wird daher zunächst eine leichte Abwärtsbewegung des oberen Keils beobachtet, die dann in die nur allmähliche Verschiebung des stationären Kriechens übergeht, bis es schließlich zum Versagen kommt (Abb. 7).

Mit dem allmählich anwachsenden Scherweg schiebt sich der Belastungsstab ebenfalls allmählich um einen kleinen Winkel aus der exakt vertikalen Position. Die dabei zu überwindenden Reibungskräfte und die Veränderung der Scherkraft sind jedoch vernachlässigbar.

Abbildung 6: Scherzeitstand zur Untersuchung von Kriechen und Alterung unter Druck- und Scherbeanspruchung.

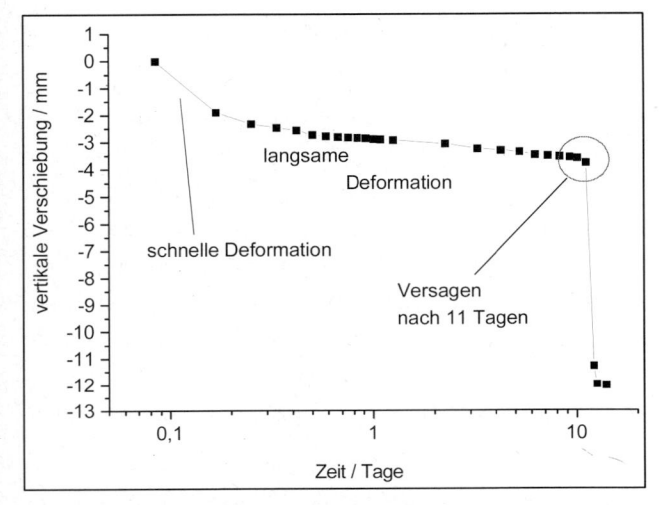

Abbildung 7: Typisches Diagramm des Verlaufs der mit einem Wegaufnehmer gemessenen vertikalen Komponente der Verschiebung der Keile bei einer (nicht BAM-zugelassenen) strukturierten Dichtungsbahn.

4. Beurteilung von Kunststoff-Dränmatten

Hier soll nun zusammenfassend beschrieben werden, welche Angaben zum Produkt und Prüfergebnisse zusammengetragen werden müssen, um einen Eignungsnachweis für eine Kunststoff-Dränmatte im Deponiebau durchführen zu können und welche Maßnahmen der Qualitätssicherung bei der Herstellung und beim Einbau durchgeführt werden müssen.

4.1 Charakterisierung der Werkstoffe, Beschreibung des Herstellungsverfahrens

Es wurde schon betont, dass es nicht möglich ist, einer bestimmten Art von Kunststoff pauschal bestimmte Beständigkeitseigenschaften und daher Gebrauchsdauern zuzuordnen, ebenso wenig wie man das etwa für Stahl als bestimmte Art metallischen Werkstoffs machen kann. Je nach der geplanten Gebrauchsdauer sind daher am einzelnen Produkt mehr oder weniger aufwendige Langzeitprüfungen erforderlich. Solche Langzeitprüfungen sind jedoch nur dann sinnvoll, wenn die bei einem Produkt verwendeten Werkstoffe eindeutig festgelegt sind und das Herstellungsverfahren - angefangen mit der Formmassen über die Halbzeuge bis zum Endprodukt - zu einer Kunststoff-Dränmatte führt, die im Rahmen enger Schwankungsbreiten immer die gleichen, reproduzierbaren Eigenschaften hat.

Die Eigenschaften einer verwendeten Formmasse muss anhand von Spezifikationen für eine Auswahl von Prüfgrößen so festgelegt werden, dass so etwas wie ein „Fingerabdruck" der Formmasse angegeben werden kann. Der Hersteller sollte also bei der Werkstoffeingangskontrolle nicht nur Prüfgrößen überprüfen, deren Auswahl sich ausschließlich an den verfahrenstechnisch relevanten Eigenschaften orientiert. Bei polyolefinen Werkstoffen sollten z.b. nicht nur die Prüfgrößen Schmelzindex und Feuchtigkeitsgehalt kontrolliert, sondern auch die Dichte und der OIT-Wert und je nach Anwendung und Verarbeitung zusätzlich die Spannungsrissbeständigkeit zur Charakterisierung der Formmassen gemessen werden. Das Herstellungsverfahren muss in den wesentlichen Verfahrensschritten beschrieben werden.

Da der Hersteller oft ein wirtschaftliches Interesse an der Geheimhaltung von Werkstoffquelle und Verfahrenstechniken hat, kann daher ein Teil der Informationen zu den Werkstoffen (Hersteller, Rezepturen) und zur Herstellung (technische Verfahrensschritte) der die Begutachtung der Eignung durchführenden Stelle nur vertraulich zur Verfügung gestellt werden. Gerade die Beurteilung von Langzeiteigenschaft kann jedoch nicht an einem Produkt erfolgen, über dessen Werkstoffe und Herstellung der Beurteiler keine genaueren Informationen hat.

4.2 Charakterisierung des Produktes, Prüfung der Eigenschaften

In der Tabelle 1 werden die Prüfgrößen angegeben, mit denen die wesentlichen geotechnischen Eigenschaften einer Kunststoff-Dränmatte erfasst werden, sowie die dazugehörigen Prüfvorschriften.

In einem von der europäischen und der internationalen Normungsorganisation herausgegebenen *Leitfaden zur Beständigkeit von Geotextilien und geotextilverwandten Produkten* (DIN-Fachbericht 86, [23]) werden Grundprüfungen zur Beständigkeit (Hydrolyse, Oxidation, Angriff von Mikroorganismen) zusammengestellt, mit denen sozusagen die Spreu vom Weizen getrennt wird, Tabelle 2. Diese Grundprüfungen, so heißt es dort,

> *... sind für eine Mindestnutzungsdauer von 25 Jahren unter normalen Bedingungen ausgelegt und schließen Materialien aus, bei denen Zweifel hinsicht-*

lich ihrer Beständigkeit bestehen. ... [Diese] Grundprüfungen sind weder für regelmäßige Qualitätskontrollen vorgesehen, noch liefern sie ausreichend Informationen zur Voraussage der Zeit bis zum Versagen ....

Als weitere Grundprüfung kann die Prüfung der Spannungsrissbeständigkeit hinzukommen, wenn aufgrund der Art des Werkstoffes und der Ausbildung der Komponente einer Dränmatten die Spannungsrissbildung eine Rolle spielen kann (z.B. bei Stützkörpern, die aus PE-HD-Formmassen mit Dichten größer $\approx 0{,}950$ g/cm^3 gefertigt werden). Auch die Prüfung der Witterungsbeständigkeit gehört zu den Grundprüfungen. Grundsätzlich sollten auch Dränmatten wie generell Geokunststoffe möglichst wenig der UV-Strahlung ausgesetzt werden, da diese ein sehr kritische Beanspruchung darstellt. Die UV-Strahlung kann autokatalytische Reaktionen in Gang setzen, die auch nach der Abdeckung noch weiterlaufen. Im Deponiebau sollte daher die Grundregel eingehalten werden, dass während der Prüfdauer in der künstlichen Bewitterung, die die zulässige Expositionsdauer während des Einbaus abbildet, keine signifikante Veränderung in den Festigkeitseigenschaften des geprüften Geotextils auftreten darf.

Für Kunststoff-Dränmatten in der Geotechnik kommen von vornherein nur solche Kunststoff-Komponenten in betracht, die mindestens diese Grundprüfungen bestehen. Es darf jedoch nicht das Missverständnis entstehen, dass mit dem Bestehen der Grundprüfungen für jeden Anwendungsfall und beliebig lange Gebrauchsdauern eine ausreichende Beständigkeit gewährleistet sei. Der Leitfaden weist ausdrücklich darauf hin, dass die Grundprüfungen nicht dafür verwendet werden können, um Gebrauchsdauern zu extrapolieren.

Tabelle 2: Grundprüfungen zur Beständigkeit von Kunststoffkomponenten in Dränmatten.

BESTÄNDIGKEIT	PRÜFNORM	BEMERKUNG
Oxidation	DIN V ENV 13483	Anforderungen werden in der Norm festgelegt.
Hydrolyse	DIN V ENV 12447	
Mikroorganismen	DIN EN 12225	
Spannungsrissbildung	ASTM D5397	siehe [19]
Witterung	DIN EN 12224	hohe Witterungsbeständigkeit, Expositionsdauer < 14 Tage [17]

Tabelle 1: Eigenschaften von Kunststoff-Dränmatten

PRÜFGRÖSSE	PRÜFVORSCHRIFT	BEMERKUNG
KUNSTSTOFF-DRÄNMATTE		
Wasserableitvermögen	DIN EN ISO 12958	
Reibungsparameter	GDA E 3-8	
innere Kurzzeit-Scherfestigkeit	in Anlehnung an GDA E 3-8	siehe die Abschnitte 3.2 und 3.3; Zugfestigkeit und Dehnung dienen als Kennwerte für die Qualitätssicherung. Mindestwerte können im Hinblick auf Einbaubeanspruchungen festgelegt werden.
Zugfestigkeit	DIN EN ISO 10319	
Dehnung bei der Zugfestigkeit	DIN EN ISO 10319	
Schutzwirksamkeit	BAM-Zulassungsrichtlinie für Schutzschichten	
Robustheit gegen Einbaubeanspruchungen	DIN V EN V ISO 10722-1	Überprüfung des Einbauverfahrens im Probefeld.
GEOTEXTIL (FILTERSCHICHT)		
Permittivität Ψ	E DIN 60500-4 oder (DIN EN ISO 11058)[+]	Die Durchlässigkeit des Filters k_v =$\Psi \cdot d_F$ muss die Durchlässigkeit des Bodens der Rekultivierungsschicht um einen erheblichen Faktor übersteigen, siehe Nummer 2.2.2 in [24].
Charakteristische Öffnungsweite $O_{90,w}$	E DIN 60500-6 (DIN EN ISO 12956)[+]	Anforderung richtet sich nach der Beschaffenheit des Rekultivierungsbodens, siehe Nummer 2.2.2 in [24].
Dicke d_F (bei $\sigma = 20$ kPa)	DIN EN 964-1	Tiefenfiltration, Anforderung an die Dicke, siehe Nummer 2.2.2 in [24].
flächenbezogene Masse m_A	DIN EN 965	Filterschicht und Schutzschicht sollen mindestens zur Geotextilrobustheitsklasse (GRK) 3 gehören. Für Vliese bedeutet das[*]: $\overline{F}_{St} - s \geq 1,5$ kN $\overline{m}_A - s \geq 150$ g/m².
Stempeldurchdrückkraft F_{St}	DIN EN ISO 12236	
Zugfestigkeit	DIN EN ISO 10319	Kennwerte für QS-Maßnahmen; im Einbauzustand darf die Dränmatte nicht dauerhaft auf Zug beansprucht sein.
Dehnung bei der Zugfestigkeit	DIN EN ISO 10319	

[*]) Mittelwert minus Standardabweichung, [+]) Eine Anpassung der Empfehlungen und Merkblätter an die europäischen Normen ist noch nicht erfolgt.

4.3 Prüfungen zum Langzeitverhalten

Für die lange Gebrauchsdauer im Deponiebereich (mindestens 100 Jahre) sind zusätzlich spezielle Langzeituntersuchungen erforderlich, wenn Kunststoff-Dränmatten mineralische Entwässerungsschichten ersetzen sollen (Tabelle 3). Zum einen müssen dabei die Abminderungsfaktoren, A_2 und A_S, die die Rückwirkung des Kriechens auf das Wasserableitvermögen und die innere Scherfestigkeit beschreiben, ermittelt oder zumindest auf der sicheren Seite abgeschätzt werden.

Zum anderen muss geklärt werden, dass die Alterungsvorgänge auch für diesen langen Zeitrahmen keine wesentliche Rückwirkung auf die Festigkeit und das Kriechverhalten der Komponenten der Dränmatte und deren Verbindungsstellen haben. Diese letzten Untersuchungen sind schwierig und langwierig, aber für die Anwendung im Deponiebau unvermeidlich.

Tabelle 3. Prüfungen des Langzeitverhaltens von Kunststoff-Dränmatten.

LANGZEITVERHALTEN	PRÜFVERFAHREN	BEMERKUNG
Kriechen	Kriechversuch zur Ermittlung der Kriechkurve $d(\sigma, \tau, t)$, siehe Abschnitt 3.2, und der Zeitstandkurve für duktiles Versagen $\tau(\sigma_G, t)$, siehe Abschnitt 3.3	Langzeit-Scherparameter $\gg$ Reibungsparameter, siehe Abschnitt 3.3
Alterung	Zeitstand-Scherversuche, siehe Abschnitt 3.5	Beurteilung von Dränmatten mit polyolefinen Werkstoffen z.B. in Anlehnung an den Zeitstand-Rohrinnendruckversuch [17]

4.4 Eigen- und Fremdüberwachung

Die Herstellung der Kunststoff-Dränmatte für die Anwendung in Deponieoberflächenabdichtung muss einer Eigenüberwachung unterliegen, die so ausgestaltet wird, dass zumindest die wesentlichen Elemente des in der Normenserie DIN EN ISO 9000 bis 9004 beschriebenen Qualitätsmanagementsystems eingehalten werden. In der Regel muss daher beim Hersteller ein Labor vorhanden sein, in dem die Prüfungen zur Eingangskontrolle von Formmassen und Vorprodukten und zur Fertigungskontrolle der Komponenten und der Dränmatte selbst durchgeführt werden können. Fachkundige Mitarbeiterinnen oder Mitarbeiter müssen die Prüfungen durchführen. Die Zuständigkeiten und Verantwortlichkeiten müssen klar geregelt werden. Organisation und Maßnahmen der Qualitätssicherung müssen in einem Qualitätssicherungshandbuch vollständig und nachvollziehbar beschrieben sein.

Halbjährlich muss eine Fremdüberwachung der Produktion durch eine fachkundige, unabhängige Stelle erfolgen. Die Fremdüberwachung erfolgt in Anlehnung an DIN 18200. Die fremdüberwachende Stelle muss für die Prüfungen, die dabei durchgeführt werden, gemäß der Norm DIN EN ISO 17025 akkreditiert sein.

Zu einem ausgelieferten Produkt gehört eine Produktbeschreibung, die aus Datenblatt und Lieferschein besteht. Dazu gehören die Werksprüfzeugnisse der werkseigenen Produktionskontrolle in Anlehnung an DIN EN 10204 und die Ergebnisse der Fremdüberwachung. Das Produkt muss gekennzeichnet und die Rollen entsprechend etikettiert sein. In der TL Geotex E-StB 95 [25] finden sich dazu genauere Angaben.

4.5 Hinweise zum Einbau

Wenn Geokunststoffe im Bauwerk nicht richtig funktionieren oder gar versagen, so sind in den meisten Fällen Beschädigungen oder Fehler beim Einbau die Ursache. Auch der Einbau muss daher einer Qualitätssicherung unterliegen, die im Deponiebau aus den Elementen Eigenprüfung, Fremdprüfung und behördliche Überwachung besteht, siehe dazu Nummer 9.4.1.2 aus dem Anhang E der TA Abfall.

Der Hersteller muss hier konkret nachvollziehbare und dabei praktikable Hinweise zum Einbau seiner Matte geben: angefangen mit Hinweisen zu Transport und Lagerung, zur Beschaffenheit von Auflager und Rekultivierungsboden (z.B. Hinweis zur zulässigen Stückigkeit der ersten Lage des Rekultivierungsbodens auf der Dränmatte, durch Beschränkung auf Grobkörnung nach DIN 18196) zum Verlegen, zur Gestaltung von Quer- und Längsstößen bis hin zu den Maßnahmen der Eigenüberwachung. Die Fremdprüfung muss durch eine fachkundige Stelle erfolgen. Es können hier die Anforderungen aus der Fremdprüferrichtlinie der BAM mit sinngemäßer Übertragung auf die bei Dränmatten erforderlichen Maßnahmen und Prüfungen zugrunde gelegt werden [26].

4.6 Liste der Prüfnormen (Stand August 2001)

ASTM D5397-99, Standard Test Method for Evaluation of Stress Crack Resistance of Polyolefin Geomembranes Using Notched Constant Tensile Load Test.

DIN EN 964-1:1995-05, Geotextilien und geotextilverwandte Produkte - Bestimmung der Dicke unter festgelegten Drücken - Teil 1: Einzellagen.

DIN EN 965:1995-05, Geotextilien und geotextilverwandte Produkte - Bestimmung der flächenbezogenen Masse.

DIN V ENV 1897:1996-03 (Vornorm), Geotextilien und geotextilverwandte Produkte - Bestimmung des Kriechverhaltens bei Druckbeanspruchung

DIN EN ISO 10319:1996-06, Geotextilien - Zugversuch am breiten Streifen.

DIN EN 10204:1995-08, Metallische Erzeugnisse - Arten von Prüfbescheinigungen.

DIN V ENV ISO 10722-1:1998-05 (Vornorm), Geotextilien und geotextilverwandte Produkte - Verfahren zur Nachahmung von beim Einbau auftretenden Beschädigungen - Teil 1: Einbau in körnige Materialien.

DIN EN ISO 11058:1999-06, Geotextilien und geotextilverwandte Produkte - Bestimmung der Wasserdurchlässigkeit normal zur Ebene, ohne Auflast.

DIN EN 12224:2000-11, Geotextilien und geotextilverwandte Produkte - Bestimmung der Witterungsbeständigkeit.

DIN EN 12225:2000-12, Geotextilien und geotextilverwandte Produkte - Prüfverfahren zur Bestimmung der mikrobiologischen Beständigkeit durch einen Erdeingrabungsversuch.

DIN EN 12226:2000-12, Geotextilien und geotextilverwandte Produkte - Allgemeine Prüfverfahren zur Bewertung nach Beständigkeitsprüfungen.

DIN EN ISO 12236:1996-04, Geotextilien und geotextilverwandte Produkte - Stempeldurchdrückversuch (CBR-Versuch).

DIN V ENV 12447:1997-11 (Vornorm), Geotextilien und geotextilverwandte Produkte - Prüfverfahren zur Bestimmung der Hydrolysebeständigkeit.

DIN EN ISO 12956:1999-06, Geotextilien und geotextilverwandte Produkte - Bestimmung der charakteristischen Öffnungsweite.

DIN EN ISO 12958:1999-06, Geotextilien und geotextilverwandte Produkte - Bestimmung des Wasserableitvermögens in der Ebene.

DIN EN ISO/IEC 17025:2000-04, Allgemeine Anforderungen an die Kompetenz von Prüf- und Kalibrierlaboratorien.

DIN 18200:2000-05, Übereinstimmungsnachweis für Bauprodukte - Werkseigene Produktionskontrolle, Fremdüberwachung und Zertifizierung von Produkten.

DIN V ENV ISO 13438:1999-11 (Vornorm), Geotextilien und geotextilverwandte Produkte - Auswahlprüfverfahren zur Bestimmung der Oxidationsbeständigkeit.

DIN 18196:1988-10, Erd- und Grundbau; Bodenklassifikation für bautechnische Zwecke.

DIN 60500-4:1997-02 (Norm-Entwurf), Prüfung von Geotextilien - Teil 4: Bestimmung der Wasserdurchlässigkeit von Geotextilien senkrecht zu ihrer Ebene unter Auflast bei konstantem hydraulischen Höhenunterschied.

4.7 Merkblätter und Empfehlungen

ISO/TR 13434:1998-12, Richtlinien für die Beständigkeit von Geotextilien und geotextilverwandten Produkten.

GDA E 2-20: 1997, Entwässerungsschichten in Oberflächenabdichtungssystemen.

GDA E 3-8:1997, Reibungsverhalten von Geokunststoffen.

Merkblatt für die Anwendung von Geotextilien und Geogittern im Erdbau des Straßenbaus. Köln: Forschungsgesellschaft für Straßen und Verkehrswesen (FGSV) 1994.

TL Geotex E-StB 95, Technische Lieferbedingungen für Goetextilien und Geogitter für den Erdbau im Straßenbau. Köln: Forschungsgesellschaft für Straßen und Verkehrswesen (FGSV) 1995.

Anwendung und Prüfung von Kunststoffen im Erdbau und Wasserbau, DVWK-Schriften, Heft 76. Hamburg und Berlin: Verlag Paul Parey 1989.

AbfallwirtschaftsFakten 5.1: Dränelemente aus Kunststoff als Entwässerungsschicht in Deponieoberflächenabdichtungen. Hildesheim: Niedersächsisches Landesamt für Ökologie, Niedersächsisches Landesamt für Bodenforschung 1999.

Anforderungen an die Schutzschicht für die Dichtungsbahnen in der Kombinationsdichtung, Zulassungsrichtlinie für Schutzschichten. Berlin: BAM, Labor Deponietechnik 1995.

Fremdprüfung beim Einbau von Kunststoffkomponenten und -bauteilen in Deponieabdichtungssystemen - Richtlinie der Bundesanstalt für Materialforschung und -prüfung (BAM) für die Anforderungen an die Qualifikation und die Aufgaben einer fremdprüfenden Stelle. Berlin: BAM, Labor Deponietechnik 1998.

5. Literatur

1. *Günther, K.*: Einsatzziele und genereller Aufbau von Oberflächenabdichtungen sowie Probleme in der praktischen Anwendung. In: Tagungsband des IGB-Deponieseminars "Oberflächenabdichtungen nach der TA Siedlungsabfall". *Günther, K.* (Hrsg.). Hamburg: IGB Ingenieurbüro für Grundbau, Bodenmechanik und Umwelttechnik 1995.

2. *Müller, W.*: Stofftransport in Deponieabdichtungssystemen, Teil 3: Auswirkungen von Fehlstellen in der Dichtungsbahn, ein Überblick. Bautechnik, 76(1999), H. 9, S. 757-768.

3. *Bräcker, W.*: AbfallwirtschaftsFakten 5.1: Dränelemente aus Kunststoff als Entwässerungsschicht in Deponieoberflächenabdichtungen. Hildesheim: Niedersächsisches Landesamt für Ökologie, Niedersächsisches Landesamt für Bodenforschung 1999.

4. *Deutscher Verband für Wasserwirtschaft und Kulturbau e.V. (DVWK)* (Hrsg.): Anwendung und Prüfung von Kunststoffen im Erdbau und Wasserbau, DVWK-Schriften, Heft 76. Hamburg und Berlin: Verlag Paul Parey 1989.

5. *Forschungsgesellschaft für Straßen- und Verkehrswesen (FGSV)* (Hrsg.): Merkblatt für die Anwendung von Geotextilien und Geogittern im Erdbau des Straßenbaus. Köln: Forschungsgesellschaft für Straßen und Verkehrswesen (FGSV) 1994.

6. *Deutsche Gesellschaft für Geotechnik e.V. (DGGt)* (Hrsg.): GDA-Empfehlungen. Berlin: Verlag Ernst & Sohn 1997, 716 Seiten.

7. *Saathoff, F.*: Dränsysteme aus Wirrgelege und Vliesstoff. In: Tagungsband der 15. Fachtagung "Die sichere Deponie, wirksamer Grundwasserschutz mit Kunststoffen". *Knipschild, F.W.* (Hrsg.). Würzburg: Süddeutsches Kunststoffzentrum (SKZ) 1999.

8. *Gartung, E. und Zanzinger, H.*: Abminderungsfaktoren zum Nachweis der hydraulischen Leistungsfähigkeit von Geokunststoff-Dränelementen. In: Tagungsband der 15. Fachtagung "Die sichere Deponie, wirksamer Grundwasserschutz mit Kunststoffen". *Knipschild, F.W.* (Hrsg.). Würzbug: Süddeutsches Kunststoffzentrum (SKZ) 1999.

9. *Müller-Rochholz, J.*: Dränelemente aus Kunststoffen (Geodräns), Anforderungen und Nachweismöglichkeiten. In: Tagungsband der 15. Fachtagung "Die sichere Deponie, wirksamer Grundwasserschutz mit Kunststoffen". *Knipschild, F.W.* (Hrsg.). Würzbug: Süddeutsches Kunststoffzentrum (SKZ) 1999.

10. *Kossendey, T.*: Dränelemente aus geschäumten Polyethylen und Vliesstoffen. In: Tagungsband der 15. Fachtagung "Die sichere Deponie, wirksamer Grundwasserschutz mit Kunststoffen". *Knipschild, F.W.* (Hrsg.). Würzburg: Süddeutsches Kunststoffzentrum (SKZ) 1999.

11. *Müller, W.* (Hrsg.): Anforderungen an die Schutzschicht für die Dichtungsbahnen in der Kombinationsdichtung, Zulassungsrichtlinie für Schutzschichten. Berlin: BAM, Labor Deponietechnik 1995.

12. *Corbet, S.P.*: Compressive creep testing of geocomposites for the development of the European standard. In: Geosynthetics: Application, Design and Construction. *de Groot, M.B., den Hoedt, G., und Termaat, R.J.* (Hrsg.). Rotterdam: Balkema 1996.

13. *Zanzinger, H. und Alexiew, N.*: Prediction of long term shear strength of geosynthetic clay liners with shear creep tests. In: Proceedings of the Second European Geosynthetics Conference. *Cancelli, A., Cazzuffi, D., und Soccodato, C.* (Hrsg.). Bologna: Pàtron Editore 2000.

14. *Ruppert, F.-R. und Reuter, E.*: Geosynthetische Dränelemente für Oberflächenabdichtungen. In: Tagungsband der 14. Fachtagung "Die sichere Deponie". *Knipschild, F.W.* (Hrsg.). Würzburg: Süddeutsches Kunststoffzentrum (SKZ) 1998.

15. *Blümel, W. und Brummermann, K.*: Kontrollen zur Stand- und Funktionssicherheit der temporären Oberflächenabdichtung der Zentraldeponie Hillern im Landkreis Soltau-Fallingbostel. In: Tagungsband der 14. Fachtagung "Die sichere Deponie". *Knipschild, F.W.* (Hrsg.). Würzburg: Süddeutsches Kunststoffzentrum (SKZ) 1998.

16. *Müller-Rochholz, J. und Bronstein, Z.*: Long-term Behavior of Geodrain Composites in Landfill Capping - Results of Exhumations. In: Proceedings of the Second European Geosynthetics Conference. *Cancelli, A., Cazzuffi, D., und Soccodato, C.* (Hrsg.). Bologna: Pàtron Editore 2000.

17. *Müller, W.*: Handbuch der PE-HD-Dichtungsbahnen in der Geotechnik. Basel: Birkhäuser Verlag 2001.

18. *Tisinger, L.G., Peggs, I.D., Dudzig, B.E., Winfree, J.P. und Carraher, C.E.*: Microstructural Analysis of a Polypropylene Geotextile after Long-term Outdoor Exposure. In: Geosynthetic Testing for Waste Containment Applications, ASTM Special Technical Publication 1081. *Koerner, R.M.* (Hrsg.). Philadelphia, USA: ASTM 1990.

19. *Müller, W.* (Hrsg.): Richtlinie für die Zulassung von Kunststoffdichtungsbahnen für die Abdichtung von Deponien und Altlasten. Bremerhaven: Wirtschaftsverlag NW, Verlag für neue Wissenschaften GmbH 1999.

20. *Schröder, H., Bahr, H., Herrmann, P., Kneip, G., Lorenz, E. und Schmuecking, I.*: Durability of Polyolefine Geosynthetics under Elevated Oxygen Pressure in Aqueous Liquids. In: Proceedings of the Second European Geosynthetics Conference. *Cancelli, A., Cazzuffi, D., und Soccodato, C.* (Hrsg.). Bologna: Pàtron Editore 2000.

21. *Hsuan, Y.G. und Koerner, R.M.*: Antioxidant Depletion Lifetime in High Density Polyethylene Geomembranes. Journal of Geotechnical and Geoenvironmental Engineering, 124(1998), H. 6, S. 532-541.

22. Seeger, S., Böhm, H., Söhring, G. und Müller, W.: Long term testing of geomembranes and geotextiles under shear stress. In: Proceedings of the Second European Geosynthetics Conference. Cancelli, A., Cazzuffi, D., und Soccodato, C. (Hrsg.). Bologna: Pàtron Editore 2000.

23. *DIN* (Hrsg.): DIN-Fachbericht 86: Geotextilien und geotextilverwandte Produkte - Leitfaden zur Beständigkeit. Berlin: Beuth Verlag 2000.

24. *Deutscher Verband für Wasserwirtschaft und Kulturbau e.V. (DVWK)* (Hrsg.): Anwendung von Geotextilien im Wasserbau, Merkblätter zur Wasserwirtschaft 221. Hamburg und Berlin: Verlag Paul Parey 1992, 31 Seiten.

25. Forschungsgesellschaft für Straßen- und Verkehrswesen (FGSV) (Hrsg.): TL Geotex E-StB 95, Technische Lieferbedingungen für Goetextilien und Geogitter für den Erdbau im Straßenbau. Köln: Forschungsgesellschaft für Straßen und Verkehrswesen (FGSV) 1995.

26. *Müller, W.* (Hrsg.): Fremdprüfung beim Einbau von Kunststoffkomponenten und -bauteilen in Deponieabdichtungssystemen - Richtlinie der Bundesanstalt für Materialforschung und -prüfung (BAM) für die Anforderungen an die Qualifikation und die Aufgaben einer fremdprüfenden Stelle. Berlin: BAM, Labor Deponietechnik 1998.

Neues Verfahren zur Überwachung von Oberflächenabdichtungen

Faseroptische Leckortung mittels Heat-Pulse-Methode

Jürgen Dornstädter[*]

Inhalt

1. Zusammenfassung 151
2. Beschreibung des Meßverfahrens 152
3. Beispiele 158
4. Literaturhinweise 162

1. Zusammenfassung

Seit einigen Jahren werden in verschiedensten Industriezweigen faseroptische Temperaturmessungen zur linienförmigen Bestimmung von Temperaturverteilungen entlang von Glasfaserleitungen erfolgreich eingesetzt. Sie dienen dabei meist der Anlagenüberwachung - u.a. der Brandmeldung -, aber auch der Leckortung bzw. dem Nachweis von Fluidbewegungen. Im Wasserbau wird dieses Meßverfahren bereits seit mehr als 5 Jahren zur Leckortung an verschiedensten Dichtungssystemen genutzt. Es wurde auch an einer Deponiebasisabdichtung erfolgreich getestet.

Bei Deponieoberflächenabdichtungen kann die „reine" Temperaturmessung nicht zur Leckageortung eingesetzt werden, da das Sickerwasser keine ausreichende Temperaturdifferenz gegenüber dem durchströmten Material aufweist. Das gleiche Problem stellt sich beispielsweise bei der Überwachung von Asphalt- und PEHD- bzw. PVC-Oberflächendichtungen im Wasserbau. Zur Lösung dieser Problemstellung wurde die Heat-Pulse-Methode (Patent DE 198 25 500) entwickelt und im Wasserbau bereits mehrfach erfolgreich eingesetzt. Bei der Heat-Pulse-Methode

---

[*] Dipl.-Geophys. Jürgen Dornstädter, GTC Kappelmeyer GmbH, Karlsruhe

(HPM) wird ein industriell gefertigtes und daher kostengünstiges Glasfaserhybridkabel genutzt, um eine Fluidbewegung nachzuweisen. Das Glasfaserhybridkabel verfügt neben den Lichtwellenleitern auch über elektrische Leiter. Durch diese elektrischen Leiter fließt nach Anlegen einer Spannung ein Heizstrom, der zu einer Erwärmung des Kabels führt. Der Wärmeabtransport vom Kabel und damit die Temperaturentwicklung im Kabel hängt zum einen von der konduktiven Wärmeleitung des, das Kabel umgebenden Materials ab. Zum anderen führt eine Umströmung des Kabel durch ein Fluid, im vorliegenden Fall Wasser, zu einem zusätzlichen, deutlich stärkeren Wärmeabtransport. Durch das Messen des sich zeitlich ändernden Temperaturverlaufs entlang des Kabels, können überströmte Kabelbereiche geortet und die Fließgeschwindigkeiten abgeschätzt werden. Auf Grund der Änderung der konduktiven Wärmeleitfähigkeit bei einer Aufsättigung eines porösen Materials kann dieser Vorgang ebenfalls durch das HPM-Verfahren nachgewiesen werden.

Das Meßverfahren und Beispiele zur Überwachung von Oberflächenabdichtungen werden vorgestellt.

2. Beschreibung des Meßverfahrens

Die Temperaturen an der Geländeoberfläche und die des Bodens weisen bedingt durch die geographische Lage in Europa einen ausgeprägten jahreszeitlichen Gang auf. Im Boden kommt es aufgrund seiner geringen Wärmeleitfähigkeit mit zunehmender Tiefe zu einer sich verstärkenden Phasenverschiebung gegenüber dem Oberflächentemperaturverlauf. Darüber hinaus nimmt die Schwankungsbreite aufgrund der Wärmespeicherung im Boden mit zunehmender Tiefe ab. Boden und Geländeoberfläche weisen somit jahreszeitlich unterschiedliche Temperaturen auf (Abb. 1). Durchströmt Oberflächenwasser den Boden, so kommt es durch den damit verbundenen advektiven Wärmetransport (erzwungene Konvektion) zu einer Veränderung der Bodentemperaturen im durchströmten Bereich. Die Bodentemperatur gleicht sich der Temperatur des Sickerwassers an.

Am Beispiel eines Sickerwasserspeicherbeckens läßt sich dieser Sachverhalt verdeutlichen. Tritt aus dem Speicherbecken Wasser durch ein Leck bzw. durch eine Schwächezone im Dichtungssystem aus, so kommt es durch den advektiven Wärmetransport im Boden zu einem Angleich der Bodentemperatur an die Wassertemperatur. Diese Anomalie umfaßt dabei den unmittelbar durchströmten Bodenbereich und - bedingt durch die rein konduktive Wärmeleitung des Bodenmaterials – auch die nähere Umgebung. Temperaturmessungen im Boden ermöglichen daher die Lokalisierung von Schwachstellen in Dichtungssystemen. Bei Messungen im Sommer zeichnen sich Leckagen als positive Temperaturanomalien - die Wassertemperatur ist höher als die ungestörte Bodentemperatur -, im Winter als negative Anomalien ab - die Wassertemperatur ist niedriger als die unbeeinflußte Bodentemperatur. In den Frühjahrs- und Herbstmonaten sind die Temperaturunterschiede zwischen Oberflächenwasser und Boden nur gering, Leckagen zeichnen sich dann nur durch einheitliche Temperaturwerte über ein Intervall von mehreren Metern Tiefe ab.

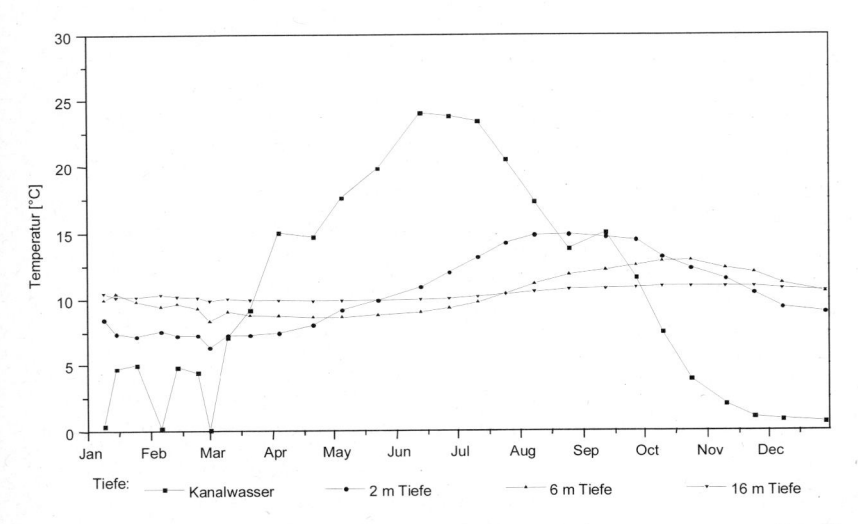

Abb. 1 *Jahreszeitlicher Temperaturgang: Oberflächenwasser (Bsp.: Schifffahrtskanal) und ungestörte Bodentemperaturen in 2 m, 6 m und 16 m Tiefe*

Die Grundlagen der thermischen Leckortung sind bereits seit den Fünfziger Jahren bekannt (Kappelmeyer, 1957). Systematische Temperaturmessungen zur Ortung von Leckagen werden aber erst seit Ende der Achtziger Jahre durchgeführt (Armbruster u.a., 1993). Durch die hohe Sensitivität des Verfahrens - bereits Sickerströmungen mit Filtergeschwindigkeiten ab ca. 10^{-7} m/s sind nachweisbar - können Schwachstellen frühzeitig erkannt werden. Leckagen können sowohl in ihrer horizontalen, als auch in ihrer vertikalen Erstreckung, beispielsweise bei Dichtwänden, eingegrenzt werden.

Faseroptische Temperaturmessungen

Mit Hilfe der faseroptischen Temperaturmessung ist es gelungen ein kostengünstiges Verfahren zur Leckortung bzw. zur Bauwerksüberwachung zu entwickeln. Hiermit können bei entsprechender Anordnung eines Lichtwellenleiters die Temperaturverteilungen im Boden nahezu flächenhaft bzw. räumlich bestimmt werden. Diese Meßtechnik kann ohne größeren Aufwand beim Neubau und im Rahmen von Sanierungen in ein Bauwerk integriert werden.

Mittels moderner Laser-Meßtechnik ist es möglich die Temperaturverteilung entlang einer Glasfaserleitung sehr genau zu bestimmen. Hierzu werden an der Leitung selbst keinerlei Sensoren benötigt. Dieses Verfahren basiert auf der Tatsache, daß die optischen Eigenschaften der Glasfaser unter anderem auch von der lokalen Umgebungstemperatur abhängig sind. Eine hochentwickelte Meßtechnik, die bisher insbesondere im Bereich der Verfahrenstechnik Anwendung gefunden hat, ermöglicht die Analyse und Auswertung der Veränderungen der optischen Eigenschaften mit dem Resultat einer zuverlässigen Bestimmung der Temperaturverteilung entlang der Glasfaserleitung.

Ein energiereicher Laser sendet ein definiertes optisches Signal in eine Glasfaser, das dann entlang der gesamten Lauflänge reflektiert wird. Die zurückgestreuten Signale besitzen zwar eine sehr geringe Intensität, können jedoch hinsichtlich ihrer Frequenzverteilung analysiert werden (Abb. 2 und 3 unten). Diese läßt sich in einen „Raleigh"- und in einen „Raman"-Anteil, der eine nochmals deutlich geringere Intensität besitzt, unterscheiden. Die beiden Komponenten des „Raman"-Anteils, das „Stokes-Licht" und das „Anti-Stokes-Licht" sind hinsichtlich ihres Frequenzspektrums abhängig von der Temperatur am Ort der Reflexion in der Glasfaser (Gilmore, 1991). Eine hochentwickelte Frequenzanalyse ermöglicht eine vergleichsweise genaue Bestimmung der lokalen Temperatur am Ort der Reflexion. Die Bestimmung dieses Ortes erfolgt durch eine sehr exakte Messung der Reflexionszeiten unter Berücksichtigung der Lichtgeschwindigkeit in der Glasfaser.

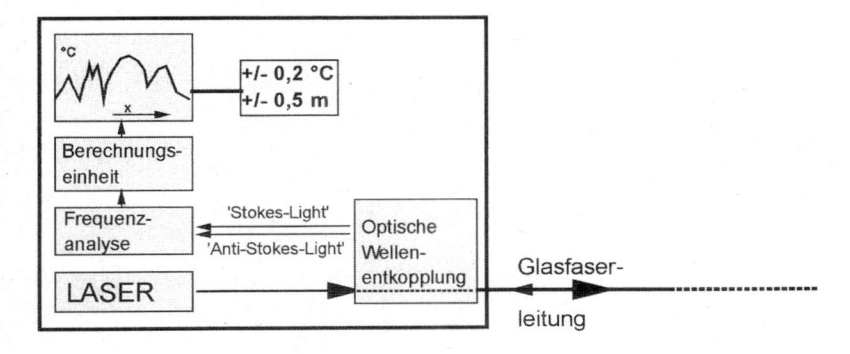

Abb. 2 *Meßprinzip*

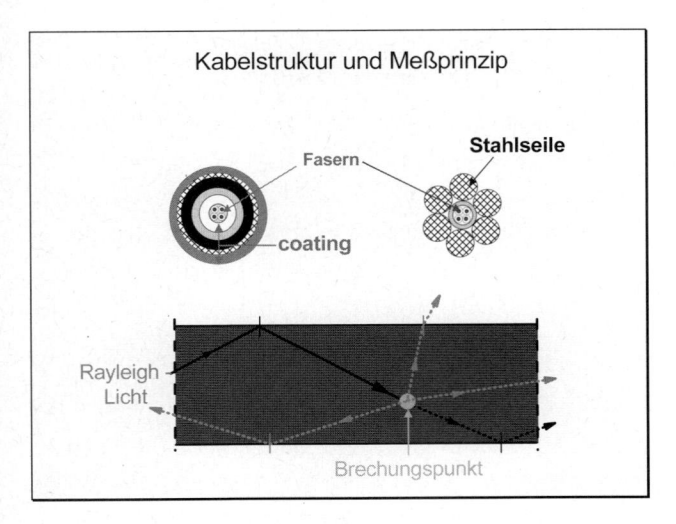

Abb. 3 *Schematische Darstellung unterschiedlicher Kabelaufbauten (oben). Schematische Darstellung der Streuung bzw. Reflexion eines optischen Signals in einer Glasfaser (unten).*

Gerade der Deponiebau, mit seinen hohen Anforderungen an die Bauwerksüberwachung, bietet ein weites Feld von Anwendungen für diese Technologie. So können faseroptische Temperaturmessungen sowohl zur Lokalisierung von Leckagen an Basis- und Oberflächenabdichtungen, als auch zu der Ermittlung der Temperaturverteilung im Deponiekörper eingesetzt werden. Die für die Anwendung im Deponiebau geeigneten Glasfaserleitungen bestehen in der Regel aus einer Zentralader zur Zugentlastung, um die ein Röhrchen mit mindestens 2 Glasfasern und zwei Kupferadern angeordnet sind (diese Kombination wird allgemein als Hybridkabel bezeichnet). Die äußere Ummantelung ergibt sich in Abhängigkeit von den gestellten Anforderungen an den mechanischen Schutz, so kann sie aus verschiedenen Stahl- und Kunststoffummantelungen aufgebaut sein (Abb. 3 oben). Für die Instrumentierung werden üblicherweise Glasfaserleitungen mit einem Gesamtdurchmesser von etwa 10 mm gewählt. Diese Leitungen sind auch unter Baustellenbedingungen äußerst robust und widerstandsfähig gegenüber den mechanischen Beanspruchungen. Zur Durchführung der Temperaturmessungen wird die Leitung mittels einer geeigneten Steckverbindung an den Laser angeschlossen. Die Messungen können sowohl quasi-kontinuierlich, als auch in beliebig festzulegenden Zeitintervallen durchgeführt werden.

Leckageortung mittels faseroptischer Temperaturmessungen

Im Deponiebau ist die Vermeidung von unkontrollierten Wasserzu- und -austritten ein wesentliches Thema. Das zuverlässige Lokalisieren von Leckagen ist daher eine der anspruchsvollsten Aufgaben bei der Deponieüberwachung. Faseroptische Temperaturmessungen eignen sich aufgrund ihrer hohen Informationsdichte in besonderem Maße für diese Aufgabe. Grundsätzlich lassen sich zwei Methoden der Meßdurchführung unterscheiden (Aufleger, 2000):

Gradientenmethode

Besteht eine ausreichend große Differenz zwischen der Temperatur in der Umgebung des Glasfaserkabels und der Oberflächen- bzw. Sickerwassertemperatur, so kann eine auftretende Leckage daran erkannt werden, daß sich der Temperaturgradient zwischen den beiden Ausgangstemperaturen signifikant verringert (Abb. 4). Dieses Verfahren wird daher als Gradientenmethode bezeichnet. Hierbei muß beachtet werden, daß ein ausreichender räumlicher Abstand zwischen den Glasfaserleitungen und der Oberfläche bzw. der Dichtfläche besteht.

Aufheizmethode

Ist keine ausreichende Temperaturdifferenz vorhanden, z.B. bei einer Oberflächenabdichtung, aufgrund eines bautechnisch bedingt geringen Abstandes zwischen Geländeoberfläche und Kabel bzw. aufgrund von lange Zeit gleichbleibenden Oberflächentemperaturen, so kommt ein Hybrid-Glasfaserkabel zum Einsatz. Dieses Kabel beinhaltet, wie bereits erwähnt, neben den Glasfasern auch elektrische Leiter. An diese Leiter wird eine elektrische Spannung angelegt, so daß ein Kurzschlußstrom fließt, dabei heizt sich das gesamte Kabel auf. Der daraus resultierende Temperaturanstieg im Kabel wird mit den Glasfasern gemessen. Neben der konduktiven Wärmeleitung des das Kabel umgebenden Materials tritt bei einer Umströmung des Kabel durch ein Fluid, in vorliegenden Fall Wasser, ein zusätzlicher advektiver Wärmetransport auf, der zu einer deutlich geringeren Erwärmung des Kabels führt (Abb. 4). Auf diese Weise können Fließvorgänge nachgewiesen und damit Leckagen geortet werden. Durch Berechnungen können sowohl die Fließgeschwindigkeit des Fluids, als auch die thermischen Parameter des Umgebungsmaterials bestimmt werden. Dieses Verfahren wird als Aufheiz- bzw. Heat-Pulse-Methode bezeichnet (Patent DE 198 25 500).

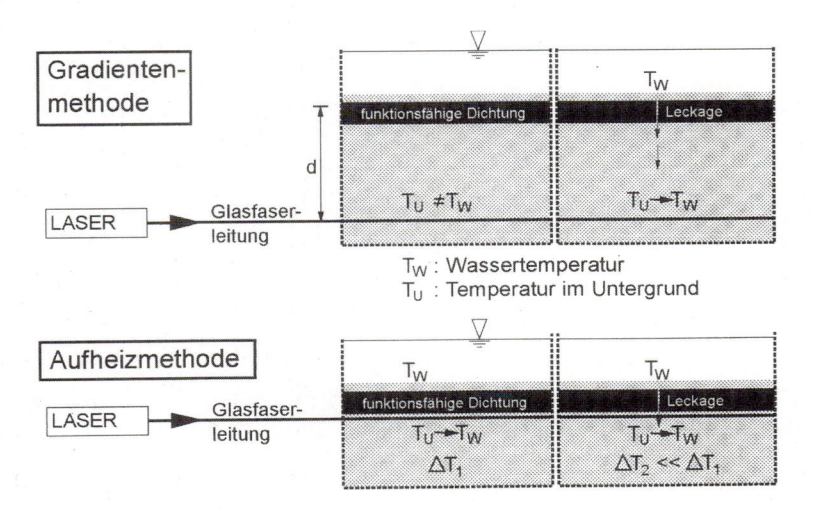

Abb. 4   Für den Einsatz der Gradientenmethode ist ein ausreichender Temperaturunterschied zwischen der Wassertemperatur T_w und der Untergrundtemperatur T_u notwendig, der sich i.a. aus einem ausreichend großen Abstand d ergibt. Im Falle einer Leckage paßt sich die Untergrundtemperatur graduell der Wassertemperatur an. Ist der Temperaturunterschied sehr klein oder Null kommt die Aufheizmethode zum Einsatz. Bei einer funktionsfähigen Dichtung kann die unmittelbare Umgebung des Glasfaserkabels um ΔT_1 aufgewärmt werden. Im Falle einer Leckage kommt es durch den zusätzlichen advektiven Wärmetransport zu einer deutlich geringeren Erwärmung ΔT_2.

Diese Verfahrensweise führt zu einer erheblichen Erweiterung des Anwendungsbereiches faseroptischer Temperaturmessungen zur Lokalisierung von Leckagen. Durch das beschriebene Vorgehen können nahezu alle Dichtungssysteme in ihrer Wirksamkeit unabhängig von den jahreszeitlichen Temperaturschwankungen überprüft werden. Die Forderung nach einer räumlichen – bzw. den Wärmetransport verzögernden – Distanz der Glasfaserleitungen zur Oberfläche entfällt.

Seit 1997 wurden bereits in 18 Dämmen und Talsperren faseroptische Temperaturmeßsysteme zur Dichtungsüberwachung erfolgreich eingebaut. Es handelt sich dabei sowohl um PEHD- bzw. PVC-Dichtungen, als auch um Asphaltbetondichtungen.

3. Beispiele

PEHD-Oberflächendichtung

Seit 1996 werden an der Versuchsanstalt für Wasserbau der TU München in Obernach in Zusammenarbeit mit GTC Kappelmeyer GmbH grundlegende experimentelle Untersuchungen zur Anwendung des zuvor beschriebenen Leckortungssystems durchgeführt. Unter anderem wurde ein 30 m langes Speicherbecken errichtet (Abb. 5). Etwa 300 m Glasfaserleitung sind in 8 Schleifen unter der aus einer Kunststoffdichtungsbahn bestehenden Oberflächendichtung angeordnet. Zur Ermittlung des Einflusses des Umgebungsmaterials wurden die Kabelschleifen in Gräben mit unterschiedlichem Verfüllmaterial installiert. Zur detaillierten Erkundung der Gradientenmethode wurden zusätzlich die Abstände zwischen Kabel und Dichtung zwischen 0,3 und 0,9 m variiert.

In der Kunststoffdichtungsbahn wurden verschiedene Leckagen angeordnet, die über Schlauchleitungen und Ventile aktiviert werden können. Bei den Versuchen wurden Leckageraten zwischen 0,2 und 0,4 l/s eingestellt. Ein Beispiel für die Ergebnisse einer faseroptischen Temperaturmessung, die eine durch eine Sickerwasserinfiltration in den Untergrund verursachte Temperaturanomalie erfaßt, zeigt Abbildung 6 (links).

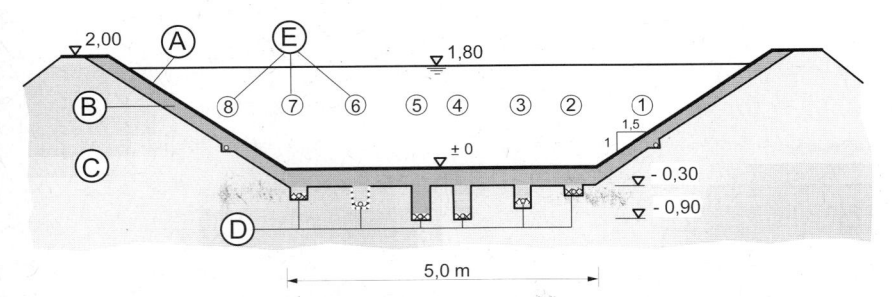

Abb. 5 *Versuchsaufbau: Speicherbecken mit PEHD-Oberflächendichtung*
(A) Kunststoffdichtung (PEHD), (B) Kies, (C) Kies sandig
(D) Glasfaserleitungen in Gräben (verschiedene Tiefen und Grabenfüllmaterialien)
(E) Nr. des Kabelstranges

An der gleichen Versuchseinrichtung wurde auch die Heat-Pulse-Methode getestet. Das Meßkabel wurde im dargestellten Beispiel (Abb. 6 rechts) mit einer Heizleistung von 4 W/m für eine Dauer von 3 Stunden erwärmt. Vergleicht man die Temperaturverteilung entlang der Leitung im Bereich der offenen Leckage vor Beginn des Aufheizvorganges mit der Situation nach etwa 3 Stunden, so ist deutlich zu erkennen, daß der Temperaturanstieg im Bereich der Sickerströmung signifikant geringer ist als in den nicht durchströmten Bodenbereichen. Die über das Kabel eingetragene Wärme wird durch den advektiven Wärmetransport der Sickerströmung in Strömungsrichtung weitergetragen.

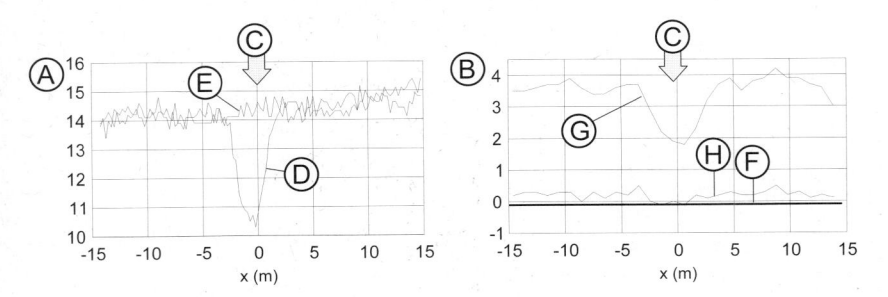

Abb. 6 *Speicherbecken mit PEHD-Dichtung - Temperaturmessergebnisse*
(A) Gradientenmethode: Temperatur [°C], (B) Heat-Pulse-Methode:
Temperaturanstieg [K], (C) Leakage Position (x=0), (D) Leakage: offen, (E) Leakage: geschlossen, (F) vor Heizbeginn, (G) 3 Stunden Heizdauer, (H) 30 Minuten nach Ende der Aufheizphase

Asphaltbeton-Oberflächendichtung

Die bituminöse Oberflächendichtung des 60 m hohen Dammes der Ohra-Talsperre im Thüringer Wald wurde 1998 grundlegend saniert. Da in der Vergangenheit erhebliche Sickerwasseraustritte zu beobachten waren, bestand die Sanierungsmaßnahme unter anderem aus der Herstellung einer neuen zweischichtigen Asphaltbetondichtung (Abb. 7). Diese wurde unmittelbar auf der bestehenden Dichtung aufgebracht. Die Drainageschicht zwischen der oberen und der unteren Dichtungsschicht entwässert in den Kontrollgang und wird durch vertikal verlaufende Schottwände in neun Teilflächen unterteilt, welchen später mögliche Sickerwasseraustritte zugeordnet werden können.

Da die früheren Sickerwasseraustritte im wesentlichen durch einen Riß im ebenfalls zweischichtigen alten Dichtungssystem verursacht waren, entschloß sich der Betreiber, die betreffende Teilfläche mittels faseroptischer Temperaturmessung langfristig zu überwachen. Zur Ortung möglicher Sickerwassereinströmungen sollte die Leitung innerhalb der Drainageschicht angeordnet werden. Zu diesem Zweck war es notwendig das Glasfaserkabel vor dem Einbau des Drainagematerials auf der fertiggestellten unteren Dichtungsschicht zu fixieren. Unter Berücksichtigung des vertikalen Einbauverfahrens und der beim Überfahren durch den Böschungsfertiger auftretenden mechanischen Beanspruchung der Leitung entschloß man sich, die Glasfaserleitung über weite Strecken innerhalb einer gefrästen Nut in der unteren Dichtungsschicht zu führen (Abb. 7). Insgesamt wurden innerhalb der 20 x 110 m großen Teilfläche 720 m Glasfaserleitung in 21 Schleifen in einem Abstand von 5,60 m verlegt.

Abb. 7   Installation des Glasfaserkabels in Nuten in der unteren Asphaltdichtungschicht (Blick von der Dammkrone in das leere Reservoir)
(1) Glasfaserkabel, (2) Horizontal verlaufende Nut , (3) Kontrollgang

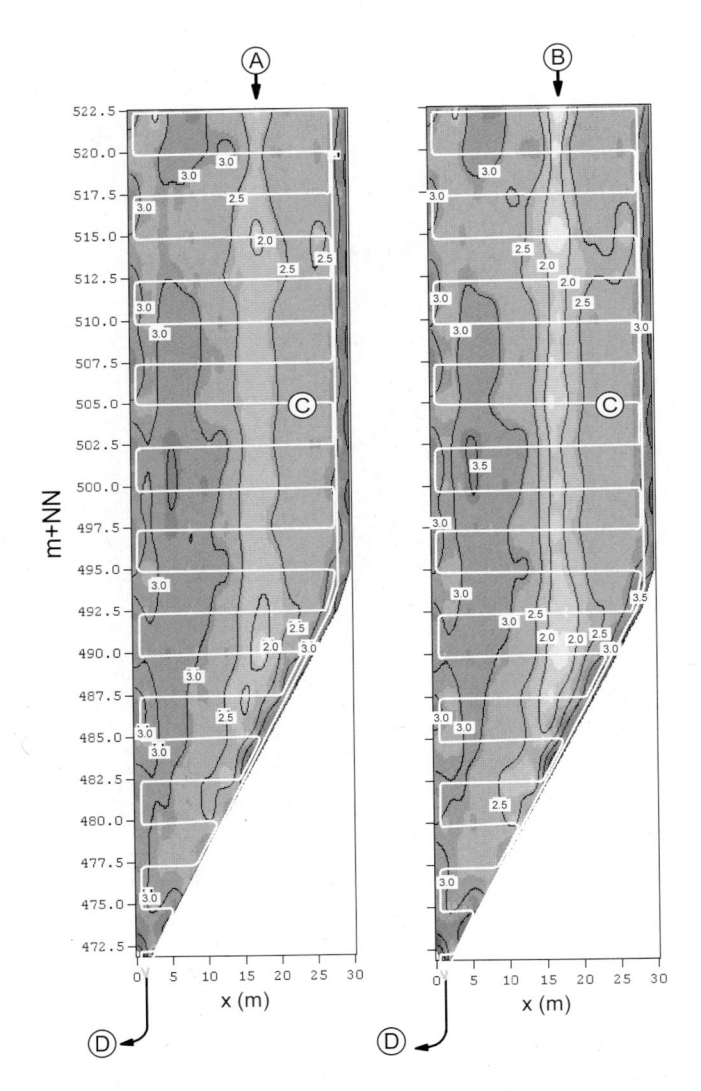

Abb. 8 Temperaturanstieg während der Anwendung des HPM-Verfahrens bei Versickerungsversuchen in der Asphaltoberflächendichtung der Ohra-Talsperre (2D-Temperaturinterpolation)
(A) Leckwasserrate 0,017 l/s, (B) Leckwasserrate 0,042 l/s,
(C) Glasfaserkabel, (D) Kontrollgang

Sowohl nach dem Einbau der bituminösen Drainageschicht, als auch nach der Fertigstellung der oberen Dichtungslage wurden Versickerungsversuche durchgeführt. Hierbei bestätigte sich die Leistungsfähigkeit des Meßsystems im vollen Umfang. Bei einem dieser Tests wurden in einem Bohrloch auf einer Höhe von 525 m+NN durch die obere Dichtungslage Sickerwassermengen von 0,017 l/s bzw. 0,042 l/s über eine Schlauchleitung eingegeben. Dieses Sickerwasser strömte in der Drainageschicht nach unten zum Kontrollgang. An die elektrischen Leiter innerhalb des Kabels wurde eine Spannung angelegt und der hieraus resultierende Temperaturanstieg mittels faseroptischer Messungen gemessen. Diese Werte sind in Abbildung 8 in einer zweidimensionalen Interpolation dargestellt. Deutlich ist der Weg des Sickerwassers in der Falllinie der künstlichen Leckage zu erkennen. Mit zunehmendem Abfluß steigt zudem die Schärfe dieser Anomalie des Temperaturanstiegs deutlich an.

Die hier vorgestellten Ergebnisse lassen sich ohne Einschränkungen auch auf Deponieoberflächenabdichtungen übertragen. Das Meßsystem hat sich im Wasserbau bereits seit mehr als 5 Jahren bewährt und bietet sich somit auch zur Überwachung von Dichtungen im Deponiebau an.

4. Literaturhinweise

Armbruster, H.; J. Dornstädter, O. Kappelmeyer, L. Tröger (1993). Thermometrie zur Erfassung von Schwachstellen an Dämmen. Vol. 83 (4), Wasserwirtschaft, Franck-Kosmos-Verlag, Stuttgart.

Aufleger M. (2000), Verteilte faseroptische Temperaturmessungen im Wasserbau, Berichte des Lehrstuhls und der Versuchsanstalt für Wasserbau und Wasserwirtschaft – Nr. 89 2000

Gilmore, M. (1991). Fibre optic cabling – Theory, design and installation practice. Oxford Newness.

Kappelmeyer, O. (1957). The use of near surface temperature measurements for discovering anomalies due to causes of depth. Geophysical prospecting, The Hauge, Vol. 3.

Patentschrift DE 198 25 500 (2000). Verfahren und Vorrichtung zur Messung von Fluidbewegungen mittels Lichtwellenleiter. Patentinhaber: GTC Kappelmeyer GmbH. Erfinder: Dornstädter J. & Kappelmeyer O..
Deutsches Patent- und Markenamt München

WATFLOW
Ein Werkzeug zur Optimierung der Planung, des Betriebs und der Nachsorge von Deponien

Ingmar Obermann[*]

Inhalt

1. Modellgrundlagen 163
2. Anwendungsbeispiel A: Einfluss der Einbaukennwerte auf das Ablagerungsverhalten von MBA-Abfällen 165
3. Anwendungsbeispiel B: Einfluss der Deponiebewässerung auf das Ablagerungsverhalten sowie die Deponiegasbildung 171
4. Schlussfolgerungen 176
5. Literaturverzeichnis 177

Kurzfassung:

Zur Untersuchung von Einflussfaktoren auf den Wasserhaushalt von Deponien wurde das Simulationsmodell WATFLOW entwickelt. Es wird eingesetzt zur Optimierung der Planung, des Betriebs und der Nachsorge von Deponien. Im ersten Beispiel werden Anforderungen an die Einbaukennwerte von mechanisch-biologisch vorbehandelten Abfällen (MBA-Abfälle) formuliert. Die zweite Anwendung zeigt die Optimierung von Bewässerungsmaßnahmen einer Hausmülldeponie in Hessen.

1. Modellgrundlagen

Das Simulationsmodell WATFLOW (Obermann, 1999) wurde am Institut für Wasserbau und Wasserwirtschaft der TU Darmstadt im Rahmen des BMBF-Verbundvorhabens "Mechanisch-biologische Behandlung von zu deponierenden Abfällen" entwickelt und kalibriert. Es wurden Modellansätze der Abfalltechnik,

---

[*] Dr.-Ing. Ingmar Obermann, HOCHTIEF Umwelt GmbH, Technisches Büro, Huyssenallee 86-88, 45128 Essen, www.umwelt.hochtief.de

der Bodenphysik und der Hydrologie implementiert. Die folgenden Prozesse werden im Modell WATFLOW berücksichtigt:

- Infiltration von Niederschlagswasser in den Abfallkörper bei Berücksichtigung der zeitlich variablen klimatischen Randbedingungen
- Deponieaufbau bei Berücksichtigung der zeitlich variablen Abfallschütthöhe und –abdeckung
- Dichteänderung durch Abfallüberschüttung (Setzungsverhalten)
- Änderung der hydraulischen Leitfähigkeit durch Dichteänderung
- Fließprozesse im Abfallkörper in Mikro- und Makroporen
- Variabilität der Eingangsparameter

Das dem Modell zugrundegelegte Konzept zur Erfassung des zeitlichen Verlaufs der aktuellen Deponiehöhe ist in Bild 1 qualitativ dargestellt. Der dynamische Deponieaufbau ist gekennzeichnet durch die Aufbaugeschwindigkeit des Abfalls sowie den Zeitraum bis zum Erreichen der Gesamtabfallhöhe und der Fertigstellung der Oberflächenabdichtung. Es wird angenommen, dass die lastabhängigen Setzungen ausschließlich durch eine Verminderung des Porenvolumens hervorgerufen werden. Bei auftretenden totalen Spannungsänderungen erfolgen die Setzungen mit dem Ausströmen des Gases und des Wassers aus dem Porenraum des Abfalls. Sackungen infolge eines Abbaus organischer Substanz werden nicht berücksichtigt. Zur Modellierung der dichteabhängigen, gesättigten hydraulischen Leitfähigkeit wird der Ansatz von Gabener (1983) verwendet. Die aktuelle gesättigte hydraulische Leitfähigkeit errechnet sich aus dem aktuellen Porenanteil und der normierten gesättigten hydraulischen Leitfähigkeit bei einem Porenanteil von 50 Vol.-%.

Für die Simulation der Wasserbewegung in der Abfallmatrix wird das Potentialkonzept angewendet und die Strömung im mikroporösen Medium mit dem Kontinuum-Ansatz beschrieben. Zur Parametrisierung wird der Ansatz von van Genuchten & Nielsen (1985) angewendet. Die Makroporenströmung wurde durch Anwendung des Schwellwertkonzeptes berücksichtigt, d.h. oberhalb des Mikroporengehaltes erfolgt eine Erhöhung der hydraulischen Leitfähigkeit. Die aktuelle Verdunstung wird ermittelt aus der potentiellen Verdunstung bei Berücksichtigung der Verdunstung aus Mikro- und Makroporen sowie Mulden und Interzeption.

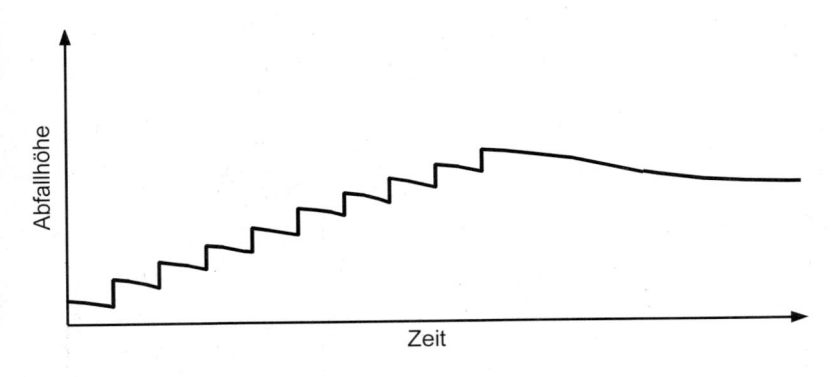

Bild 1: Abbildung des Deponieaufbaus

Eine Berücksichtigung der Variabilität der Matrixparameter des eingebauten Abfalls erfolgt durch Angabe der Bandbreite und Verteilungsfunktion des betrachteten Parameters. Mit Hilfe der Monte-Carlo-Simulation ergibt sich eine statistische Verteilung der Ergebnisse.

2. Anwendungsbeispiel A: Einfluss der Einbaukennwerte auf das Ablagerungsverhalten von MBA-Abfällen

2.1 Aufgabenstellung und Vorgehensweise

Zur Optimierung des Einbaus von MBA-Abfällen wurden die Einflussfaktoren Einbaudichte, Wassergehalt und hydraulische Leitfähigkeit des Abfalls untersucht. Bewertet wurde insbesondere der Einfluss im Hinblick auf den Verlauf der Sickerwasserbildung während der Einbau- und der Nachsorgephase sowie auf das Setzungsverhalten.

Dazu wurden zwei Szenarien definiert und die Ergebnisse verglichen und bewertet. Das Szenario MBA(m) repräsentiert eine Abschätzung mittlere Einbaukennwerte unter deponiepraktischen Bedingungen. Die nach der "Verordnung über die umweltverträgliche Ablagerung von Siedlungsabfällen" (AbfAblV) geforderten Einbaukennwerte repräsentiert das Szenario MBA(V).

2.2 Ermittlung der Modellparameter

Zur Ermittlung der Modellparameter wurden Versuche mit Abfällen aus sechs verschiedenen mechanisch-biologischen Vorbehandlungsanlagen durchgeführt. Im

Labor wurde die Korngrößenverteilung, der Glühverlust und die Korndichte bestimmt. Die Strömungsparameter zur Beschreibung der gesättigten und ungesättigten Wasserbewegung wurden mit Hilfe von Strömungsversuchen in insgesamt neun Deponieversuchsreaktoren mit Volumina von 0,3 bzw. 2,0 m^3 identifiziert (Obermann, 1999, Dach, 1998).

Eine Abschätzung der Einbautrockendichten der MBA-Abfälle auf der Deponie wurde auf der Grundlage von Literaturangaben und der durchgeführten Reaktorversuche vorgenommen. Unter praktischen Deponiebedingungen sind nach (Ramke, 1992, Münnich, 1999, Kölsch, 2000) Trockendichten $\leq$ 1 Mg/m^3 zu erwarten. Es wurden gesättigte hydraulische Leitfähigkeiten für MBA-Abfälle zwischen < 1,0E-10 und 4,0E-06 m/s gemessen. Untersuchungen in der Literatur zeigen eine etwa exponentiell verlaufende Abhängigkeit der gesättigten hydraulischen Leitfähigkeit vom Porenanteil (von Felde & Doedens, 1997, Münnich, 1999, Scheelhaase et al., 2000). Weiterhin konnte bei den Reaktorversuchen ein deutlicher Effekt der Makroporenströmung sowie eine starke Abnahme der relativen Leitfähigkeit mit abnehmendem Wassergehalt festgestellt werden. Die von Münnich (1999) durchgeführten Untersuchungen bestätigen dies.

2.3 Szenarienbildung

Auf der Grundlage der erhobenen Daten wurde exemplarisch das Szenario **MBA(m)** entworfen und repräsentiert eine **Abschätzung mittlerer Eingangsparameter** unter Deponiepraktischen Bedingungen. In Tabelle 1 sind wesentliche Modellparameter zusammengestellt.

Es wurden insgesamt 50 Jahre simuliert. 20 Jahre beträgt die offene Einbauphase, die Deponie wächst in diesem Zeitraum jährlich um 2 m. Es wurde eine Niederschlagszeitreihe der Station Essen-Steele zum Ansatz gebracht. Während der übrigen 30 Jahre wird die Nachsorgephase betrachtet, unter der Annahme einer undurchlässigen Oberflächenabdichtung.

Die Parameter Glühverlust, Einbautrockendichte, Einbauporenanteil und Einbauwassergehalt ergaben sich aus den durchgeführten Versuchen und Literaturwerten. Es ist jedoch zu berücksichtigen, dass sich der simulierte Porenanteil von MBA-Abfällen bei fortschreitender Überschüttung durch Setzungen vermindert. Die gesättigte hydraulische Leitfähigkeit bei einem Porenanteil von 50 Vol.-% wurde für das Szenario MBA(m) mit 1,0E-07 m/s zum Ansatz gebracht. Es wurde angenommen, dass die Leitfähigkeiten unter praktischen Deponiebedingungen größer sind als die gemessenen Werte unter Laborbedingungen. In Tabelle 1 sind ebenfalls die berechneten gesättigten bzw. ungesättigten hydraulischen Leitfähigkeiten für die Einbauschichten dargestellt.

Tabelle 1: Eingangsparameter für das Simulationsmodell

Bezeichnung	Einheit	MBA(m)	MBA(V)
Simulationsdauer	a	50	
Dauer der Einbauphase	a	20	
Niederschlag	mm/a	810	
potentielle Verdunstung	mm/a	660	
Deponieaufbau	m/a	2,0	
Glühverlust	Gew.-%	30	
Einbautrockendichte bei Abfalleinbau	Mg/m^3	0,77	0,86
Porenanteil bei Abfalleinbau	Vol.-%	62	57
Wassergehalt bei Abfalleinbau	Vol.-%	40	50
ges. hydraul. Leitfähigkeit bei Porenanteil 50 Vol.-%	m/s	1,0E-07	1,0E-09
ges. hydraul. Leitfähigkeit bei akt. Einbaudichte (berechnet)	m/s	1,3E-05	1,7E-08
Steifemodul des Abfalls bei Spannung 200 kN/m^2	MN/m^2	1,0	1,6

Zur Untersuchung der Auswirkungen der in der AbfAblV formulierten Anforderungen an den Einbau von MBA-Abfällen wurden im Szenario **MBA(V)** im Vergleich zum Szenario MBA(m) eine **höhere Einbaudichte** und dadurch bedingt ein **niedrigerer Porenanteil**, ein **höherer Wassergehalt** (bei gleicher Schichthöhe) sowie eine **niedrigere hydraulische Leitfähigkeit** angenommen. Es wurde weiterhin angenommen, dass die Abfalloberfläche glatt und mit einem leichten Gefälle zur Entwässerung ausgeführt wird. Eine Speicherung von Niederschlagswasser in Mulden wird daher vernachlässigt.

2.4 Ergebnisse

In Tabelle 2 sind die Wasserbilanzen für die Einbau- und Nachsorgephase als Mittelwert (mm/a) jeweils dargestellt. Bild 3 gibt den Verlauf der Sickerwassersummen im Gesamtsimulationszeitraum wieder.

Während der Einbauphase beträgt die simulierte Sickerwasserbildung von Szenario **MBA(m)** 53 % des Niederschlags, die Verdunstung liegt bei 62 % des Niederschlags. Die mittlere Sättigung nimmt während der Einbauphase ab, d.h. es findet eine Entwässerung der Deponie statt. Das Sickerwasser-Trockenmasse-Verhältnis liegt bei 0,28 m^3/Mg. Während der Nachsorgephase reduziert sich die Sickerwasserbildung um etwa 80 %. Vollsättigung und dadurch bedingte Porenwasserüberdrücke bei Überschüttung verbunden mit Konsolidierungssetzungen (Langzeitsetzungen) tritt nicht auf. Während der offenen Einbauphase ist eine annähernd gleichbleibende Steigung der Sickerwassersummenlinie zu erkennen, d.h. die Bildungsraten bleiben etwa konstant (Bild 3). Das MBA-Material zeigt eine langsame Abnahme der Bildungsraten, im simulierten Zeitraum wird das Wasserhaltevermögen nur annähernd erreicht.

Der Verlauf der Porenanteile über die Höhe der MBA-Deponie ist in Bild 4 dargestellt. Es wird der Einfluss der steigenden Dichte tieferliegender Schichten bei fortschreitender Abfallüberschüttung deutlich.

Die simulierten Maßnahmen im Szenario **MBA(V)** zur Erhöhung der Einbaudichte und Reduzierung der hydraulischen Leitfähigkeiten ergibt im Vergleich zu Szenario MBA(m) eine sehr deutliche Verminderung der Sickerwasserbildung während der Einbauphase um 78 % und während der Nachsorgephase um 56 %. Für das Sickerwasser-Trockenmasse-Verhältnis wurden 79 % bzw. 67 % geringere Werte ermittelt. Der Oberflächenabfluss beträgt 24 % des Niederschlags. Die Reduzierung der hydraulischen Leitfähigkeit des Abfalls führt jedoch auch zu einer Vollsättigung und zu erheblichen Konsolidierungszeiträumen. Die relativen Setzungen in Höhe von 3,4 % sind am Ende des Gesamtsimulationszeitraums noch nicht abgeschlossen.

Tabelle 2: Zusammenstellung der Wasserbilanzen, Wassergehalte und Setzungen

			Einheit	MBA(m)	MBA(V)	
Wasserinput	Einbauphase (20 Jahre)	eingebrachtes Wasser	mm/a	800	1.000	↑
		Niederschlag	mm/a	810	810	•
Wasseroutput	Einbauphase (20 Jahre)	Sickerwasserbildung	mm/a	430	95	⇩
		Gesamtverdunstung	mm/a	505	608	↑
		Oberflächenabfluss	mm/a	0	194	↑
		Sickerwasser / Trockenmasse	m³/Mg	0,28	0,06	⇩
	Nachsorgephase (30 Jahre)	Sickerwasserbildung	mm/a	88	39	⇩
		Sickerwasser / Trockenmasse	m³/Mg	0,09	0,03	⇩
Wassergehalt	Einbauphase (20 Jahre)	mittl. Sättigung nach 20 Jahren	Vol.-%	85	100	↑
	Nachsorgephase (30 Jahre)	mittl. Sättigung nach 50 Jahren	Vol.-%	71	99	↑
Setzungen	Nachsorgephase (30 Jahre)	relative Setzungen	%	0	3,4	↑
		Dauer der Setzungen	a	0	>30	↑

Veränderung der Werte des Szenarios MBA(V) bezogen auf Szenario MBA(m):
↑ Erhöhung
• keine oder nur geringe Veränderung
⇩ Verminderung

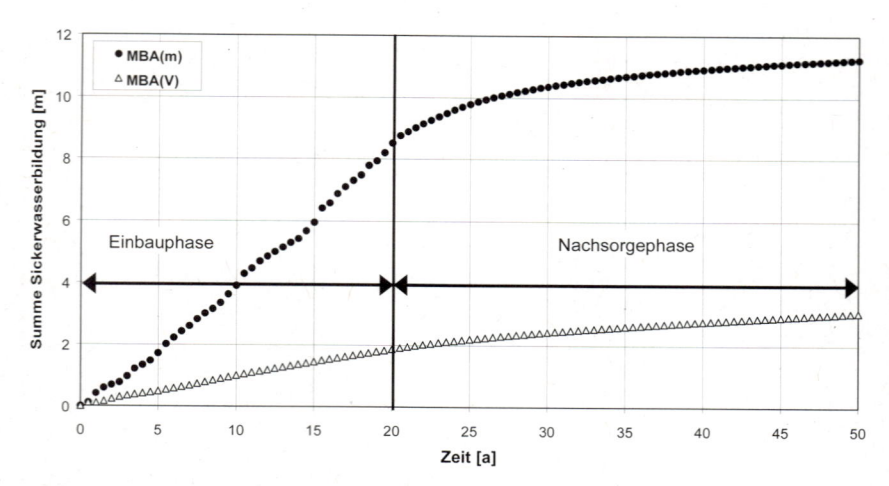

Bild 3: Summen der Sickerwasserbildung

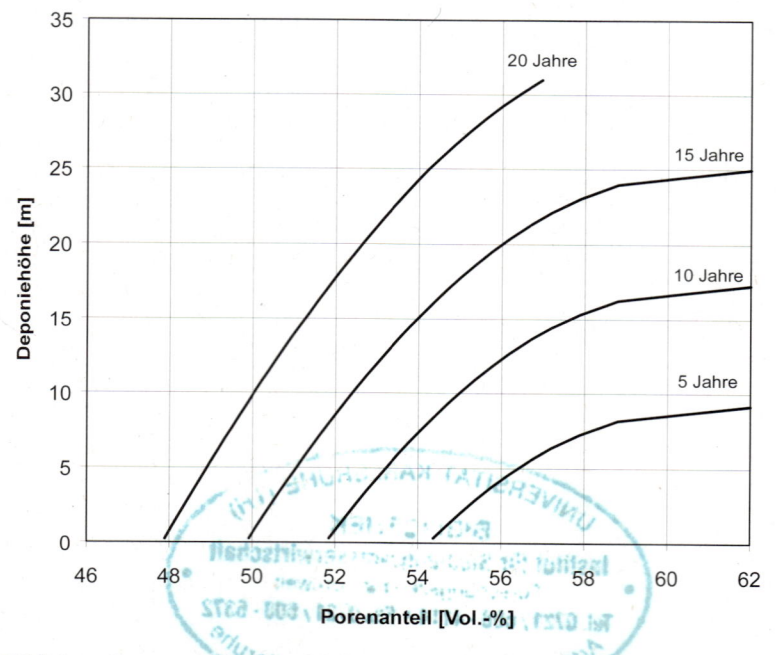

Bild 4: Porenanteile der Abfallschichten für Szenario MBA(m)

2.5 Zusammenfassung und Schlussfolgerungen Modellanwendung A

Die mittleren Sickerwasserbildungsraten während der simulierten (abgedeckten) Nachsorgephase von MBA-Deponien sind 60 bis 80 % niedriger als während der (offenen) Einbauphase.

Die in der "Verordnung über die umweltverträgliche Ablagerung von Siedlungsabfällen" (AbfAblV) formulierten Anforderungen bezüglich des Einbaus von MBA-Abfällen führen voraussichtlich zu einer sehr deutlichen Reduzierung der Sickerwasserbildung im Bereich von offenen Deponieabschnitten. In der Nachsorgephase verläuft die Entwässerung der Deponie aufgrund der niedrigen hydraulischen Leitfähigkeiten jedoch weiterhin langsam. Eine signifikante Verkürzung der Nachsorgezeiträume ist daher nicht zu erwarten.

Durch die niedrige hydraulische Leitfähigkeit kommt es zu einer erhöhten Gefahr auftretender Porenwasserüberdrücke in der Abfallmatrix. Dies kann zu lang andauernden Konsolidierungssetzungen sowie zu Standsicherheitsproblemen führen. Das Auftreten von Porenwasserüberdrücken ist abhängig von der hydraulischen Leitfähigkeit, von der Steifigkeit, vom Einbauwassergehalt, von der Deponieaufbaugeschwindigkeit und von der Deponiehöhe. Die Schlussfolgerungen von Kölsch (2000) zum Gefährdungspotenzial der Standsicherheit von MBA-Deponien mit einer Höhe > 30 m bestätigen diese Ergebnisse.

Die beschriebenen Untersuchungen haben gezeigt, dass das Ablagerungsverhalten durch eine Erhöhung der Einbaudichte und Verminderung der hydraulischen Leitfähigkeit der MBA-Abfälle nicht nur positiv beeinflusst wird. Zur signifikanten Verkürzung der Nachsorgephase sowie zur Verminderung des Risikos auftretender Porenwasserüberdrücke sollte eine standortbezogene Optimierung durchgeführt werden. Das Modell WATFLOW kann hierfür ein hilfreiches Werkzeug sein.

3. Anwendungsbeispiel B: Einfluss der Deponiebewässerung auf das Ablagerungsverhalten sowie die Deponiegasbildung

3.1 Aufgabenstellung und Vorgehensweise

Zur Stimulation der Gasbildung sowie zur Stabilisierung des Abfallkörpers einer Deponie mit unbehandelten Siedlungsabfällen in Hessen werden Bewässerungsmaßnahmen durch Lanzen und Gasbrunnen durchgeführt. Mit Hilfe des Modells WATFLOW sollten die folgenden Größen abgeschätzt werden:

- aktuelle Verteilung der Wassergehalte im Deponiekörper
- die durch die Bewässerung bedingte Erhöhung der Sickerwasserbildung

Zur Optimierung der Bewässerungsmaßnahmen auf die Sickerwasserbildung und die Wassergehaltsverteilung in der Deponie wurden für den Zeitraum von 2001 bis 2050 vier verschiedene Bewässerungsstrategien definiert. In Tabelle 3 sind die unterschiedlichen Bewässerungsstrategien dargestellt.

Tabelle 3: Bewässerungsszenarien

Bewässerungs-szenario	Bewässerungsstrategie für den Zeitraum von 2001 bis 2010	Bewässerungs-rate
BS 0	keine Bewässerung	0 mm/a
BS 45	mittlere Bewässerungsintensität wird fortgesetzt	45 mm/a
BS 120	50 % des Deponiesickerwassers zur Bewässerung	120 mm/a
BS 240	100 % des Deponiesickerwassers zur Bewässerung	240 mm/a

Der Abfalleinbau erfolgte von 1968 bis 1991, 1992 wurde die Oberflächenabdichtung fertiggestellt. Die Abfallmächtigkeit liegt im Mittel bei etwa 50 m. Bewässerungsmaßnahmen begannen im Jahr 1996.

3.2 Ergebnisse

Bild 6 zeigt eine gute Übereinstimmung der gemessenen und simulierten Sickerwasserbildung. Der Vergleich der simulierten jährlichen Sickerwassermengen und Niederschlagswerte zeigt, dass zu Beginn des Deponiebetriebs hohe Niederschlagsmengen unmittelbar zu hohen Sickerwassermengen führen. Dies ist auf die noch geringe Abfallmächtigkeit und den dadurch bedingten kurzen Fließweg und die hohe Wasserdurchlässigkeit infolge niedriger Dichte zurückzuführen.

Mit zunehmender Schütthöhe des Abfalls werden die kurzfristigen Wechselwirkungen von Niederschlag und Sickerwasseranfall innerhalb eines Jahres geringer. Der Sickerwasseranfall tritt dann zeitversetzt zu den Jahren mit hoher Niederschlagsmenge auf und nachfolgend ist ein Zusammenhang nicht mehr erkennbar.

In Bild 7 sind die simulierten Sickerwassersummenlinien der vier untersuchten Bewässerungsszenarien dargestellt.

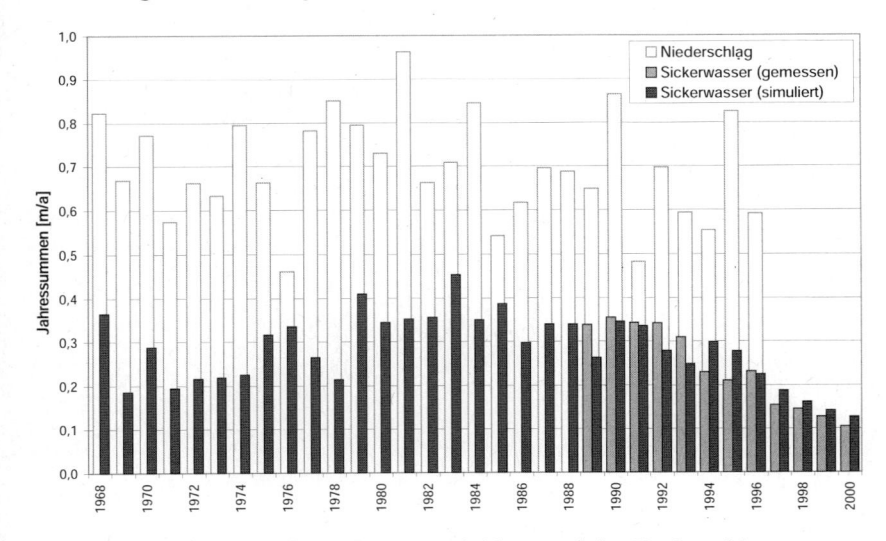

Bild 6: Jahressummen der Sickerwasserbildung und des Niederschlags

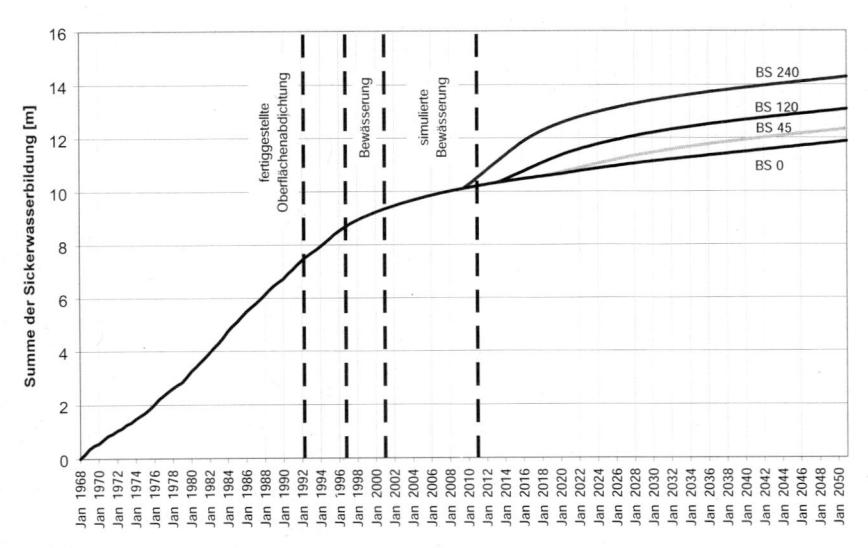

Bild 7: Sickerwassersummenlinien der Bewässerungsszenarien

Bis zum Jahr 2009 sind keine Unterschiede der Sickerwasserbildung der einzelnen Bewässerungsszenarien erkennbar. Szenario BS 0 zeigt ab 2010 eine weitgehend konstante Sickerwasserbildung. Ab etwa 2030 entspricht die Sickerwasserbildung der Durchsickerung der Oberflächenabdichtung (ca. 35 mm/a). Es liegen stationäre Strömungsverhältnisse vor, der Entwässerungsprozess ist abgeschlossen. Bei den Sickerwassersummenlinien der Szenarien BS 45, BS 120 und BS 240 wird der Einfluss der simulierten Bewässerung durch eine zunehmende Sickerwasserbildungsrate sichtbar. Bei Szenario BS 240 tritt der Einfluss der Bewässerung etwa im Jahr 2009 auf, ab 2025 werden die Sickerwasserraten wieder geringer. Im Jahr 2040 ist die zwischen 2001 und 2010 zugegebene Wassermenge von insgesamt 2,4 m als Sickerwasser angefallen und es herrschen stationäre Strömungsverhältnisse, d.h. die Durchsickerung der Oberflächenabdichtung entspricht der Sickerwasserbildung (35 mm/a).

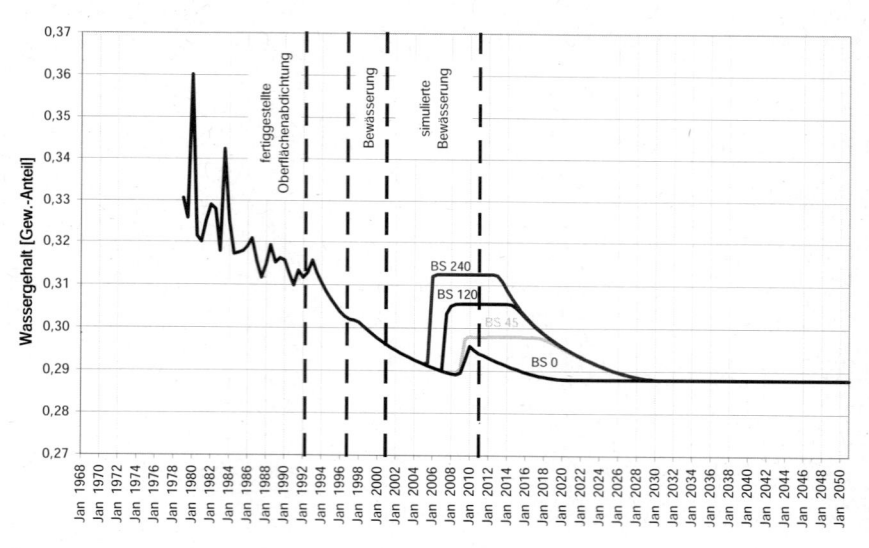

Bild 8: Wassergehaltsverlauf der mittleren Schicht

Bei den Szenarien BS 45 und BS 120 zeigt sich ein verzögerter Beginn des Einflusses der Bewässerung, die Dauer bis zum Erreichen der stationärer Verhältnisse liegt jedoch in der gleichen Größenordnung wie bei Szenario BS 240. Zum Zeitpunkt der bewässerungsinduzierten maximalen Sickerwasserbildung (entspricht der maximalen Steigung der Summenlinie) treten bei Szenario BS 45 Sickerwasserbildungen von bis zu 11,6 % des Niederschlags auf. Bei Szenario BS 120 beträgt dieser Wert 22 %, bei BS 240 fast 40 %.

Der Verlauf der Wassergehalte in einer mittleren Abfallschicht ist in Bild 8 dargestellt.

Bis zum Aufbringen der Oberflächenabdeckung sind Schwankungen des Wassergehaltes in Abhängigkeit der eingebrachten Niederschlagsmenge sichtbar. Mit zunehmender Deponiehöhe werden diese Schwankungen geringer. Nach Abdeckung der Deponie enden die Wassergehaltsschwankungen nicht unmittelbar, sondern erst mit einer zeitlichen Verzögerung. Die Entwässerung der Schicht ist bei Beginn der Bewässerungsmaßnahmen noch nicht abgeschlossen.

Der Einfluss der Bewässerung tritt zeitlich verzögert auf. Abhängig vom jeweiligen Bewässerungsszenario steigt der Wassergehalt erst ab dem Jahr 2005 (BS 240) bzw. 2009 (Szenario BS 0). Nachdem die bewässerungsinduzierte Feuchtefront die Schicht erreicht hat bleibt der Wassergehalt bei den Szenarien BS 45, BS 120 und BS 240 konstant bei jeweiligen Werten zwischen etwa 30 und 31 Gew.-% über einen Zeitraum von etwa 8 Jahren. Anschließend entwässern die Schichten kontinuierlich und erreichen einen konstanten Wassergehalt von ca. 29 Gew.-% etwa im Jahr 2028. Bei Szenario BS 0 steigt mit dem Erreichen der Feuchtefront der Wassergehalt ebenfalls sprunghaft an, bleibt jedoch nicht über einen längeren Zeitraum konstant, sondern entwässert unmittelbar wieder. Der konstante Wassergehalt von ca. 29 Gew.-% wird etwa im Jahr 2020 erreicht.

3.3 Zusammenfassung und Schlussfolgerungen Anwendungsbeispiel B

Aufgrund vergleichsweise niedriger Wasserdurchlässigkeiten infolge hoher Deponiehöhe und hoher Einbaudichte erfolgt die Entwässerung der Deponie in der Nachsorgephase langsam. Daher tritt der Einfluss der Bewässerung auf die Sickerwasserbildung zeitlich stark verzögert auf.

Ein signifikanter Anstieg der Sickerwassermengen ergibt sich auf der Grundlage der Simulationen mehr als 20 Jahre nach Beginn der Bewässerungsmaßnahmen (Bewässerung von 45 mm/a) bzw. nach ca. 10 Jahren (Bewässerung von 240 mm/a). Nach etwa 20 Jahren nach Beendigung der Bewässerungsmaßnahmen ist bei allen Szenarien kein signifikanter Einfluss der Maßnahme mehr vorhanden, die bewässerte Wassermenge ist nahezu vollständig als zusätzliche Sickerwasserbildung aus dem Deponiekörper ausgeströmt.

Die untersuchten Bewässerungsstrategien zeigen eine Erhöhung der Wassergehalte insbesondere im oberen Bereich der Deponie von ca. 1 Gew.-% beim derzeitigem Bewässerungskonzept (45mm/a) bis zu ca. 3 Gew.-% bei Bewässerung mit gesamter anfallender Sickerwassermenge (240 mm/a). Es ist jedoch zu berücksichtigen, dass die horizontale Verteilung der Wassergehalte nicht betrachtet wurde, lokal sind Abweichungen vom Mittelwert zu erwarten. Die ermittelte Erhöhung der Wassergehalte über 30 Gew.-% für obere und mittlere Abfallschichten der Deponie belegt eine signifikante Stimulation der Gasbildungsraten.

Zur abschließenden Bewertung der Bewässerungsstrategie soll nun auf der Grundlage der ermittelten Wassergehalte die Anwendung eines Gasbildungsmodells erfolgen. Damit können die bewässerungsinduzierten Erhöhungen der Gasbildungsrate und der Sickerwasserbildung gegenübergestellt werden. Auf dieser Grundlagen führen die Betreiber in Abstimmung mit den zuständigen Behörden eine Optimierung der Bewässerungsstrategie durch.

4. Schlussfolgerungen

Die diskutierten Beispiele zeigen Anwendungsfelder des Modells WATFLOW als hilfreiches Werkzeug zur Quantifizierung und Bewertung verschiedener Einflussfaktoren auf den Wasserhaushalt von Deponien. Zur Optimierung der Planung, des Betriebs und der Nachsorge von Deponien bestehen die folgenden möglichen Anwendungsfelder:

- Abschätzung von Nachsorgezeiträumen
- Dimensionierung der Sickerwasserfassung und –behandlung
- Bewertung von Maßnahmen zur Reduzierung der Sickerwasserbildung
- Bewertung von Maßnahmen zur Erhöhung der Gasbildung durch Bewässerung
- Bewertung der Standsicherheit von Deponien einschl. möglicher Porenwasserüberdrücke
- Risikobewertung für Deponien

5. Literaturverzeichnis

Dach, J. (1998): Zur Deponiegas- und Temperaturentwicklung in Deponien mit Siedlungsabfällen nach mechanisch-biologischer Abfallbehandlung. Dissertation am Institut WAR der TU Darmstadt, Mitteilung des Instituts WAR der TU Darmstadt, Heft 107.

Gabener, H.-G. (1983): Untersuchungen über die Anfangsgradienten und Filtergesetze bei bindigen Böden. Mitteilungen aus dem Fachgebiet Grundbau und Bodenmechanik der Universität Gesamthochschule Essen, Heft 6.

Kölsch, F. (2000): Standsicherheit von Hausmülldeponien nach 2005. Müll und Abfall, Heft 6/2000, S. 368-374

Münnich, K. (1999): Hydraulische Kenngrößen von mechanisch-biologisch behandeltem Abfall. Veröffentlichungen des Zentrums für Abfallforschung der Technischen Universität Braunschweig, Heft 14: Deponierung von vorbehandelten Siedlungsabfällen.

Obermann, I. (1999): Modellierung des Wasserhaushaltes von Deponien vorbehandelter Siedlungsabfälle. Dissertation am Institut für Wasserbau und Wasserwirtschaft der Technischen Universität Darmstadt, Mitteilungen des Instituts für Wasserbau und Wasserwirtschaft der TU Darmstadt, Heft 107.

Ramke, H.-G. (1992): Druck-Setzungsverhalten biologisch vorbehandelten Mülls. Mitteilungen des Instituts für Grundbau und Bodenmechanik der TU Braunschweig, Heft 37, Standsicherheit im Deponiebau, Fachseminar 30./31. März 1992, S. 81-118.

Scheelhaase, T., Kraft, E., Maile, A., Rechberger, M., Bidlingmaier, W. (2000): Einfluss der Wasser- und Gasleitfähigkeit auf das Deponieemissionsverhalten untersucht an mechanisch-biologisch vorbehandelten Abfällen. Müll und Abfall, Heft 4/2000, S. 203-208.

Turk, M., Brammer, F., Collins, H.-J. (1996): Einfluß von mechanischer und mechanisch-biologischer Vorbehandlung auf die Einbaudichte von Restabfall. Entsorgungspraxis, Heft 12, S. 41-46.

van Genuchten, M.Th., Nielsen, D.R. (1985): On Describing and Predicting the Hydraulic Properties of Unsaturated Soils. Annales Geophysicae 3,5 S. 615-628.

von Felde, D., Doedens, H. (1997): Mechanical-Biological Pretreatment: Results of Full Scale Plant. Proceedings Sardinia 97, Sixth International Landfill Symposium S. Margherita di Pula, Cagliari, Italy.

Modellierung des Wasserhaushaltes von Systemen zur Oberflächensicherung von Deponien mit dem Deponie- und Haldenwasserhaushaltsmodell BOWAHALD

Volkmar Dunger[*]

Inhalt

1. Wasserhaushaltliche Aspekte bei der Planung von Oberflächensicherungssystemen 179
2. Kurzcharakteristik des Deponie- und Haldenwasserhaushaltsmodells BOWAHALD 182
3. Das Modell BOWAHALD im Vergleich zum HELP-Modell 186
4. Beispiel für die wasserhaushaltliche Optimierung einer Oberflächensicherung mittels des Modells BOWAHALD 195
5. Literatur 208

1. Wasserhaushaltliche Aspekte bei der Planung von Oberflächensicherungssystemen

Wasserhaushaltliche Untersuchungen für Deponien und Halden werden häufig im Zusammenhang mit der Bewertung vorhandener bzw. zu planender Oberflächensicherungssysteme notwendig. Diese Bewertung stellt eine außerordentlich vielschichtige und interdisziplinäre Aufgabe dar, bei der die Probleme, die mit dem Wassertransport und der Wasserspeicherung gekoppelt sind, zweifellos eine Schlüsselstellung einnehmen.

Wasserhaushaltsuntersuchungen für Oberflächensicherungen sind u.a. notwendig für:

---

[*] Dr. Volkmar Dunger, TU Bergakademie Freiberg, Institut für Geologie
Gustav-Zeuner-Straße 12, D-09596 Freiberg/Sa.

- die Einschätzung der wasserhaushaltlichen Wirksamkeit einer Oberflächensicherung in bezug auf die an der Basis des Sicherungssystems ankommenden und folglich in die Ablagerung einsickernden Wassermengen (Restdurchsickerung),
- eine Bilanzierung der Stofffrachten innerhalb der Ablagerung bzw. im Untergrund (ggf. bis zum Grundwasser bzw. bis in die Vorflut),
- die Bewertung der Erosions- und Standsicherheit der Böschungen,
- die Planung der Wasserhaltung,
- die Einschätzung der Langzeitbeständigkeit vorhandener bzw. zu planender Sicherungsmaßnahmen (hinsichtlich pedologischer Parameter der Sicherungsschichten sowie der Dauer und Beständigkeit von Renaturierung und Begrünung),
- Maßnahmen zur Verminderung bzw. Verhinderung der Abwehung von Staub und anderen Substanzen (Radionuklide, Schwermetalle, Gase ...).

Der Wasserpfad interessiert besonders im Hinblick auf das kurzfristige Verhalten infolge Starkregen und in bezug auf das langjährige wasserhaushaltliche Verhalten. Der Schwerpunkt des vorliegenden Beitrages liegt auf letztgenanntem Aspekt.

Der Wasserhaushalt von Oberflächensicherungssystemen lässt sich wegen der Vielzahl, Komplexität und Verflechtung der Prozesse nicht generalisieren. Die Hauptprozesse sind:

- der Niederschlag in seiner zeitlichen und ggf. (bei sehr großen Deponien/Halden) räumlichen Variabilität,
- der Wasserentzug durch Verdunstung in Form der Evaporation, Transpiration und Interzeptionsverdunstung,
- die Infiltration und Versickerung von Niederschlagswasser,
- die Abflussbildung mit ihren Komponenten Oberflächenabfluss, Zwischenabfluss innerhalb der Oberflächensicherung und Restdurchsickerung,
- die Wasserspeicherung auf der Oberfläche (Muldenspeicherung, Interzeptionsspeicher, Speicherung in der Schneedecke) und innerhalb der Oberflächensicherung.

Das wasserhaushaltliche Verhalten einer Deponie bzw. Halde ist neben den natürlichen Bedingungen (klimatische Bedingungen, pedologisch-geologischer Untergrund, Materialeigenschaften des abgelagerten Materials) durch die Gestaltung der Oberflächensicherung in entscheidendem Maße beeinflussbar.

Tabelle 1: Häufig gestellte wasserhaushaltliche Anforderungen an eine Oberflächensicherung

Kriterien (Reihenfolge = Wertigkeit)	wesentliche Abhängigkeiten	klimatisch von bes. Interesse
SICKERWASSERMENGEN ☞ innerhalb der Oberflächensicherung ☞ an der Basis der Oberflächensicherung (Restdurchsickerung)	- atmosphärische Bedingungen - Schichtenaufbau / -mächtigkeiten - Bewuchs - pedologische Schichtparameter	langj. mittlere Verhältnisse Nassperioden Nassjahre
AUSTROCKNUNG MINERALISCHER DICHTSCHICHTEN ☞ Rissbildung ☞ Durchwurzelung	- atmosphärische Bedingungen - Schichtenaufbau/-mächtigkeiten - Schrumpfungsverhalten mineralischer Dichtelemente	Trockenperioden Trockenjahre
OBERFLÄCHENABFLUSSBILDUNG ☞ max. Einleitmengen in die Vorflut ☞ Bodenerosion	- atmosphärische Bedingungen - Oberflächenmorphologie/-pedologie - Bewuchs	Nassjahre Starkregenereignisse
STAUWASSERBILDUNG ☞ Standsicherheit ☞ ggf. erhöhte Sickerwasserbildung	- atmosphärische Bedingungen - Schichtenfolge - Pedologie der Schichten	Nassperioden Nassjahre
VEGETATIONSENTWICKLUNG ☞ Verdunstungserhöhung ☞ Standsicherheit ☞ Bodenerosion	- atmosphärische Bedingungen - Bewuchsart - Exposition (Ausrichtung) - Pedologie und Nährstoffangebot	Trockenperioden Trockenjahre

Generell existieren die folgenden wesentlichen Steuerungsmöglichkeiten in bezug auf den Wasserhaushalt einer Oberflächensicherung:

a) durch die Gestaltung der Oberfläche (Gefällekorrekturen - Neuprofilierung, Art des Bewuchses, Eigenschaften des Abdeckmaterials an der Oberfläche)

b) durch die Schichtenabfolge innerhalb der Oberflächensicherung (Schichtenaufbau, Schichtenabfolge, Schichtmächtigkeiten, Eigenschaften der verwendeten Abdeckmaterialien bezüglich Wassertransport und -speicherung)

In der Tabelle 1 sind die aus wasserhaushaltlicher Sicht relevanten Kriterien aufgeführt, die eine Oberflächensicherung erfüllen sollte. In Abhängigkeit vom jeweiligen Anwendungsfall müssen nicht immer alle Kriterien relevant sein.

Wegen der Vielzahl, Komplexität und Verflechtung der Prozesse ist von einer Anwendung einfacher Ansätze zur Quantifizierung des Wasserhaushaltes und der Abflussbildung abzuraten. Eine Alternative stellen Wasserhaushaltsmodelle dar, die speziell für Deponien entwickelt worden sind.

2. Kurzcharakteristik des Deponie- und Haldenwasserhaushaltsmodells BOWAHALD

2.1 Modellinhalt

Das Modell BOWAHALD dient der Quantifizierung der wesentlichen innerhalb von wasser-ungesättigten Bergehalden bzw. Deponien ablaufenden hydrologischen Prozesse (einschließlich Oberflächen- und Basissicherungssystemen) unter Berücksichtigung der Spezifik von Halden- bzw. Deponieflächen (z.T. beachtliche Hangneigungen, Windexponiertheit, hohe Variabilität der pedologischen Eigenschaften der Abdeckmaterialien, Möglichkeit der Einbeziehung thermischer Prozesse u.a.m.).

Hinsichtlich des Modelltyps ist es in die Gruppe der konzeptionellen Boxmodelle einzuordnen. Der Wasserhaushalt wird zweidimensional betrachtet. Die Anwendung des Modells setzt eine Horizontalgliederung der Deponie in Hydrotope (Flächen gleichen hydrologischen Verhaltens) voraus. Vertikal ist eine Untergliederung in maximal 10 Bereiche mit weiterer Differenzierung in max. 200 Teilschichten möglich. Die Vertikaldiskretisierung kann von der Deponieoberfläche bis zur Grundwasseroberfläche erfolgen. Eine Definition von Schichttypen (Speicherschicht, Drainageschicht, Dichtschicht etc.) ist nicht notwendig.

Hinsichtlich der Zeitdiskretisierung existieren in Abhängigkeit vom verfügbaren meteorologischen Datenmaterial drei Möglichkeiten. Möglich ist die Verarbeitung von täglichen bzw. monatlichen Messwerten sowie (für überschlägliche Berechnungen) die Verwendung von langjährigen Monatsmittelwerten.

Ausgewählte Modellanwendungsmöglichkeiten sind:

- Wasserhaushaltsuntersuchungen zum Istzustand einer Deponie bzw. Halde
- Planungsszenarien in bezug auf die wasserhaushaltliche Optimierung einer Oberflächensicherung entsprechend Stillegungsempfehlungen
- Sickerwasserprognosen entsprechend Forderung der Bundes-Bodenschutz- und Altlastenverordnung
- Überprüfung der Austrocknungsgefährdung mineralischer Dichtungselemente

Einen Überblick über die Modellstruktur hinsichtlich der verwendeten Ansätze und der damit erfassbaren Haupteinflussfaktoren soll Bild 1 vermitteln. Bezüglich einer detaillierten Modellbeschreibung sei auf Dunger (1997) verwiesen. Eine Systemkurzbeschreibung findet sich u.a. im Internet unter www.geo.tu-freiberg.de/ ~dungerv/software.

Es sei vermerkt, dass das Modell BOWAHALD nach Empfehlungen des Sächsischen Landesamtes für Umwelt und Geologie (Lfug, 1999) sowie des Sächsischen Staatsministeriums für Umwelt und Landwirtschaft (Smul, 1999) bezüglich der Anwendung in Sachsen als Alternative zum HELP-Modell (Schroeder et al., 1994) empfohlen wird.

Niederschlag	
WMO (1971, 1994), RICHTER (1995), MOCK U.A. (1992), MOCK (1993)	gebiets- sowie saisonal variable Niederschlagskorrektur Niederschlagssynthetisierung

Interzeption	
ECKSTEIN U.A. (1963), DYCK U.A. (1980), MERIAM (1960), JUNGHANS (1975)	Bewuchsarten: Gras, Sträucher, Bäume, vegetationslose Flächen
	Vegetationsbedeckungsgrad Bestandsalter, Jahreszeit

Schneeakkumulation und Schneeschmelze	
"Tagesgradverfahren", DYCK U.A. (1980), WMO (1994)	Bewuchsart

Muldenspeicherung	
MANIAK (1982, 1992)	Eigenschaften der Oberfläche Bewuchs, Hangneigung

Oberflächenabfluss / Infiltration	
US SCS (1972, 1985, 1986), HAAN (1982), SCHROEDER ET AL. (1994), WOOLHISER ET AL. (1990)	Eigenschaften der Oberfläche Bewuchsart, Bodenfeuchte Hangneigung und -länge

Evapotranspiration	
TURC (1961), IVANOV (1954), PENMAN (1948), HAUDE (1995), GOLF (1981), GURTZ (1982), WENDLING U.A. (1991), DVWK (1996), KOITZSCH U.A. (1980)	pedologische Eigenschaften (k_f-Werte und Porositäten)
	Exposition und Hangneigung
	Bewuchsart und –bedeckung
	Wurzeltiefe und -verteilung

Hypodermischer Abfluss	
DARCY-Gesetz (DARCY, 1856)	Schichtenfolge, Schichtgefälle
	k_f-Wertunterschiede der Schichten
	Hanglänge, Bodenfeuchte

Sickerwasserbildung / Versickerung	
DARCY-Gesetz, Kontinuitätsgleichung	k_f-Wert und entwässerbare Porosität

Bild 1: Modellstruktur des Deponie- und Haldenwasserhaushaltmodells BOWAHALD

2.2 Wesentliche Ein- und Ausgabegrößen

Die wesentlichen Modelleingabegrößen sind in der Tabelle 2 aufgeführt.

Tabelle 2: Wesentliche Eingabewerte des Modells BOWAHALD

Meteorologische Daten (als Tages-, Monats- bzw. langjährige Monatsmittelwerte): - Lufttemperatur, Luftfeuchtigkeit, Globalstrahlung [*] oder Sonnenscheindauer [*] und Windgeschwindigkeit [*] - Niederschlagsmenge - zusätzlich (bei Modellierung mit monatlichen Klimadaten bzw. langj. Mittelwerten): Anzahl der Tage je Jahr mit Niederschlägen ≥ 10, ≥ 1 und $\geq 0,1$ mm/d
Geographische und morphologische Parameter: - geographische Breite - mittlere Höhe ü. NN - dominante Exposition - Hangneigung - mittlere Hanglänge bzw. mittlere Länge bis zur hydraulischen Entlastung
Pedologische Parameter: - gesättigte hydraulische Leitfähigkeit (k_f-Wert) - Sättigungswassergehalt [**], Feldkapazität [**], Welkepunkt [**] - kapillare Steighöhe [**] - Schichtenabfolge (vertikaler Aufbau) - Veränderung der Oberflächentemperatur der infolge thermischer Prozesse [*]
Bewuchsparameter: - Bewuchsart: keine Vegetation, Graswuchs, Strauch- und Baumbewuchs - Bewuchsüppigkeit [**] - Durchwurzelungstiefe [**] und Wurzeldichteverteilung [**] - Tiefe der Evaporationswirkung [**]

[*] *Eingabe nicht zwingend notwendig*   [**] *Es werden Default-Werte angeboten.*

Die Tabelle 3 enthält eine Übersicht über die maßgebenden Modellausgaben.

Tabelle 3: Wesentliche Ausgabewerte des Modells BOWAHALD

- potenzielle und reale Evapotranspiration (incl. Interzeption)
- Oberflächenabfluss, Oberflächenvernässung und Infiltrationsmengen
- Schneeakkumulations- und ablationsmengen
- hypodermischer Abfluss
- kapillarer Wassertransport
- Sickerwassertransport, Sickerwasseraufstau
- Restdurchsickerung, ggf. Grundwasserneubildung
- Bodenfeuchteverteilung in allen Schichten der Oberflächensicherung (z.B. relevant zur Einschätzung des Austrocknungsverhaltens mineralischer Dichtungselemente), in der Ablagerung und im Untergrund

3. Das Modell BOWAHALD im Vergleich zum HELP-Modell

3.1 Modellinhaltlicher Vergleich

Das im Auftrag der US-amerikanischen Umweltbehörde entwickelte Modell HELP (SCHROEDER ET AL., 1994), das auf deutsche Verhältnisse angepasst wurde (BERGER, 1998, SCHROEDER ET AL., 1998, 2001) ist zweifellos das in Deutschland am häufigsten angewendete Deponiewasserhaushaltsmodell. Im folgenden sollen die Modelle HELP und BOWAHALD miteinander verglichen werden.

Mit beiden Modellen sind die bereits im Abschnitt 1 genannten deponierelevanten hydrologischen Hauptprozesse erfassbar (s. Tabelle 4). Beide Modelle sind vordergründig zur Erfassung des Wasserhaushaltes von Oberflächensicherungssystemen konzipiert und weniger für die Modellierung der wasserhaushaltlichen Prozesse innerhalb des Abfallkörpers bzw. in der Basisabdichtung geeignet.

Die Modellstrukturen lassen weitgehende Ähnlichkeit bei den Teilmodellen der Infiltration/ Oberflächenabflussbildung, Versickerung und Schneeschmelze erkennen. Größere methodische Unterschiede existieren bezüglich der Interzeptions- und Verdunstungsmodellierung.

Tabelle 4: In den Modellen HELP und BOWAHALD verwendete Modellansätze zur Erfassung der Teilprozesse des Deponiewasserhaushaltes

Teilprozess	Modell HELP	Modell BOWAHALD
Schneeschmelze	Tagesgradverfahren (incl. Schmelzwasserretention)	Tagesgradverfahren (incl. Schmelzwasserretention)
Interzeption	Interzeptions-Speichermodell unter Berücksichtigung der Biomasse (Blattflächenindex)	Interzeptions-Speichermodell für verschiedene Bewuchsarten (Gras-, Strauch-, Baumvegetation) und Vegetationsbedeckungsgrade
Infiltration/ Oberflächenabfluss	Curve-Number-Verfahren	Curve-Number-Verfahren
Versickerung	DARCY-Gesetz für gesättigte Bedingungen (Dichtschicht) bzw. ggf. ungesättigte Bedingungen (alle anderen Schichten)	DARCY-Gesetz für gesättigte Bedingungen (alle Schichten)
Verdunstung	potenzielle Verdunstung: PENMAN-Formel reale Verdunstung: Reduktionsfunktionen in Abhängigkeit von der Bodenfeuchte und dem Blattflächenindex	potenzielle Verdunstung: Formeln nach PENMAN, TURC, HAUDE bzw. IVANOV (je nach Datenbasis) reale Verdunstung: Reduktionsfunktionen in Abhängigkeit von der Bodenfeuchte und dem Vegetationsbedeckungsgrad (Modell nach KOITZSCH)

3.2 Stärken und Reserven der Modelle

Die Stärken beider Modelle lassen sich wie folgt zusammenfassen:

- Beide Modellen erfassen die wesentlichen Wasserhaushaltprozesse.

- Mit beiden Modellen sind die derzeit gängigen Oberflächensicherungssysteme (Regelabdichtungen nach TASi, qualifizierte Abdeckungen/Abdichtungen, einfache Abdeckungen) modellierbar.

- Die zur Modellierung benötigten Eingangsdaten und -parameter sind mit vertretbarem Aufwand beschaffbar. Es werden keine exotischen Parameter benötigt.

- Verglichen mit anderen Simulationsmodellen hält sich der Aufwand in bezug auf die Abarbeitung der Modelle in Grenzen.

- Beide Modelle zeichnen sich durch ein hohes Maß an Transparenz aus. In den Programmdokumentationen sind alle wesentlichen Berechnungsgleichungen dokumentiert.

In folgenden Punkten ist das HELP-Modell dem Modell BOWAHALD überlegen:
- Das HELP-Modell hat einen hohen Validierungsstand und ist das weltweit am meisten angewendete Deponiewasserhaushaltsmodell.
- Für viele Boden- und Müllarten existieren modellinterne Vorgaben zu k_f-Werten und Porositäten (Wassersättigung, Feldkapazität, Welkepunkt).
- Das HELP-Modell berücksichtigt das Gefrieren und das Auftauen des Bodens.
- Geomembranen sind in unkomplizierter Form erfassbar (betrifft insbesondere die Erfassung von Fehlstellen).

Wesentliche Stärken des Modells BOWAHALD sind:
- Die Modellanwendung ist nicht allein auf die Fälle unbewachsene Oberfläche und Gras beschränkt. Ferner können Strauch- und Baumvegetationen erfasst werden.
- Es ist keine Definition von Schichttypen notwendig. Schichten mit beliebigen Eigenschaften können in beliebiger Reihenfolge aufeinander folgen.
- Das Modell berücksichtigt direkt den Einfluss von Exposition und Hangneigung in bezug auf die Verdunstungsmodellierung. Eine externe Korrektur der Globalstrahlung bezüglich Exposition und Neigung ist nicht notwendig.
- Die Zeitdisktierisierung bezüglich des meteorologischen Datenmaterials ist flexibel (tägliche bzw. monatliche Messwerte, langjährige Monatsmittelwerte).
- Mittels BOWAHALD ist eine Ausgabe der vertikalen Bodenfeuchteverteilung möglich. Damit können z.B. Aussagen zu den Chancen einer guten Vegetationsentwicklung innerhalb der Rekultivierungsschicht abgeleitet werden bzw. die Austrocknungsgefährdung mineralischer Schichten abgeschätzt werden.

Die Grenzen beider Modelle lassen sich wie folgt charakterisieren:
- Eine Modellierung von Kapillarsperrensystemen ist nicht möglich.

- Beide Modelle sind nur bedingt zur Modellierung von nicht oberflächengesicherten Deponien geeignet.
- Beide Modelle sind quasi-zweidimensional. Deponien mit sehr heterogenem Aufbau u./o. großer Horizontalerstreckung sind somit nur schwer erfassbar.
- -Betrachtet wird bei beiden Modellen der Wasserfluss in der Matrix, nicht aber der Fluss in Sekundärporen (Risse, Wurzelkanäle ...).
- Eine Veränderung der Materialeigenschaften z.b. infolge von Alterungsprozessen ist nicht direkt erfassbar.
- Eine Bemessung von Entwässerungseinrichtungen für den Starkregenfall ist nur bedingt möglich.
- Beide Modelle sind durch eine eingeschränkte Nutzerfreundlichkeit (DOS-Oberflächen, zeitintensive Einarbeitung, keine Ergebnisgraphiken, ausschließlich ASCII-Ergebnisfiles) charakterisiert.

3.3 Ergebnisse von vergleichenden Modellrechnungen

Im folgenden sollen Untersuchungsergebnisse vorgestellt werden, die im Zusammenhang mit vergleichenden Simulationsrechnungen mittels der Modelle HELP und BOWAHALD erhalten wurden (im Detail dokumentiert in Berger, Dunger, 2000).

Im Rahmen der Untersuchungen sollte geprüft werden, welche Ergebnisse beide Modelle für vorgegebene Modellfälle liefern. Wasserhaushaltlich modelliert wurde ein fiktiver Deponiestandort im Raum Dresden, der mit einer im langjährigen Mittel ausgeglichenen klimatischen Wasserbilanz (Niederschlag und potenzielle Verdunstung jeweils ca. 600 mm/a) als repräsentativ für große Teile Ostdeutschlands angesehen werden kann.

Die Simulationsrechnungen wurden für insgesamt drei hydrologische Jahre (01.11.1997 - 30.10.1999) durchgeführt. Verwendet wurden tägliche Werte der Größen Temperatur, relative Luftfeuchte, Windgeschwindigkeit, Globalstrahlung und Niederschlag (unkorrigiert).

Drei Deponievarianten sind wasserhaushaltlich modelliert worden:

    Variante 1:   unabgedeckte Deponie, unbewachsen

Variante 2: Deponie mit qualifizierter Oberflächenabdeckung, mit Gras bewachsen

Variante 3: Deponie mit Oberflächenabdichtung nach TASi, mit Gras bewachsen

Es wurden solche Varianten ausgewählt, die häufig wasserhaushaltlich zu betrachten sind. Der vertikale Schichtenaufbau für die drei Varianten gestaltet sich wie in Tabelle 5 dargestellt. Die vorgegebene Schichtenabfolge sollte durch beide Modelle problemlos modellierbar sein. Variantenunabhängig wurden einheitlich festgelegt:

- geodätische Höhe des Deponiestandortes: 150 m NN
- Böschungslänge: 50 m
- Böschungsneigung: 25 %
- Exposition: West

Tabelle 5: Vertikaler Schichtenaufbau für die drei Deponievarianten

Variante 1	Variante 2	Variante 3
	0,3 m kulturfähiger Oberboden $k_f = 1 \cdot 10^{-6}$ m/s	0,3 m kulturfähiger Oberboden $k_f = 1 \cdot 10^{-6}$ m/s
	0,7 m Speicherschicht $k_f = 5 \cdot 10^{-6}$ m/s	0,7 m Speicherschicht $k_f = 5 \cdot 10^{-6}$ m/s
	0,3 m Drainageschicht $k_f = 1 \cdot 10^{-3}$ m/s	0,3 m Drainageschicht $k_f = 1 \cdot 10^{-3}$ m/s
	0,3 m Hemmschicht $k_f = 1 \cdot 10^{-8}$ m/s	0,5 m Dichtungsschicht $k_f = 1 \cdot 10^{-9}$ m/s
5 m Mülleinlagerung $k_f = 1 \cdot 10^{-3}$ m/s	5 m Mülleinlagerung $k_f = 1 \cdot 10^{-3}$ m/s	5 m Mülleinlagerung $k_f = 1 \cdot 10^{-3}$ m/s
0,5 m Aufstandsfläche $k_f = 2 \cdot 10^{-6}$ m/s	0,5 m Aufstandsfläche $k_f = 2 \cdot 10^{-6}$ m/s	0,5 m Aufstandsfläche $k_f = 2 \cdot 10^{-6}$ m/s

Für den im Falle der Varianten 2 und 3 zu betrachtenden Grasbewuchs wurde von einer durchschnittlichen Vegetationsentwicklung ausgegangen. Die evaporative Zone wurde mit 0,1 m (Variante 1) bzw. 1,0 m (Varianten 2 und 3) festgelegt.

Eine Auflistung der mittels der Modelle HELP und BOWAHALD simulierten wesentlichen Ergebnisse enthält die Tabelle 6.

Tabelle 6: Ergebnisübersicht Gesamtbilanzen

Variante	Modell	P [mm/a]	ETR [mm/a]	RO [mm/a]	RH [mm/a]	RU [mm/a]
1: unabgedeckt	HELP	611,3	259,9	18,4	1,5	331,2
unbewachsen	BOWAHALD	611,3	288,4	0,0	0,0	322,9
2: Abdeckung	HELP	611,3	486,2	12,3	61,2	41,7
Grasbewuchs	BOWAHALD	611,3	483,0	21,4	81,9	24,9
3: TASi-Abdichtg.	HELP	611,3	486,2	12,3	97,3	5,6
Grasbewuchs	BOWAHALD	611,3	483,0	21,4	104,0	2,8

P - Niederschlag   ETR - reale Evapotranspiration
RO - Oberflächenabfluss   RH - hypodermischer Abfluss (Drainwasser)
RU - Sickerwasser Modellbasis

Wie der Tabelle 6 zu entnehmen ist, liefern beide Modelle ganz ähnliche Gesamtbilanzen. Die einzelnen Wasserhaushaltsgrößen unterscheiden sich nicht gravierend. Beide Modelle geben die gleichen wasserhaushaltlichen Trends im Vergleich der drei betrachteten Varianten wieder. Vermerkt werden muss jedoch, dass die Ergebnisse für den unabgedeckten Zustand (Variante 1) unabhängig vom verwendeten Simulator wegen Parameter- und Validierungsproblemen lediglich als größenordnungsmäßige Schätzung anzusehen sind.

Vergleicht man die innerjährlichen Gänge einzelner Wasserhaushaltsgrößen, so sind folgende Schlussfolgerungen ableitbar:

Die innerjährlichen Gänge der Verdunstung sind ähnlich (vgl. Bild 2). Die Reduktionen der realen Verdunstung (ausgehend von der potenziellen Verdunstung) sind beim Modell BOWAHALD in den Sommermonaten größer als beim HELP-Modell. Dafür sind sie in den Frühjahrs- und Herbstmonaten geringer. Die Ursachen sind in den verschiedenartigen Entzugs- und Reduktionsfunktionen zu suchen. Während der Wintermonate sind im Falle nicht gefrorenem Bodens bei beiden Modellen die Reduktionen vernachlässigbar und die Verdunstung potenziell. Beim HELP-Modell erfolgt für den Fall eines gefrorenen Bodens eine besonders starke Reduktion.

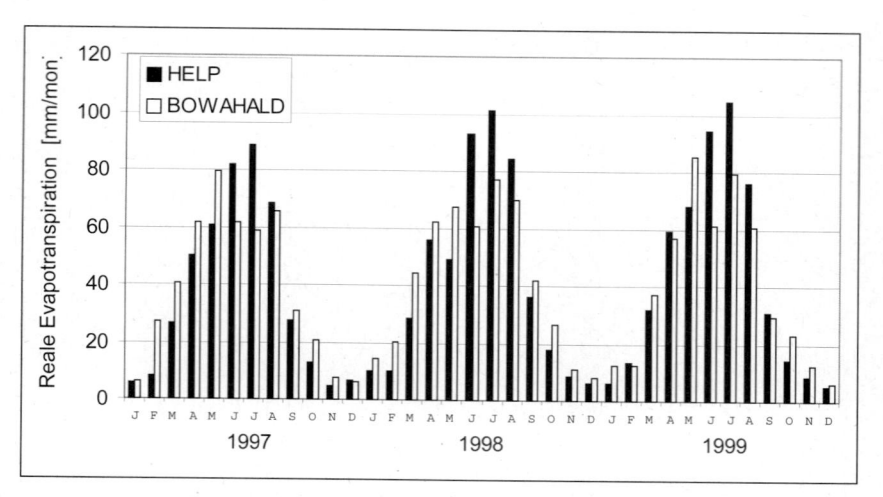

Bild 2: *Innerjährliche Verläufe der mittels HELP und BOWAHALD modellierten realen Verdunstungswerte (am Beispiel der Varianten 2 und 3)*

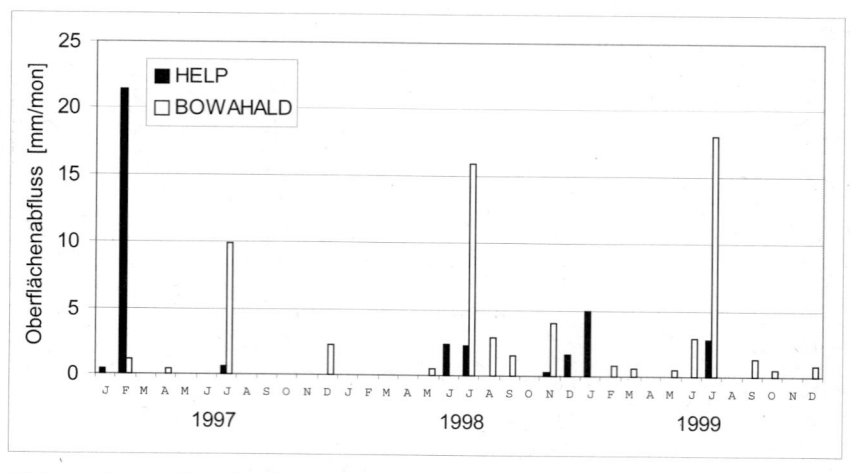

Bild 3: *Innerjährliche Verläufe der mittels HELP und BOWAHALD modellierten Oberflächenabflüsse (am Beispiel der Varianten 2 und 3)*

Die auffälligsten Modellierungsunterschiede zeigen sich in der innerjährlichen Verteilung der simulierten Oberflächenabflüsse (vgl. Bild 3), obwohl beide Modelle das US-SCS-Verfahren nutzen (allerdings mit Differenzen im Detail). Beim Modell HELP werden die größten Oberflächenabflüsse während des Winters bei

Schneeschmelze oder Regen auf gefrorenem Boden gebildet. Das Modell BOWA-HALD modelliert die größten Oberflächenabflüsse während sommerlicher Starkregenereignisse. Die Maximalwerte hingegen zeigen eine gute Übereinstimmung.

Die Differenzen bezüglich der mit beiden Modellen simulierten lateral innerhalb der Drainschicht auslaufenden Wassermengen sind unauffällig. Dies belegen sowohl die RH-Werte in der Tabelle 6 als auch (beispielhaft für die Variante 3 - TASi-Abdichtung) die innerjährlichen Drainageausflussmengen (s. Bild 4).

Die modellierten mittleren jährlichen Sickerwassermengen an der Modellbasis liegen für alle drei Varianten in der selben Größenordnung (vgl. auch Tabelle 6):

    Variante 1 (unabgedeckt):   bei ca. 300 - 400 mm/a

    Variante 2 (Abdeckung):   unter 50 mm/a

    Variante 3 (TASi-Abdichtung):   nahe 0 mm/a (unter 10 mm/a)

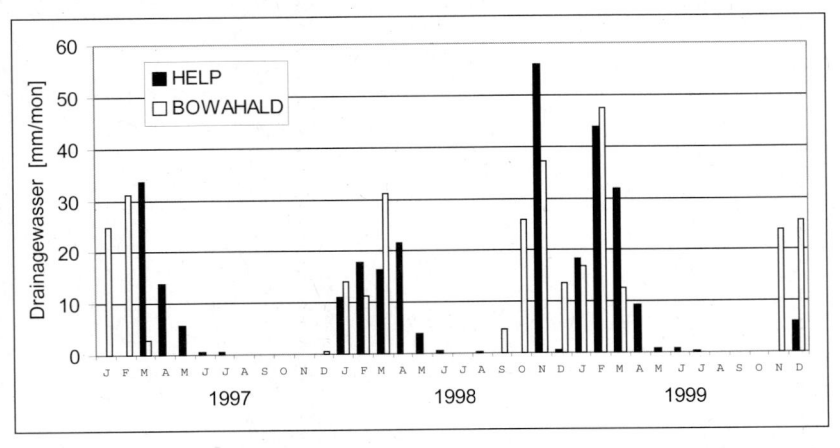

Bild 4:   Innerjährliche Verläufe der mittels HELP und BOWAHALD modellierten Drainageabflüsse (am Beispiel der Variante 3)

Dabei sind die innerjährlichen Verläufe der modellierten Sickerwassermengen im Falle der Variante 1 nahezu deckungsgleich (s. Bild 5).

Im Falle der Varianten 2 und 3 existiert insgesamt eine gute Übereinstimmung hinsichtlich der Zeiträume der Sickerwasserbildung (s. Bilder 6 und 7).

Gewisse Unterschiede in den modellierten monatlichen Sickerwassermengen sind zweifellos vorhanden. Die Unterschiede sind alles in allem jedoch nicht dramatisch und als normal für den Vergleich von Modellergebnissen zweier verschiedener Modelle anzusehen. Immerhin summieren sich Differenzen in allen zuvor betrachteten Prozessen in der letzten Bilanzgröße, dem Sickerwasser an der Modellbasis.

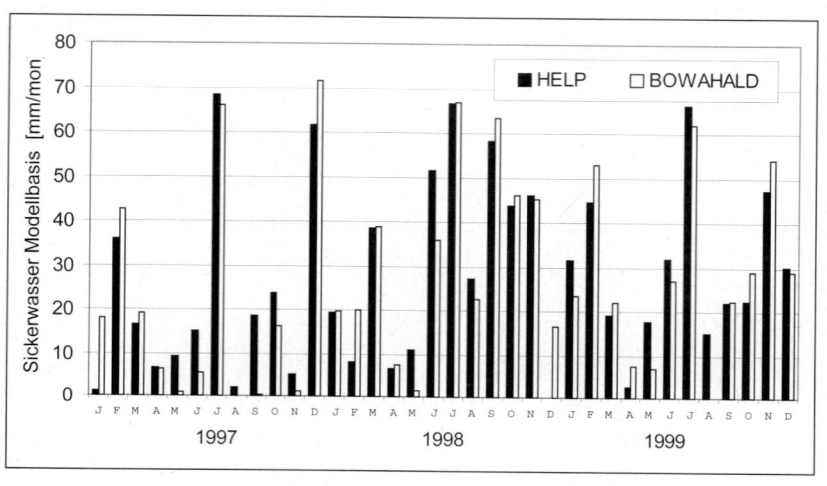

Bild 5: *Innerjährliche Verläufe der mittels HELP und BOWAHALD modellierten Sickerwassermengen an der Modellbasis für die Variante 1*

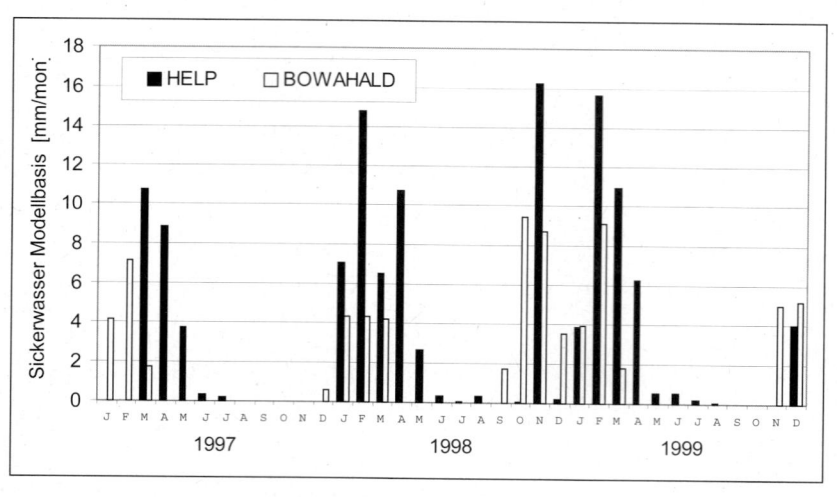

Bild 6: *Innerjährliche Verläufe der mittels HELP und BOWAHALD modellierten Sickerwassermengen an der Modellbasis für die Variante 2*

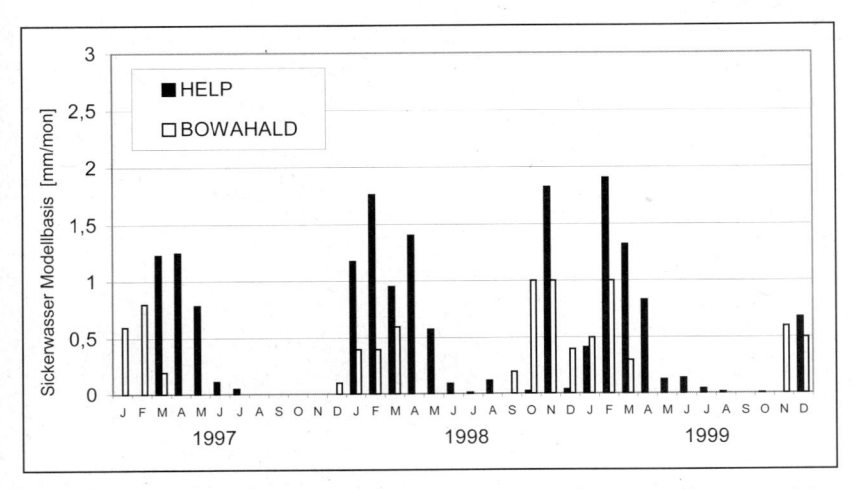

Bild 7: Innerjährliche Verläufe der mittels HELP und BOWAHALD modellierten Sickerwassermengen an der Modellbasis für die Variante 3

4. Beispiel für die wasserhaushaltliche Optimierung einer Oberflächensicherung mittels des Modells BOWAHALD

4.1 Optimierungsziele

Wie bereits im Abschnitt 1 ausgeführt, existieren eine ganze Reihe von Möglichkeiten, um das wasserhaushaltliche Verhalten einer Oberflächensicherung zu steuern. Im folgenden soll der prinzipielle Weg der wasserhaushaltlichen Optimierung beispielhaft für ein Oberflächensicherungssystem aufgezeigt werden, das im Rahmen der Planungsarbeiten für die Altdeponie Zschortau (nördlich von Leipzig gelegen) zu erarbeiten war.

Folgende wasserhaushaltlichen Optimierungsziele sind zu nennen:

- Maximierung der Pflanzenverdunstung durch eine günstige Vegetationsentwicklung
- Reduzierung der langjährig mittleren Restdurchsickerungsrate auf maximal 100 mm/a
- Unterbindung hoher Oberflächenabflussmengen (im Mittel maximal 50 mm/a)

Als Randbedingung vorgegeben war ein möglichst einfaches Abdecksystem. In die Abdeckung sollten nach Möglichkeit keine dichtenden Elemente integriert sein, weil:

- dann unter den gegebenen klimatischen Bedingungen (s.u.) ggf. eine massive Austrocknungsgefährdung der Dichtungselemente zu befürchten ist und
- sich hierdurch der Schichtenaufbau i.d.R. spürbar verkompliziert (zusätzliche Drainageschicht, ggf. Wurzelsperre)

Die geplante Oberflächenabdeckung lässt sich nach der Sächsischen Stillegungsmethodik Altdeponien (SMUL, 1999) als qualifizierte Abdeckung charakterisieren. Aus technologischen Gründen (Einbau der Abdeckung) sollte ferner möglichst ein für alle Deponieteilflächen einheitliches Substrat mit einheitlicher Mächtigkeit zur Anwendung gelangen.

4.2 Weg der wasserhaushaltlichen Optimierung

Zunächst ist die Deponie horizontal in Hydrotope zu untergliedern (Einheiten mit gleichen oder zumindest ähnlichen hydrologischen Bedingungen), um eine detaillierte Erfassung der Haupteinflussfaktoren bezüglich des Wasserhaushaltes zu garantieren. Die Hydrotopeinteilung der Deponie Zschortau orientiert sich vorrangig an den verschiedenen Expositionen und Neigungen (Plateau- und Böschungsbereiche) der Deponie (s. Bild 8).

Die Vertikaldiskretisierung im Modell wird durch den Schichtenaufbau vorgegeben. Das im Ergebnis der Vorplanungen priorisierte Oberflächensicherungssystem sollte lediglich aus zwei Schichten mit folgender Schichtenfolge (von oben nach unten) bestehen:

- ca. 0,3 m humoser Oberboden und
- ca. 1,0 m Rekultivierungsschicht mit ausreichender Wasserspeicherfunktion.

Als Vegetation wurde ein Grasbewuchs priorisiert. Zusätzlich sollte geprüft werden, inwieweit sich ein gewisser Strauchanteil wasserhaushaltlich positiv auswirkt.

Für die Modellierung des Deponiewasserhaushaltes mittels BOWAHALD sind zunächst für jedes Hydrotop die Eingabeparameter für folgende Parametergruppen zu identifizieren (vgl. auch Abschnitt 2.2):

- geographisch-morphologische Parameter,
- pedologische Parameter und
- Bewuchsparameter.

Geographisch-morphologische Parameter:
- geographische Breite des Deponiestandortes: 51 °, 28 ' n. Br.
- Expositionen und Hangneigungen: hydrotopvariabel (vgl. Bild 8)

Bewuchsparameter:
- Bewuchsvariante 1: ausschließlich Grasbewuchs
- Bewuchsvariante 2: Gras-Strauchbewuchs mit einem Gras-Strauchverhältnis von 1:2
- Vegetationsbedeckungsgrad: 95 % (fast vollständige Bedeckung)
- Vegetationsentwicklung: durchschnittlich, d.h. weder spärlich noch besonders üppig
- Wurzeltiefen: Grasvegetation: ca. 0,8 m, Sträucher: ca. 1,2 m

Pedologische Parameter der Oberflächensicherung:

Um die im Abschnitt 4.1 genannten wasserhaushaltlichen Optimierungsziele zu erreichen, waren vor allem die pedologischen Eigenschaften des Abdecksubstrates hinsichtlich der Parameter Wasserdurchlässigkeit (k_f-Werte) und Wasserspeicherung (Porositäten) zu variieren, die Auswirkungen von Veränderungen auf den Wasserhaushalt zu prüfen und Aussagen zu optimalen Werten abzuleiten.

Nicht zuletzt unter dem Gesichtspunkt von Materialverfügbarkeiten sind folgende Variationen der Abdeckung betrachtet worden (jeweils für den Oberboden und die Speicherschicht):

- kf-Werte zwischen kf = $1 \cdot 10^{-5}$ m/s und $1 \cdot 10^{-7}$ m/s (in 3 Abstufungen von jeweils einer Zehnerpotenz)
- Porositäten (vgl. auch Tabelle 7):
- Gesamtporositäten zwischen 25 und 45 Vol.-%
- entwässerbare Porositäten (Wassergehalte zwischen Sättigung und Bereich der Feldkapazität): zwischen 5 und 15 Vol.-%

nutzbare Feldkapazitäten (pflanzenverfügbare Porositäten = Wassergehalte zwischen Feldkapazität und permanentem Welkepunkt): zwischen 5 und 25 Vol.-%

Neben den Deponieparametern werden im Modell repräsentative meteorologische Daten benötigt. Der Modellierungszeitraum sollte Aussagen zum normalen (langjährig mittleren) wasserhaushaltlichen Verhalten der Oberflächensicherung sowie zum Verhalten in Trocken- und Nassjahren ermöglichen. Nassjahre sind insbesondere zur quantitativen Abschätzung der Sickerwasserraten an der Basis der Abdeckung in Jahren mit überdurchschnittlichem Niederschlagsdargebot von Interesse. Trockenjahre ermöglichen Aussagen bezüglich Stressperioden für die Vegetation.

Tabelle 7: Variationen der Porositäten der untersuchten Abdeckmaterialien

Variation	Θ_{SAT} [Vol.-%]	Θ_{FC} [Vol.-%]	Θ_{PWP} [Vol.-%]	n_e [Vol.-%]	nFK [Vol.-%]	Speichereigenschaft
1	25	10	5	15	5	sehr gering
2	35	25	10	10	15	moderat
3	40	32	12	8	20	gut
4	45	40	15	5	25	sehr gut

n_e entwässerbare Porosität
nFK   nutzbare Feldkapazität (pflanzenverfügbare Porosität)
Θ_{SAT} Sättigungswassergehalt
Θ_{FC} Bereich der Feldkapazität
Θ_{PWP} permanenter Welkepunkt

Zunächst galt es, eine für den Deponiestandort repräsentative meteorologische Messstation auszuwählen. Für eine verlässliche Modellierung werden Daten für die Größen Niederschlag, Temperatur, Luftfeuchte und Sonnenscheindauer benötigt. Die nächstgelegenen Messstationen sind Leipzig-Mockau (Beobachtungen bis 1972) und Leipzig-Schkeuditz (ab 1972). Wegen der alles in allem nur geringen klimatischen Unterschiede im Leipziger Raum konnten alle meteorologischen Daten der beiden Messstationen ohne Änderungen auf den Deponiestandort übertragen werden.

Für die BOWAHALD-Modellierung verwendet wurde entsprechend WMO-Empfehlung der 30-jährige Zeitraum 1961 bis 1990. Im Modell wurde mit monatlichen Messwerten gearbeitet. Der zeitliche Aufwand hinsichtlich Erfassung und

Strukturierung für die insgesamt 1440 Werte (30 Jahre * 12 Monate * 4 Messgrößen) kann mit etwa 4 - 6 Stunden angegeben werden.

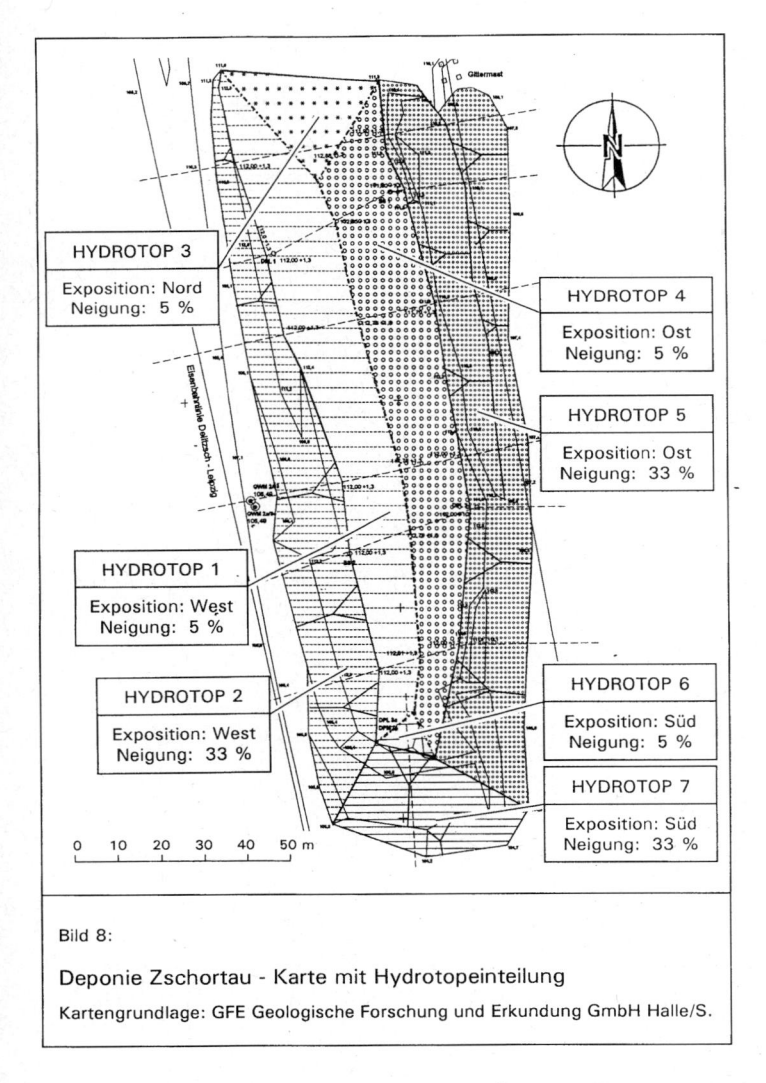

Bild 8:

Deponie Zschortau - Karte mit Hydrotopeinteilung

Kartengrundlage: GFE Geologische Forschung und Erkundung GmbH Halle/S.

Die Wurzelparameter wurden auf der Grundlage von Literaturangaben (BRECHTEL, 1984, SEELIG-BRAKER, 1994, UMWELTBEHÖRDE HAMBURG, 1996 und MELCHIOR, 1997) geschätzt.

Für den Untersuchungszeitraum 1961 - 90 ergeben sich folgende langjährig mittleren Jahreswerte:

- Jahresmitteltemperatur: 8,9 °C
- Jahresmittelwert der relativen Luftfeuchte: 79 %
- mittlere jährliche Summe der Sonnenscheindauer: 1526 h
- Jahressumme des (standortkorrigierten) Niederschlages: 568 mm

Unter Ansatz einer potenziellen Gras-Referenzverdunstung von ca. 600 mm/a (HAD, 2000) ergibt sich folglich eine leicht defizitäre klimatische Wasserbilanz (Differenz von Niederschlag und potenzieller Gras-Referenzverdunstung). Eine solche Situation ist als typisch für weite Teile des ostdeutschen Tieflandes anzusehen. Innerjährlich sind die Monate Oktober bis April Nährmonate (Überschussmonate) und die Monate Mai bis September Zehrmonate (Defizitmonate).

In bezug auf die Modellierung des Wasserhaushaltes für Nass- und Trockenjahre ist zu beachten, dass Nassjahr nicht gleich Nassjahr ist und Trockenjahr nicht gleich Trockenjahr. Es ist vielmehr entscheidend, für welches Wiederkehrsintervall die Untersuchungen durchgeführt werden, d.h. ob für ein normales (statistisch relativ häufig auftretendes) Trocken- bzw. Nassjahr oder für ein extremes (sehr selten auftretendes) Trocken- bzw. Nassjahr. Für den vorliegenden Anwendungsfall wurden je 2 Wiederkehrsintervalle gewählt:

- Wiederkehrsintervall T = 5 a (normales Nass- bzw. Trockenjahr) und
- Wiederkehrsintervall T = 50 a (extremes Nass- bzw. Trockenjahr).

Zur Ermittlung der Niederschlagsmengen in Abhängigkeit vom Wiederkehrsintervall waren statistische Untersuchungen notwendig. Ziel war es, die Jahre der Beobachtungsreihe heraus zu filtern, die o.g. Wiederkehrsintervalle repräsentieren. Die verwendete 30-jährige Niederschlagsreihe kann hierfür hinsichtlich des Datenumfanges als ausreichend angesehen werden.

An die Jahresniederschlagswerte angepasst wurde die Extremwertverteilung Typ I. Nach Anwendung der Momentenmethode erhält man die Geradengleichungen und Jahresnieder-schlagswerte für die Nass- bzw. Trockenjahre mit den o.g. Wiederkehrsintervallen T:

Nassjahr, T = 5 a: $P(N5) = 568\ mm/a + 110\ mm/a \cdot 0{,}719 = 647\ mm/a$

Nassjahr, T = 50 a: $P(N50) = 568\ mm/a + 110\ mm/a \cdot 2{,}592 = 853\ mm/a$

Trockenjahr, T = 5 a: $P(T5) = 568\ mm/a - 110\ mm/a \cdot 0{,}719 = 489\ mm/a$

Trockenjahr, T = 50 a: $P(T50) = 568\ mm/a - 110\ mm/a \cdot 2{,}592 = 283\ mm/a$

Es lassen sich somit gezielt die Jahre innerhalb des Datenkollektives herausfiltern, die für normale bzw. extreme Nass- und Trockenjahre als repräsentativ anzusehen sind. Auf die so ermittelten Jahre ist bei der Interpretation der Modellergebnisse besonderes Augenmerk zu richten.

4.3 Ergebnisse der wasserhaushaltlichen Optimierung

Die wasserhaushaltliche Optimierung wurde im Interesse der Minimierung des Optimierungsaufwandes zunächst beispielhaft für das mit 5 % nach West geneigte Hydrotop 1 und mittlere klimatische Verhältnisse durchgeführt. Erst nach dem Finden brauchbarer Lösungen ist die gesamte Deponie für alle betrachteten klimatischen Verhältnisse analysiert worden.

Simuliert worden ist zunächst ein reiner Grasbewuchs ohne Strauchanteil. Die Tabelle 8 enthält eine Ergebnisübersicht in Form langjährig mittlerer Jahressummen der wesentlichen Wasserhaushaltsgrößen für die durchgeführten Optimierungsrechnungen, denen die im Abschnitt 4.2 erläuterten Parametervariationen zugrunde lagen.

Generell sind die Wasserbilanzen stark von den Eigenschaften der Abdeckung abhängig:

- von den Wasserspeichereigenschaften (betrifft die zur Verfügung stehende pflanzenverfügbare Porosität), repräsentiert durch die nutzbare Feldkapazität sowie
- von den Wasserdurchlässigkeiten (kf-Werte).

Besonders die nutzbare Feldkapazität steuert unter den gegebenen Bedingungen den Wasserhaushalt der Abdeckung durch deren Einfluss auf die Verdunstung. Geringes Wasserspeichervermögen der Abdeckung (d.h. kleine nFK-Werte, hier: 5 Vol.-%) bewirken eine nur eingeschränkt wirkende Verdunstung. Deutlich höhere Verdunstungsleistungen sind für mittlere (hier: 15 Vol.-%) und hohe nFK-Werte (hier: 20 bzw. 25 Vol.-%) zu erwarten (unter der Voraussetzung, dass keine anderweitig limitierenden Faktoren vorhanden sind, z.B. pflanzenverfügbares Nährstoffdargebot). Dabei ist unwesentlich, wie hoch die absoluten Werte der Feldkapazität und des permanenten Welkepunktes sind.

Tabelle 8: *Jährliche Gesamtbilanzen für die Szenarien zur Optimierung der Abdeckung (mittlere Jahressumme des Niederschlages: 568 mm)*

Parameter k_f [m/s]	Abdeckung nFK [Vol.-%]	ETR [mm/a]	RO [mm/a]	RU [mm/a]
$1 \cdot 10^{-5}$	5	371	2	197
	15	441	2	126
	20	459	2	107
	25	475	2	91
$1 \cdot 10^{-6}$	5	361	44	164
	15	425	44	100
	20	443	44	81
	25	459	44	65
$1 \cdot 10^{-7}$	5	349	86	134
	15	407	86	75
	20	425	86	58
	25	439	86	44

k_f k_f-Wert von Oberboden und Speicherschicht
nFK   nutzbare Feldkapazität (pflanzenverfügbare Porosität)
ETR   reale Evapotranspiration
RO   Oberflächenabfluss
RU   Sickerwassermenge an der Modellbasis (Basis Oberflächensicherung) - Restdurchsickerung

Die Wasserdurchlässigkeit (k_f-Wert) bestimmt vor allem die Größe des gebildeten Oberflächenabflusses und folglich die in die Abdeckung infiltrierenden und für die Versickerung (Restdurchsickerung) und Verdunstung zur Verfügung stehenden Wasser-mengen. Mit kleiner werdendem k_f-Wert nehmen die Oberflächenabflüsse zu und folglich die Verdunstungs- und Restdurchsickerungsmengen ab.

Im Hinblick auf die Minimierung der Restdurchsickerungsmengen müsste demnach ein Substrat mit geringem k_f-Wert die besten Voraussetzungen aufweisen. Geht man allein von den Restdurchsickerungsmengen RU aus, so ist dem auch so: je kleiner k_f, desto kleiner gestalten sich die RU-Werte. Allerdings können zu hohe Oberflächenabflussmengen Probleme in bezug auf die Wasserableitung während Starkregenperioden und bezüglich der Erosionssicherheit in Böschungsbereichen bereiten (beides im Rahmen der langjährigen Wasserhaushaltsuntersuchungen nicht betrachtet).

Geht man rein vom Verdunstungsverhalten der Abdeckung aus, so müsste deren Durchlässigkeit hoch sein: für $1 \cdot 10^{-5}$ m/s ergeben sich die größten ETR-Werte. Allerdings sind die ETR-Abnahmen für geringere k_f-Werte wenig dramatisch, so dass aus Sicht der Verdunstungseigenschaften auch geringere k_f-Werte noch gute Voraussetzungen aufweisen.

Das Wechselspiel zwischen Verdunstung und Oberflächenabflussbildung als Resultat der pedologischen Eigenschaften der Abdeckung hat immense Bedeutung für die Restdurchsickerungsraten. Hohe Oberflächenabfluss- und/oder Verdunstungswerte vermindern logischerweise die Durchsickerungswerte.

Folgende Aussagen lassen sich im Ergebnis des ersten Optimierungsschrittes in bezug auf die pedologischen Eigenschaften der Oberflächensicherung ableiten:

Optimierung heißt nicht Maximierung. In bezug auf die planerische Umsetzbarkeit und Kostenoptimierung sollte bewusst auf wasserhaushaltlich-pedologische Maximalforderungen verzichtet werden. Ein System gilt unter den gegebenen Randbedingungen als optimal, welches die Zielvorgaben (mit gewisser Sicherheit, die Modellunsicherheit einschließend) erfüllt, aber nicht übererfüllt.

Im vorliegenden Anwendungsfall sind dies zunächst alle Varianten, deren Restdurchsickerungen im Mittel unter 100 mm/a und deren Oberflächenabflüsse unter 50 mm/a liegen.

Wegen zu hoher Oberflächenabflüsse scheiden folglich alle Varianten mit k_f-Werten des Oberbodens kleiner $1 \cdot 10^{-6}$ m/s aus. Ferner erfüllen alle Varianten mit nutzbaren Feldkapazitäten unter 20 Vol.-% die Zielvorgaben nicht. Gerade unter dem Gesichtspunkt einer hohen realen Verdunstung sollte das Abdecksubstrat eine langzeitwirksame nutzbare Feldkapazität und damit pflanzenverfügbare Porosität von etwa 20 - 25 Vol.-% aufweisen.

Die Zielvorgabe langjährig mittlerer Restdurchsickerungsraten von maximal 100 mm/a ist unter den gegebenen klimatischen Bedingungen des Südraumes Leipzig (im weitesten Sinne Regenschatten Harz) prinzipiell auch für ein sehr einfach aufgebautes Oberflächensicherungssystem realisierbar.

Aus wasserhaushaltlicher Sicht optimal sind zwei Varianten:

- Variante 1: k_f-Wert Oberboden: $1 \cdot 10^{-5}$ m/s, nutzbare Feldkapazität: 25 Vol.-%,
- Variante 2: k_f-Wert Oberboden: $1 \cdot 10^{-6}$ m/s, nutzbare Feldkapazität: 20 Vol.-%.

Unter Berücksichtigung aller anderen Aspekte (u.a. Materialverfügbarkeit und Kosten) erwies sich die Variante 2 als optimal.

Eine Notwendigkeit unterschiedlicher Parameter für den Oberboden und die darunter liegende Speicherschicht ergibt sich aus wasserhaushaltlichem Blickwinkel nicht. Im Gegenteil: bei geringer Durchlässigkeit der Speicherschicht kann es bei entsprechend hohen Oberbodendurchlässigkeiten zu einer Stauwasserbildung zwischen Oberboden und Speicherschicht kommen.

Das optimale qualifizierte Abdecksystem ist im folgenden einer detaillierten wasserhaushaltlichen Betrachtung unterzogen worden, um eine Aussage bezüglich des Schwankungsverhaltens der Wasserhaushaltsgrößen in Nass- und Trockenjahren zu erhalten. Wiederum ist zunächst von einem Grasbewuchs ausgegangen worden. Untersucht wurden alle Deponiehydrotope (nicht nur das Hydrotop 1 wie im ersten Optimierungsschritt).

Die Tabelle 9 enthält zusammengefasst die wesentlichen Wasserhaushaltsgrößen für die gesamte Deponie als gewichtetes Mittel aller Hydrotope. Die Ergebnisse belegen, dass die Optimierungskriterien Restdurchsickerung und Oberflächenabflussbildung für die Deponie in Summe erfüllbar sind. Im langjährigen Mittel werden für den Fall eines Grasbewuchses Restdurchsickerungsmengen an der Basis der Abdeckung von ca. 70 - 80 mm/a und Oberflächenabflüsse von < 50 mm/a modelliert.

Tabelle 9: Jährliche Gesamtbilanzen bei optimaler Abdeckung (ausschließlich Grasbewuchs, alle Werte in mm/a)

	P	ETR	RO	RU	DSB
Normaljahr	568	446	47	76	0
normales Nassjahr (T = 5 a)	650	520	54	192	-117
extremes Nassjahr (T = 50 a)	879	533	74	233	+38
normales Trockenjahr (T = 5 a)	491	395	39	47	+10
extremes Trockenjahr (T = 50a)	326	320	25	0	- 18

In Nassjahren erhöhen sich die Restdurchsickerungsmengen wegen des Fehlens einer echt dichtenden Schicht auf etwa das Doppelte bis Dreifache (normales Nassjahr: nahe 200 mm/a, extremes Nassjahr: knapp 250 mm/a).

Das Oberflächensicherungssystem, das ausschließlich auf den Wirkprinzipien Verdunstung und Oberflächenabflussbildung basiert, offenbart damit seine Leistungsgrenzen. In Nassjahren ist das System nicht in der Lage, die Restdurchsickerungsraten auf 100 mm/a zu begrenzen.

In normalen Trockenjahren gehen die Durchsickerungsmengen logischerweise zurück und liegen mit ca. 50 mm/a in Summe deutlich unter 100 mm/a. Im extremen Trockenjahr entsteht praktisch keine Restdurchsickerungsmenge.

Im folgenden ist geprüft worden, inwieweit ein Strauchbewuchs den Wasserhaushalt der qualifizierten Abdeckung positiv beeinflusst. Bei den folgenden Berechnungen ist von einem Gras-Strauch-Verhältnis von 1 : 2 ausgegangen worden. Ein noch höherer Strauchanteil erscheint wenig realistisch. Die Tabelle 10 enthält analog der Tabelle 9 zusammengefasst die wesentlichen Wasserhaushaltsgrößen für den Fall einer Gras-Strauchvegetation als gewichtetes Mittel aller Hydrotope.

Die Ergebnisse zeigen, dass sich die wasserhaushaltliche Situation im Falle einer Gras-Strauchvegetation gegenüber einer reinen Grasvegetation in bezug auf die Restdurchsickerungs- und Oberflächenabflussmengen positiv gestaltet. Im Vergleich zu einem reinen Grasbewuchs sinken infolge höherer realer Verdunstungswerte die Restdurchsickerungs- und Oberflächenabflussmengen.

Tabelle 10: Jährliche Gesamtbilanzen bei optimaler Abdeckung (Gras-Strauchbewuchs, alle Werte in mm/a)

	P	ETR	RO	RU	DSB
Normaljahr	568	488	30	50	0
normales Nassjahr (T = 5 a)	650	579	35	166	-130
extremes Nassjahr (T = 50 a)	879	589	49	201	+40
normales Trockenjahr (T = 5 a)	491	450	26	10	+ 5
extremes Trockenjahr (T = 50a)	326	339	16	0	- 30

Bisher bei der Ergebnisauswertung ausgeklammert war der Aspekt der Abschätzung, wie die Chancen in bezug auf eine günstige Pflanzenentwicklung aus Sicht des Bodenwasserhaushaltes der Abdeckung einzuschätzen sind. Zielgerichtet ausgewertet wurden hierfür die BOWAHALD-Bodenfeuchtedateien, in denen die zeitlich und schichtvariablen Bodenfeuchtewerte abgelegt sind.

Die Tabelle 11 soll einen Überblick über die Wasserentzugssituation in mittleren und trockenen Jahren (normales und extremes Trockenjahr) vermitteln. Nassjahre sind wegen ihrer geringeren Relevanz bezüglich Austrocknung nicht untersucht worden.

In der Tabelle 11 ist die Situation in den jeweils kritischen Monaten, d.h. für die Monate mit maximaler Bodenfeuchtezehrung, dargestellt. Unterschieden sind die Hydrotope hinsichtlich ihrer Exposition. West- und ostexponierte Hydrotope sind wegen ihres gleichartigen Verhaltens zusammengefasst worden.

In der Tabelle 11 sind neben der im Mittel aller Abdeckschichten auftretenden minimalen Bodenfeuchte noch die in einer Teilschicht (0 - 10 cm, 10 - 20 cm ...) modellierten minimalen Bodenfeuchtewerte für 2 Bereiche aufgeführt:

- Bereich 0 - 50 cm, der als relevant für die Entwicklung der Grasvegetation angesehen werden kann und
- Bereich 50 - 100 cm (vorrangig strauchrelevant).

Zum Vergleich sind die Werte für den Bereich der Feldkapazität und für den permanenten Welkepunkt angegeben.

Die verschiedenen klimatischen Bedingungen spiegeln sich in der Austrocknung der Abdeckung wieder. In mittleren Jahren kann davon ausgegangen werden, dass insbesondere für die Grasvegetation in den Sommermonaten noch ausreichend Bodenfeuchte vorhanden ist. Im Falle der Strauchvegetation gilt dies mit gewissen Abstrichen. Insbesondere auf den südexponierten Deponiebereichen kann es in Einzelmonaten zu einem Wasserentzug in einzelnen Teilschichten bis in den Bereich des permanenten Welkepunktes kommen (vgl. Tabelle 11, minimale Bodenfeuchte im Bereich 50 - 100 cm). Vermerkt werden muss jedoch, dass dies nur einzelne Teilschichten betrifft. Im Mittel über alle Schichten der Abdeckung liegen die Bodenfeuchtewerte auch in den nach Süd exponierten Bereichen immer noch ca. 30 % über dem permanenten Welkepunkt (s. ebenfalls Tabelle 11).

In normalen Trockenjahren verringern sich zwar die pflanzenverfügbaren Wassermengen innerhalb der Abdeckung. Als ausgesprochen kritisch ist die Abnahme der

Bodenfeuchte im Mittel über alle Abdeckschichten jedoch nicht anzusehen, wenngleich die Bodenfeuchte expositionsabhängig ähnlich mittlerer Verhältnisse (s.o.) in einzelnen Teilschichten bis zum permanenten Welkepunkt zurück gehen kann.

Tabelle 11: Bodenfeuchteverhältnisse in den Abdeckschichten bei optimaler Abdeckung in mittleren und Trockenjahren für den jeweils kritischen Monat (Gras-Strauchbewuchs)

Hydrotop	Minimale Bodenfeuchte der Abdeckung im Mittel über alle Schichten [Vol.-%]	Kritischer Monat	Minimale Bodenfeuchte im Bereich 0 - 50 cm (grasrelevant) [Vol.-%]	Minimale Bodenfeuchte im Bereich 50 - 100 cm (strauchrelevant) [Vol.-%]
Langjährig mittlere Verhältnisse				
Plateau	19,6	Juli-August	17,3	12,5
Süd	16,2	Juli	13,3	12,0
West/Ost	18,9	Juli	14,9	12,4
Normales Trockenjahr (T = 5 a)				
Plateau	16,7	Oktober	14,5	12,6
Süd	14,2	Oktober	12,6	12,1
West/Ost	16,1	Oktober	12,8	12,5
Extremes Trockenjahr (T = 50 a)				
Plateau	12,1	Sept.-Oktober	11,9	12,0
Süd	11,9	August-Oktober	11,3	11,9
West/Ost	12,1	August-Oktober	11,9	12,0
zum Vergleich: Bereich der Feldkapazität der Abdeckung: 32 Vol.-% / permanenter Welkepunkt der Abdeckung: 12 Vol.-%				

Im extremen Trockenjahr hingegen ist ein starker Rückgang der Bodenfeuchte modelliert worden. Selbst im Mittel über alle Abdeckschichten liegt die Bodenfeuchte im Bereich des permanenten Welkepunktes. In Teilschichten sinkt sie infolge reiner Bodenverdunstung (Evaporation) z.T. unter den Wert des permanenten Welkepunktes ab. Zudem betrifft die Zehrungsperiode nicht nur Einzelmonate sondern mehrere Monate (vgl. Tabelle 11). Schädigungen der Vegetation sind somit sehr wahrscheinlich.

In Konsequenz dieses Modellergebnisses ist getestet worden, ob eine Erhöhung der Abdeckmächtigkeit um 0,5 m auf insgesamt 1,8 m (0,3 m Oberboden + 1,5 m Speicherschicht) zu einer spürbaren Verbesserung des Austrocknungsverhaltens im extrem trockenen Jahr führen würde. Die BOWAHALD-Ergebnisse für diesen Fall zeigen jedoch, dass eine Erhöhung der Abdeckmächtigkeit um 0,5 m kaum zu einer Verbesserung der wasserhaushaltlichen Situation im Falle des extremen Trockenjahres führen würden. Bei einem Jahresniederschlag von nur 326 mm/a (standortkorrigiert) gestalten sich die Verhältnisse nun einmal extrem. Auch im Umfeld würde dies nicht viel anders aussehen.

5. Literatur

BERGER, K. (1998): Validierung und Anpassung des Simulationsmodells HELP zur Berechnung des Wasserhaushaltes von Deponien für deutsche Verhältnisse. Schlussbericht, Umweltbundesamt, Fachgebiet III 3.6, Berlin

BERGER, K. UND V. DUNGER (2000): Vergleichende Simulationsrechnungen mittels der Deponie- und Haldenwasserhaushaltsmodelle HELP und BOWAHALD. Proceedings zum Weiterbildungsseminar des DGFZ e.V.: Simulation zum Halden- und Deponiewasserhaushalt am 7. und 8. April 2000 in Dresden

BRECHTEL, H.-M. (1984): Beeinflussung des Wasserhaushaltes von Mülldeponien. In: Müllhandbuch, Band 6, Erich Schmidt Verlag.

DARCY (1856): Les fontains publiques de la ville de Dijon. Dalmont, Paris.

DUNGER, V. (1997): Dokumentation des Modells BOWAHALD 2-D zur zweidimensionalen Simulation des Wasserhaushaltes von wasserungesättigten Bergehalden und Deponien unter Berücksichtigung von Abdeckschichten.

DVWK - DEUTSCHER VERBAND FÜR WASSERWIRTSCHAFT UND KULTURBAU E.V. (1996): Ermittlung der Verdunstung von Land- und Wasserflächen. Merkblätter zur Wasserwirtschaft. DVWK-Geschäftsstelle, Bonn

DYCK, S. U.A. (1980): Angewandte Hydrologie, Teil 2. Verlag für Bauwesen Berlin, 2. überarbeitete Auflage.

ECKSTEIN, H. U.A. (1963): Kleine Enzyklopädie Land, Forst, Garten. VEB Verlag Enzyklopädie Leipzig.

GOLF, W. (1981): Prinzipien der Bilanzierung des Wasserhaushaltes mit einem Anwendungsbeispiel in der Mittelgebirgsregion der DDR. Habilitationsschrift, TU Dresden

GURTZ, J. (1982): Beschreibung der Rechenprogramme SMELT-5 und NIPOM. TU Dresden, Bereich Hydrologie und Meteorologie

HAAN, C. T.(1982): Hydrologic modelling of small watersheds. ASAE Monograph 5

HAD HYDROLOGISCHER ATLAS VON DEUTSCHLAND (2000): Herausgeber: Bundesministerium für Umwelt, Naturschutz und Reaktorsicherheit

HAUDE, W. (1955): Zur Bestimmung der Verdunstung auf möglichst einfache Weise. Mitt. Deutsch. Wetterdienst Nr.11

IVANOV, N. N. (1954): Estimation of the amount of evaporation ability. Izv. Vsesojusm. Obshch.-va, T 86

JUNGHANS, H. (1975): Kritische Betrachtungen zu Interzeptionsmessungen in bewaldeten Einzugsgebieten. Zeitschrift für Meteorologie, Heft 1, Band 25

KOITZSCH, R. U.A. (1980): Simulation des Bodenfeuchteverlaufes unter Berücksichtigung der Wasserbewegung durch Pflanzenbestände. Archiv Acker- und Pflanzenbau und Bodenkunde, Berlin 24 (1980) 11 (S. 717-725)

LFUG SÄCHSISCHES LANDESAMT FÜR UMWELT UND GEOLOGIE (1999): Materialien zur Altlastenbehandlung: Oberflächensicherung von Altablagerungen und Deponien. Freistaat Sachsen. Lößnitz-Druck

MANIAK, U. (1982): Rainfall runoff process. Proc. Symp. Hydrology Research Basin. Sonderheft Landeshydrologie Bern

MANIAK, U. (1992): Hydrologie und Wasserwirtschaft. Eine Einführung für Ingenieure. 2. Auflage, Springer-Verlag Berlin, Heidelberg, New York

MELCHIOR, S. (1997):In-situ studies on the performance of landfill caps. Proceedings of the 1997 International Technology Conference, Feb. 9-12, 1997, St. Petersburg, FL, U.S.A., U.S. Department of Energy & U.S. Environmental Protection.

MERIAM, R. A. (1960): A note on the interception loss equation. J. Geophys. Res. 65 (1960) 11

MOCK, J. U.A. (1992): Grundwasseruntersuchung: Ausgleichsmaßnahmen in der quantitativen Wasserwirtschaft. Landesamt für Wasserwirtschaft Rheinland-Pfalz.

MOCK, J. (1993): Ausgleich von Eingriffen in den Wasserhaushalt. Zeitschrift Wasser und Boden.

PENMAN, H. L. (1948): Natural evaporation from open water, bare soil and grass. Proc. Roy. Meteorol. Soc. A, 193, 120ff

RICHTER, D. (1995): Ergebnisse methodischer Untersuchungen zur Korrektur des systematischen Meßfehlers des Hellmann-Niederschlagsmessers. Berichte des Deutschen Wetterdienstes 194 (1995), 93 S.

SCHROEDER, P. R., T. S. DOZIER, P. A. ZAPPI, B. M. MCENROE, J. W. SJOSTROM & R. L. PEYTON (1994): The Hydrologic Evaluation of Landfill Performance (HELP) Model: Engineering Documentation for Version 3, EPA/600/R-94/168b, U.S. Environmental Protection Agency Office of Research and Development, Washington, DC.

SCHROEDER, P. R., N.M. AZIZ, C.M. LLOYD, P. A. ZAPPI, & K. BERGER (1998): Das Hydrologic Evaluation of Landfill Performance (HELP) Modell: Benutzerhandbuch für die deutsche Version 3. Institut für Bodenkunde der Universität Hamburg

SCHROEDER, P. R. & K. BERGER (2001): Das Hydrologic Evaluation of Landfill Performance (HELP) Modell: Benutzerhandbuch für die deutsche Version 3. Unter Mitarbeit von N.M. AZIZ, C.M. LLOYD & P. A. ZAPPI. 2., aktualisierte Auflage, Institut für Bodenkunde der Universität Hamburg

SEELIG-BRAKER, A. (1994): Abschlußbericht des Teilvorhabens 12: Untersuchungen der Vegetation auf dem Abdecksystem der Deponie Georgswerder, Universität Hamburg.

SMUL SÄCHSISCHES STAATSMINISTERIUM FÜR UMWELT UND LANDWIRTSCHAFT (1999): Methodik für die Auswahl und Bewertung von Schutz- und Rekultivierungsmaßnahmen bei der Stilllegung von Altdeponien im Freistaat Sachsen - Stilllegungsmethodik Altdeponien - Oktober 1999

TURC, L. (1961): Evaluation des besoins en eau d'irrigation evapotranspiration potentielle. Ann. Agron. Vol. 12 (13)

UMWELTBEHÖRDE HAMBURG (1996): Deponie Georgswerder, Sanierung 1984 - 95. Norddruck Nehlsen GmbH Hamburg.

US-SCS U.S. SOIL CONSERVATION SERVICE (1972): SCS National Engineering Handbook, Section 4: Hydrology. USDA, Washington D.C.

US-SCS U.S. SOIL CONSERVATION SERVICE (1985): SCS National Engineering Handbook, Section 4: Hydrology. USDA, Washington D.C.

US-SCS U.S. SOIL CONSERVATION SERVICE (1986): Urban Hydrology for Small Watersheds. Technical Release 55, Washington D.C., pp. 2.5 - 2.8.

WENDLING, U., H.-G. SCHELLIN UND M. THOMÄ (1991): Bereitstellung von täglichen Informationen zum Wasserhaushalt des Bodens für die Zwecke der agrarmeteorologischen Beratung. Z. Meteorol. 41, 468-475

WMO (1971): Guide to Meteorological Instrument and Observing Practices. Genf: WMO No. 8

WMO (1994): Guide to Hydrological Practices. Genf: WMO No. 168

WOOLHISER, D. A., R. E. SMITH AND D. C. GOODRICH (1990): KINEROS, a kinematic runoff and erosion model: Documentation and user manual. ARS-77. U.S. Department of Agriculture, Agricultural Research Service

Überprüfung der Wirksamkeit von mineralischen Oberflächenabdichtungen in Bayern

Karl Drexler[*]

Inhalt

1. Vorbemerkung 213
2. Abschluss der Deponie 214
3. Untersuchungen an Oberflächenabdichtungen 220
4. Ausblick 221
5. Literatur 222

1. Vorbemerkung

Die Überprüfung der Wirksamkeit von mineralischen Oberflächenabdichtungen gehört mit zu den Aufgaben des Deponiebetreibers während der Betriebs- und der Nachsorgephase. Hierbei soll die ausreichende Funktion des Dichtungssystemes überprüft werden. Dabei sind zwei Pfade zu betrachten:

- Abschluss der Deponie nach außen – Deponiegas muss im Deponiekörper verbleiben und wird dort erfasst, abgesaugt und behandelt.

Zur Kontrolle dient die Überwachung der Gaszusammensetzung, wobei der Gehalt an Sauerstoff ein Indiz für durch Leckagen angesaugte Luft ist, und die Begehung der Oberfläche mit dem Flammenionisationsdetektor, der austretendes Deponiegas feststellen kann.

- Abschluss der Deponie nach innen – Niederschlagswasser, das die Bodenschicht durchsickert soll vom Müllkörper ferngehalten und in der Dränageschicht abgeleitet werden.

---

[*] Dipl.-Ing. Karl Drexler, Bayerisches Landesamt für Umweltschutz
Bürgermeister-Ulrich-Str. 160, 86179 Augsburg

Eine Überprüfung ist hier über die Menge des anfallenden Sickerwasser möglich, wobei die Niederschlagsmengen und die Sickerwassermengen in Zeitreihen gegenübergestellt werden.

Eine andere Möglichkeit besteht darin, unter der Dichtungsschicht das durchsickernde Wasser zu erfassen. Hierzu wird zwischen zwei Dichtungssystemen eine Dränageschicht eingebaut und die dort anfallende Wassermenge erfasst. Derartige Systeme existieren neben Oberflächenabdichtungen auch bei Basisabdichtungen.

Grundsätzlich haben verschiedene Gegenüberstellungen gezeigt, dass die Sickerwassermengen nach dem Aufbringen der Abdichtung kurzzeitig ansteigen, dann zurückgehen und nach einigen Jahren wieder ansteigen. Um dies zu klären, wurden verschiedene Untersuchungen an den Dichtungen durchgeführt.

2. Abschluss der Deponie

2.1 Abschluss nach außen

Die Kontrolle des Sauerstoffgehaltes im aktiv abgesaugten Deponiegas sowie die Begehungen der abgedichteten Deponieoberfläche sind gängige Praxis sowie Forderungen des Anhangs C der TASi für die Überwachung. Hier lassen sich Hinweise auf das Eindringen von Luft in den Deponiekörper feststellen. Dieses Eindringen muss aber relativ massiv erfolgen, um bei den o. a. Messungen Hinweise auf Schäden zu erhalten. Die regelmäßigen FID-Begehungen, vor allem auch in der Zeit der Passiventgasung, liefern insbesondere bei Durchdringungen der Oberflächenabdichtung, wie z. B. an Gasbrunnen und Sickerwasserschächten, oder Rissen in der Oberflächenabdichtung auswertbare Ergebnisse, diffuse Emissionen werden nicht erkannt, da sie zum einen sehr gering sind oder durch den Oberboden oxidiert werden.

Hier lassen sich durch relativ einfache Maßnahmen Reparaturen durch Ausbessern des Dichtungssystems erreichen.

2.2 Abschluss nach innen

Die Erfassung der Sickerwassermenge und der Vergleich mit der Niederschlagsmenge ist hier ein Weg, die Qualität der Oberflächenabdichtung abzuschätzen. Wichtig ist hier eine möglichst genaue Erfassung der beiden Größen: Sickerwasseranfall und Niederschlag.

Bei der Erfassung der Sickerwassermenge treten in der Praxis oft Probleme auf, da die Messeinrichtungen oft nicht hinreichend genau arbeiten, d. h. die z. T. starken Schwankungen des Sickerwasseranfalls werden nicht erfasst. Oft sind auch an Deponien die Deponieabschnitte in verschiedenen Phasen: Endabdichtung – betriebliche Abdichtung – offen, so dass eine Abschätzung schwierig ist.

2.3 Beispiele

Im Folgenden einige Beispiele von endabgedichteten Deponien:

Diese Ergebnisse stammen aus der Überwachung der Deponien auf der Grundlage der Jahrbücher sowie aus Veröffentlichungen und Forschungsberichten.

2.3.1 Beispiel 1:

Sickerwasseranfall in der Zeit kurz nach der Abdichtung

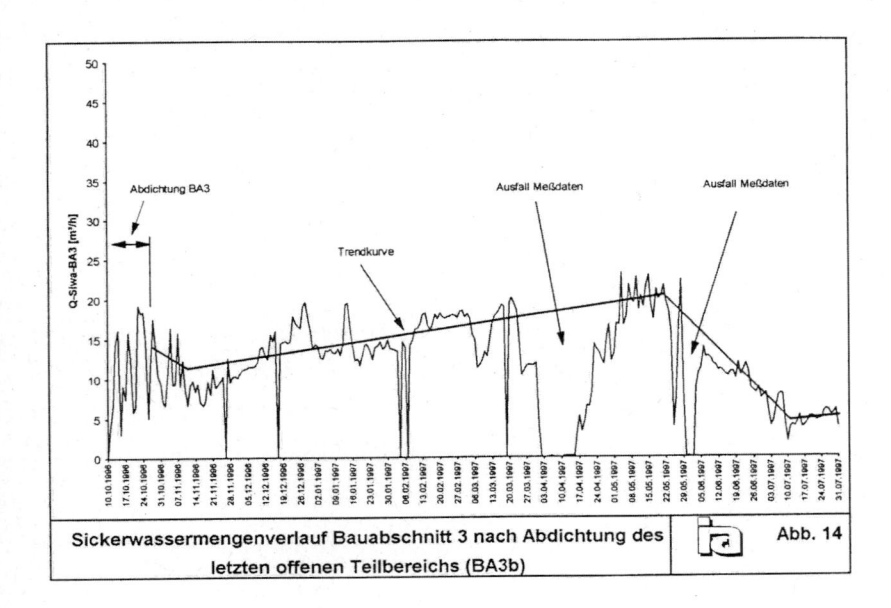

Abb. 14: Sickerwassermengenverlauf Bauabschnitt 3 nach Abdichtung des letzten offenen Teilbereichs (BA3b)

Diese Daten wurden im Rahmen des Forschungsvorhabens Projekt E09 „Optimierung von biologischen Umsetzungsvorgängen in abgedichteten Deponien durch Reinfiltration von Sickerwasser" [2] erhoben. Sie zeigen, dass bei der hier aufgebrachten mineralischen Abdichtung kurzzeitig ein Anstieg der Sickerwassermenge auftritt (Verdichtung des Abfälle beim Bau), aber dann die Sickerwassermenge zurückgeht. Im vorliegenden Fall erfolgte dann eine Sickerwasserreinfiltration, so dass ein leichter Anstieg der Sickerwassermenge ersichtlich ist.

2.3.2 Beispiel 2:

Eine mineralisch abgedichtete Deponie [3]:

Die Daten des Sickerwasseranfalls über mehrer Jahre im Vergleich zum Niederschlag zeigen, dass hier keine Verschlechterung auftritt, aber die mineralische Dichtung doch für einen Anteil der Niederschläge durchlässig ist.

Jahr	Nieder-schlag	Sickerwasser-menge	Fläche	Gesamt-niederschlag	Anteil Sickerwasser
	$Mm = l/m^2$	m^3	m^2	l/Deponiefläche	%
1993	k. A.	4803	51650		
1994	k. A.	5608	51650		
1995	k. A.		51650		
1996	786	6081	51650	40.596.900	14,98
1997	784	5742	51650	40.493.600	14,18
1998	892	5733	51650	46.071.800	12,44
1999	884	6123	51650	45.658.600	13,41

2.3.3 Beispiel 3:

Aus der Auswertung der Jahresberichte einer weiteren Deponie [3] mit mineralischer Oberflächenabdichtung zeigt sich folgender Verlauf:

Jahr	1994	1995	1996	1997	1998	1999*
Sickerwassermenge	562 m^3	984 m^3	1187 m^3	796 m^3	1124 m^3	1526 m^3

* bis 30.06.1999

In der folgenden Tabelle sind die pH-Werte und die Leitfähigkeit des Sickerwasser aufgelistet.

Jahr		1995	1996	1997	1998	1999
PH		7,5	7,2	7,7	7,42	7,8
Leitfähigkeit	µS/cm	1044	1360	1280	1540	1197
O_2-Gehalt	mg/l	10,1	10,1			2,8

Das Sickerwasser weist in Bezug auf gelöste Salze, angegeben durch die Leitfähigkeit, eine im Verhältnis zu Hausmülldeponien geringe Belastung auf. Dies liegt zum einen an den dort abgelagerten Abfällen, kann aber auch die Ursache in einem erhöhten Sickerwasseranfall durch eindringendes Oberflächenwasser haben. Hier ist nun der Betreiber gefordert, weitere Erkundungen durchzuführen.

2.3.4 Beispiel 4:

Hier handelt es sich um eine Deponie [4], bei der die einzelnen Deponieabschnitte unterschiedlich gesichert sind und auch Abschnitte noch verfüllt werden. Ein direkte Schluss auf die Abdichtung ist nur eingeschränkt möglich:

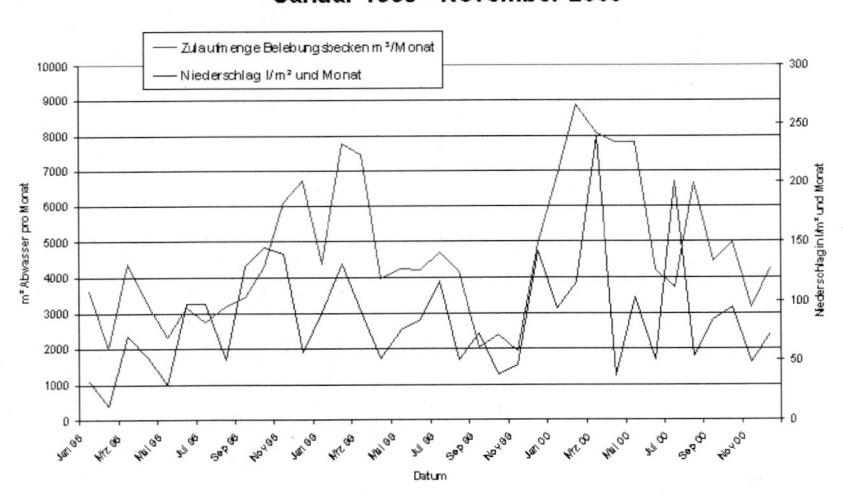

Januar 1998 - November 2000

Da die Niederschlagsmengen in den einzelnen Jahren unterschiedlich sind, ist dies auch bei Gegenüberstelllungen zu berücksichtigen.

2.3.5 Beispiel 5:

Im folgenden Beispiel wird der Sickerwasseranfall an der Hausmülldeponie Gallenbach, Landkreis Aichach-Friedberg, dargestellt. Eine bereits mit einer mineralischen Oberflächenabdichtung rekultivierte Hausmülldeponie.

Die Daten stammen aus der Veröffentlichung von Wolfgang Huber [1] und sollen hier nochmals als Beispiel für eine mineralische Oberflächenabdichtung dargestellt werden.

Als erstes die Gegenüberstellung des Jahresniederschlages und des Sickerwasseranfalles in Tabelle 1:

Tabelle 1: Gegenüberstellung von Jahresniederschlag und Jahressickerwasseranfall am Beispiel der HMD Gallenbach

Jahr	Niederschlag	Sickerwassermenge			SiWa/NS
	in mm/a	m³/a	mm/a	m³/ha x d	
1996	740	9.991	83	2,3	11%
1997	572	8.299	69	1,9	12%
1998	830	9.335	78	2,1	9%
1999	950	15.102	126	3,4	13%
2000	976	14.352	120	3,3	12%
Min-Wert	572	8.299	69	1,9	9%
Mittelwert	773	10.682	89	2,4	11%
Max-Wert	950	15.102	126	3,4	13%

Hier zeigt sich, dass eigentlich die Oberflächenabdichtung doch einen hohen Anteil des Niederschlages zurückhält. Eine Detaillierung ergibt sich bei der Gegenüberstellung der monatlichen Mengen.

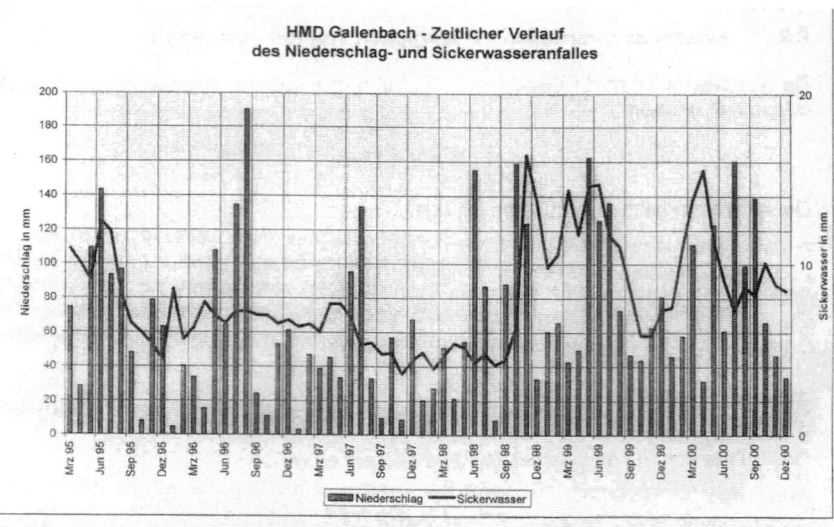

Abbildung 1: Gegenüberstellung des monatlichen Sickerwasseranfalls und der monatlichen Niederschläge am Beispiel der HMD Gallenbach

Hier zeigt sich, dass in den vegetationsarmen Jahreszeiten deutlich mehr Sickerwasser anfällt als in Zeiten mit kräftiger Vegetation. In der folgenden Abbildung wird dies noch verdeutlicht, wenn die Vegetationsperioden gegenübergestellt werden.

Tabelle 2: Gegenüberstellung der Sickerwassermengen und des Niederschlags in Abhängigkeit von der Jahreszeit am Beispiel der HMD Gallenbach

Betrachtungszeitraum		Niederschlag mm	Sickerwasser		SiWa/NS
			mm	m³/haxd	
Vegetationsperiode 95	Mai 95 bis Aug 95	443	42	3,5	9%
Winter 95	Sep 95 bis Apr 96	292	50	2,1	17%
Vegetationsperiode 96	Mai 96 bis Aug 96	497	28	2,3	6%
Winter 96	Sep 96 bis Apr 97	283	54	2,2	19%
Vegetationsperiode 97	Mai 97 bis Aug 97	295	25	2,1	9%
Winter 97	Sep 97 bis Apr 98	263	36	1,5	14%
Vegetationsperiode 98	Mai 98 bis Aug 98	306	18	1,5	6%
Winter 98	Sep 98 bis Apr 99	623	87	3,6	14%
Vegetationsperiode 99	Mai 99 bis Aug 99	497	52	4,3	10%
Winter 99	Sep 99 bis Apr 00	481	75	3,1	16%
Vegetationsperiode 00	Mai 00 bis Aug 00	582	45	3,7	8%

Die hier vorgenommene Unterscheidung zeigt, dass auf der Hausmülldeponie Gallenbach der Sickerwasseranfall während der Vegetationsperiode etwa nur halb so groß ist wie in den Wintermonaten.

2.4 Folgerungen aus den Beispielen

Folgendes ergibt sich aus den o. a. Auswertungen:

- Durch Profilierungen ist das Oberflächenwasser möglichst schnell abzuleiten.
- Die Rekultivierungsschicht ist zu optimieren.
- Optimieren der Bepflanzung um eine optimale Verdunstung zu erreichen.
- Nachträgliches Aufbringen einer Kunststoffdichtungsbahn, insbesondere bei Plateaubereichen.
- Durch zusätzliche Drainagen die Ableitung des Oberflächenwassers zu verbessern.

Die wirksamste Maßnahme stellt sicher die Konvektionssperre dar, wenn also eine Kunststoffdichtungsbahn aufgebracht wird.

Eine Optimierung der Rekultivierungsschicht in Richtung Wasserhaushaltsschicht ist in Bayern wegen der z. T. hohen Niederschläge (bis 1.200 mm/a) nicht in allen Bereichen möglich.

2.5 Gleichwertige Dichtungssysteme

Neben der Regelabdichtung nach TASi bzw. TA Abfall stellt sich immer wieder die Frage der Gleichwertigkeit anderer Lösungen. Im Folgenden sollen Ergebnisse aus der Eigenüberwachung einer Deponie vorgestellt werden, die mögliche Alternativen aufzeigen. Weitere Untersuchungen sind hier notwendig.

2.5.1 Beispiel einer Bentokies-Oberflächenabdichtung

Daten zur Deponie:

Deponie für Rückstände aus de Aluminiumerzeugung, die 1994 oberflächenabgedichtet wurde. Die Böschungen wurden auf 1:1,6 abgeflacht und die Bentokiesdichtung (30.000 m^2) besitzt in der Hochfläche ein Kontrollsystem. Die Bentokiesdichtung wurde als Alternative zur TA Abfall – Abdichtung wegen der Böschungsneigungen gewählt.

9 Felder im Hochbereich der Deponie:	2.530 m^2
Niederschlag bei 800 mm/a	2.000 m^3
Niederschlag in 4 Jahren	8.000 m^3
Gesamtabfluss in den 9 Feldern	
In 4 Jahren:	9,28 l = 0,000.001 %

Zu den Bentokies – Abdichtungen werden weitere Untersuchungen durchgeführt.

2.5.2 Gleichwertigkeit von Dichtungen

Hier sind weitere Untersuchungen erforderlich, da verschiedene Systeme im Deponiebereich möglich sind. Wie z. B.

- Kapillarsperren
- Bentokies
- vergütete Dichtungen
- ....

3. Untersuchungen an Oberflächenabdichtungen

In Bayern wurden an verschiedenen Oberflächenabdichtungen Untersuchungen durchgeführt, die z. T. im Rahmen von Forschungsvorhaben durch das Bayer.

Staatsministerium für Landesentwicklung und Umweltfragen [2] finanziell gefördert wurden, oder im Rahmen von Bauvorhaben, wie z. B. bei Schachtsanierungen, wurde die freigelegte Dichtung beprobt, um zu sehen, ob Veränderungen festgestellt werden können.

Nach dem Vorliegen erster Ergebnisse über die Qualität der Dichtungsmaterialien, die in fast allen Fällen qualitativ besser war wie beim Einbau, wurde nun das Gesamtsystem Dichtung betrachtet. Dabei ist der Aufbau über der Dichtungsschicht von entscheidender Bedeutung. Weiter wurden alternative Dichtungssysteme untersucht um eine Gleichwertigkeit nachzuweisen.

Eine Übersicht ist in der Veröffentlichung [2]

> Deponieforschung in Bayern

des Bayer. Staatsministeriums für Landesentwicklung und Umweltfragen enthalten.

Wie bereits o. a. haben die Untersuchungen der Abdichtungssysteme mineralischer Abdichtungen nur in Einzelfällen eine schlechtere Qualität wie beim Einbau gezeigt. Die Qualität hat sich in den meisten Fällen verbessert und Austrocknungen und Durchwurzelungen sind Einzelfälle.

Speziell an der Deponie Im Dienstfeld wurden durch die Landesgewerbeanstalt Bayern umfangreiche Untersuchungen an der mineralischen Dichtung durchgeführt. Interessant ist die Feststellung, dass bereits bei Niederschlagsereignissen sofort Wasser unterhalb der Dichtungsschicht feststellbar ist. Daraufhin wurde über der Dichtung ein Farbstoff eingebracht, um feststellen zu können, ob möglicherweise Haarrisse für den Durchgang verantwortlich sind. Der Farbstoff trat unter der Dichtung jedoch nicht auf, so dass angenommen werden muss, dass die Dichtung selbst intakt und wassergesättigt ist und durch den Tropfen von oben auch der Tropfen nach unten austritt.

4. Ausblick

Für eine kostengünstige und wirksame Oberflächenabdichtung ist im Einzelfall zu prüfen, ob eine Regelabdichtung nach TA Si sinnvoll ist oder ob sich Alternativen anbieten. Dabei sind die Kosten der Dichtung und der Sickerwasserbehandlung zu berücksichtigen.

5. Literatur

[1] HUBER, WOLFGANG: Sickerwasseranfall bei mineralischen Oberflächenabdichtungen unter dem Gesichtspunkt der Nachsorge, Bayer. Abfall- und Deponietage 2001, Augsburg, 2001

[2] Deponieforschung in Bayern, Bayer. Staatsministerium für Landesentwicklung und Umweltfragen, München, 1999

[3] LfU, Daten aus den Deponiejahresberichten, unveröffentlicht

[4] www.awg.de (Internetseite der AWG Donau-Wald)

Die mineralische Oberflächenabdichtung – Quo vadis?

Gerd Burkhardt & Thomas Egloffstein[*]

Inhalt

1. Einführung 223
2. Definition „Mineralische Dichtung" 224
3. Böden als Dichtungsmaterial im Deponiebau 225
4. Erkenntnisse über die dauerhafte Funktionsfähigkeit mineralischer Oberflächenabdichtungen 232
5. Konsequenzen aus den heutigen Erkenntnissen 235
6. Möglichkeiten zur Sicherstellung der Funktionsfähigkeit mineralischer Oberflächendichtungen 236
7. Zusammenfassung und Schlussfolgerungen 242
8. Quellenverzeichnis 243

1. Einführung

Die mineralische Dichtung, also in der Regel eine Abdichtungsschicht aus natürlichem bindigen Boden, ist in allen die Deponie betreffenden Vorschriften (TA Abfall, TA Siedlungsabfall, EU-Deponierichtlinie /3, 4, 6/) das maßgebende Dichtungselement. Dies gilt sowohl für Basis- als auch für Oberflächenabdichtungssysteme.

Die Erfahrungen, die mit mineralischen Dichtungen im Bereich der Deponiebasis gemacht wurden, waren überwiegend positiv. Auch eigene Untersuchungen haben ergeben, dass die mineralische Dichtung viele Jahre nach dem Einbau in der Qualität immer noch sehr gut, durch die Auflast der Abfälle teilweise besser war, als ursprünglich gefordert oder gar ausgeführt /12/. Aus diesem Grund wurde bei der Erarbeitung der TA Abfall und TA Siedlungsabfall Ende der achtziger und Anfang der neunziger Jahre auch festgelegt, dass die mineralische Dichtung wesentlicher Bestandteil der Regel-Oberflächenabdichtungssysteme sein solle.

---

[*] ICP Ingenieurgesellschaft Prof. Czurda & Partner mBH
Eisenbahnstr. 36, D-76229 Karlsruhe

An Testfeldern (Großlysimetern) aber auch bei Aufgrabungen von an der Oberfläche abgedichteten Deponien wurden nun Erkenntnisse gesammelt, nach denen die weitere Verwendung mineralischer Dichtungen in Oberflächenabdichtungssystemen zumindest zu hinterfragen ist. Es wird bereits gefordert, die neuen Erkenntnisse in die zukünftige Deponieverordnung einzuarbeiten /27/.

Die o. g. Erkenntnisse sollen in diesem Beitrag kurz zusammengefasst werden. Daran anknüpfend soll aufgezeigt werden, welche Möglichkeiten bestehen, die mineralische Dichtung bzw. das ganze Oberflächenabdichtungssystem so zu verändern, dass die Gefahr des Versagens der Dichtung gemindert wird.

2. Definition „Mineralische Dichtung"

Als mineralische Dichtung werden Dichtungen bezeichnet, die aus natürlichen Böden oder künstlichen Gemischen natürlicher Bodenbestandteile bestehen. Sie sind in der Regel feinkörnig und können anhand der Anforderungen definiert werden, die gemäß TA Abfall bzw. TASi an sie gestellt werden.

Tab. 1: Anforderungen an die mineralische Dichtung in Oberflächenabdichtungssystemen gemäß TA Abfall und TASi aus /5/

Material- und Einbauparameter	TA Abfall	TA Siedlungsabfall, Deponieklasse 2	TA Siedlungsabfall, Deponieklasse 1
Stärke der Dichtung	0,5 m	0,5 m	0,5 m
Durchlässigkeitsbeiwert	$\leq 5 \cdot 10^{-10}$ m/s	$\leq 5 \cdot 10^{-9}$ m/s	$\leq 5 \cdot 10^{-9}$ m/s
Suffosionsbeständigkeit	gefordert	gefordert	gefordert
Feinstkorngehalt (< 2 µm)	≥ 20 Gew.-%	≥ 20 Gew.-%	≥ 20 Gew.-%
Tonmineralgehalt	≥ 10 Gew.-%	≥ 10 Gew.-%	≥ 10 Gew.-%
Größtkorn	20 mm	20 mm	20 mm
Stückigkeit	32 mm	32 mm	32 mm
Calciumcarbonatgehalt	≤ 15 Gew.-%	≤ 15 Gew.-%	≤ 15 Gew.-%
Einbauwassergehalt* (w)	$w_{pr} < w < w_{0,95}$	$w_{pr} < w < w_{0,95}$	$w_{pr} < w < w_{0,95}$
Luftporenanteil bei Abweichungen vom Wassergehalt	≤ 5 %	≤ 5 %	≤ 5 %
Einbaudichte*	≥ 95 % D_{pr}	≥ 95 % D_{pr}	≥ 95 % D_{pr}
Anteil fein verteilter organischer Substanz	≤ 5 Gew.-%	≤ 5 Gew.-%	≤ 5 Gew.-%

* w_{pr} = Wassergehalt bei 100 % Proctordichte
  $w_{0,95}$ = Wassergehalt bei 95 % Proctordichte auf dem nassen Ast
  D_{pr} = Proctordichte bei optimalem Wassergehalt w_{pr}

Die Anforderungen an die mineralische Dichtung im Oberflächenabdichtungssystem können der Tabelle 1 entnommen werden.

3. Böden als Dichtungsmaterial im Deponiebau

Das Bodenvolumen setzt sich in der Regel aus drei Phasen, der Kornphase, dem Wasser (flüssige Phase) und der gasförmigen Phase (Bodenluft) zusammen. Ein Großteil des Wassers[1] und die gesamte Bodenluft befinden sich in den Porenräumen zwischen den Bodenteilchen. Bei einem wassergesättigten Boden, dessen Poren vollständig mit Wasser erfüllt sind, läge ein Zwei-Phasen-System vor. Bei verdichtet eingebauten, bindigen mineralischen Abdichtungen handelt es sich jedoch praktisch immer um Drei-Phasen-Systeme mit möglichst geringem Porenraum und weitgehender Wassersättigung der Poren. Die Bodenluft ist dabei hinsichtlich der Verdichtbarkeit (Luftporengehalt) und Durchlässigkeit zu beachten. Auf einige Charakteristika von Böden als Dichtungsmaterial sei im folgenden eingegangen.

3.1 Kornphase

Die Kornphase setzt sich i.d.R. aus dem Mineralkorn, sonstigen Beimengungen (z.B. Oxide, Hydroxide, Carbonate, Schwefelverbindungen) z. B. als Belag um die Mineralkörner oder als Porenzemente, sowie der fein verteilten organischen Substanz im Boden zusammen.

3.1.1 Korngrößenverteilung

Die Korngrößenverteilung eines Bodens ist ein Hauptcharakteristikum einer Bodenart. Zum Einsatz als bindige mineralische Abdichtung eignen sich besonders feinkörnige mit Böden mit mittlerem bis hohem Feinstkornanteil (> 20 Gew.-% im Korngrößenbereich < 2 µm). Eine weitgestufte Kornverteilung (Ungleichförmigkeitszahl U > 6) wirkt sich i.d.R. günstig auf die Verdichtbarkeit, die Durchlässigkeit, die Tragfähigkeit sowie die Scherfestigkeit aus. Böden mit steilen Körnungslinien im Mittel- bis Grobschluffbereich erfüllen häufig trotz 20 Gew.-%

---

[1] Neben dem freien (mobilen) Porenwasser ist bei feinkörnigen Böden ein beträchtlicher Teil des Wasser als immobiles Porenzwickelwasser und als Adsorptionswasser fest an die Bodenpartikel gebunden.

Feinstkornanteil die höheren Anforderungen an die Durchlässigkeit der TA Abfall ($k \leq 5 \cdot 10^{-10}$ m/s) nur knapp. Das Größtkorn ist nach den geltenden Vorschriften /5, ANHANG E/ auf 32 mm (Bodenaggregate, Stückigkeit) bzw. 20 mm (Steine) zu begrenzen. Die Bestimmung erfolgt als kombinierte Sieb-/Schlämmanalyse nach DIN 18123 /8/.

3.1.2 Mineral-(Tonmineral-)zusammensetzung und -verteilung

Neben der Korngrößenverteilung eines mineralischen Dichtungsmaterials ist dessen Mineralzusammensetzung, insbesondere die Tonmineralzusammensetzung, von entscheidender Bedeutung für seine bodenphysikalischen und -mechanischen Eigenschaften. Böden sind Verwitterungsprodukte, die sich aus den verwitterungsstabilen Mineralen des Ausgangsgesteins und den Verwitterungsneubildungen zusammensetzen. Die Gehalte der verschiedenen Minerale sind ungleichmäßig auf die Kornfraktionen des Bodens verteilt. Die Verwitterungsstabileren Minerale wie Quarz, Kalifeldspat und Glimmer haben sich in der Sand- und Schlufffraktion angereichert, während die Verwitterungsneubildungen, vor allem Tonminerale und Oxide überwiegend in der Tonfraktion vorkommen.

Die Hauptkomponenten eines im Süddeutschen Raum häufig vorkommende mineralischen Dichtungsmaterials mit ca. 20 - 30 Gew.-% Tonfraktion sind zum Beispiel 50 - 60 Gew.-% Quarz, 1 - 5 Gew.-% Feldspäte, 1-15 Gew.-% Calcit und Dolomit sowie die Tonminerale Illit, Kaolinit, Chlorit und Smectite. Daneben sind unregelmäßige Wechsellagerungsminerale zwischen Illit - Chlorit bzw. Smectit und Vermiculit vergleichsweise häufig. Oft anzutreffende Nebengemengeteile sind: Glimmer, Gips, Hämatit, Goethit und Siderit.

3.1.3 Kalk- bzw. Gesamtcarbonatgehalt

Der Kalkgehalt, richtiger der Gesamtkarbonatgehalt (i.w. Calcit, Dolomit) im mineralischen Dichtungsmaterial nach TA-Abfall, Anhang E bzw. TASi ist auf maximal 15 Gew.-% begrenzt. Der Hintergrund dieser Beschränkung ist die Befürchtung, der Calcit (Dolomit) würde durch saure Sickerwässer aufgelöst und die hierbei entstehenden Lösungshohlräume würden die Durchlässigkeit erhöhen. Dieser Befürchtung steht entgegen, dass ausgenommen in der kurzen Phase der sauren Gärung von Hausmülldeponien sowie evtl. bei alten Monodeponien kaum saure Sickerwässer vorkommen. Bei Inertstoffdeponien oder Dichtungen an der

Sickerwässer vorkommen. Bei Inertstoffdeponien oder Dichtungen an der Deponieoberfläche ist diese Beschränkung somit u. U. nicht erforderlich.

3.1.4 Organische Bestandteile

Der Anteil an fein verteilter organische Substanz im mineralischen Dichtungsmaterial ist nach TA-Abfall / TASi auf $\leq$ 5 Gew.-% beschränkt. Der Hintergrund ist die Befürchtung, dass die organische Substanz langfristig verrottet und durchflusswirksame Porenräume entstehen könnten. Der Abbau von bereits zersetzter, humoser organischen Substanz, wie sie in Mineralböden vorliegt, zu H_2O, CO_2, NH_4 und Mineralstoffen (Mineralisierung) erfolgt durch Mikroorganismen, die Spaltprodukte zum Aufbau eigener Körpersubstanz oder als Energiequelle nutzen /25/. Die Abbaugeschwindigkeit hängt entscheidend von den Lebensbedingungen der Bodenorganismen ab. So hemmt z.B. Sauerstoffmangel, d.h. reduzierende Bedingungen, wie sie an der Basis einer Deponie i.d.R. vorliegen, die Zersetzung entscheidend. Höhere Anteile organischer Beimengungen (> 5 - 10 Gew.-%) bewirken eine Veränderung der plastischen Eigenschaften der Böden, sowie eine höhere Schrumpfungsanfälligkeit bei Wasserverlust. Hochorganische Böden (> 20 Gew.-%) sind für Gründungszwecke ungeeignet. Die Begrenzung auf 5 Gew.% erscheint somit sinnvoll, auch wenn die 5 %-Grenze nicht überbetont werden sollte. Hinzu kommt, dass die üblichen Analysenverfahren zur Bestimmung des Anteils an organischer Substanz (nach DIN 18128 /10/ bzw. bodenphysikalische Prüfverfahren im Straßenbau) hinsichtlich ihrer Genauigkeit nicht überschätzt werden sollten.

3.1.5 Sonstige Bodenbestandteile und -verbindungen

Böden enthalten neben der eigentlichen Kornphase (Quarz, Feldpäte, Glimmer, Carbonate, Tonminerale) und der organischen Substanz noch eine Reihe anderer Verbindungen (Oxide, Hydroxide, Schwefelverbindungen), die zum Teil kristallin vorliegen bzw. als Bindemittel oder Porenzemente die Mineralkörner verkitten oder als z. B. Oxidhäutchen überziehen. Vor allem die Schwefelverbindungen Gips, Anhydrit, Pyrit sowie andere Sulfide und Sulfate sind aufgrund ihrer guten Löslichkeit (Gips), der Anhydrit-Gips-Umwandlung sowie der Schwefelsäurebildung bei der Verwitterung von Pyrit und anderen Sulfaten weitgehend auszuschließen.

3.2 Der Einfluss des Wassergehalts auf die mineralische Dichtung

Bindige Böden ändern mit dem Wassergehalt ihre Zustandsform. Ab etwa einem Gehalt von 15 - 20 Gew.-% Schluff und Ton besteht in der Regel kein Korn auf Korn Stützgerüst der gröberen Bodenbestandteile mehr, was sich in einer merkbaren Wasserempfindlichkeit der Eigenschaften dieser Böden äußert (Zustandsform, Verdichtbarkeit, Quellen/Schrumpfen). Bei bindigen Böden haben die dünnen Wasserfilme (Adsorptionswasser) um die feinkörnigen Bodenteilchen (Schluff, Ton) einen großen Einfluss auf das bodenphysikalische/bodenmechanische Verhalten. Während bei geringen Wassergehalten freie Oberflächenkräfte die Körner aneinander ziehen (bindiger Charakter) fallen diese Kräfte bei hohen Wassergehalten weg, und die Haftfestigkeit nimmt ab /22/.

3.2.1 Zustandsform - Konsistenzgrenzen

Die Zustandsform eines bindigen Bodens wird nach den ATTERBERG'schen Zustandsgrenzen in fest, halbfest, steif, weich, und breiig eingeteilt (Schrumpfgrenze zwischen fest/halbfest, Ausrollgrenze zwischen halbfest und steif und Fließgrenze zwischen breiig und fließfähig /7/). Die Differenz des Wassergehalts zwischen der Fließ- und Ausrollgrenze wird als Plastizitätszahl bezeichnet. Sie ist ein Maß für die Plastizität eines bindigen Bodens und dient im Plastizitätsdiagramm nach CASAGRANDE /11/ zur Unterscheidung ob nach bodenmechanischer Definition ein Schluff oder ein Ton vorliegt. In der Regel werden Böden, die als mineralisches Dichtungsmaterial Verwendung finden, als leicht bis mittelplastische Tone eingestuft. Die TA Abfall, Anhang E, schreibt die Ermittlung der Zustandsgrenzen nach DIN 18122 /7/ für die Eignungsprüfung und die Kontrollprüfungen bei der Bauausführung (alle 1000 m^2) vor. Grenzwerte werden jedoch nicht angegeben. Die Ermittlung dieser Kennwerte dient somit lediglich zur Prüfung der Homogenität des Dichtungsmaterials.

3.2.2 Dichte und Verdichtbarkeit

Bei bindigen Böden ist die Verdichtbarkeit sehr stark vom Wassergehalt abhängig. Als Bezugswert zur erreichbaren Lagerungsdichte dient der von PROCTOR entwickelte Proctorversuch /9/ bei dem der optimale Wassergehalt zur Verdichtung des Bodens und in etwa die mit mittelschweren Verdichtungsgeräten erreichbare Lagerungsdichte ermittelt wird. Der Verdichtungsgrad in Prozent gibt an, wie hoch die erreichte Trockendichte im Verhältnis zur Proctordichte ist. Nach TA Abfall, Anhang E muss der Verdichtungsgrand einer eingebauten mineralischen Dichtung ≥ 95 % der einfachen Proctordichte betragen. Dabei soll gemäß TA Abfall / TASi der Einbauwassergehalt auf dem nassen Seite der Proctorkurve liegen. Ist dies nicht der Fall (relativ häufig in den Sommermonaten) kann auch auf der trockenen Seite eingebaut werden, wenn der aus Korndichte, Trockendichte und Wassergehalt errechnete Luftporengehalt n ≤ 5 % beträgt. Hierzu ist eine höhere Verdichtungsarbeit erforderlich. Erfahrungen in der Praxis haben gezeigt, dass die Anforderung von < 5 % Luftporenanteil bei Wassergehalten unterhalb des optimalen Wassergehalts („trockener Ast" der Proctorkurve) nicht immer bzw. nicht bei allen Böden zu erreichen ist.

Die Trockendichte bzw. der Verdichtungsgrad ist ein zentraler Parameter für die Qualität einer mineralischen Dichtung. Durch die dynamische, i.d.R. knetende Verdichtung durch Stampffußwalzen regeln sich die Bodenteilchen optimal ein, und verringern hierdurch den (durchflusswirksamen) Porenanteil. Die Lagerungsdichte beeinflusst damit sehr stark die Durchlässigkeit mineralischer Dichtungen.

3.2.3 Volumenänderung - Quellen/Schrumpfen

Bindige Böden quellen bei Wasserzutritt und schrumpfen bei Wasserentzug. Rollige bzw. nichtbindige Bodenarten (Kiese, Sande) deren Volumen i.w. durch Korn-zu-Korn Kontakte ohne druckübertragende Wasserfilme bestimmt wird, zeigen kein bzw. praktisch kein Schrumpfungsverhalten. Bei bindigen Böden nehmen jedoch die dünnen Wasserfilme (Adsorptionswasser) um die feinkörnigen Bodenteilchen (Schluff, Ton) einen größeren Raum ein. Das Ausmaß der Schrumpfung ist um so größer je tonreicher ein Boden ist, und je mehr Wasser an den Tonmineralen gebunden ist (abh. von der Art der Tonminerale).

Die Schrumpfung erfolgt zunächst proportional zur Wassergehaltsabnahme (Normalschrumpfung, s.a. Abb. 1) durch die Entwässerung der Poren und Kapillaren, wodurch nach innen gekrümmte Menisken entstehen, welche die Bodenteilchen zueinander ziehen. Bei Tonböden nimmt zusätzlich die Dicke der Hydratwasserhüllen ab, wodurch sich die Tonteilchen stärker annähern. Haben sich die Bodenteilchen bereits so weit genähert, dass eine weitere Annäherung kaum noch möglich ist, wird die Abnahme des Bodenvolumens kleiner als das Volumen des abgegebenen Wassers (Restschrumpfung). Bei völliger Austrocknung des Bodens (Hochvakuumtrocknung) sind alle Restporen mit Luft erfüllt.

Bei Wiederbewässerung wird eine vollständige Rückquellung und damit vollständige Schließung der Trockenrisse ohne zusätzliche mechanische Arbeit nicht erreicht (Hysterese).

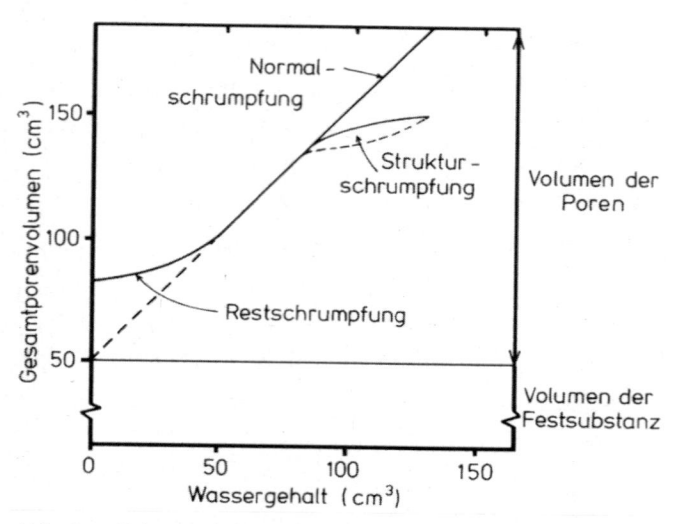

Abb. 1: Schrumpfungsverhalten eines bindigen Bodens /25/

Die Oberflächenspannung des Wassers übt durch die gekrümmten Menisken in den Poren und Kapillaren lediglich eine kontraktierende Wirkung aus, jedoch bei Wiederbefeuchtung und Auffüllung der Poren keine expandierende Wirkung. Die Quellung des Bodens ist somit lediglich auf die zunehmende Dicke der Wasserfilme auf den Mineraloberflächen (Adhäsionswasser) und der Hydratisierung der dort adsorbierten Kationen (Hydratationswasser) beschränkt (i.w. auf Tonminerale). Das Quellvermögen aber auch das Schrumpfungspotential steigt von Kaolinit über Illit zu Smectit (i.W. Montmorillonit, Hauptbestandteil von Bentonit) an. Da Natrium-Ionen als adsorbierte Kationen eine höhere Hydratationsfähigkeit haben als Calcium-Kationen, ist das Quellvermögen und die Schrumpfungsanfälligkeit von Na-Bentonit noch deutlich größer als von Ca-Bentonit.

Das Austrocknungs- und Schrumpfverhalten bindiger mineralischer Abdichtung ist i.W. unter zwei Gesichtspunkten von Bedeutung. Zum einen nach dem Einbau von mineralischen Dichtungen bei großer Trockenheit (fehlender Witterungsschutz) und insbesondere bei mineralischen Oberflächenabdichtungen (Oberflächenabdichtung nach Klasse I nach TA Siedlungsabfall bzw. als Bestandteile der Regel-Oberflächenabdichtungssysteme für die Deponieklassen 2 und 3).

Durch die Austrocknung entstehen Trocken- oder Schrumpfrisse i.w. durch Überschreiten der aufnehmbaren Zugspannungen (Zugfestigkeit) des Bodens aufgrund der Volumenverminderung durch Wasserentzug. Die Zugrisse verlaufen senkrecht zur Zugspannung. Da die Schrumpfung durch Austrocknung der Bodenoberfläche allseitig erfolgt, bildet sich ein Polyedersystem aus. Die Tiefe der Trockenrisse ist abhängig vom Austrocknungsgrad und der Bodenart.

Ein wesentlicher Aspekt der Rissheilung ist neben der nicht vollständig möglichen Quellung durch Wiederbefeuchtung die Komprimierung der mineralischen Dichtung durch die Last der darüber liegenden Schichten (Auflast). Durch die Konsolidierung kann das Volumen der Bodenschicht durch die Verringerung des Porenvolumens verkleinert werden. Risse werden dadurch bei ausreichender Auflast "überdrückt", d.h. geschlossen. Bei Oberflächenabdichtungssystemen ist die Auflast hierfür in der Regel jedoch zu gering. Lediglich bei stark quellfähigen mineralischen Dichtungen (z. B. in Form einer Bentonitmatte) genügen hier bereits relativ geringe Auflasten /13/.

Ein vollständiges "Zusammenwachsen" der Rissufer von Schrumpfrissen ist jedoch zumindest bei üblichen Böden durch die Rückquellung ohne dynamische (knetende) Verdichtung nicht zu erwarten. Es bleibt eine Unstetigkeitsstelle erhalten, an der z. B. die Zugfestigkeit des Bodens geringer ist als in der unverletzten Bodenmatrix.

Eine Wassernachführung aus tieferen Schichten durch den kapillaren Aufstieg ist aufgrund der unter der mineralischen Abdichtung liegenden rolligen (nichtbindigen) Ausgleichs- oder Gasdränschicht nicht möglich. Hier muss die langfristige Austrocknung und damit die Bildung von Schrumpfrissen entweder über eine Konservierung des Einbauwassergehaltes durch die schützende Kunststoffdichtungsbahn oder durch die Steuerung des Wasserhaushalts durch eine optimierte Rekultivierungs-(Wasserhaushalts-)schicht etc. erfolgen.

3.3 Kurze Zusammenfassung zu Böden als Material für mineralische Dichtungen

In den oben stehenden Kapiteln wurden einige Erläuterungen zu Böden als Material für die mineralische Dichtung gegeben, die allgemein gelten. Es ist jedoch darauf hinzuweisen, dass Boden keineswegs gleich Boden ist. Im Verlaufe der beruflichen Tätigkeit der Autoren, bei der die Planung, Bauüberwachung und Qualitätssicherung zahlreicher mineralischer Dichtungen bei Deponien und Altlasten breiten Raum einnahm, wurden alle möglichen Böden unterschiedlichster Kornabstufungen von leicht plastischen bis zu ausgeprägt plastischen Tonen, Schluffe mit unterschiedlichen Tongehalten und teilweise unter Zugabe unterschiedlicher Tonmehle, Sande nach Zugabe von diversen Tonmehlen etc. verwendet. Entsprechend unterschiedlich waren auch die Eigenschaften der Böden ausgeprägt.

Böden können somit unterschiedlich stark im Quellungs-/Schrumpfungsverhalten bei Wassergehaltsänderungen reagieren. Von Bedeutung ist dabei insbesondere die Kornabstufung der Böden und die Art der Tonminerale.

4. Erkenntnisse über die dauerhafte Funktionsfähigkeit mineralischer Oberflächenabdichtungen

Die mineralische Dichtung in Oberflächenabdichtungssystemen war dazu ausersehen als langzeitbeständige Dichtung die Funktion des Dichtungssystems über sehr lange, nicht zu definierende Zeiträume zu gewährleisten. Diese dauerhafte Funktion wurde der mineralischen Dichtung auch an der Deponieoberfläche unterstellt, da die hierzu verwendeten Böden als Endprodukte der Gesteinsverwitterung als dauerhaft beständig anzusehen sind. Aufgrund der unterstellten dauerhaften Beständigkeit wurde auch auf eine dauerhafte Funktionsfähigkeit geschlossen. Des weiteren wurde häufig vorausgesetzt, dass die verhältnismäßig große Stärke der Abdichtung (50 cm) zu einer geringen Durchlässigkeit beitrage.

Ab etwa Mitte der achtziger Jahre etwa befasste sich die Fachwelt mit Oberflächenabdichtungssystemen, und es wurden verschiedene Forschungsvorhaben in Gang gesetzt. Im folgenden seien die Erkenntnisse einiger Forschungs- und Untersuchungsvorhaben aufgeführt.

Eines der ersten Forschungsvorhaben mit Testfeldern zu Oberflächenabdichtungssystemen wurde im Rahmen eines Sanierungskonzepts für die Deponie Dreieich-Buchschlag in den Jahren 1985 bis 1987 durch den Lehrstuhl für Angewandte Geologie Karlsruhe durchgeführt /28/. Als Ergebnis zeigte sich, dass die Sickerwassermenge durch eine mineralische Oberflächenabdichtung durchaus reduziert werden kann. Es ergaben sich im Mittel ca. 19 mm Sickerwasser (mittlerer Niederschlag ca. 663 mm/a) bei einem Durchlässigkeitsbeiwert von ca. $3 \cdot 10^{-10}$ m/s. Dies ergab einen Sickerwasseranfall von ca. 3 % des Niederschlags. Es wurde festgehalten, dass eine weitere Reduzierung des Sickerwassers nur über zusätzliche technische Dichtungs- und Dränelemente erzielt werden könne /28/. Die Untersuchungen waren zu kurz, um das Langzeitverhalten der mineralischen Untersuchungen zu erfassen.

In den Jahren 1985 bis 1988 wurden des weiteren Testfelder für diverse Oberflächenabdichtungssysteme auf der Sonderabfalldeponie Gerolsheim im Rahmen eines großen Verbundforschungsvorhabens angelegt und beobachtet. Hier zeigte sich bereits nach relativ kurzer Zeit, dass das Testfeld, welches nur eine mineralische Dichtung aufwies, nicht die gewünschte Dichtigkeit zeigte. Ein Schurf im Testfeld zeigte Wurzeleinwuchs und Risse nach relativ kurzer Zeit. Leider wurde dieses Forschungsvorhaben nicht abgeschlossen und die Ergebnisse aus den Testfeldern so nie einer breiten Öffentlichkeit zugänglich gemacht.

Im Jahr 1987 wurden Testfelder für verschiedene Oberflächenabdichtungssysteme auf der Sonderabfalldeponie Georgswerder angelegt. Die Ergebnisse dieser Testfelder Georgswerder, welche größte Beachtung fanden, wurden Anfang der neunziger Jahre (z. B. durch /18, 19, 20/) bekannt.

Die Ergebnisse der oben genannten (und weiterer) Forschungsvorhaben, nämlich:

- dass rein mineralische Oberflächenabdichtungssysteme immer eine Restdurchlässigkeit aufweisen, die vor allem vom Durchlässigkeitsbeiwert im Feld abhängt,
- dass mineralische Abdichtungen austrocknen können,
- dass Pflanzenwurzeln und Tiere in die mineralische Dichtung eindringen oder diese gar durchdringen können und

- dass die letzten beiden Punkte dazu führen können, dass die mineralische Dichtung in ihrer Funktion gemindert wird oder diese gar völlig verliert,

haben sich mittlerweile bei anderen Forschungsvorhaben mit Testfeldern /2, 29/, bei Aufgrabungen an mineralischen Oberflächenabdichtungen /17, 24/ und durch Modellrechnungen /1, 15/ bestätigt.

Es sollen an dieser Stelle nicht alle Ergebnisse im einzelnen dargestellt werden. Mittlerweile haben sich aufgrund der oben genannten Untersuchungen und Veröffentlichungen in der Fachwelt jedoch folgende einfache Erkenntnis durchgesetzt:

- Die dauerhafte Materialbeständigkeit der mineralischen Dichtung (die überdies ebenfalls einfach unterstellt wurde) ist nicht gleichbedeutend mit einer dauerhaften Funktionsfähigkeit
- Bei Einbau der mineralischen Dichtung gemäß TA Siedlungsabfall besteht die Gefahr der Rissbildung durch Austrocknung und/oder Wurzeleinwuchs. Auch grabende Tiere können in die mineralische Dichtung eindringen
- Die Mächtigkeit einer Abdichtung hat nur wenig mit deren Durchlässigkeit zu tun
- Wichtigster Parameter zur Beschreibung einer (porösen) Abdichtung ist deren Durchlässigkeitsbeiwert
- Eine steile Böschungsneigung allein bzw. in Kombination mit einer mächtigen Abdeckung oder einer mineralischen Abdichtung mit höherem k-Wert, bietet keine Gewähr dafür, dass nur geringe Mengen des Niederschlags in die Deponie eindringen
- Der gemäß TA Siedlungsabfall geforderte Durchlässigkeitsbeiwert von $k \leq 5 \cdot 10^{-9}$ m/s ist selbst bei noch voll funktionstüchtiger mineralischer Oberflächenabdichtung zu hoch. Bei diesem Wert sickern je nach Niederschlagshöhe und sonstigen Randbedingungen noch ca. 10 % des Niederschlags durch eine rein mineralische Oberflächenabdichtung (dies ist für eine Dichtung wohl eindeutig zu viel).

Trotzdem wird häufig vor allem auf Seiten der Genehmigungs- und Fachbehörden an den überholten Vorstellungen und an der mineralischen Abdichtung als unverzichtbarem Bestandteil eines Oberflächenabdichtungssystems festgehalten. Gleichzeitig scheitert der Versuch, für andere Materialien oder Systeme eine Gleichwertigkeit nachzuweisen nach wie vor häufig daran, dass für Alternativen zu den Regel-Oberflächenabdichtungssystemen keine Nachweise für die Langzeitbeständigkeit über beliebig große (unendliche) Zeiträume geführt werden können.

5. Konsequenzen aus den heutigen Erkenntnissen

Als Konsequenz aus den oben genannten Erkenntnissen ist zu fordern, dass diese bei der Formulierung der Deponieverordnung einfließen und die Vorgaben der TA Abfall und TA Siedlungsabfall nicht ohne entsprechende Prüfung und Änderung übernommen werden.

Des weiteren muss akzeptiert werden, dass Deponien nicht „für alle Zeiten" abgedichtet und nach der Entlassung aus der Nachsorge auch für alle Zeiten vergessen werden können. Sie werden auf unabsehbare Zeiten als Deponien in der Erdkruste bestehen und es ist nach Jahrhunderten oder spätestens Jahrtausenden damit zu rechnen, dass die Oberflächenabdichtung (unabhängig von Material und System) ihre Wirkung verliert.

Das bedeutet, dass auch die Genehmigungspraxis dahin gehend geändert werden muss, dass für alternative Dichtungssysteme und –materialien kein Nachweis der „unendlichen" Langzeitbeständigkeit mehr geführt werden muss. Ein Nachweis, der von Fach- und Genehmigungsbehörden immer wieder gefordert wurde, der aber naturwissenschaftlich schlicht unmöglich ist. (Für die Regel-Oberflächenabdichtung musste ein solcher Nachweis nicht geführt werden, da diese in den TA's vorgegeben wurde). Gleichzeitig darf für eine mineralische Oberflächenabdichtung nicht mehr ohne Nachweis der Austrocknungssicherheit genehmigt werden. Dabei ist anzumerken, dass ein sicherer Nachweis derzeit noch nicht geführt werden kann und die schlichte Erhöhung der Rekultivierungsschicht auf z. B. 1,5 m noch keine Gewähr für eine langfristige Funktionssicherheit bietet.

Da bisher die meisten der verfüllten und abgeschlossenen Deponien bzw. Deponieabschnitte mit rein mineralischen Oberflächenabdichtungen (unterschiedlichster Qualität) abgedichtet wurden, ist zu prüfen, ob und in wie weit diese Ihre Funktion noch erfüllen. Dies gilt bei „Altlastenfällen", also auch bei Deponien, bei denen keine oder nur eine ungenügende Basisabdichtung vorhanden ist. Es gilt aber auch für an der Basis gedichtete Deponien, da u. U. dort weiterhin Sickerwassermengen anfallen, die entsprechende Kosten bei der Reinigung und Entsorgung verursachen. Zuletzt ist zu fordern, dass über verschiedene Forschungsvorhaben die Versagensmechanismen mineralischer Oberflächenabdichtungen genauer erfasst werden, damit materialtechnisch und oder über das Gesamtsystem geeignete Oberflächenabdichtungssysteme auf der Basis mineralischer Dichtungen hergestellt werden können, bevor mineralische Oberflächenabdichtungen gemäß Deponieklasse 1 oder 2 der TA Siedlungsabfall weiterhin genehmigt werden. Oberflächenabdichtungssystemen gemäß TA Abfall können weiter ausgeführt werden, da bei ihnen eine Möglichkeit der Funktionskontrolle einzubauen ist. Ob dabei eine mineralische Dichtung unterhalb der Kunststoffdichtungsbahn sinnvoll ist, ist jedoch zu diskutieren und in jedem Fall eine Frage der Kosten.

6. Möglichkeiten zur Sicherstellung der Funktionsfähigkeit mineralischer Oberflächendichtungen

Es sei an dieser Stelle noch einmal hervorgehoben, dass mineralische Dichtungen an der Deponiebasis durchaus bereits seit vielen Jahren ihre Funktion erfüllen. Neben der geringen Durchlässigkeit (heute gefordert: $k \leq 5 \cdot 10^{-10}$ m/s) sind sie dort vor allem aufgrund ihrer (ad-)sorptiven Eigenschaften (Schadstoffrückhaltung) vorteilhaft einsetzbar.

Bei Deponien mit qualitätsgesicherter mineralischer Basisabdichtung kann heute in der Regel keine Schadstoffemission in das Grundwasser festgestellt werden, auch wenn kein anderes, zusätzliches Dichtungselement verwendet wurde. Des weiteren haben Aufgrabungen gezeigt, dass die Qualität der mineralischen Basisabdichtungen auch nach über zehn Jahren nicht gelitten hat.

Dass bei mineralischen Oberflächenabdichtungen negative Erfahrungen gemacht wurden, muss somit an den gegenüber der Deponiebasis unterschiedlichen Randbedingungen liegen. Es sind deshalb zunächst diese Randbedingungen und die daraus resultierenden möglichen Mechanismen der Austrocknung genau zu beschreiben, um wirklich austrocknungssichere mineralische Dichtungen für die Deponieoberfläche zu erhalten. Es sei vorweggenommen, dass es hierzu zahlreiche Ansätze gibt, jedoch noch keine zuverlässige Aussage möglich ist, unter welchen exakten Voraussetzungen eine mineralische Dichtung langfristig austrocknungssicher ist, zumal diese für die unterschiedlichen Standortbedingungen der deutschen Deponien (z. B. meteorologische Bedingungen wie Niederschlagshöhe, Sonneneinstrahlung, Verdunstungshöhe, aber auch andere Randbedingungen wie die Ausrichtung der Deponie und z. B. die Temperatur im Deponiekörper) zu beschreiben wären. Hier besteht noch einiger Forschungsbedarf.

Möglichkeiten zur Beeinflussung der Langzeitfunktionsfähigkeit mineralischer Oberflächenabdichtungen ergeben sich durch

1. Die Wahl geeigneter Böden oder Mischungen natürlicher Bodenbestandteile (soweit dies möglich ist)
2. Herstellung und Einsatz von Kunstböden mit bestimmten Eigenschaften (z. B. TRISOPLAST®)
3. Geänderter Einbau der mineralischen Dichtungen (z. B. auf dem trocknen Ast der Proctorkurve)
4. Erhöhung der Auflast auf der mineralischen Abdichtung (an der Deponieoberfläche nur begrenzt möglich)
5. Beeinflussung des Wasserhaushalts der mineralischen Abdichtung durch eine mächtigere bzw. speziell aufgebaute Rekultivierungsschicht
6. Beeinflussung des Wasserhaushalts über die Dränschicht (soweit möglich)
7. Einbau einer Sperrschicht für Wurzeln oder grabende Tiere
8. Sorgfältige Auswahl des Bewuchses auf der Rekultivierungsschicht
9. Bewässerung der abgedichteten Flächen in Trockenzeiten (in Parks und Gartenanlagen wird dies durchaus auf großen Flächen durchgeführt)

Bevor auf die oben stehenden Punkte näher eingegangen wird, soll an dieser Stelle angemerkt werden, dass die oben aufgeführten Maßnahmen einzeln oder gemeinsam nur für rein mineralische Dichtungen gelten. Bei Kombinationsdichtungen (Kunststoffdichtungsbahn über mineralischer Dichtung) bzw. sonstigen Verbunddichtungen ist die mineralische Dichtung möglicher Weise für lange Zeit so geschützt, dass die Funktion erhalten bleibt. Dabei ist jedoch zu akzeptieren, dass bei Funktionsverlust einer Dichtungsschicht (z. B. Kunststoffdichtungsbahn) auch die mineralische Dichtung ihre Funktion verlieren kann. Ob der Einsatz einer mineralischen Dichtung gemäß TA Siedlungsabfall dann noch sinnvoll ist, ist allerdings zu hinterfragen.

ad 1. Die unterschiedlich ausgeprägten Eigenschaften verschiedener Böden sollte bei der Herstellung austrocknungssicherer mineralischer Dichtungen genutzt werden. Zum einen können Böden gewählt werden, welche wenig anfällig für Schrumpfung und dabei entstehende Risse sind. Bei Wassergehaltsänderungen (Austrocknung) wird so die Neigung zur Ausbildung von Schrumpfungsrissen vermindert. Von Bedeutung sind dabei vor allem die Kornabstufung und die Auswahl der enthaltenen Tonmineralien in den Böden. Eine andere Möglichkeit wäre die Wahl ausgeprägt stark quellender und schrumpfender Böden, bei denen unterstützt durch eine gewisse Auflast eine Selbstheilung stattfindet, wie dies bei Bentonitmatten zu beobachten ist /13, 14, 21/.

ad 2. Es können Kunstböden hergestellt werden, die aufgrund der Zugabe bestimmter Stoffe in ihrem Verhalten so weit verbessert werden, dass eine Austrocknungssicherheit und evtl. auch eine Sicherheit gegen Pflanzenwurzeln und grabende Tiere hergestellt werden kann. Als Beispiel sei der Kunstboden „TRISOPLAST®"genannt, der in einem weiteren Beitrag näher erläutert wird. In diesem Fall werden die Materialeigenschaften durch die Zugabe von Polymeren zu einer Sand-Bentonit-Mischung eingestellt. Es sind viele andere Mischungen aus Böden, Bodenbestandteilen und sogar Reststoffen etc. denkbar. An dieser Stelle soll hierzu nur noch auf die Herstellung sogenannter „Reststoffdichtungen" hingewiesen werden, wie sie derzeit z. B. in 12 Testfeldern auf der Halde der Dillinger Hütte (Saarland) eingebaut werden.

ad 3. Ein geänderter Einbau mineralischer Dichtungsschichten kann dazu beitragen, das Austrocknungsverhalten zu ändern. Insbesondere könnte das Material bereits mit einem Wasserhalt unterhalb des optimalen, evtl. sogar mit dem sich langfristig einstellenden Wassergehalt eingebaut werden. Auf diese Weide kann ein Schrumpfen des Materials verringert oder gar vermieden werden, da eine geringere oder im besten Fall keine Wassergehaltsabnahme zu erwarten ist. Dieser Maßnahme sind allerdings materialabhängige Grenzen gesetzt, da beim Einbau mit geringeren Wassergehalten der Durchlässigkeitsbeiwert des Materials zunimmt. Der Durchlässigkeitsbeiwert ist jedoch für die tatsächliche Systemdichtigkeit mineralischer Dichtungen von größter Bedeutung. Ab bestimmten Wassergehalten ist zudem eine Verdichtung nicht mehr hinreichend möglich. Da die Grenzen hier von der Kornabstufung und vom Tonmineralgehalt der Böden abhängen, lassen sich hierzu keine detaillierteren Aussagen machen.

ad 4. Untersuchungen zu Bentonitmatten in Oberflächenabdichtungen haben gezeigt, dass diese zwar auch austrocknen können, dass sich die entstandenen Trockenrisse bei Wiederbefeuchtung aufgrund der extrem hohen Quellungsfähigkeit des Bentonits (auch nach Kationenaustausch) wieder schließen, so dass die Dichtigkeit zwar etwas größer wird, wie in dem Falle, dass keine Austrocknung stattfindet, insgesamt aber akzeptable Systemdichtigkeiten erreicht werden /13, 14, 21/. Von großer Bedeutung ist dabei jedoch die Auflast, die in einer Mindestgröße vorhanden sein muss. Bei zu geringen Auflasten schließen sich die Trockenrisse auch durch die Quellung nicht mehr. Diese Erkenntnisse können auf mineralische Dichtungen aus natürlichen oder künstlichen Böden übertragen werden, allerdings sind den Auflasten natürliche Grenzen gesetzt, da sie über nicht verunreinigte Materialien (Dränschicht und Rekultivierungsschicht) herzustellen sind. Bei Deponiegrößen von mehreren Hektar oder mehr, bedeutet dies, dass riesige Mengen an Böden anzuliefern sind.

Die Erhöhung der Rekultivierungsschicht hat neben der höheren Auflast auch Auswirkungen auf den Wasserhaushalt des gesamten Oberflächenabdichtungssystems.

ad 5. Eine mächtigere Rekultivierungsschicht oder die Ausführung der Rekultivierungsschicht in definierten Einzelschichten, an welche bestimmte Anforderungen gestellt werden können, ist eine Möglichkeit, den Wasserhaushalt des Oberflächenabdichtungssystems zu beeinflussen. Aus wirtschaftlichen Gründen sind gewisse Grenzen gesetzt, da es schwierig sein kann, Materialien mit bestimmten Eigenschaften in großer Menge zu erhalten. Weitere Anmerkungen hierzu siehe Beitrag Egloffstein und Burkhardt.

ad 6. Auch die Ausbildung der Dränschicht kann den Wasserhaushalt einer mineralischen Dichtungsschicht beeinflussen. Durch grobe Kieskörnungen (z. B. Kies Korngruppe 16/32 mm) kann der kapillare Transport aus der Dichtungsschicht über die Drän- in die Rekultivierungsschicht verhindert werden. Evtl. wird in der so ausgeführten sehr porenreichen Schicht aber das Wasser aufgrund einer gewissen Belüftungswirkung auf anderem Wege abgeführt.

Eine im Kornbereich „Sand" ausgeführte Dränschicht kann länger Wasser an der Grenzschicht zur mineralischen Dichtung halten, ermöglicht aber den kapillaren Aufstieg von Wasser aus der mineralischen Dichtung.

Es gibt hierzu bereits Rechenansätze /16/, diese Modellrechnungen müssen jedoch über praxisnahe Tests (Großlysimeter) überprüft werden, bevor belastbare Aussagen damit möglich sind.

ad 7. Um zu verhindern, dass Pflanzenwurzeln und Tiere in die mineralische Dichtung eindringen, könnte eine Schicht als Wurzelsperre angebracht werden. Allerdings sind Steinlagen, wie sie in den USA hierzu verwendet werden, voraussichtlich nicht zielführend, da Wurzeln und Tiere (z. B. Regenwürmer) diese Lage sicherlich durchdringen können. Eine wirklich wurzeldichte Schicht kann durch eine Kunststoffdichtungsbahn hergestellt werden, diese hat dann aber auch Auswirkungen auf das Austrocknungsverhalten der mineralischen Dichtung.

ad 8. Da Pflanzen über die Wurzeln und die ständige Wasseraufnahme (und Abgabe über die Transpiration) sicherlich zum Austrocknen der Rekultivierungsschicht und in der Folge der mineralischen Dichtung beitragen, könnte über eine spezielle Auswahl an Pflanzen und einer späteren Pflege der Bepflanzung eine Beeinflussung des Wasserhaushalts vorgenommen werden. Es steht jedoch zu befürchten, dass Pflanzenwurzeln auch bei mächtigeren Rekultivierungsschichten (z. B. 1,5 oder 2,0 m) in Trockenzeiten bis zur Oberfläche der mineralischen Dichtung vordringen. Des weiteren ist eine dauerhafte Pflege der Bepflanzung aufwendig und kaum durchführbar.

ad 9. Die Bewässerung einer Deponiefläche ist durchaus möglich, wenn auch aufwendig, da auch ein automatisches Bewässerungssystem der Wartung bedarf. Die rechtzeitige Befeuchtung der Flächen, kann dazu führen, dass die Rekultivierungsschicht und damit die mineralische Dichtung vor Austrocknung geschützt werden. Die Idee der Bewässerung wird jedoch bei Deponiebetreibern begreiflicher Weise auf wenig Verständnis stoßen.

Die oben aufgeführten Punkte sind nicht gänzlich ausdiskutiert und sollen nur aufzeigen, welche Möglichkeiten bestehen mineralische Dichtungen auch weiterhin beim Bau von Deponieoberflächenabdichtungen einzusetzen. In vielen Bereichen ist noch Forschungsarbeit zu leisten, um die Randbedingungen für die Austrocknungssicherheit mineralischer Dichtung genauer zu definieren. Klar ist jedoch heute schon, dass sich einfache Bemessungsregeln nicht erstellen lassen, da zu viele Einflüsse auf die mineralische Abdichtung wirken. Dies beginnt bei der Wahl des Materials für die mineralische Dichtung, setzt sich fort über die generellen Standortbedingungen einer Deponie bis hin zu den kleinräumigen Bedingungen, die z. B. auf der Nordböschung einer Deponie ganz anders aussehen können als auf der Südseite.

Einfache Lösungen und Regeln zur Bemessung mineralischer Dichtungen sind also auch nach Erforschung aller Versagensmechanismen für die mineralische Dichtung nicht zu erwarten. Es kann daher derzeit nur empfohlen werden, industriell gefertigte und qualitätsgesicherte Dichtungskomponenten zu verwenden, wie sie zur Zeit bereits zur Verfügung stehen. Hierbei handelt es sich z. B. um:

- Kunststoffdichtungsbahnen (auf der Grundlage der BAM-Richtlinie)
- Bentonitmatten (auf der Grundlage der DIBt-Zulassungen)
- Kunstböden (nach Prüfung durch unabhängige Institutionen (wie z. B. die Bundesanstalt für Materialforschung und –prüfung, BAM, Berlin)
- Dichtungen mit Kontrollsystemen
 (z. B. GEOLOGGER® /23/ oder SENSOR DDS® /26/)

Der Einsatz von Kapillarsperren ist ebenfalls möglich, doch sei angemerkt, dass mit diesem System keine Langzeiterfahrungen vorliegen und es durch Veränderungen im Korngefüge (z. B. über Ausfällungsreaktionen etc.) langfristig auch hier zu Funktionsbeeinträchtigungen kommen kann. Allerdings ist anzunehmen, dass diese Veränderungen, wenn überhaupt, sehr langsam vor sich gehen werden.

Asphaltdichtungen an der Oberfläche lehnen die Autoren zumindest bei stark setzungsgefährdeten Deponien (Hausmülldeponien) ab. Lediglich auf Inertstoffdeponien, bei denen kalkulierbare Setzungen in einem verträglichen Bereich auftreten, kommen hierfür in Frage. Es ist aber anzumerken, dass auch Asphaltdichtungen nicht über beliebig lange Zeiträume beständig sind, obwohl dies teilweise unterstellt wird.

7. Zusammenfassung und Schlussfolgerungen

Zusammengefasst ist zu sagen, dass die mineralische Abdichtung an der Deponieoberfläche so wie sie in der TA Abfall bzw. TA Siedlungsabfall (bzw. auch in der EU-Deponierichtlinie) gefordert werden, nicht die Aufgabe übernehmen kann, die man ihr ursprünglich zugedacht hatte. Sie war dafür vorgesehen, ebenso wie bei der Basisabdichtung, die Langzeitbeständigkeit und -funktionsfähigkeit der Dichtung zu gewährleisten.

Es hat sich jedoch in Forschungsvorhaben und in der Praxis gezeigt, dass zum einen die gestellten Anforderungen an den Durchlässigkeitsbeiwert (gemäß TASi: $k \leq 5 \cdot 10^{-9}$ m/s) zu gering sind, da die Restdurchlässigkeit bei dieser Systemdurchlässigkeit viel zu hoch ist, zum anderen die Langzeitfunktionsfähigkeit der mineralischen Abdichtung nicht in jedem Fall gegeben ist. Die mineralische Oberflächenabdichtung ist durch Austrocknung sowie Pflanzenwurzeln und grabende Tiere in ihrer Funktion gefährdet. In manchen Fällen hat die mineralische Dichtung bereits nach wenigen Jahren ihre Funktion völlig verloren (Testfelder Gerolsheim, Georgswerder und Karlsruhe-West /1, 18, 29/). Aufgrabungen an Deponien haben die Erkenntnisse aus den Testfeldern bestätigt /17, 24/.

Diese Untersuchungen haben gezeigt, dass zum einen in diesem Bereich noch erheblicher Forschungsbedarf besteht. Zum anderen müssen viele Fach- und Genehmigungsbehörden und Deponiebetreiber von der Vorstellung abrücken, man könnte „das Problem Deponie" durch eine Oberflächenabdichtung für alle Zeiten lösen.

Aufgrund der wirtschaftlichen Gegebenheiten (es wurden z. T. für den Abschluss von Deponien keine oder häufig zu geringe Mittel zurückgelegt) wird die TA Siedlungsabfall in der Praxis heute oft unterlaufen. So werden als einfacher Ausweg z. B. temporäre Oberflächenabdichtungen unterschiedlichster Qualität ausgeführt. Auf der anderen Seite haben die unzureichenden Mittel ganz sicher die neu aufflammende Diskussion darüber verstärkt, wie dicht Abdichtungen denn überhaupt sein müssen und, ob eine Mumifizierung der Deponien überhaupt wünschenswert ist. Hier wird häufig gerne das geglaubt was nützt. Allerdings ist der Nutzen oft kurzfristig.

Die Autoren hoffen, dass alle oben aufgeführten Fragestellungen und Untersuchungen zu wirklich langzeitfunktionsfähigen Abdichtungssystemen (auch mit mineralischen Dichtungen) in Forschungsvorhaben unvoreingenommen untersucht werden. Ziel muss es sein, den Abschluss der Deponien so zu gestalten, dass er wirtschaftlich aber vor allem volkswirtschaftlich und umweltverträglich vorgenommen werden kann.

8. Quellenverzeichnis

/1/ Berger, K. (2000): Wasserhaushalt von Inertstoffdeponien, in Entsorgungspraxis Band 18 (7/8), S27-32, Viehweg & Sohn, Wiesbaden

/2/ Breh, W. und Hötzl, H. (1999): Langzeituntersuchungen zur Wirksamkeit des Oberflächenabdichtungssystems mit Kapillarsperre auf der Deponie Karlsruhe-West – Ergebnisse, Schlussfolgerungen und Ausblick, in Egloffstein, Th. und Burkhardt, G. und Czurda, K. (Hrsg.), Oberflächenabdichtungssysteme für Deponien und Altlasten ·99, Abfallwirtschaft in Forschung und Praxis, Band 116, Erich Schmidt Verlag, Berlin

/3/ Bundesministerium für Umwelt, Naturschutz und Reaktorsicherheit (1991): Gesamtfassung der zweiten allgemeinen Verwaltungsvorschrift zum Abfallgesetz (TA Abfall) - Technische Anleitung zur Lagerung, chemisch/physikalischen, biologischen Behandlung, Verbrennung und Ablagerung von besonders überwachungsbedürftigen Abfällen vom 12.03.1991

/4/ Bundesministerium für Umwelt, Naturschutz und Reaktorsicherheit (1993): Dritte Allgemeine Verwaltungsvorschrift zum Abfallgesetz (TA Siedlungsabfall, Kabinettsbeschluss vom 21.04.1993), Bundesanzeiger, 45. Jhrg. Nummer 99a, 14.05.1993

/5/ Burkhardt, G. und Egloffstein, Th ((1994): Ausführungsvarianten von Oberflächenabdichtungssystemen und Hinweise zu deren Auswahl, in Egloffstein, Th. und Burkhardt, G. (Hrsg.), Oberflächenabdichtungssysteme für Deponien und Altlasten, Schriftenreihe der Angewandten Geologie Karlsruhe (AGK), Band 34, Eigenverlag AGK, Karlsruhe

/6/ Der Rat der Europäischen Union: Richtlinie 1999/31/EG DES RATES vom 26.04.1999 über Abfalldeponien, Amtsblatt der Europäischen Gemeinschaften vom 16.07.1999, L182/1 ff

/7/ Deutsches Institut für Normung: DIN 18122

/8/ Deutsches Institut für Normung: DIN 18123
/9/ Deutsches Institut für Normung: DIN 18127
/10/ Deutsches Institut für Normung: DIN 18128
/11/ Deutsches Institut für Normung: DIN 18196
/12/ Egloffstein, Th. & Burkhardt, G. (1993): „Ergebnisse eines Probeschurfes in der Klärschlammdeponie Schippach, Landkreis Miltenberg", Veröffentlichung in "Müll und Abfall" 11/93, Erich Schmidt Verlag, Berlin.
/13/ Egloffstein, Th. (2000): Der Einfluss des Ionenaustausches auf die Dichtwirkung von Bentonitmatten in Oberflächenabdichtungen von Deponien, Dissertation an der Fakultät für Bio- und Geowissenschaften der Universität (TH) Karlsruhe, ICP Eigenverlag Bauen und Umwelt, Karlsruhe
/14/ Egloffstein, Th. und Markwardt, N. (1999): Modellierung des Durchlässigkeitsverhaltens von Bentonitmatten unter Berücksichtigung von Austrocknung und Wiedervernässung mit dem HELP-Modell, in Egloffstein, Th. und Burkhardt, G. und Czurda, K. (Hrsg.), Oberflächenabdichtungssysteme für Deponien und Altlasten ·99, Abfallwirtschaft in Forschung und Praxis, Band 116, Erich Schmidt Verlag, Berlin
/15/ Egloffstein, Th., Heidrich, A. und Burkhardt, G. (1995): Wasserhaushaltsbetrachtungen bei Oberflächenabdichtungen und – abdeckungen, in Egloffstein, Th. und Burkhardt, G. (Hrsg.), Oberflächenabdichtungssysteme für Deponien und Altlasten, Schriftenreihe der Angewandten Geologie Karlsruhe (AGK), Band 37, Eigenverlag AGK, Karlsruhe
/16/ Holzlöhner, U. (1996): Rechnerische Abschätzung der Austrocknungsgefährdung von mineralischen Abdichtungsschichten in Deponieabdichtungssystemen, in Czurda, K. und Stief, K. (Hrsg.), Oberflächenabdichtungssysteme für Deponien und Altlasten – Regelwerke oder alternative Systeme?, Schriftenreihe der Angewandten Geologie Karlsruhe (AGK), Band 45, Eigenverlag AGK, Karlsruhe

/17/ Maier-Harth, U. und Melchior, S. (2001): Überprüfung der Wirksamkeit der 10 Jahre alten mineralischen Oberflächendichtung der ehemaligen Industriemülldeponie Prael in Sprendlingen, Kreis Mainz-Bingen, Vortrag anlässlich des Seminars „Oberflächenabdichtung und Rekultivierung von Deponien". 4. Deponieseminar des Geologischen Landesamtes Rheinland-Pfalz am 28.03.2001 in Mainz. Eigenverlag Geologisches Landesamt Rheinland-Pfalz, Postfach 100255, 5133 Mainz

/18/ Melchior, S. (1993): Wasserhaushalt und Wirksamkeit mehrschichtiger Abdecksysteme von Deponien und Altlasten, Dissertation im Fachbereich Geowissenschaften, Universität Hamburg, Hamburger Bodenkundliche Arbeiten, 22

/19/ Melchior, S. (1998): Felduntersuchungen und Aufgrabungen von bindigen mineralischen Oberflächenabdichtungen, Vortrag anlässlich des Seminars „Neue Erkenntnisse zur Austrocknung und Durchwurzelung mineralischer Oberflächenabdichtungen" am 21.10.1998 in Wackersdorf

/20/ Melchior, S., Berger, K., Vielhaber, B. und Miehlich, G. (1993): Ergebnisse der Langzeitüberwachung von Oberflächenabdichtungssystemen auf der Deponie Georgswerder (Hamburg), BMFT-Verbundvorhaben Deponieabdichtungssysteme, 2. Arbeitstagung, 1993

/21/ pedo tec GmbH (2001): Wirksamkeit von Bentofix-Tondichtungsbahnen in Oberflächenabdichtungssystemen von Deponien und Altlasten, unveröffentlichtes Gutachten im Auftrag der Naue Fasertechnik GmbH & Co. KG, Lübbecke

/22/ Prinz, H.: Abriß der Ingenieurgeologie, 3. neu bearbeitete und erweiterte Auflage, Ferdinand Enke Verlag, Stuttgart, 1997

/23/ Rödel, A. (1994): Das System GEOLOGGER. Funktionsweise, Vor- und Nachteile, Testfeld Lemförde, Kosten, in Egloffstein, Th. und Burkhardt, G. (Hrsg.), Oberflächenabdichtungssysteme für Deponien und Altlasten, Schriftenreihe der Angewandten Geologie Karlsruhe (AGK), Band 34, Eigenverlag AGK, Karlsruhe

/24/ Rödl, P., Heyer, D. und Ranis, D. (1999): Aufgrabungsergebnisse an mineralischen Oberflächenabdichtungen in Bayern, in Egloffstein, Th. und Burkhardt, G. und Czurda, K. (Hrsg.), Oberflächenabdichtungssysteme für Deponien und Altlasten ·99, Abfallwirtschaft in Forschung und Praxis, Band 116, Erich Schmidt Verlag, Berlin

/25/ Scheffer/Schachtschabel: Lehrbuch der Bodenkunde, 14. Auflage, Ferdinand Enke Verlag, Stuttgart, 1998

/26/ Schwöbken, S., Jost, D. und Nosko, V. (1999): Der Einsatz des Leckage-Erkennungs- und –ortungssystems SENSOR DDS, in Egloffstein, Th. und Burkhardt, G. und Czurda, K. (Hrsg.), Oberflächenabdichtungssysteme für Deponien und Altlasten ·99, Abfallwirtschaft in Forschung und Praxis, Band 116, Erich Schmidt Verlag, Berlin

/27/ Stief, K.: DeponieOnline.de/meinemeinung/meinung07.htm

/28/ Wohnlich, S. (1987): Auswirkungen nachträglicher Grundwasserschutzmaßnahmen auf den Wasserhaushalt von Deponien unter besonderer Berücksichtigung von Oberflächenabdichtungen, Czurda, K. und Hötzl, H. (Hrsg.) Schriftenreihe der Angewandten Geologie Karlsruhe (AGK), Band 1, Eigenverlag AGK, Karlsruhe

/29/ Zischak, R. und Hötzl., H. (1994): Ergebnisse des Testfelds zur kombinierten Kapillarsperre auf der Deponie Karlsruhe-West, in Egloffstein, Th. und Burkhardt, G. (Hrsg.), Oberflächenabdichtungssysteme für Deponien und Altlasten, Schriftenreihe der Angewandten Geologie Karlsruhe (AGK), Band 34, Eigenverlag AGK, Karlsruhe

Wie dicht muss bei Altdeponien und Altablagerungen eine Oberflächenabdeckung sein?
– Mumifizierung oder kontrolliertes natural attenuation des Deponiekörpers

L. Luckner[*] und R. Schinke[**]

Inhalt

1. Einführung 247
2. Grundsätze zur nachhaltigen Problemlösung 250
3. Funktionalität der Oberflächenabdeckung 252
4. Exemplarischer Lösungsvorschlag 256
5. Literatur 262

1. Einführung

Gemäß der Richtlinie 1999/31/EG des Rates vom 26.04.1999 über Abfalldeponien, Artikel 1 ist es das *Ziel*, während des *gesamten Bestehens* der Deponie negative Auswirkungen der Ablagerungen von Abfällen auf die Umwelt, insbesondere die Verschmutzung von Oberflächenwasser, Grundwasser, Boden und Luft, und auf die globale Umwelt, einschließlich des Treibhauseffekts, sowie alle damit verbundenen Risiken für die menschliche Gesundheit weitest möglich zu vermeiden und zu mindern. Diese Basisforderung nach zeitlich unbegrenzter umweltverträglicher Ablagerung von Abfällen müssen aus unserer Sicht der Dinge auch Altdeponien und Altablagerungen mit ihrem Abfallinventar erfüllen.

Altdeponien und Altablagerungen sind in der Regel Unikate bezüglich ihres Abfallinventars, des erfolgten Einbaus der Abfälle, ihrer technischen Ausstattung, der

---

[*] Prof. Dr.-Ing. habil. L. Luckner, Dresdner Grundwasserforschungszentrum e.V.
Meraner Str. 10, 01217 Dresden
[**] Dipl.-Ing. R. Schinke, Grundwasserforschungsinstitut GmbH Dresden
Meraner Str. 10, 01217 Dresden

sie von ihrem näheren Umfeld abschirmenden geologischen Barriere, den in ihrem Umfeld betroffenen Schutzgütern und einem möglicherweise durch deponiebürtige Schadstoffe bereits bewirkten Grundwasserschaden unter der Deponie mit seiner Fahne. Ihre nachhaltige umweltverträgliche Sicherung bzw. Verwahrung kann deshalb sinnvoll nur durch Einzelfallentscheidungen erreicht werden, die gefährdungsadäquate, zeitlich unbegrenzte Lösungen erstreben. Neben bewährten, nach den allgemein anerkannten Regeln der Technik gestalteten Sicherungskomponenten wird dabei innovativen Komponenten zunehmende Bedeutung beizumessen sein.

Die auf eine standortkonkrete Gefährdungsbewertung zu stützenden Einzelfallentscheidungen über zu treffende Maßnahmen zur zeitlich unbegrenzten umweltverträglichen Sicherung einer Altdeponie oder Altablagerung bedürfen angemessener Kenntnisse über

- das aktuelle Inventar mit seinen mobilisierbaren Stoffen,
- die in ihnen ablaufenden Stoffwandlungsprozesse und ihre Prognose,
- die bisherige, heutige und künftige Emission deponiebürtiger Stoffe,
- den Verbleib der Emitenten im näheren und weiteren Umfeld und
- die zu erwartende Ausbreitung entlang von Transportpfaden hin zu den zu betrachtenden Schutzgütern.

Dem Aufbau und dem Betrieb eines diesen Aufgaben angemessenen Monitorings der Altdeponien und –ablagerungen fällt als wichtigster informationeller Basis der Gefährdungsbewertung eine Schlüsselrolle zu.

Grundelemente jedweder Gefährdungsbewertung sind der **Herd** (Schadherd) als Quelle der Gefahr, das gefährdete **Schutzgut** und der **Pfad**, auf dem die Gefahr vom Herd ausgehend das Schutzgut zu erreichen vermag. Die latente Gefahr im Herd (z.B. das Schadstoffinventar der Deponie) wird dabei oftmals erst durch Einwirkung eines Initiators (z.B. durch den Zutritt von Niederschlagswasser) zur akuten Gefahr (mobiles Deponiegas- bzw. Deponiesickerwasser), die sich über diverse Pfade zu unterschiedlichen Schutzgütern hin auszubreiten vermag. Primäres Element jedweder Gefährdungsbewertung ist dabei die *Exposition eines Schutzgutes*. Zentrale Bedeutung hat deshalb die Wertung der Exposition, der das Schutzgut derzeit durch das Wirken einer Gefahr ausgesetzt ist oder bei einem ungehinderten weiteren Ablauf des Geschehens mit hinreichender Wahrscheinlichkeit künftig ausgesetzt sein würde.

Abbildung 1 zeigt exemplarisch derartige Elemente, die bei der Gefährdungsbewertung von besonderer Relevanz sind. Dabei ist es im vorliegenden Fall der Sachverhalt von erheblicher Bedeutung, ob sich gemäß BBodSchG/BBodSchV unter der Deponie in der grundwasserspiegelnahen Zone bereits ein sekundärer Schadherd (ein *Grundwasserschaden*) durch Deponiesickerwasser ausgebildet hat, so dass dann die Gefährdungsbewertung der zu betrachtenden Schutzgüter ausgehend von dieser „Metastase", die gegebenenfalls aus dem Primärschadherd auch weiterhin nachgespeist wird, vorzunehmen ist – vgl. auch BÖRNER & ECKARD, 2001.

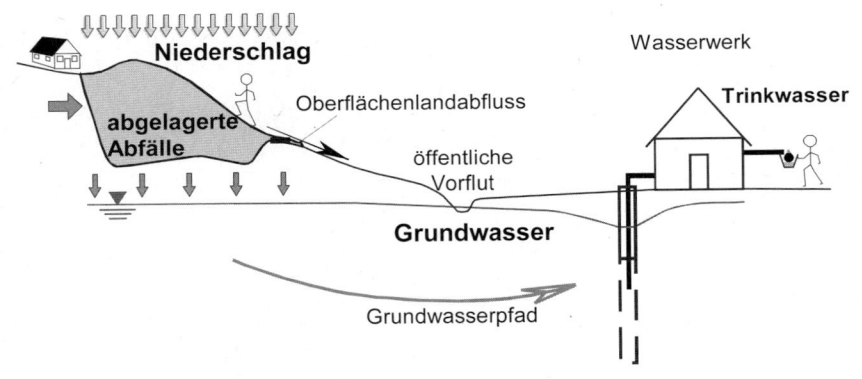

Abb. 1 Elemente der Gefährdungsbewertung:
Abgelagerte Abfälle als latente Gefahr, die Freisetzung der Gefahr durch Niederschlagsinfiltration und Schichtwasser, die Ausbreitungspfade der Gefahr und Schutzgüter des öffentlichen Rechts, die der Gefahr ausgesetzt sein können.

Neben der *menschlichen Gesundheit* gilt es bei der Gefährdungsbewertung auch das *Grundwasser* und die *öffentliche Vorflut* als Schutzgut zu betrachten, die vor schädigenden Wirkungen bzw. Beeinträchtigungen zu bewahren sind. Soll sich eine Gefährdungsbewertung dabei auf *Messwerte* des Deponiemonitorings stützten, ist es von erheblicher Bedeutung, von Beginn an Einvernehmen darüber zu erzielen, *wo* zu messen ist und mit *welchen Bezugswerten* die Messwerte zu vergleichen sind. Letztendlich muss Klarheit geschaffen werden, wo und womit das Schutzgut am besten vor einer Gefährdung bewahrt werden kann.

2. Grundsätze zur nachhaltigen Problemlösung

Betrachtet man die Gefährdungssituation, die von den in Altdeponien bzw. -ablagerungen befindlichen Abfällen auszugehen vermag, sind beispielsweise anhand von Abbildung 1 folgende *grundsätzlichen Problemlösungen* für eine zeitlich unbegrenzte umweltverträgliche Sicherung möglich:

1) Die abgelagerten Abfälle werden wieder aufgenommen und inertisiert

Die Inertisierung der Abfälle ist bei Umsetzung dieser Lösungsvariante soweit zu erstreben, dass aus ihnen keine Schadstoffe mehr in umweltunverträglichem Maße frei gesetzt werden können. Insbesondere soll es zu keinen nachteiligen Schadstofffreisetzungen aus diesen inertisierten Abfällen bei Wasserzutritt kommen. Beispielsweise werden durch Verbrennung von Deponiegut mit organischem Anteil und Versinterung bzw. Verglasung der Aschen derartig endbehandelte Abfälle erstrebt. Sie stellen keine besonderen Anforderungen an ihre weitere Lagerung. Die so erreichbare Problemlösung ist aber nicht billig und wird deshalb auch künftig zumindest für Altdeponien und -ablagerungen mit Hausmüll und Bauschutt nur in Sonderfällen eine umsetzbare Problemlösung darstellen.

2) Die gas- und wasserdichte Einkapselung der Abfälle

Jede gas- und wasserdichte Einkapselung der Abfälle in einem Containment, die auch als Abfallmumifizierung bzw. Abfallsarkophagisierung bezeichnet wird, ist eine nur zeitlich begrenzt wirkende Sicherungslösung. STIEF 2000 bzw. STEACK 1999 bemerken hierzu z.B.: *„Eine dauerhafte Funktionsfähigkeit von Abdichtungsschichten kann niemals gewährleistet werden"* bzw. *„Durch die Kapselung von Deponien gemäß TASi entstehen ‚Konservendosen', deren Inhalt der Nachwelt peu á peu entgegenträufelt. Deshalb fordern Wissenschaftler ein neues Leitbild für Altdeponien."*

Eine zeitlich unbegrenzte Problemlösung durch gas- und wasserdichte Einkapselung von Abfällen, die bei Wasserzutritt Gase und Wässer mit deponiebürtigen Schadstoffen freisetzen würden, ist nur erreichbar, wenn das Containment bezüglich Lecks ständig überwacht, Fehlstellen des Containments fortlaufend repariert und nach dem Erreichen des Abschreibungsendes des Containments immer wieder ein neues Containment als Ersatzinvestition erstellt wird. Für diese fortlaufenden Reparaturen und immer wieder zu wiederholenden Ersatzinvestitionen des Containments müssten die entsprechenden finanziellen Rückstellungen gebildet werden, wenn diese Aufgabe nicht kommenden Generationen überlassen werden soll. Eine fortlaufende Erneuerung des technischen Containments wäre nur dann vermeidbar, wenn den eingekapselten Abfällen Wasser, eventuelle auch reaktive Gase u.a. Reaktanten zugeführt werden, Schadstoffabbaureaktionen in der Kapsel ablaufen können und die dabei produzierten schadstoffbelasteten Gase und Wässer aus der Kapsel abgezogen würden.

3) ***Fassung und Entsorgung der Abfallschadstoffemitenten***

Eine dritte grundsätzliche Problemlösung besteht darin, die aus Altdeponien und -ablagerungen emittierenden gasförmigen und sickerwassergelösten Schadstoffe solange kontrolliert zu fassen und zu entsorgen, bis diese Emissionen zum Erliegen kommen oder ein umweltverträgliches Ausmaß erreichen. Das Erfordernis zur Gas- und Sickerwasserfassung und sachgerechten Gas- und Sickerwasserentsorgung ist grundsätzlich zeitlich endlich, da eine endliche Abfallmenge auch nur eine endliche Menge gasförmiger und wasserlöslicher Emitenten freizusetzen vermag und deshalb früher oder später die Emission im umweltunverträglichen Ausmaß zum Erliegen kommen muss. Diese Form der Problemlösung ist deshalb grundsätzlich nachhaltig, auch wenn die Gas- und Sickerwasserfassungs- und Gas- und Sickerwasserentsorgungsanlagen für manche der Altdeponien und -ablagerungen über sehr lange Zeiträume hinweg vorzuhalten sein werden.

4) ***Natural attenuation der deponiebürtigen Schadstoffemitenten***

Bei einer ganzen Reihe von Altdeponien und Altablagerungen wird auch das kontrollierte natürliche Selbstreinigungsvermögen in Betracht gezogen werden können, das die Grundwasserleiter den deponiebürtigen Emitenten bei ihrer Untergrundpassage – ausgehend vom Emissionsort des Sickerwassers aus dem abgelagerten Abfallkörper bis hin zu den zu betrachtenden Schutzgütern des öffentlichen Rechts – entgegensetzen. Der geplante BMBF-Förderschwerpunkt „Kontrollierter natürlicher Rückhalt und Abbau von Schadstoffen bei der Sanierung kontaminierter Böden und Grundwässer" (KORA) hat auch die Förderung eines Themenverbundes im Auge, der sich mit dem Natural Attenuation und dem Enhanced Natural Attenuation deponiebürtiger Wasserschadstoffe aus Altdeponien und Altablagerungen befassen soll. Da die Emitenten aus derartigen Herden zumeist reduzierte Schadstoffspezies darstellen (Produkte der anaeroben Stoffwandlungsprozesse im Deponiekörper bzw. in der Ablagerung), ist ihr weiterer natürlicher Abbau oftmals zuverlässig nur aerob möglich. Ammonium z.b. ist mit Sulfat oder Nitrat als Elektronenakzeptoren praktisch nicht mikrobiell abbaubar. Natural Attenuation für Ammonium als deponiebürtigem Stoff wäre deshalb in signifikantem Ausmaß nur in aeroben oberflächennahen Grundwasserleitern zu erwarten, in die sich ständig Sauerstoff aus der Aerationszone nachlöst. In tieferen Grundwasserleitern mit anoxischen Milieuverhältnissen unterliegen reduzierte deponiebürtige Schadstoffe dagegen nur dann einer signifikanten natürlichen Selbstreinigung, wenn sie zuvor in-situ oxidiert werden. Diese Stimulierung der natürlichen Abbauprozesse ist z.b. durch Sauerstoff- oder Luftsauerstoffeintrag in die Aerations- und Saturationszone unter der Deponiesohle möglich.

3. Funktionalität der Oberflächenabdeckung

Die Oberflächenabdeckung hat drei Grundfunktionen zu erfüllen:

(1) Intolerable Emissionen deponiebürtiger Stoffe via die Oberfläche zu verhindern,

(2) Immissionen via die Oberfläche kontrolliert zu gestalten und

(3) die erstrebte Folgenutzung der Oberfläche zu gewährleisten.

Die erste zu gewährleistende Funktion betrifft insbesondere die Verhinderung der *Emission* von Stäuben, den Abtransport von Ablagerungsmaterialien durch Erosion, den Gastransfer durch die Deponie- bzw. Ablagerungsoberfläche und die Verhinderung des Direktkontakts von Menschen mit Deponiegut (Abb. 2a). Mit der Oberflächenabdeckung gilt es zugleich aber auch die *Immission* von Niederschlagswasser in den Abfallkörper und damit die schadstoffbelastete Sickerwasserbildung zielbestimmt zu dosieren und die natürliche Selbstreinigung von Altdeponien und –ablagerungen, deren Abfälle nicht endbehandelt sind und damit noch biologisch abbaubare und vom Wasser eluierbare Stoffe enthalten, nicht mit ihrer Installation ungewollt zum Erliegen zu bringen (siehe Abb. 2b). Die Dichtwirkung der Oberflächenabdeckung gegenüber emittierenden treibhauswirksamen Gasen und der Immission von Niederschlagswasser ist deshalb differenziert zu betrachten – vgl. LAGA Pkt. 2.2, 2000a. Bei der Sicherung der dritten Funktion der Oberflächenabdeckung – die nachhaltige *Folgenutzung* der Oberfläche zu gewährleisten – sollte nicht unberücksichtigt bleiben, dass sich (wie in LAGA, 2000b konstatiert) über sehr lange Zeiträume die für den jeweiligen Standort typische potentielle natürliche Vegetation – im Endzustand Wald – eingestellt. Es wird deshalb als zweckmäßig erachtet, die zu schaffenden Standortbedingungen bereits hiernach auszurichten. Für den Fall der Bewaldung der Abdeckung sollten gemäß LAGA 2000 b Rekultivierungsschichten ≤ 2 m nur in Verbindung mit Maßnahmen zur Begrenzung des Tiefenwachstums der Wurzeln – wie beispielsweise wurzelhemmende Substratlagen und/oder nährstoffreiche Oberböden – ausgeführt werden. Diese wurzelhemmende Schicht soll hohe Dichte und eine bestimmte vertikale Wasserdurchlässigkeit aufweisen. Die nutzbare Feldkapazität einer zu bewaldenden Rekultivierungsschicht muss Werte ≥ 200 mm erreichen.

(a) Emission über die Deponieoberfläche

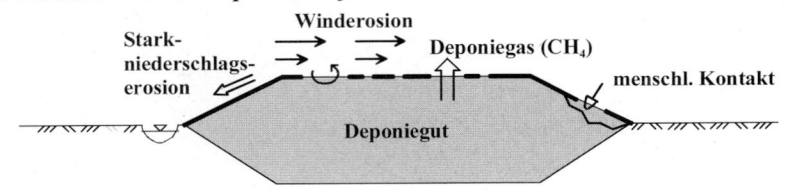

(b) Immissionen über die Deponieoberfläche

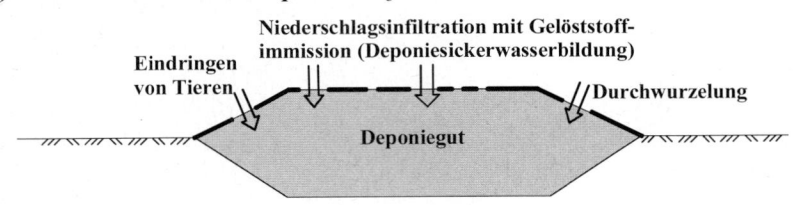

Abb. 2 Oberflächenabdeckung von Altdeponien und Altablagerungen mit ihren Schutzfunktionen gegen Emission (a) und Immission (b)

Die **Funktionalität der Oberflächenabdeckung** kann nach WEILER & ENNIGKEIT, 2000 –wie für viele andere Elemente im Bauwesen auch – grundsätzlich durch:

- *Performance Design*
  (die Planung erfolgt auf der Basis von Anforderungen an die Wirksamkeit der Systemelemente, sie ist somit Ziel-orientiert) oder

- *Prescriptive Design*
  (die Planung erfolgt auf der Basis konstruktiver Anforderungen, sie ist somit Vorschiftsorientiert)

erstrebt werden. Für die Oberflächenabdeckungen bedeutet dies, die Planung (incl. von Gleichwertigkeitsnachweisen) entweder am Ziel (z.b. der EG-Richtlinie über Abfalldeponien, Artikel 1) für den Einzelfall auszurichten und damit offen zu lassen, mit welchen technisch/konstruktiven Mitteln das Ziel erreicht werden soll, oder vorzuschreiben bzw. mittels Rechtsvorschriften zu verordnen, ein ganz bestimmtes technisch/konstruktives Mittel (z.b. eine Kombinationsdichtung oder gleichwertige Dichtung) unabhängig vom Einzelfall einzusetzen. Zur Begründung letzter Vorgehensweise werden zumeist die Notwendigkeit einer Harmonisierung von Qualitätsstandards, von Sicherheitsniveaus und von Wettbewerbsbedingungen (Kostenharmonierung) genannt.

KATZENBACH & GIERE 1999 weisen aber darauf hin, dass durch starre Vorgaben in Rechtsvorschriften der ingenieurmäßige Entwurfsprozess und die Innovation weitestgehend ausgeschaltet werden. Auch bleibt im hier betrachteten Fall zu bedenken, dass beim Ausrichten des Prescriptive Design am ungünstigsten Fall für alle übrigen konkreten Fälle ein Übermaß an Aufwendungen zu betreiben ist, deren Kosten zwangsweise durch Gebühren oder öffentliche Haushalte zu tragen sind; ein Ansatzpunkt für eine Vielzahl von Rechtsstreitigkeiten. Richtet man das Prescriptive Desing aber an einem weniger ungünstigeren Fall aus, werden von allen ungünstigeren Fällen die gestellten Ziele nicht erreicht. Oberflächenabdeckungen für Altdeponien und Altablagerungen sollten deshalb aus unserer Sicht der Dinge objekt- und standortkonkret, zielorientiert bewertet und geplant werden. Wir sehen uns hierin auch in Übereinstimmung z. B. mit WEILER & ENNIGKEIT, 2000, die konstatieren, dass die vorliegenden Forschungsergebnisse, Erfahrungen und die fachliche Qualifikation vieler Planer und Genehmigungsbehörden geeignet sind, mit dem Performance Design verantwortungsvolle Sicherungslösungen von Altdeponien und Altablagerungen planen und bauen zu können.

Viele Argumente, Oberflächenabdeckungen von Altdeponien und -ablagerungen mit biologisch abbaubarem Restdeponiegut nicht gemäß des gültigen Presciptive Design wasserdicht auszuführen, sind auf einschlägigen Fachtagungen und in der Fachliteratur wiederholt erörtert worden, es sei nachfolgend nur zur Untermauerung der Aktualität der Problematik nochmals auf die Folgenden verwiesen:

[DÖRHÖFER 1999, S. 179]

Ein wichtiges Merkmal der technischen Ausstattung von Deponien ist die infiltrationshemmende Abdeckung, die nach TASi als Kombinationsdichtung vorgesehen (vorgeschrieben) ist; allerdings bestehen erhebliche Zweifel an der Funktionalität einer solchen Installation und an dem Erfordernis für ein derartig aufwendiges Bauwerk.

[STIEF 2000]:

Eine Verhinderung der Infiltration von Wasser in den Deponiekörper führt zu einer Hemmung der biologischen Abbauprozesse im Deponiekörper, was unerwünscht ist, weil die nachhaltige Umweltverträglichkeit dann nicht erreicht wird. Wenn in Jahrzehnten oder auch in Jahrhunderten wieder Wasser in den Deponiekörper eindringt, kommen die biologischen Abbauprozesse wieder in Gang, mit der Folge, dass gewässergefährdendes, organisch belastetes Sickerwasser und klimaschädigendes Deponiegas entsteht. Eine Oberflächenabdichtung darf deshalb erst nach Abbau der biologisch abbaubaren Abfälle aufgebracht werden. Dann aber ist sie nicht mehr erforderlich, weil die abgelagerten Abfälle dann eine Endlagerqualität erreicht haben, durch die eine Umweltbeeinträchtigung nicht zu besorgen ist.

[LAGA 2000a]

In den letzten Jahren wurden vielfach Altdeponien unmittelbar nach Beendigung der Abfallablagerung mit hochwertigen Oberflächenabdichtungen versehen, um der Forderung nach Emissionsminderung gerecht zu werden. Diese Abdichtungen, wie sie die TASi vorschreibt, verhindern jedoch den Zutritt von Oberflächenwasser so effizient, dass bei Altdeponien, in denen relevante Mengen an organischen Abfällen abgelagert wurden, die Deponieaktivität (Gasproduktion) infolge Wassermangels abnehmen oder sogar zum Erliegen kommen kann („Mumifizierung des Abfalls"). In der Konsequenz können somit vorhandene Gasnutzungsanlagen nicht oder nur ineffizient betrieben werden. Gleichzeitig bleibt die Deponie infolge der abgelagerten und nicht abgebauten organischen Bestandteile ein potentieller Reaktor, der z.B. bei Wasserzutritt infolge Dichtungsbeschädigung wieder aktiv werden kann. Der Abbau des vorhandenen Gefährdungspotentials erfolgt somit nicht schnellstmöglich, das heißt zu einem Zeitpunkt, wo die erforderlichen technischen Einrichtungen wie Gaserfassung und –verwertung sowie Sickerwasserdränage und –reinigung noch vorhanden und funktionstüchtig sind, sondern wird unnötig in die

Zukunft verlagert. Die Nachsorgezeit einer Deponie, ohnehin schwer abschätzbar, dehnt sich auf unkalkulierbare Größenordnungen aus und macht somit eine seriöse Planung der Nachsorgefinanzierung unmöglich.

Die Behebung des Funktionsmangels einer zu wasserdichten Oberflächenabdeckung durch Infiltration von Wasser in den Deponiekörper mit technischen Hilfsmitteln oder das Aufbringen einer wasserdichten Oberflächenabdeckung erst nach dem Abklingen der biologischen Aktivität, d.h. nach insitu-Inertisierung des Deponiegutes – s. z.B. LAGA, 2000 a und 2000 c, BAUER u.a., 2001 oder HOINS, 2001 sollten aus unserer Sicht der Dinge nicht in den Status des Prescriptive Design erhoben werden. Verallgemeinert würden hier schizophrene Züge zum Tragen kommen, wenn zum einen mit hohem Aufwand die Abdeckung langjährig wasserdicht gemacht und dieser Mangel dann durch Wasserzufuhr mit technischen Hilfsmitteln wieder ausgeglichen würde. Auch dürfte es schwer zu begründen sein, die Oberflächen wasserdicht zu gestalten, wenn die Abfälle bereits inert geworden sind.

4. Exemplarischer Lösungsvorschlag

Betrachtet seien der von LUCKNER & SCHINKE 2001 erörterte standortkonkrete Fall einer 1998 stillgelegten Haus- und Bauschuttdeponie unter vorstehenden Prämissen. Das organische Stoffinventar dieser Altdeponie befindet sich heute noch immer im Zustand der Methangärung. Das anfallende Deponiegas wird gefasst und kontrolliert entsorgt. Das Deponiesickerwasser geht nach der Passage einer Aerationszone dem Grundwasser unter der Deponie zu, weil die Deponie über keine wirksame Basisabdichtung verfügt. Es soll künftig von einer Drainage abgefangen und im städtischen Klärwerk gereinigt werden. Die Sicherung der Deponieoberfläche wird als aufzuforstende qualifizierte Abdeckung erstrebt, die sich optimal in die umgebende Waldlandschaft einfügt. Mit der vollen Entfaltung der Verdunstungswirkung des Deponiewaldes wird mit einem erheblichen Rückgang der Deponiesickerwasserbildung und des daran gebundenen TOC- und NH_4^+-Eintrages in das Grundwasser unter der Deponie gerechnet. Darüber hinaus soll der TOC- und NH_4^+-Eintrag durch Sauerstoffinjektion in die Aerations- und Grundwasserzone unter der Deponie signifikant reduziert werden, so dass längerfristig gegebenenfalls das gefasste Drainagewasser statt in die Kanalisation in die öffentliche Vorflut eingeleitet werden kann. Auch ist längerfristig ins Auge gefasst, das natürliche Selbstreinigungsvermögen des Untergrundes an Stelle der Drainwasserfassung zu nutzen, wenn der TOC- und NH_4^+ - Eintrag in das Grundwasser aus der Deponie eine bestimmte Geringfügigkeitsschwelle unterschreitet. Das Grundwasser im Deponieumfeld wird dabei bereits heute transportpfadorientiert, gestützt auf eine 3D-Grundwassermodellierung überwacht, so dass gute Voraussetzungen für eine in-situ Prozesskontrolle sowie eine modellgestützte Prognose von Schadstoffrückhalt, -abbau und -ausbreitung bestehen.

Im gegenwärtigen Zustand emittieren aus der betrachteten Deponie etwa 100 m^3/d Deponiesickerwasser, die nach der Passage einer 4 - 5 m mächtigen Aerationszone der Grundwasserzone unter der Deponie zugehen und das Grundwasser dort verdrängen. Die vertikale Ausdehnung des vom Sickerwasser gebildeten Wasserkörpers im Grundwasserspiegelbereich nimmt dabei von Null am oberstromigen westlichen Rand der Deponie auf einen maximalen Wert am abstromigen östlichen Rand zu. Die messtechnisch belegte Beschaffenheit dieses Sickerwasserkörpers bedingt nach dem BBodSchG die Bewertung, dass ein *Grundwasserschaden* unter der Deponie vorliegt. Da die Deponie im Randbereich des Einzugsgebietes der Grundwasserfassungsbrunnen des städtischen Trinkwasserwerkes liegt, fällt einer fortzuschreibenden Gefährdungsbewertung der Schutzgüter "Grundwasser" und "Trinkwasser" die entsprechende Bedeutung zu. Die aktuelle Bewertung und die Absicherung der Voraussetzungen, auch innovative Lösungen zur Sicherung der stillgelegten Deponie in Angriff nehmen zu können, lassen es geboten erscheinen, die kontrollierte Fassung der Deponiesickerwässer durch eine abstromige Abfangdrainage und die Reinigung des Drainagewassers als unverzüglich wirkende Sicherungsmaßnahme prioritär in Angriff zu nehmen.

Die *Deponieüberwachung* ist als informelle und beweissichernde Basis der Ausgangspunkt der fortlaufend zu aktualisierenden Gefährdungsbewertung sowie von grundlegender Bedeutung für die Begründung von Art und Umfang der notwendigen Sanierungsmaßnahmen. Die Erweiterung des Messnetzes und die Erarbeitung eines problemadäquaten Überwachungskonzeptes wurden deshalb zuerst realisiert. Basierend auf diesem modellgestützten Monitoring lassen sich z.B. folgende Aussagen treffen:

- Die Beschaffenheitsdaten der Deponieemissionspegel, die das eingetragene Sickerwasser im Grundwasserspiegelbereich unter der Deponie charakterisieren, weisen Werte aus, die signifikant unter Abwasserkennzeichnenden Werten aus Ablagerungen von Siedlungsabfällen der Rahmen-Abwasser-VwV, Anhang 51 von 1996 liegen. Die langjährigen Beschaffenheitsdatenreihen weisen keine Trends auf, die eine signifikante Erhöhung der Parameter Sulfat, Nitrat, TOC und Ammonium seit 1993 besorgen lassen.

- Vergleicht man die mit den Deponieemissionspegeln erfassten (Sicker)Wasserbeschaffenheitsdaten mit den für Trinkwasser geltenden Grenzwerten, so überschreiten die TOC- und NH_4^+- Werte diese Bezugswerte erheblich. Die messtechnisch belegten TOC- und NH_4^+ - Werte im belasteten Grundwasser unter der Deponie begründen das Erfordernis, durch vorrangig in Angriff zu nehmende Sicherungsmaßnahmen die weitere Ausbreitung dieses Wassers im Untergrund (insbesondere in Richtung der Grundwasserfassungen der Stadtwerke) zu unterbinden. Vorgesehen ist dies durch die Errichtung einer abstromigen Abfangdrainage und durch Aerobisierung des Untergrundes unter der Deponie.

- Die Grundwasserproben in den relativ deponienahen Pegeln, die vom Grundwasser unter der Deponie ausgehende Pfade nach Norden bzw. Osten überwachen, sind durch deponiebürtige Stoffe nur moderat belastet. Die im weiteren Grundwasserabstrom gelegenen Messstellen und die am nächsten gelegenen Brunnen der Stadtwerke weisen Grundwasserbeschaffenheitskennwerte aus, die weit unterhalb der Grenzwerte der Trinkwasserverordnung (TVO) liegen. Auch die Überwachungsdaten dieser Messstellen und der Brunnen der Stadtwerke lassen keine zeitlichen Trends einer Belastungserhöhung der Proben erkennen.

- Eine Gefahr für die Bürger, mit Trinkwasser der Stadtwerke versorgt zu werden, das nicht der Trinkwasserverordnung TVO genügt, hat zu keiner Zeit bestanden und ist auch in Zukunft nicht zu besorgen.

Die vorgesehene ***Abfangdrainage des Deponiesickerwassers*** ist eine schnell wirksam werdende Sicherungsmaßnahme. Sie unterbricht die vom Sickerwasserkörper unter der Deponie ausgehenden Stofftransportpfade herdnah und schafft zugleich die erforderliche Sicherheit zur Untersuchung innovativer Lösungen für die nachhaltige Sanierung der stillgelegten Deponie. Die Abfangdrainage soll das schadstoffbelastete Sickerwasser unter der Deponie grundwasser-spiegelnah in der gut durchlässigen Verwitterungsschicht des Festgesteinsgrundwasserleiters, die unter der Deponie vergleichbar einer Flächendrainageschicht eines Ingenieurbauwerkes wirkt, mit dem eingetragenen Deponiesickerwasser grundwasserabstromig fassen. Das gefasste Sicker- bzw. Drainagewasser gilt es nachfolgend im Pumpbetrieb der Kanalisation zuzuführen und im städtischen Klärwerk zu reinigen. Dieser Entsorgungsweg soll schon für das beim Bau der Abfangdrainage anfallende Bauwasser genutzt werden.

Durch die *aerobe Untergrundbehandlung*, d.h. durch den Eintrag von Luftsauerstoff oder reinem Sauerstoff in die 4-5 m mächtige Aerationszone und in die grundwasserspiegelnahe Saturationszone unter der Deponie, wird die aerobe Insitu-Aufbereitung des Deponiesickerwassers und des bereits belasteten Grundwassers erstrebt. Das Grundwasser unter der Deponie weist durch die Randlage im Einzugsgebiet der Brunnen der Stadtwerke signifikante hydraulische Vertikalgradienten auf, d.h. einige der Stofftransportpfade tauchen in die Tiefe ab, so dass kein weiteres natürliches aerobes Selbstreinigungspotential für den mikrobiellen Abbau der Schadstoffe auf diesen Transportwegen in das tiefere Grundwasser und zu den Grundwasserfassungsbrunnen hin existiert.

Die Wirksamkeit und Effizienz der aeroben Untergrundbehandlung gilt es in einem ersten Schritt in Laborversuchen und in einer Pilotanlage zu testen. Anhand der Ergebnisse dieser Untersuchungen ist zu entscheiden, ob und in welchem Umfang eine Untergrundbehandlungsanlage zu installieren und zu betreiben wäre. Hierbei sollte auch entschieden werden, ob dieses Verfahren mit technischem Sauerstoff oder mit Luftsauerstoff vorteilhafter zu realisieren ist.

Die vorgeschlagene *qualifizierte Oberflächenabdeckung* der stillgelegten Deponie hat einen dreischichtigen Aufbau mit Kultur- bzw. Rekultivierungs-, Sperr- und Ausgleichsschicht. Maßgebendes Element der qualifizierten Abdeckung ist ihre *Bewaldung* mit vorwiegend immergrünen Nadelgehölzen. Infolge der hohen Verdunstungsleistung solch eines Waldbestandes auch im Winterhalbjahr und einem hohen Wasserhalte- bzw. Wasserspeichervermögen der Kulturschicht, quantifiziert durch ihre nutzbare Feldkapazität (vorgesehen ist ein Wert von 200 mm $<$ nFK $<$ 240 mm), lässt sich am betrachteten Standort die Sickerwassermenge auf etwa 2 l/(s km^2) reduzieren. 2 l/(s km^2) bzw. 60 mm/a ist in etwa auch ein Wert, der sich im Ergebnis verschiedener Forschungsarbeiten für die Wasserzufuhr zum Deponiekörper ableiten lässt, wenn die Oberflächenabdichtung keine Niederschlagswasserimmission gestattet[1]. 2 l/(skm^2) durchsickern aber auch eine mineralische "Dicht"-Schicht bei einem hydraulischen Vertikalgradienten von 1 (d.h. kein Überstau an der Ober- und keine Saugspannung an der Unterseite), wenn diese einen vertikalen k_f-Wert von $2 \cdot 10^{-9}$ m/s aufweist. Von einer TASI-gerechten Oberflächenabdichtung wird z. B. in DIPT 1995 (Tab. 5.2-3 und Tab. 5.2-4) in der Phase IIIB nach dem alterungsbedingten Versagen der Folie von der wirksam bleibenden mineralischen Dichtung (für ständige Einwirkungen) dagegen nur ein Wert von 6,5 l/(s·km^2) ($\leq$10 % Neigung) bzw. 5,3 l/(s·km^2) ($\geq$10 % Neigung)) gefordert.

Mit der Bewaldung wird darüber hinaus erstrebt, dass sich die renaturierte Deponie in das bewaldete Umfeld harmonisch einfügt. Der Oberflächenlandabfluss und der hypodermische Abfluss (Interflow) werden auf einer bewaldeten Fläche, wie sie für die stillgelegte Deponie erstrebt wird, nach und nach vergleichbar geringe Werte annehmen, wie sie für das bewaldete Umfeld typisch sind. Umfangreiche Baumaßnahmen zur Fassung, Ableitung und eventuellen Reinigung des Regenwassers von Starkniederschlagsereignissen sind deshalb bei qualifizierten Abdeckungen nicht erforderlich.

Die Sperrschicht hat einen mineralischen Aufbau. Sie wird stark verdichtet und ist durch eine hohe Wassersättigung gekennzeichnet. Ihr Kernziel ist die Be- bzw. Verhinderung der Bioturbation durch Wurzeln und Tiere. Darüber hinaus wird der Gasaustausch zwischen Deponiekörper und Kulturschicht bzw. Atmosphäre durch diese wassergesättigte Schicht wirksam be- bzw. verhindert. Die Effizienz der unter der Sperrschicht in der betrachteten Deponie etablierten und weiter zu betreibenden Gasfassungsanlagen wird sich gegenüber dem derzeitigen Zustand ohne Sperrschicht signifikant verbessern.

Auf die Anordnung einer Drainschicht über der Sperrschicht ist zu verzichten. Durch wasserhaushaltliche Simulationsrechnungen z.B. mit HELP oder SIWAPRO /

---

[1] Bauer u.a., 2001 ermittelten z.B. eine erforderliche Wasserzufuhr von 1,2 l pro m^3 Müll und Woche unter einer gut durchlüfteten Überdachung. Für die von uns betrachtete Altdeponie mit einer mittleren Müllhöhe von 8,3 m (1,5 Mio m^3/18 ha) würde dies eine notwendige Wasserzufuhr von 523 mm/a bedeuten. Unter Ansatz einer potentiellen Verdunstung am Standort von ETP = 600 mm/a ergibt sich nach Bagrov/Glugla bei einem Effektivitätsparameter von n = 1 eine reale Verdunstung von ETR $\approx$ 340 mm/a. Erhöht man diese um 120 mm/a auf Grund der Erwärmung des Mülls durch die ablaufenden exothermen Reaktionen, so lässt sich eine Sickerwasserrate von $\approx$ 60 mm/a erwarten.

HYDRUS kann gezeigt werden, dass von ihr keine positiven Effekte erwartet werden können. Vielmehr gefährdet sie die Sperrschicht durch mögliche Trockenrissbildung.

Es sei nochmals betont, die Durchsickerung der qualifizierten Abdeckung und des Mülls ist für die betrachtete stillgelegte Deponie mit erheblichem organischen Restmüllinventar erstrebt. Sie ist für die Aufrechterhaltung der im Deponiekörper stattfindenden Abbau- und Lösungsprozesse auf kontrolliert niedrigem Niveau notwendig, um

- das biologisch abbaubare Stoffinventar während der Betriebszeit der technischen Sicherungsmaßnahmen (Gas- und Sickerwasserfassung und –entsorgung) weitestgehend zu mineralisieren,
- die verfügbaren wasserlöslichen Stoffe aus dem Müll auszulaugen und auszutragen,
- das vom Stoffinventar ausgehende Gefährdungspotential der Deponie auf diese Weise schrittweise abzubauen,
- das Gefährdungsproblem nicht durch Konservierung der Schadstoffe mit Abdichtung bzw. technischem Containment des Deponiekörpers kommenden Generationen nach ihrem unabwendbarem alterungsbedingten technischem Versagen zu überlassen und
- die Möglichkeit zu schaffen, eines Tages auf die technische Deponiegasfassung und –aufbereitung und die technische Deponiesickerwasserfassung und –aufbereitung verzichten zu können.

Die vorgesehene qualifizierte Oberflächenabdeckung der betrachteten Deponie wird all diesen Sicherheitsanforderungen bestmöglich gerecht. Im Zusammenwirken mit der Gasfassungsanlage, Abfangdrainage des Deponiesickerwassers und den Möglichkeiten einer Untergrundaerobisierung vermag sie die stillgelegte Haus- und Bauschuttdeponie effektiv und effizient dauerhaft zu sichern. Schritt für Schritt wird mit der mikrobiologischen Dekontamination des Deponiegutes und des Austrags der wasserlöslichen Stoffe mit dem Sickerwasser auf diese Weise eine nachhaltige Sicherungslösung erzielt.

5. Literatur

BAUER W.P., SCHULTHEIß R. und DAEHN C. (2001): Einfluß des Wasserhaushaltes auf das Deponieverhalten einer Hausmülldeponie, KA-Wasserwirtschaft, Abwasser, Abfall Nr. 1, 77 – 85

BÖRNER S. und ECKARDT A. (2001): Kriterien und Ziele im nachsorgenden Grundwasserschutz, Proceedings des Dresdner Grundwasserforschungszentrums e.V., ISSN1430-0176, H 21, 29-44

DIBT (1995): Deutsches Institut für Bautechnik, Grundsätze für den Eignungsnachweis von Dichtungselementen in Deponieabdichtungssystemen, 81 S

DÖRHÖFER G. (1999): Technik, Betrieb und Auswertung der Deponieüberwachung in Deutschland, Proceedings des Dresdner Grundwasserforschungszentrums e.V., ISSN1430-0176, H 17, 179 - 188

HOINS H. (2001): Oberflächenabdichtung von Deponien in Verbindung mit einer gezielten Rückbefeuchtung, Umweltpraxis, H 1-2, 14-16

KATZENBACH und GIERE (1999): Einfluss technischer Regelwerke und Rechtsvorschriften auf bau- und umweltrechtliche Innovationen und auf die Sicherheit. Mitteilungen des Instituts und der Versuchsanstalt für Geotechnik der TU Darmstadt, H 46, 45-58

LAGA (2000): LAGA-Arbeitsgruppe Infiltration von Wasser in den Deponiekörper und Oberflächenabdichtungen und –abdeckungen: a) Themenbereich Oberflächenabdichtungen und –abdeckungen, Einführung, b) Themenbereich Oberflächenabdichtungen und –abdeckungen, Rekultivierung und c) Infiltration von Wasser in den Deponiekörper

LUCKNER L. und SCHINKE R. (2001): Sicherung einer stillgelegten Haus- und Bauschuttdeponie in der Oberpfalz, Proceedings der 3. Sächsischen Abfalltage – Stilllegung und Nachsorge von Deponien – in Freiberg, SIDAF-Schriftenreihe ISBN 3-934409-08-3, H 8, 307-320

STEAK F. (1999): Kontrollierte Konserve, Zeitschr. ENTSORGA-Magazin, H 11, 12-17

STIEF K. (2000): Stilllegung und Abschluss von Deponien – Anforderungen, Maßnahmen, Umsetzung, Entsorgungspraxis, H 11, 16 - 19

WEILER und ENNIGKEIT (2000): Geotechnik der Deponien in Europa 2000, Geotechnik Nr. 1, 25-30

Verzicht auf Oberflächenabdichtungen durch forstliche Rekultivierung von Deponien - Deponiewald statt Oberflächenabdichtungen?

Gerhard Bönecke[*]

Inhalt

1. Einführung – Stand des Wissens 263
2. Was ist ein „Deponiewald"? 266
3. Bewertung der Wasserhaushaltsfunktion rekultivierter und aufgeforsteter Abdeckungen 270
4. Auf Deponien übertragbare Erfahrungen aus anderen Bereichen der forstlichen Rekultivierung 276
5. Zusammenfassung und Empfehlungen 277
6. Literatur 278

1. Einführung – Stand des Wissens

Die Bedeutung der Rekultivierungsschicht als systemwirksame Komponente der Oberflächenabdichtung ist in jüngster Zeit nicht mehr umstritten. Die Rekultivierungsschicht wird sogar als „wichtigstes Element im Oberflächenabdichtungssystem" bezeichnet (BOTHMANN 2000). Die Gründe hierfür sind: Eine spezifisch aufgebaute Rekultivierungsschicht dämpft und minimiert den Abfluss in die Entwässerungsschicht und ist, wegen keiner oder nur sehr geringer Reparaturanfälligkeit, das einzige Element mit Langzeitwirkung. Nimmt die Wasserdurchlässigkeit einzelner Komponenten von Kombinationsdichtungen bzw. ganzer Oberflächenabdichtungssysteme alterungsbedingt zu, so wird die Wirksamkeit der Rekultivierungsschicht mit zunehmender Bodenentwicklung immer besser. Gleiches gilt für den Bewuchs: Je besser an den Standort angepasst und je stufiger und

---

[*] Dipl.-Ing. G. Bönecke, Forstliche Versuchs- und Forschungsanstalt Baden-Württemberg Abt. Landespflege, Wonnhalde 4, 79100 Freiburg

nachhaltig stabiler ein Deponiewald aufgebaut ist, um so besser ist die daraus resultierenden Durchwurzelung (sowohl in Bezug auf Intensität als auch Durchwurzelungstiefe) und um so höher ist die zu erwartende Verdunstung. Optimale Verdunstungsleistungen werden mit Gehölz- bzw. Waldbeständen allerdings nur erreicht, wenn die Gestaltung der Rekultivierungsschicht mit größter Sorgfalt erfolgt. Der Beitrag der Vegetation zur realen Verdunstung wird neben der Artenzusammensetzung vor allem von der Vitalität und Wüchsigkeit der Pflanzen bestimmt. Der Qualität von Rekultivierungsschichten kommen damit Schlüsselfunktionen hinsichtlich der Eigenschaften als Wasserhaushaltsschicht und als Pflanzenstandort zu (BÖNECKE 1997). Gestaltet man einen Deponiewald, so sind neben den Bodenverhältnissen der Waldzustand, d.h. Aufbau und Baumartenzusammensetzung und die Art und Weise, wie dieser Wald behandelt bzw. gepflegt wird, für die Abflussbildung relevant. In Tab. 1 sind die wichtigsten Beziehungen zwischen der Abflussbildung unter Wald und Bodenverhältnissen und Waldzustand (oberer Teil) sowie der Abflussbildung unter Wald und Waldbehandlung (unterer Teil) dargestellt.

Unter welchen Voraussetzungen eine Rekultivierungsschicht mit Bewuchs ein Oberflächenabdichtungssystem ersetzen kann, wurde bereits von anderen Autoren betrachtet. So kommt BERGER (2000) auf Grund der von ihm mit dem HELP-Modell durchgeführten Simulationen zu der Schlussfolgerung, dass in Regionen mit günstigen klimatischen Randbedingungen (Jahresniederschläge bis 700 mm, relativ hohe Niederschläge während der Vegetationsperiode, hohe potentielle Verdunstung) von einer so guten Wirksamkeit von „qualifizierten Abdeckungen mit einem standortgerechten höheren Bewuchs, bevorzugt jedoch immergrüne Gehölze stockwerkartig aufgebaut bzw. mit Unterwuchs" ausgegangen werden kann, dass zumindest für Deponien der Klasse I eine Alternative zum TA-Si-Regelabdichtungssystem besteht. BERGER weist weiter ausdrücklich darauf hin, dass die mit HELP erhaltenen Simulationsergebnisse Wirkungen von Wald auf die reale Verdunstung unterschätzen (maximaler Blattflächenindex sollte im Modell größer und ETa von hohem Bewuchs höher sein).

Tab. 1: *Übersicht wichtiger Beziehungen zwischen der Abflussbildung bzw. der Höhe des Abflusses unter Wald und Bodenverhältnissen, Waldzustand und Waldbehandlung. In Anlehnung an LÜSCHER & ZÜRCHER (2001), BAUMGARTNER & LIEBSCHER 1996*

Beziehungen zwischen Abflussbildung unter Wald und Bodenverhältnissen und Waldzustand[1]	
Wasserhaushaltskomponente	wird beeinflußt durch
Interzeptionsverdunstung:	Baumart, Baumartenmischung, Schichtung, Deckungsgrad, Kronenform, Blattfläche, Streudecke
Infiltration:	Deckungsgrad Moosschicht, Humusform, Durchmischungstiefe org. Substanz, Bodenart
Speicherung/Zwischenabfluss:	Bodenart, Horizontfolge, Wassersättigung des Bodens, Hydromorphie, Skelettgehalt, Makroporen, Risse, Wurmgänge, Durchwurzelungsintensität, Durchwurzelungstiefe, Hangneigung
Transpiration:	Baumart, Baumartenmischung, Bestandesalter, Blattfläche, Durchwurzelungsintensität, Durchwurzelungs tiefe
Abfluss:	Durchlässigkeit Untergrund, bevorzugte Fliesswege, Hangneigung
Beziehungen zwischen Abflussbildung unter Wald und Waldbehandlung	
Wasserhaushaltskomponente	beeinflußbar durch forstliche Maßnahmen
Interzeptionsverdunstung:	Baumartenwahl/-mischung, Bestandespflege
Infiltration:	Baumartenwahl/-mischung, bodenpflegliche Nutzung
Speicherung/Zwischenabfluss:	Baumartenwahl/-mischung, bodenpflegliche Nutzung
Transpiration:	Baumartenwahl/-mischung, Bestandespflege
Abfluss	-

Was eine „qualifizierten Abdeckung" ist, wird von MELCHIOR (2000) anhand der Funktionen, welche die Rekultivierungsschicht erfüllen soll, beschrieben. Daraus werden generelle und spezielle Anforderungen an die Eigenschaften von Rekultivierungsschichten abgeleitet. Geeignete Kriterien und Methoden für Eignungs- und Kontrollprüfungen im Rahmen einer Qualitätssicherung werden genannt. Mit dem Entwurf der GDA-Empfehlung E 2-31 – Rekultivierungsschichten (DGGT [1]) liegt außerdem ein Werk vor, das den derzeitigen Stand des Fachwissens wiedergibt. Für die reine Planung von Rekultivierungsschichten stehen damit die erfor-

---

[1] Bei den Wasserhaushaltskomponenten wurde die Bodenevaporation nicht angeführt, da diese unter Wald einen zu vernachlässigenden Einfluss auf die Höhe des Abflusses hat.

derlichen Grundlagen zur Verfügung. Nach wie vor fehlt es im Deponiebau jedoch an über Einzelbeispiele (BIEBERSTEIN et al. 2001) hinausgehende praktischen Erfahrungen und damit an abgesicherten Empfehlungen für Methoden zur Umsetzung der vielfältigen theoretischen Vorgaben. Die Frage „Deponiewald statt Oberflächenabdichtung?" ist aus Sicht des Autors daher auch erst vollständig zu beantworten, wenn u.a. bekannt ist, was von den geforderten Eigenschaften für Rekultivierungsschichten in der Praxis der Rekultivierung von Abfalldeponien, Altdeponien und Altablagerungen künftig tatsächlich und mit vertretbaren Aufwand verwirklicht werden kann.

Nachfolgend wird versucht, den guten Stand des Fachwissens und dessen praktischen Anwendung bei der Rekultivierung von Deponien einander weiter anzunähern. Dazu wird definiert, was einen Deponiewald kennzeichnet (Kap. 2). In Kapitel 3 werden Erfahrungen mit der Bewertung rekultivierter und aufgeforsteter Flächen auf einer Altdeponie, zur Prüfung der Gleichwertigkeit mit einer Oberflächenabdichtung, vorgestellt. Danach wird auf Richtlinien aus anderen Bereichen der forstlichen Rekultivierung eingegangen, die auf Deponien übertragbar sind (Kap. 4). Kapitel 5 schließt mit Empfehlungen für Betreiber von Anlagen, Genehmigungsbehörden und Planungsbüros.

2. Was ist ein „Deponiewald"?

Eine Definition (s. Kasten) wird für einen älteren, d.h. mindestens 60jährigen Waldbestand, formuliert. Der Autor regt in diesem Zusammenhang an, die ebenfalls im Entwurf vorliegende GDA-Empfehlung E 2-32 – Gestaltung des Bewuchses auf Abfalldeponien (DGGT [2]) um eine Definition oder zumindest eine präzisere Beschreibung des langfristig angestrebten Zustandes eines Deponiewaldes (Zielwald) zu ergänzen. Dies erscheint für planerische Überlegungen zur Auswahl eines geeigneten Bewuchses für eine Deponie hilfreich.

Die forstliche Behandlung von Deponiewäldern erfolgt vor allem im Hinblick auf die Funktion im Wasserhaushalt. Dies erfordert speziell abgestimmte Maßnahmen der Waldpflege, die bereits mit der Anpflanzung des Waldes beginnen. Die Entwicklung von Deponiewäldern von der Bestandesbegründung bis zum sog. Zielwald zeigt Tab. 2.

> Deponiewälder tragen durch ihre Zusammensetzung, ihren mehrschichtigen Aufbau und eine intensive und tiefe Bodendurchwurzelung nachhaltig zu einer hohen realen Verdunstung und damit zu einer Dämpfung und Minimierung des Abflusses bei. Deponiewälder werden so gestaltet, dass sie den vorherrschenden standörtlichen und klimatischen Verhältnissen entsprechen und sich selbst verjüngen. Es ist erforderlich, Deponiewälder zur Erhaltung eines mehrschichtigen Bestandesaufbaus und zur Förderung der natürlichen Verjüngung zu pflegen. Langfristig sollen in einem Deponiewald alle Baumaltersklassen (jung, mittelalt, alt) etwa zu gleichen Anteilen vorkommen.

Voraussetzung für eine optimale Entwicklung eines Deponiewaldes ist die Anpflanzung von Baum- und Straucharten, die den bodenphysikalischen, -chemischen und –biologischen Verhältnissen der Rekultivierungsschicht angepasst sind bzw. bei natürlicher Verjüngung eine gezielte Förderung entsprechender Arten. Bei günstigem Aufbau der Rekultivierungsschichten verbessern sich die Bodenverhältnisse mit der Zeit. Ein Deponiewald wird daher **anfangs** von sog. **Pionierbaumarten** dominiert, deren Anteil nach einigen Jahren (15 – 20 Jahre) zugunsten anspruchsvollerer Baum- und Straucharten abnehmen kann. Für diese Umgestaltung und zur Herstellung eines aus bis zu vier Schichten aufgebauten Bestandes (1. Schicht = Krautschicht, 2. Schicht = Strauchschicht mit Baumverjüngung auch sog. Unterwuchs, 3. Schicht = niedere Baumschicht oder sog. Zwischenstand und 4. Schicht = herrschende Baumschicht oder sog. Oberstand) ist eine sog. Entwicklungspflege (1x – 2x im Jahrzehnt) erforderlich. Siehe hierzu in Tab. 2 Maßnahmen von „Kultur-/Jungwuchspflege" bis „Einleitung Naturverjüngung".

Nach ca. 100 Jahren kann ein Deponiewald den angestrebten Zielzustand weitgehend erreicht haben (sog. **Zielwald**). Das bedeutet: Alle für den Zielwald geplanten Baum- und Straucharten sind vorhanden, wobei - soweit es die standörtlichen Voraussetzungen zulassen, eine **Hauptbaumart** entweder die **Eiche** oder die **Waldkiefer** ist. Nadelholzarten (ganzjährig hohe Interzeptionsverdunstung!) überschirmen mindestens 20 % der Waldfläche, bei höheren Jahres- bzw. Winterniederschlägen bis zu 50 %. Der **Waldaufbau ist mindestens dreischichtig.** Die **Hauptbaumarten** (Baumart oder Baumartenkombination von bis zu 3 Arten die zusammen mindestens 50 % der bewaldeten Fläche überschirmen) **verjüngen sich natürlich.** Es gibt keine Kahlflächen. Zur dauerhaften Sicherung des Zielzustandes ist eine Erhaltungspflege erforderlich (1x im Jahrzehnt, s. Tab. 2 Maßnahme „Dauerwaldpflege"), bei der einzelne Bäume entnommen werden. Die Pflege zielt vor allem auf den Erhalt der Schichtung und der vertikalen Stufigkeit und die Förderung der Naturverjüngung ab. Langfristig ist ein Wald zu entwickeln, in dem alle Altersklassen (junge, mittelalte und alte Bäume) etwa zu gleichen Anteilen vorkommen.

Tab. 2:   *Entwicklung eines Deponiewaldes von der Bestandesbegründung bis zum Zielzustand nach etwa 100 Jahren. Der Zielzustand wird durch eine Erhaltungspflege (= Dauerwaldpflege) gesichert*

Entwicklung eines Deponiewaldes aus Bepflanzung		
Entwicklungsschritt	**Maßnahme**	**Jahr**
Bestandesbegründung	Pflanzung **Vorwald** (Pionierarten), ca. 1500 Bäume/ha	1
Nachbesserung	Nachpflanzung; nur bei stärkeren flächigen Ausfällen	2 - 3
Kulturpflege	nach Bedarf	2 - 5
Umbau Vorwald	Entnahme von ca. 50 % der vorhandenen Bäume; Pflanzung **Zielwald** (anspruchsvolle Arten), ca. 3000 Bäume/ha	15 - 20
Nachbesserung	Nachpflanzung; nur bei stärkeren flächigen Ausfällen	15 - 20
Kultur/Jungwuchspflege	nach Bedarf	15 - 25
Läuterungspflege	Reduktion auf 2500 Bäume /ha	30 - 35
Durchforstungen	Im Zehnjahresturnus Eingriffe in Abhängigkeit von der Waldentwicklung mit weiterer Reduktion der Baumzahl	40 - 75
	Reduktion auf 250 – 400 Bäume/ha	80 - 90
Einleitung Naturverjüngung	Entnahme einzelner Bäume/Baumgruppen aus Oberstand	> 90
Dauerwaldpflege	Entnahme einzelner Bäume/Baumgruppen zur Förderung der vertikalen Schichtung und der Naturverjüngung; Baumzahl im Oberstand bleibt bei ca. 250 Bäume/ha = Zielzustand	> 100 usw.

Wald ist als Bewuchs natürlich nur ein Vegetationstyp, der sich zur Begrünung von Deponien anbietet. Neben Wald kommt Grünland, verschiedene Formen von sträucherdominierter Buschvegetation und unter Umständen auch eine ungelenkte Vegetationsentwicklung durch spontane Pflanzenansiedlung in Frage. Letzteres führt über eine Reihe von Entwicklungsstufen, beginnend mit gras- und krautreichen Stadien, am Ende der Sukzessionsreihe schließlich auch zu Wald (WATTENDORF & SOKOLLEK 2000). Dessen Zusammensetzung ist dann allerdings zufällig und muss fallweise durch Pflegeeingriffe oder ergänzende Bepflanzung variiert werden. Welchem Vegetationstyp man bei der Rekultivierung der Vorzug gibt, ist nach den jeweiligen lokalen Gegebenheiten festzulegen (z.b. Einbindung der Deponie in die umgebende Landschaft). Der Verfasser plädiert jedoch dafür, stets vorrangig zu prüfen, ob Wald als Bewuchs für eine Deponie in Frage kommt. Dafür spricht, dass Wald die höchste jährliche reale Verdunstung aufweist, bereits nach einer Entwicklungszeit von 10 – 15 Jahren eine – verglichen mit Grünland – nur noch sehr extensive Pflege durchzuführen ist (1 – 2x im Jahrzehnt), ein standortangepasster Wald eine hohe Stress- und Störungstoleranz gegenüber biotischen und abiotischen Schäden aufweist und durch Nutzungen entnommene bzw. abgestorbene Bäume durch natürliche Waldverjüngung nachwachsen. Außerdem kann der für eine wirksame Abflussverminderung gewünschte Waldzustand durch eine entsprechende Waldpflege vergleichsweise leicht hergestellt werden. Leichter als Rekultivierungsschichten, welche alle an sie gestellten Anforderungen erfüllen[2].

Die als Nachteile von Deponiewäldern immer wieder genannte Windwurfgefährdung wird überbewertet. Durch einen pultartigen Aufbau von der Hauptwindrichtung vorgelagerten Waldrandbereichen kann Windwurf sehr gut vorgebeugt werden. Schäden an unterliegenden Komponenten von Dichtungssystemen durch Windwurf sind weitgehend ausgeschlossen, da eine für Wald geeignete Rekultivierungsschicht je nach Hauptbodenarten durchschnittlich eine Dicke von >2,5 bis 3,0 m aufweisen soll. Wie Untersuchungen an vom Sturm geworfenen Waldbäumen zeigten, reichen ausgehebelte Wurzelballen und der dadurch gestörte Bodenbereich selten tiefer als 1,5 bis 2,0 m (ALDINGER et al. 1996). Die lange Entwicklungszeit von Wald als Nachteil anzuführen (Entwurf GDA-Empfehlung E2 – 32) lässt sich ebenfalls entkräften. Sicher ist die Zeit bis zum Entstehen eines „reifen" Deponiewaldes mit einem Alter von 80 – 100 Jahren lang. Doch schon wenige Mona-

---

[2] Um Missverständnissen zu begegnen: Zusammensetzung, Struktur usw. von Waldbeständen können durch entsprechende Pflegeeingriffe in einen gewünschten Zustand gelenkt werden, wodurch auch auf suboptimalen Rekultivierungsstandorten, z.B. auf Altdeponien, die Abflussbildung vermindert wird. Vitalität und Wüchsigkeit und nicht zuletzt auch die für einen Rekultivierungsstandort in Frage kommende Auswahl an Baum- und Straucharten hängt dagegen vom Bodenzustand der Rekultivierungsschichten ab. Es ist daher erforderlich, dass eine für Waldbewuchs neu anzulegende oder ertüchtigende Rekultivierungsschicht, besonders hinsichtlich der Kenngrößen Bodenart, Trockenraumdichte (TRD), nutzbare Feldkapazität des effektiven Wurzelraums (nFK_{eff}) und pH-Wert von Anfang an möglichst optimal gestaltet wird.

te nach der Waldbegründung, z.B. durch Bepflanzung, entwickelt sich eine geschlossene Vegetationsdecke. Auch wenn die Gehölze in den ersten Jahren nur einen kleinen Teil der Fläche überschirmen, stellen sich, spontan oder unterstützt durch Saat, zwischen den Bäumchen weitgehend geschlossene Gras- und Krautbestände ein. Zu temporären Abdeckungen und der Möglichkeit, Wald anzupflanzen sei angemerkt: Von einer temporären Abdeckung nach Abschluss der Nachsorgephase einen z.b. 20 oder 25jährigen Waldbestand zu entfernen, ist mit vertretbarem Aufwand möglich. Der Forsttechnik stehen heute Großmaschinen zur Verfügung, die solche Waldräumungen (Kahlschlag mit Wurzelstockrodung) zeit- und kostengünstig bewältigen.

3. Bewertung der Wasserhaushaltsfunktion rekultivierter und aufgeforsteter Abdeckungen

Bei Abschnitten von Altdeponien die bereits rekultiviert und aufgeforstet sind ist es vor einer Nachrüstung mit Oberflächenabdichtungen, gerade bei gesicherten Aufforstungen (älter 10 Jahre) und unter den oben erwähnten günstigen klimatischen Voraussetzungen, prüfenswert, welchen Beitrag die vorhandenen Rekultivierungsschichten mitsamt Bewuchs zur Sickerwasserminimierung leisten. Ein entsprechendes Verfahren (Bestandsaufnahme und Bewertung), wird am Beispiel der Kreismülldeponie Neuenburg vorgestellt. Mit den Daten aus den Untersuchungen zu Boden und Bewuchs wurde eine Simulation des Wasserhaushalts mit der an deutsche Verhältnisse angepassten Version von HELP (Vers. 3.07) durchgeführt (WATTENDORF & BÖNECKE 1999). Darauf aufbauend wurden Vorschläge erarbeitet, wie durch teilweise Nachbesserung der Rekultivierungsschicht und durch Aufforstung bzw. Umgestaltung des vorhandenen Bewuchses auf eine Oberflächenabdichtung verzichtet werden kann (WATTENDORF & BÖNECKE 2000).

Die Kreismülldeponie Neuenburg liegt unmittelbar am Rhein (Restrhein) etwa auf halber Strecke zwischen Freiburg und Basel. Die Deponie mit einer Gesamtgröße von 12 ha gliedert sich in 4 Betriebsabschnitte. Untersucht wurde der rekultivierte Betriebsabschnitt I (BA I) mit einer Fläche von ca. 6 ha. Der BA I ist nach TA-Si als Altdeponie anzusehen, d.h. es kann auf eine Regel-Oberflächenabdichtung verzichtet werden, wenn nachgewiesen wird, dass das anfallende Sickerwasser hinsichtlich Menge und Qualität keine Gewässerverunreinigung verursacht. Für den BA I liegt diesbezüglich eine besondere Situation vor, da aufgrund fehlender Basis- und Seitenabdichtungen ein Wasserzutritt in den Deponiekörper nicht nur über Niederschläge, sondern bei hohem Rheinwasserstand auch durch Grundwasserzustrom erfolgen kann.

Die 1999 durchgeführte Bestandsaufnahme und Bewertung gliedert sich in die Teile:

- Bodeneigenschaften der Abdeckschichten
- Vegetation
- Wasserhaushalt der Abdeckungen

und eine Gesamtbewertung hinsichtlich

- Eignung der Abdeckungen als Standort für Gehölzbestände und Bedeutung der Abdeckungen und der Vegetation für eine Minimierung des Abflusses aus der Rekultivierungsschicht

Die **Bodeneigenschaften** der vorhandenen Abdeckschichten wurden mittels einer Rasterbohrung (10x10 m bzw. 20x20 m) mit einem Pürckhauer-Erdbohrstock (Länge 2,20 m) erkundet. An jedem Bohrpunkt wurden Daten wie Schichtung des Profils, Bodenart, Carbonatgehalt, usw. aufgenommen. Bodenphysikalische, -chemische und –biologische Untersuchungen der Abdeckungen erfolgten außer an den Bohrstockproben an Bodenprofilen. Die Lage der Profilgruben wurde anhand einer standörtlichen Gliederung auf Grundlage der Rasterbohrungen und der Vegetationsausprägung festgelegt (zur Methode s. BÖNECKE 2000). Für die Bewertung der Bodeneigenschaften der Abdeckschichten wurden die Merkmale Bodenart, Grobbodenanteil (Steingehalt), Mächtigkeit der Abdeckung, Lagerungsdichte (Rohdichte), Nährstoffvorrat, Mächtigkeit des potenziellen Wurzelraums und nutzbare Feldkapazität des Wurzelraums herangezogen.

Auf gut 50 % der Fläche des BA I besteht die **Vegetation** aus Wald, im Alter zwischen 10 und knapp 30 Jahren. Die übrigen Flächen sind von Gras-/Krautbeständen bedeckt. Zur Bewertung der Waldbestände, die überwiegend von der Baumart Robinie gebildet werden, wurden die Merkmale Baumartenzusammensetzung, Wuchsleistung (Dicken- und Höhenwachstum), Bodendurchwurzelung und die Bestandesstruktur (Schichtung) verwendet.

Die wesentlichen **Ergebnisse aus den Erhebungen zu den Bodeneigenschaften und zur Vegetation** sind: Der Aufbau der Abdeckungen ist sehr inhomogen, die mechanische Gründigkeit der Abdeckungen variiert in einem Bereich zwischen 0,4 m und mehr als 2 m. Die Werte der untersuchten physikalischen und chemischen Bodeneigenschaften streuen breit. Für Bewuchs günstige Bodenbedingungen wurden dort angetroffen, wo Böden beim Einbau nicht verdichtet wurden. Die nutzbare Feldkapazität des Wurzelraumes war überwiegend mittel bis hoch, Nährstoffversorgung und pH-Wert ausreichend bis gut. Wegen der hohen Steingehalte (z.T. über 60 %) entsprechen die Böden der Abdeckungen im allgemeinen nicht den Eignungsanforderungen, die heute an Rekultivierungssubstrate gestellt werden. Eine tiefreichende Durchwurzelung wurde nur ausnahmsweise erreicht (Bereiche mit locker geschütteten Substraten). Die für die häufigste Baumart, die Robinie, ermittelten Wuchsleistungen sind gut, es handelt sich allerdings um eine Pionierbaumart mit geringen Standortsansprüchen.

Der **Wasserhaushalt der Abdeckungen** im BA I der Deponie Neuenburg wurde mit der an deutsche Verhältnisse angepassten Version 3.07 des Programms HELP simuliert. Die Modellierung erfolgte durch Herrn Dr. K. Berger (Universität Hamburg). Für die Modellierung wurden Klimadaten für die Jahre 1995 (nass, 805 mm N), 1997 (trocken, 677 mm N) und 1998 (durchschnittlich, 733 mm N) ausgewählt. Verglichen mit den langjährigen Niederschlags-Jahressummen (540 – 720 mm) sind für die drei betrachteten Jahre insgesamt eher hohe Niederschläge kennzeichnend. Für die Bewertung des Wasserhaushalts maßgeblich ist die Versickerung aus der Abdeckung. Die Simulationsergebnisse, es wurden für jedes der insgesamt 7 Bodenprofile Simulationsreihen erstellt, sind unter folgenden Voraussetzungen bzw. Einschränkungen zu interpretieren:

- Der simulierte Zeitraum mit 3 Jahren ist sehr kurz, besser wären 10 Jahre.
- Die einzige vorgesehene Vegetation in HELP ist Grasbewuchs. Mehrschichtig aufgebaute Waldbestände mit hohen Blattflächenindices, wie sie im BA I der Deponie Neuenburg auf gut 50 % der Fläche vorkommen, werden nicht angemessen abgebildet. Die Interzeptionsverdunstung dürfte daher real deutlich höher sein als von HELP simuliert.

Die **modellierten Sickerwassermengen** lagen im wesentlichen in einem Bereich **zwischen 200 und 250 mm jährlich**. Demnach werden ca. 67 – 72 % des gemittelten Jahresniederschlags verdunstet. Für ein Bodenprofil wurde eine deutlich geringere Sickerwassermenge von durchschnittlich 124 mm berechnet, d.h., hier werden 83 % der Niederschläge zurückgehalten. Zwischen den Profilen unter Wald und den Profilen mit Grasbewuchs ergaben sich hinsichtlich der Versickerung keine Unterschiede, was auf die bereits erwähnte Beschränkung des Modells hinsichtlich der Eigenschaften der Vegetationsdecke (Blattflächenindex) zurückzuführen ist. Der Oberflächenabfluss spielte mit max. 15 mm/a praktische keine Rolle im Wasserhaushalt der Abdeckungen.

Für die **Gesamtbewertung** mussten die simulierten Ergebnisse interpretiert werden. Dabei wurde davon ausgegangen, dass ein Teil der von HELP verwendeten Parameter nicht den realen Gegebenheiten auf der Deponie Neuenburg entsprach. Um die Qualität der Ergebnisse zu verbessern, wurden an der Universität Hamburg mit HELP weitere Simulationen mit veränderten Eingangsparametern erstellt. Es wurde z.B. angenommen, dass die Werte für die Wasserleitfähigkeit (k_f-Werte) Unsicherheiten enthalten, da mit der konventionellen bodenphysikalischen Methodik lediglich die Wasserleitfähigkeit von Stechzylinderproben des Feinbodens gemessen wird. Einflüsse auf k_f-Werte durch Bodenverdichtungen, Einschlüsse aus anderem Bodenmaterial und hohe Steingehalte (im Unterboden teilweise über 60 %), werden nicht berücksichtigt. Um wenigstens die hohen Steingehalte in Ansatz zu bringen, wurden Simulationsreihen mit um den Steingehalt reduzierten k_f-Werten (k_f (korr) = k_f (AG Boden) · (1-Steingehalt)) gerechnet. Die Korrektur bewirkte allerdings nur eine unwesentliche Reduktion der simulierten Versickerungen (max. um 6 mm/a).

Ein gravierender Nachteil des Programms HELP ist, dass es nur Grasbestände als Vegetationsdecke vorsieht. Die Besonderheiten von Gehölzbeständen können mit HELP nicht modelliert werden, sondern müssen durch zusätzliche Berechnungen und Korrekturen erfasst werden. Hierfür wurde eine Arbeitshilfe für Simulationsläufe mit veränderten Eingangsparametern am Institut für Landespflege der Universität Freiburg entwickelt (WATTENDORF 2000). An dieser Stelle kann nur auf die wichtigsten Punkte aus dieser Arbeitshilfe eingegangen werden. Die Auswirkungen nachträglicher Korrekturen auf Simulationsläufe mit dem HELP-Modell werden für die Deponie Neuenburg dargestellt.

Mit HELP kann der Beitrag von Wald zur Jahresgesamtverdunstung nicht realitätsnah abgebildet werden. Die Höhe der Interzeptionsverdunstung ist neben bestandesspezifischen Parametern (vgl. Tab. 1) von der Dauer und Intensität der Niederschläge abhängig. In HELP hängt die Interzeption von der Höhe des Tagesniederschlags und der lebenden Biomasse ab. HELP sieht eine maximale tägliche (nicht ereignisabhängige!) Interzeption von 1,27 mm vor. Für Wald ist dieser Wert zu niedrig. Fasst man die Interzeptionskapazität pro Tag für Bestand und Streuschicht zusammen, so ergeben sich für Wälder leicht Werte von 5 mm/d und mehr (BRECHTEL 1984). Betrachtet man die jährlichen Gesamtverdunstungsraten die von BRECHTEL (1984) auf mit Neuenburg vergleichbaren Standorten im Klimabereich von Frankfurt untersucht wurden, so erhält man für vergraste Altbestände mit Eiche bzw. Waldkiefer, die eine sehr hohe Interzeptionsverdunstung aufweisen, Abflusswerte die gegen Null tendieren.

Um in einem Simulationslauf mit HELP Korrekturfaktoren für die höhere Interzeption von Waldbeständen zu berücksichtigen, wurde folgendermaßen verfahren: Jeder Tageswert des Niederschlags wurde prozentual um die Differenz zwischen der von HELP ursprünglich für jeden Standort ermittelten Interzeption (Mittelwert der Untersuchungsjahre) und einer berechneten durchschnittlichen Interzeption der drei Modelljahre, hergeleitet auf der Basis einer angenommenen Gesamt-Interzeptionskapazität von 2 mm/Regenereignis, gekürzt und mit den so ermittelten korrigierten Niederschlägen ein erneuter Simulationslauf mit HELP durchgeführt. Das Ergebnis der HELP-Modellierung mit korrigierten Niederschlägen ist in Tab. 3 dargestellt.

Auf Grundlage der korrigierten Modellierung wurden Vorschläge für nächste Schritte unterbreitet (WATTENDORF & BÖNECKE 2000). Ziel weiterer Rekultivierungsmaßnahmen sollte sein, auf möglichst großer Fläche des BA I Standortsbedingungen zu schaffen, die dem Profil mit den geringsten modellierten Absickerungsraten (Profil 3) entsprechen. Dieser Zielsetzung folgend wurde eine Bedarfseinstufung vorgenommen, aus der eine Gliederung des BA I in einzelne Rekultivierungsbereiche (RB) mit unterschiedlichen Maßnahmenvorschlägen entstand (Tab. 4). Für den Bereich der bisher noch nicht rekultivierten Deponiekuppe (RB II, ca. 1,1 ha) verständigte man sich mit den zuständigen Behördenvertretern auf eine temporäre Abdichtung (Kunststoffdichtungsbahn, deren Dichtungswirkung ca. 30 Jahre gewährleistet sein muss) mit darüber liegender Rekultivierungsschicht und Aufforstung. Die Rekultivierungsplanung liegt den Fachbehörden derzeit zur Genehmigung vor.

Tab. 3: Vergleich zwischen ursprünglicher Modellierung und korrigierter Modellierung mit HELP (Mittelwerte für Untersuchungszeitraum) für ausgewählte Profile unter Wald (Profil mit höchstem bzw. niedrigstem Abfluss) auf der Deponie Neuenburg

Ergebnisse der HELP-Modellierung mit korrigierten Niederschlagswerten für ausgewählte Standorte auf der Deponie Neuenburg						
Profil	Niederschlag [mm]	Oberflächenabfluss [mm]	reale Verdunstung [mm]	sonstiger Wasserverbrauch [mm]	Abfluss [mm]	
Ursprüngliche Modellierung mit HELP						
1	738,8	10,2	500,3	3,0	Mittel 95/97/98	231,5
3	738,8	1,8	601,8	11,5	Mittel 95/97/98	124,0
HELP-Modellierung mit reduziertem Niederschlag						
1	669,0	7,7	461,3	44,2	Mittel 95/97/98	155,8
3	669,0	1,0	569,0	12,0	Mittel 95/97/98	87,0

Tab. 4: Übersicht der für die Deponie Neuenburg ausgewiesenen Rekultivierungsbereiche (RB) mit der jeweiligen Zielsetzung und den vorgesehenen Maßnahmen

Maßnahmen für die Rekultivierungsbereiche im BA I (Altdeponie) der Deponie Neuenburg		
	Zielsetzung	Maßnahmen
RB I	Ertüchtigung der bestehenden Rekultivierungsschicht	Vorhandene Abdeckung durch Überdeckung mit geeigneten Substraten soweit verbessern, dass sie den Anforderungen entspricht; anschließend Aufforstung mit Deponiewald
RB II	Bau temporärer Abdichtung (Folie) und Neugestaltung der Rekultivierungsschicht	Einbau einer temporären Abdichtung und darüber einer neu zu gestaltende Rekultivierungsschicht; anschließend Aufforstung mit Deponiewald
RB III	Pflege des Deponiewaldes	Vorhandene Waldbestände durch entsprechende Pflege zu Deponiewald entwickeln u. erhalten
RB IV	Ertüchtigung bestehende Bepflanzungen	Vorhandene, lückige Gehölzbestände durch Bepflanzung ergänzen; durch entsprechende Pflege zu Deponiewald entwickeln u. erhalten

4. Auf Deponien übertragbare Erfahrungen aus anderen Bereichen der forstlichen Rekultivierung

Für Deponieabschnitte die künftig zur Rekultivierung heranstehen, stellt sich vor allem die Frage, wie die Fülle von Anforderungen des Entwurfs der GDA-Empfehlung E 2-31 überhaupt in der Praxis verwirklicht werden können. Die Beschaffung geeigneter Böden, Verfahren des bodenschonenden Erdeinbaus und die Auswahl des Bewuchses sind nur einige – überdies nicht neue - Aspekte (BÖNECKE 1997). Aus der forstlichen Rekultivierung von Materialentnahmestellen liegen Empfehlungen und Erfahrungsberichte vor (ISTE 2000, BÖNECKE & SEIFFERT 2000), die sich auf Deponien anwenden lassen.

Noch vor 10 Jahren mussten bei der forstlichen Rekultivierung von Materialentnahmestellen, vor allem in Kiesgruben, erhebliche Fehlschläge hingenommen werden. Aufforstungen mussten 2fach und 3fach wiederholt werden. Von der Forstliche Versuchs- und Forschungsanstalt in Freiburg durchgeführten Freilanduntersuchungen zeigten als Hauptursachen für misslungene und schlechtwüchsige Aufforstungen (BÖNECKE et al. 1993):

- Einbau der Rekultivierungsschicht über stark verdichteten Horizonten; Folge: Staunässe

- Aufbau der Rekultivierungsschicht aus ungeeigneten Substraten (z.T. reine Sande und vor allem hohe Steingehalte), zu geringe Dicke der Rekultivierungsschicht und Bodenverdichtungen beim Einbau der Rekultivierungsschicht; Folge: für Wald zu geringe nutzbare Feldkapazität des effektiven Wurzelraums ($nFK_{eff} < 200$ mm)

- Unsachgemäßer Umgang mit humosem Oberbodenmaterial bei Bodenausbau, Zwischenlagerung und Bodeneinbau; Folge: Humusverluste durch Mineralisierung

- Fehlbeurteilungen bei der Begutachtung der Bodeneigenschaften der Rekultivierungsschichten; Folge: Auswahl nicht standortsangepasster Gehölze

Bei der Rekultivierung von Materialentnahmestellen kommt es, im Gegensatz zur Rekultivierung von Deponien, meist nicht zu Engpässen bei der Bodenbeschaffung, da sog. Abraum zur Verfügung steht. Allerdings erfüllen diese Böden die an

Rekultivierungssubstrate gestellten Eignungsanforderungen meist nur bedingt. Der Aufforstungserfolg ist inzwischen dennoch zufriedenstellend. Ausschlaggebend hierfür ist ein **verdichtungsarmer bis –freier Einbau der Rekultivierungsschichten**, durch sog. Verkippen. Ein verdichtungsarmer Bodeneinbau sollte - nach der Substratwahl - bei der Herstellung qualifizierter Abdeckungen auf Deponien oberste Priorität haben. Die Planung und Ausführung der Aufforstungen erfolgt heute streng nach den Empfehlungen von **Standortsgutachten**, die obligatorisch vorgeschrieben sind. Das Standortsgutachten erfüllt zwei Funktionen: Die erforderlichen Bodenuntersuchungen dienen der Kontrolle der für die Herstellung der Rekultivierungsschicht formulierten Auflagen (z.b. Schichtdicke, Bodenarten usw.). Es wird damit zu einem Instrument der **Qualitätssicherung** für den Bereich der technischen Rekultivierung[3]. Das Standortsgutachten gibt außerdem vor, mit welchen Baum- und Straucharten aufgeforstet wird und formuliert für festgestellte suboptimale Rekultivierungsstandorte ggf. Empfehlungen zur Bodenmelioration. Es ist damit Grundlage für alle Arbeiten der biologischen Rekultivierung[4]. Das Verfahren „Standortsgutachten" ist für Deponien uneingeschränkt anwendbar, ebenso zur Erkundung der Abdeckungen von Altdeponien und Altlablagerungen (vgl. Kap. 3). Eine ausführliche Darstellung der forstlichen Rekultivierung von Materialentnahmestellen enthält ISTE (2000) und zum Standortsgutachten BÖNECKE (2000).

5. Zusammenfassung und Empfehlungen

Durch die „biologische Komponente" Rekultivierungsschicht + Wald kann die Wirksamkeit von Oberflächenabdichtungssystemen verbessert und eine Langzeitwirkung, die rein technischen Systemen fehlt, überhaupt erst nachhaltig erreicht werden. Vorraussetzung ist die Herstellung von Abdeckungen, die hinsichtlich ihrer Eigenschaften als Wasserhaushaltsschicht und als Pflanzenstandort optimal gestaltet sind. In der Praxis der Rekultivierung muss unbedingt mehr Wert auf einen schonenden und locker geschütteten Bodeneinbau gelegt werden. Nur so können von vorneherein an der Rekultivierungsschicht Mängel vermieden werden,

---

[3] Umfasst alle erforderlichen Ausführungsarbeiten bis zur fertig eingebauten Rekultivierungsschicht.
[4] Umfasst alle Arbeiten der Bodenmelioration, die Pflanzung und die Pflege des Vorwaldes und den Umbau des Vorwaldes in den Zielwald.

die irreparabel sind. Ein Deponiewald ist kein beliebig zusammengesetzter und aufgebauter Gehölzbewuchs. Deponiewälder sind, wie die Rekultivierungsschicht, entsprechend der ihnen zugedachten Funktion im Wasserhaushalt anzulegen, zu entwickeln und zu pflegen.

Qualifizierte Abdeckungen mit gut entwickelten Deponiewäldern sind unter ganz bestimmten Voraussetzungen, wie günstige klimatische Randbedingungen, gute Basisabdichtung usw., durchaus eine Alternative zu Oberflächenabdichtungen, zumindest für Deponien der Klasse I (BERGER 2000). Bei Deponien der Klasse II muss es künftig die Regel sein, Abdeckungen und Bewuchs so zu gestalten, dass ein optimaler Beitrag zur realen Verdunstung erzielt wird. Für Altdeponien und Altablagerungen spielt die Beurteilung der Wirkungen von heute bereits vorhandenen Bodenabdeckungen und Waldbeständen auf den Abfluss aus der Rekultivierungsschicht eine Rolle, um den ggf. notwendigen Umfang und die Qualität von Nachrüstungen mit Oberflächenabdichtungen zuverlässig zu ermitteln. Entsprechende Simulationen des Wasserhaushaltes sind mit dem HELP-Modell nur bedingt möglich. Allerdings stehen auch keine Alternativen zur Verfügung, für die auch nur vergleichsweise umfangreiche Validierungs- und Anpassungsstudien durchgeführt wurden. Ein Ansatz für eine HELP-Modellierung unter Berücksichtigung der höheren Interzeptionsverdunstung von Waldbeständen wird in diesem Beitrag vorgestellt.

6. Literatur

Aldinger, E., Seemann, D,. Konnert, V. (1996): Wurzeluntersuchungen auf Sturmwurfflächen 1990 in Baden-Württemberg. Mitt. Verein für Forstliche Standortskunde und Forstpflanzenzüchtung, H. 38, S. 11 – 22

Baumgartner, A. & Liebscher, H.-J. (1996): Allgemeine Hydrologie, Quantitative Hydrologie, Lehrbuch der Hydrologie, Band 1, 694 S.

Berger, K. (2000): Neues zur Entwicklung des HELP-Modells und zu Möglichkeiten und Grenzen seiner Anwendung. In: Wasserhaushalt der Oberflächenabdichtungssysteme von Deponien und Altlasten. Hamburger Bodenkundliche arbeiten, Bd. 47, S. 19 - 50

Bieberstein, A., Bönecke, G., Brauns, J., Ehrmann, O., Haubrich, E., Konold, W., Koser, M., Reith, H., Wattendorf, P. (2001): Untersuchungen zur Gestaltung von Rekultivierungsschichten. In: Mayer-Harth. U. (Hrsg.): Oberflächenabdichtung und Rekultivierung von Deponien. 4. Deponieseminar des Geologischen Landesamtes RLP, S. 295 – 302, Mainz

Bönecke, G., Spahl, H., Zorn, T. (1993): Untersuchungen zur Rekultivierung von Kiesgruben im Kiesabbaugebiet Radolfzell. Forstliche Versuchs- und Forschungsanstalt, 38 S. + Anhang, Freiburg

Bönecke, G. (1997): Forstwirtschaftliche aspekte der Rekultivierung kombinationsgedichteter Deponien. In: Egloffstein, Th, & Burkhardt, G. (Hrsg.): Oberflächenabdichtungen von Deponien und altlasten. Abfallwirtschaft in Forschung und Praxis. Erich Schmidt Verlag, Berlin. Bd. 103, S. 171 – 177

Bönecke, G. (2000): Das Standortsgutachten. In: Bönecke, G. & Seiffert, P. (Hrsg.): Spontane Vegetationsentwicklung und Rekultivierung von Auskiesungsflächen. Schriftenreihe Institut für Landespflege der Universität, culterra, Bd. 26, S. 117 – 126, Freiburg

Bönecke, G. & Seiffert, P. (Hrsg.) (2000): Spontane Vegetationsentwicklung und Rekultivierung von Auskiesungsflächen. Schriftenreihe Institut für Landespflege der Universität, culterra, Bd. 26, 148 S., Freiburg

Bothmann, P. (2000): Bedeutung der Rekultivierungsschicht für die langfristige Sicherheit von Deponien. In: Wasserhaushalt der Oberflächenabdichtungssysteme von Deponien und Altlasten. Hamburger Bodenkundliche arbeiten, Bd. 47, S. 181 - 189

Brechtel, H. M. (1984): Beeinflussung des Wasserhaushaltes von Deponien, Loseblattsammlung Müll und Abfall Nr. 4623, Berlin

DGGT [1] = Deutsche Gesellschaft für Geotechnik (2000): GDA-Empfehlung E 2-31 – Rekultivierungsschichten (Entwurf), Bautechnik 77 (9), S. 617 – 626

DGGT [2] = Deutsche Gesellschaft für Geotechnik (2000): E 2-32 – Gestaltung des Bewuchses auf abfalldeponien (Entwurf), Bautechnik 77 (9): S. 627 – 629

ISTE = Umweltberatung im Industrieverband steine und Erden Baden-Württemberg e.V. (Hrsg.) (2000): Forstliche Rekultivierung. Schriftenreihe Umweltberatung ISTE, Bd. 3, 62 S.

Lüscher, P. & Zürcher, K. (2001): Waldpflege zur Sicherung des vorbeugenden Hochwasserschutzes aus standortskundlicher Sicht, aufgezeigt an einem Beispiel der Schweiz. Vortrag: Symposium der Bayer. Landesanstalt für Wald und Forstwirtschaft: Vorbeugender Hochwasserschutz – Was können Wald und Forstwirtschaft beitragen?, 26.07.2001, Freising

Melchior, S. (2000): Materialwahl, Schichtung und Dimensionierung der Rekultivierungsschicht. In: Wasserhaushalt der Oberflächenabdichtungssysteme von Deponien und Altlasten. Hamburger Bodenkundliche arbeiten, Bd. 47, S. 191 – 216

Wattendorf (2000): Rekultivierung der Kreismülldeponie Neuenburg (Betriebsabschnitt I): Bewertung der ergebnisse der HELP-Modellierung. Institut für Landespflege der Universität, 11 S., unveröff., Freiburg

Wattendorf, P. & Bönecke, G. (1999): Rekultivierung der Kreismülldeponie Neuenburg, Betriebsabschnitt I – Bestandsaufnahme und Bewertung. Inst. für Landespflege der Albert-Ludwigs-Universität, 47 S. + Anhang, Freiburg

Wattendorf, P. & Bönecke, G. (2000): Rekultivierung der Kreismülldeponie Neuenburg, Betriebsabschnitt I – Rekultivierungsplanung, Inst. für Landespflege der Albert-Ludwigs-Universität, 47 S. + Anhang, Freiburg

Wattendorf, P. & Sokollek, V. (2000): Gestaltung und entwicklung von standortgerechtem Bewuchs auf Rekultivierungsschichten. In: Wasserhaushalt der Oberflächenabdichtungssysteme von Deponien und Altlasten. Hamburger Bodenkundliche arbeiten, Bd. 47, S. 225 - 234

Zur Oberflächenabdichtung von Deponien mit geeigneten Abfallstoffen unter Einbeziehung von wasserglasvergüteten Klärschlämmen

Herrn Prof. Dr. F. H. Frimmel zum 60. Geburtstag

P. Belouschek[*] und J.U. Kügler[**]

Inhalt

1. Aufgabenstellung 281
2. Wasserglasvergütete, mineralische Dichtungssysteme aus Abfallstoffen . 282
3. Das Konzept der Wasserglasvergütung /3, 4/ 284
4. Aktive Risssicherung /5/ 284
5. Chemisch-biologische Beständigkeit 285
6. Bewertung der Raumbeständigkeit und Dichtigkeit 289
7. Baufähigkeit 290
8. Referenzobjekte 292
9. Schlussfolgerung 293
10. Literatur 294

1. Aufgabenstellung

Oberflächenabdichtungen haben die Aufgabe langfristig, auch nach Beendigung des Deponiebetriebes, Niederschlagswasser vom Deponiekörper fern zu halten, um hierdurch eine Minimierung des Deponiesickerwasseranfalls zu erreichen, was einen langfristigen Schutz zum Grundwasser darstellt.

Um eine derartige Aufgabe langfristig erfüllen zu können, sollten die mineralischen Abdichtungsschichten folgende Eigenschaften besitzen:

---

[*] Prof. Dr. P. Belouschek, Humboldt-Universität zu Berlin, TERRACHEM Essen GmbH
  Im Teelbruch 61, 45219 Essen
[**] Dipl.-Ing. J.U. Kügler, Ingenieurbüro Kügler, Im Teelbruch 61, 45219 Essen

- ausreichende Dichtigkeit
- Dauerbeständigkeit
- Verformbarkeit ohne Rißbildung
- geringe Schrumpfanfälligkeit bei Wassergehaltsänderung zur Vermeidung von Schrumpfrissen
- ausreichende Scherfestigkeit zur Gewährleistung der Stand- und Gleichsicherheit in den Böschungsbereichen
- gut einbau- und verdichtungsfähig.

Darüber hinaus muß das Abdichtungssystem umweltverträglich sein.

Von uns wurde ein Oberflächenabdichtungssystem aus mineralischen Massenreststoffen unter Einbeziehung wasserglasvergüteter Klärschlämme entwickelt, was die o.g. Anforderungen erfüllt /1, 2/.

Es ist hierdurch möglich, mit Rest- und Abfallstoffen zwecks Ressourcenschonung und Schutz der natürlichen Landschaft, insbesondere im Sinne des Kreislaufwirtschaftsgesetzes, großflächige Profilierungen und Abdichtungen zur dauerhaften Oberflächensicherung von Deponien herzustellen. Dieses bewirkt, dass Abfallstoffe, die unter den bisher geltenden technischen Richtlinien durch Verwertung im Erd- und Grundbau vielfältig diffus in der Landschaft verteilt, lokal konzentriert zugunsten technisch hoch qualifizierter Sicherungsmaßnahmen auf Deponien verwertet werden.

Die Verwertung von geeigneten Abfallstoffen in Verbindung mit Klärschlamm stellt deshalb eine ökologisch und ökonomisch sinnvolle technische Lösung dar.

In den nachfolgenden Ausführungen wird die praktische Umsetzbarkeit sowie die bisherigen Erfahrungen beim Bau derartiger großtechnischer Maßnahmen vorgestellt.

2. Wasserglasvergütete, mineralische Dichtungssysteme aus Abfallstoffen

Die Erfahrungen, die bei wasserglasvergüteten Dichtungssystemen mit natürlich bindigen Böden in der Praxis gemacht wurden, ließen erwarten, dass es grundsätzlich möglich sein muss, auch aus geeigneten Gemischen aus Abfallstoffen einen auf Dauer wirksamen Abdichtungsboden mittels der Wasserglasvergütung herzustellen.

Hierzu wird ein gut kornabgestuftes, künstliches, bindiges Bodengemisch, das möglichst viel Wasser enthält und trotzdem verarbeitungsfähig ist, benötigt. Das Abdichtungsgemisch muss ausreichend plastisch sein.

Derartige Gemische sind nach folgenden Kriterien herzustellen:

- Abdichtungs- und Plastifizierungsgemische aus Klär- oder Gewässerschlamm unter Zugabe von Wasserglas für den Ersatz bindiger Bodenmaterialien,
- Füllstoffe zur Ausfüllung von Bodenporen und zur Rücktrocknung bei Anwesenheit großer Wassermengen im Klärschlamm, wie Stäube und Aschen,
- Traggerüste aus Recyclingsanden, Gießereisanden, Hüttensanden und /oder feinkörnigen Schlacken als Ersatz von Sand und Kieskorn.

Aus der Baupraxis beim Bau von Probefeldern und Abdichtungsschichten haben sich in der Regel folgende Abdichtungsgemische bewährt:

- Klärschlamm 30 - 45 %,
- Füllmaterialien, Filterstäube, Aschen 10 -20 %,
- sandhaltige, kiesige Materialien, Formsande, Aschen, Schlacken 35 -55 %.

Das trockene Wasserglas wird nur in so großen Mengen zugegeben, dass sich im Mittel eine 5 %ige Wasserglaslösung im Bodenwasser des Gemisches einstellt. Die Wasserglasvergütung bewirkt die Bindung des frei verfügbaren Wassers durch Gel- und Silikatbildung, was zu einer erhöhten Dichtigkeit infolge der Verstopfung der Bodenporen führt. Darüber hinaus wird hierdurch eine gute Verarbeitungsfähigkeit, eine hohe Erosionssicherheit sowie eine gute Raumbeständigkeit durch geringes Schrumpfverhalten trotz hoher Einbauwassergehalte und eine gute Verformbarkeit durch plastisch-elastisches Verhalten erzielt. Die Silikat-Gele sind chemikalienbeständig.

3. Das Konzept der Wasserglasvergütung /3, 4/

Das Prinzip der Wasserglasvergütung ist seit 25 Jahren bekannt und wird mit Erfolg in der Praxis bei der Herstellung von hochbeständigen Basisdichtungen angewendet. So wurde beispielsweise die Basisdichtung Kornharpen in Bochum mit Lößlehm und Wasserglas und zusätzlichen Gelbildnern so vergütet, dass ein Durchlässigkeitswert nach dem Einbau von 5×10^{-11} m/s. unterschritten wurde und die Abdichtungsschicht aufgrund der Porenraumminimierung als schadstoffrückhaltend bewertet werden konnte.

Durch die Zugabe eines trockenen, hoch konzentrierten, speziell für die Bodenabdichtungen entwickelte Wasserglaspulvers in das bodenfeuchte Erdgemisch ergibt sich durch Lösung im vorhandenen Bodenwasser eine Wasserglaslösung in einer Konzentration von 4 - 5 %. Durch Reaktion mit den Bodenwasserinhaltsstoffen bzw. den löslichen Bodenpartikeln entstehen hochabdichtende Kieselsäuregelsysteme, was zu einer Verstopfung und Verklebung der Bodenporen führt. Sind lösliche Schwermetalle im Bodenwasser vorhanden, werden sehr stabile Gelsysteme erzeugt und die Schwermetalle chemisch gebunden.

Die Erkenntnis in der Baupraxis, dass wasserglasvergütete, bindige Abdichtungssysteme nach Jahren ihren Abdichtungseffekt verbessern und gegen alle chemischen Verbindungen wie Säuren, Salzen und organischen Stoffen resistent sind, führte zur Fortentwicklung der optimierten Wasserglasvergütung, in dem geeignete anorganische Gelbildner in trockener Form dem Abdichtungsgemisch beigegeben werden. Hierdurch kann mit natürlichen Schluffböden wie z.B. Lößlehm ein Abdichtungseffekt in so hoher Güte erreicht werden, dass Schadstoffe in ein derartig vergütetes Abdichtungssystem nicht mehr eindringen können.

Aus den Ergebnissen geht deutlich hervor, dass keine Schadstoffe in die wasserglasvergütete Lößlehmschicht eingedrungen sind. Dies bedeutet, dass wasserglasvergütete, mineralische Abdichtungsschichten aufgrund der Porenverklebung bzw. -verstopfung die Funktion einer Konvektions- und Diffusionssperre besitzen.

4. Aktive Risssicherung /5/

Es wurde zur qualitativen Verbesserung der Abdichtungsqualität rißgefährdeter mineralischer Abdichtungsschichten der ingenieurmäßige Vorschlag der aktiven

Rißsicherung entwickelt. Unter der aktiven Rißsicherung wird die Bewehrung einer mineralischen Abdichtungsschicht mit einem geeigneten Gewebe, was keine Trennung der Dichtungsschichten bewirkt, und die vollflächige Überlagerung der Abdichtungsschicht mit Infiltrationsboden verstanden.

Aufgrund der praxisorientierten Modellversuche im Labor hinsichtlich der Rißanfälligkeit mineralischer Böden bei verändertem Wassergehalt wurde gefunden, daß eine Rißminimierung durch Einlage gering dehnfähiger Gewebe und eine Selbstreparatur zum Zusetzen von feinen Rissen durch Überlagerung von feinsandig-schluffigen, ausreichend scherfesten Böden, die bei Zutritt von Sickerwasser in Risse einfließen können (Fließböden), als Infiltrationsboden möglich ist.

Die schwierige Aufgabenstellung, die Darstellung der Haltbarkeit einer mineralischen Abdichtungsschicht auf Dauer in Verbindung eines Verbundsystems mit einer Kunststoffdichtungsbahn, kann dargestellt werden.

Somit ist es möglich, je nach Aufgabenstellung und genehmigungsrechtlicher Vorgaben, Abdichtungssysteme mit Abfallstoffen zu konstruieren, die den genehmigungsrechtlichen Vorgaben entsprechen. Hierdurch es ist möglich, Kombinationsdichtungen nach TA-Siedlungsabfall bzw. TA-Abfall, alternativ aber auch nur mineralische Oberflächenabdichtungen mit gleicher Wirkungsweise sowie Zwischenabdichtungen oder temporäre Oberflächenabdichtungen unter erdbautechnischen Gesichtspunkten immer in hoher Qualität zu entwickeln und zu bauen.

5. Chemisch-biologische Beständigkeit

Die chemischen Reaktionsprodukte des Wasserglases mit dem Bodenwasser sind gegen alle Säuren und Basen, insbesondere gegenüber dem Deponiesickerwasser, chemisch beständig.

Für die dauerhafte Dichtwirkung spielt auch die chemische und biologische Beständigkeit eine besondere Rolle. Aus einem über 8 Jahre dauernden Langzeitversuch im Labor sowie anhand der über mehrere Jahre beobachteten Probe- und Baufelder geht eindeutig hervor, dass die hier betrachteten mineralischen Abdichtungen ihre Dichtigkeit auf Dauer behalten. Allgemein kann sogar festgestellt werden, dass die abdichtende Wirkung mit der Zeit weiter zunimmt. Die Dichtwirkung kann auch in der Natur bei ähnlich zusammengesetzten Böden beobachtet werden.

Die zunehmende Dichtwirkung unter Einsatz von wasserglasvergüteten Klärschlämmen kann beispielhaft am oben angeführten Modellversuch im Labor aufgezeigt werden.

Es handelt sich hierbei um ein wasserglasvergütetes Klärschlamm-Sandgemisch mit jeweils 50 Gew.-% Anteilen. Der Abdichtungskörper wurde in einen Proctortopf, $\varnothing$ 15 cm, eingebaut, mit einem konischen Deckel versehen, so dass eine Wassersäule von 1,5 m aufgestaut werden konnte. Die Probe wurde im unteren Bereich auf ein Sieb mit einem darunterliegenden Auffangbecken gestellt. In Zeitabständen von 2 bis 3 Monaten wurde über einen Zeitraum von 8 Jahren sowohl Regenwasser als auch unterschiedliche Deponiesickerwasser aufgestaut und über eine Messzeit von 6 bis 8 Wochen der Durchlässigkeitsbeiwert gemessen. Anschließend wurde die Wassersäule entfernt und die Probe sich selbst überlassen. Der Probenkörper stand in einem Raum mit Durchschnittstemperaturen von 7° C bis 10° C im Winter und 10° C bis 15° C im Sommer. Das eingebaute Abdichtungsgemisch besaß zu Beginn der Versuchszeit Werte von $2 - 2,5 \times 10^{-9}$ m/s, nach 96 Monaten Werte von 4×10^{-10} m/s (siehe **Anlage 8**).

An den Probefeldern in Twente eines F.u.E.-Vorhabens des Umweltministeriums der Niederlande konnten folgende Veränderungen der Durchlässigkeit innerhalb eines Jahres festgestellt werden:

	BauphaseJuli 1994 [m/s]	1. Aufgrabung November 1994 [m/s]	2. Aufgrabung März 1995 [m/s]	3. Aufgrabung April 1995 [m/s]
Feld I	$6 - 9 \times 10^{-11}$		$4 - 5 \times 10^{-11}$	$< 1 \times 10^{-11}$
Feld II	$5 \times 10^{-10} - 8,5 \times 10^{-11}$		$3 - 4 \times 10^{-11}$	$1 - 2 \times 10^{-11}$
Feld III	$1 \times 10^{-9} - 7 \times 10^{-10}$	$6 - 8 \times 10^{-11}$		$5 - 7 \times 10^{-11}$
Feld IV	$5 - 7 \times 10^{-11}$	$4 - 6 \times 10^{-11}$		5×10^{-11}

Die Mischungen wurden alle mit 40 Gew.-% Klärschlamm mit Zuschlagsstoffen, wie Gießereisande, Aschen, Stäuben und Klär- und Papierschlämme hergestellt. Die Abnahme der k-Werte auf relativ konstant niedrige Werte zeigt, dass selbst zu Anfang der Baumaßnahme keine, die Abdichtung schädigenden Abbauprozesse stattfinden. Prüfungen im Jahre 1998, 1999 und 2000 bestätigen diese niedrigen Werte von $k \leq 5 \times 10^{-11}$ m/s.

Die organischen Bestandteile sollen mit dem TOC (total organic carbon) bestimmt werden. Somit dürfen Grubentone mit einem Sandanteil > 0,063 mm von ca. 20 % organische Anteile, bestimmt als TOC, von 8 Gew.-% besitzen. Für diese Materialien wird der Nachweis der chemisch-biologischen Beständigkeit nicht gefordert.

Die TOC-Werte der Reststoffdichtungen schwanken in Abhängigkeit typischer Klärschlämme aber nur zwischen 4 % und 7,5 %.

Hieraus geht hervor, dass aufgrund der bisherigen Erfahrungen beim Bau von mineralischen Abdichtungen aus Reststoffen mit Klärschlamm feinstverteilte organische Substanzen im Abdichtungsgemisch nur in derselben Größenordnung vorkommen, wie sie auch für Tone erlaubt sind.

Nachfolgend werden zusätzliche Untersuchungsmethoden zur chemisch-biologischen Beständigkeit, die über die Beobachtung des k-Wertes hinausgeht, vorgestellt.

In den Niederlanden wurde ein Elutionstest entwickelt, der eine Aussage über den Gesamtgehalt an mobilisierbaren organischen Bestandteilen ermöglicht (CUR-commissie D 24). Diese mobilisierbare organische Substanz steht ausschließlich für den biologischen Abbau zur Verfügung. Grundsätzlich kann ein biologischer Abbau aber nur dann erfolgen, wenn die Organik auch tatsächlich biologisch verfügbar ist. Die Elution erfolgt im stark basischen Bereich bei konstantem pH-Wert (11 und 13). Es sind so Bedingungen eingestellt, bei denen reaktive organische Bestandteile optimal gelöst und ausgelaugt werden. Für die Untersuchungen wird das Material fein gemahlen, so dass ein vollkommener Kontakt für die Eluierbarkeit gegeben ist.

Für typische Abdichtungsgemische mit Klärschlammanteilen von 40 % wird ein mobilisierbarer Organikgehalt von i.M. 1,25 % bestimmt.

Aus anderen Untersuchungen geht hervor, dass bei mobilisierbaren organischen Bestandteilen < 2 % es nur zu vernachlässigbaren Veränderungen der Mikrostruktur kommen kann, was aber keine negativen Auswirkungen auf die Eigenschaften des Systems hat.

Dieser Sachverhalt lässt sich auch durch Gasmessungen des Abdichtungsmaterials bestätigen, die vom Labor der Kläranlage-Süd der Stadt Düsseldorf durchgeführt wurden. Es wurde sowohl von frischen als auch von mehrjährigen Abdichtungsgemischen selbst nach mehreren Wochen keine Gasbildung festgestellt. Im Vergleich hierzu wurde selbst bei ausgefaulten Klärschlämmen alleine, wie er auch zur Abdichtung verwendet wurde, bereits nach einigen Tagen eine ausgeprägte Ausgasung beobachtet.

Aufgrabungsergebnisse von mehrjährigen Abdichtungsschichten bestätigen dieses Ergebnis. Es wurden in allen Fällen deutlich geringere Durchlässigkeitsbeiwerte als während der Bauphase bestimmt. Lagen die k-Werte während der Bauphase bei etwa 5×10^{-10} m/s können nach mehreren Jahren Durchlässigkeitsbeiwerte $< 5 \times 10^{-11}$ m/s festgestellt werden. An diesen Proben konnte ebenfalls keine Ausgasung festgestellt werden.

Aus diesen Untersuchungsergebnissen geht deutlich hervor, dass Abdichtungsgemische aus wasserglasvergüteten mineralischen Massenreststoffen mit geeigneten Klärschlämmen chemisch-biologisch beständig sind. Es kann weiterhin festgestellt werden, dass für die Beurteilung der chemisch-biologischen Beständigkeit nicht der Gesamtgehalt an organischen Bestandteilen (TOC) entscheidend ist, sondern dass vielmehr der mobilisierbare, biologisch verfügbare Anteil, wie er an oben aufgeführtem Beispiel ermittelt werden kann, die alleinige Kenngröße zur Beurteilung der chemisch-biologischen Aktivität darstellt, was insbesondere vom chemischen Milieu (z.B. pH) abhängt. Der Grund hierfür ist sicherlich, dass die wasserglasvergüteten, mineralischen Abdichtungsschichten aus geeigneten Massenreststoffen und Klärschlamm anaerob stabilisiert vorliegen. Aufgrund der hohen Dichtigkeit o.g. Abdichtung kann davon ausgegangen werden, dass eine chemisch-biologische Zersetzung nicht auftreten kann. Selbst unter der Annahme anfänglich chemisch-biologischer Aktivität sterben die Mikroorganismen mangels Nahrungszufuhr und Abtransport der Ausscheidungsprodukte in kürzester Zeit ab, so dass ein Abbau kurzfristig zum Stillstand kommt.

Diese Erklärung hat sich, wie oben beschrieben, durch die Gasmessungen bestätigt.

6. Bewertung der Raumbeständigkeit und Dichtigkeit

Die Raumbeständigkeit auf Dauer hinsichtlich der Rissanfälligkeit wird durch die aktive Risssicherung gewährleistet. Diese beinhaltet zwei Sicherungsvorkehrungen, die Bewehrung bei unterschiedlicher und starker Verformung, die zur Rissbildung führen kann und die vollflächige Überlagerung des Abdichtungssystems durch einen sogenannten Infiltrationsboden, der in der Lage ist, bei zutretendem Wasser entstandene Schrumpfrisse selbstwirksam zuzusetzen. Sind Verformungen von untergeordneter Bedeutung z.b. auf Böschungen, wenn überwiegend, wie im vorliegenden Fall mit Stauchungen zu rechnen ist, oder, wie dieses häufig bei Inertstoffdeponien oder gleichmäßig verdichteten Deponieschüttungen zu erwarten ist, kann auf die Bewehrung verzichtet werden.

Die durchgeführten Schrumpfrissversuche haben gezeigt, dass geeignete verdichtungsfähige Reststoffmischungen aus wasserglasvergütetem Klärschlamm für den Einsatz der mineralischen Abdichtungsbarriere geeignet sind. Bewehrte Systeme vertragen die an sie gestellte Raumbeständigkeit hinsichtlich der Verformbarkeit und insbesondere Wassergehaltsverluste bis zu 60 l/m^3 ohne qualitätsmindernde Schrumpfprozesse. Risse treten erst auf, wenn größere Wassergehaltsverluste entstehen.

Dem Abtrocknungsprozess kann durch einen entsprechenden Aufbau entgegengewirkt werden, indem die mineralische Abdichtung ebenfalls auf wasserhaltenden, tragfähigen Reststoffgemischen aufgelagert wird.

Eine weitere Sicherung zur Gewährleistung der Raumbeständigkeit ist die Abdeckung der mineralischen Abdichtungsschicht mit einer Schutzschicht aus Löß oder stark sandigem Schluff. Diese Böden besitzen eine ausreichende Stand- und Gleitsicherheit, haben aber darüber hinaus die Eigenschaft, bei auftretenden Rissen diese mit dem einsickernden Wasser wieder zuzusetzen (Selbstreparatur). Die eingebaute Bewehrung bzw. eine gemischtkörnige Auflagerschicht wirken rückhaltend auf den feinkörnigen Boden, so dass an jeder beliebigen Stelle im Falle extremer Beanspruchungen eine Selbstreparatur des Systems entsteht und somit die mineralische Abdichtungsbarriere auf Dauer raumbeständig zur Abweisung von Niederschlagswasser ist.

Diese Eigenschaften gehen über die der Regelabdichtung von Ton hinaus und beinhalten, dass keine Aufwendungen zur Kontrolle und gegebenenfalls zur Reparatur, wie es üblicherweise verlangt wird, entstehen.

Bei einer Kombinationsdichtung übernimmt der Infiltrationsboden auch die Funktion einer kiesfreien Auflagerschicht der Dichtungsbahn. Durch etwas geringere Scherfestigkeiten zur darunterliegenden Abdichtung verhält sich die Auflagerschicht wie eine Rollschicht, indem horizontale Spannungen nicht direkt in die mineralische Dichtung eingeleitet werden, was zur Risssicherung beiträgt.

Die mineralische Abdichtung besitzt die erforderliche Dichtigkeit von $k < 5 \times 10^{-10}$ m/s im Bauzustand. Sie verbessert sich nach ca. einem Jahr auf $k < 1 \times 10^{-10}$ m/s durch Langzeitreaktionen der Wasserglasvergütung. Der Luftporengehalt ist sehr gering und liegt bei $n_a < 3\ \%$. Durch die mineralische Abdichtungsschicht mit wasserglasvergüteten Reststoffgemischen alleine besitzt die Oberflächenabdichtung einen Abschirmeffekt, der einer Kombinationsdichtung sehr nahe kommt. Dieses konnte in der Praxis sehr anschaulich durch die Messung von Niederschlagswasserabflussmengen und der geförderten Deponiesickerwasserraten der mit einer Reststoffabdichtung gesicherten Deponie II der Fa. Henkel aufgezeigt werden.

7. Baufähigkeit

Zur Beurteilung der Baufähigkeit kann auf die Erfahrungen beim Bau mehrerer Deponieabdichtungen und zahlreichen Probefeldern mit den unterschiedlichsten Abdichtungsmischungen zurückgegriffen werden. Hierbei zeigte sich insbesondere, dass die Baufähigkeit mit herkömmlichen Erdbaugeräten auch bei z.T. wechselnden Witterungsbedingungen und Böschungsverhältnissen gegeben ist. Der Mischvorgang und die Homogenisierung der Abdichtungsmaterialien wurde bei den Abdichtungsprojekten zumeist mit dem Zwangsmischverfahren realisiert. Aufgrund der baupraktischen Erfahrungen kann ausgesagt werden, dass auf der Deponie in Eindhoven durch das eingesetzte, speziell für dieses Abdichtungssystem hergerichtete Zwangsmischverfahren absolut homogen gemischte Abdichtungsböden trotz variierender Mischrezepturen in Abhängigkeit der angelieferten Massenreststoffe bis zu 1.200 t pro Tag hergestellt und ordnungsgemäß verarbeitet werden konnten. Während der Bauzeiten hat es bisher noch keine Ausfälle hinsichtlich des geforderten Abdichtungswertes von $< 4 \times 10^{-10}$ m/s gegeben. Auch konnten bisher immer selbst verregnete, noch nicht ausreichend verdichtete Abdichtungsgemische nach wenigen Tagen Liegezeit ordnungsgemäß verdichtet und zur notwendigen Abdichtungsqualität überführt werden. Die Homogenität wurde erreicht, da für dieses Abdichtungsverfahren eine spezielle Mischtechnik zur Zugabe der unterschiedlichen Zuschlagsstoffe entwickelt wurde.

Alternativ für den Bau von Probefeldern besteht die Möglichkeit, die "Abfälle zur Verwertung" locker zu überschütten und mit Hochleistungsfräsen zu vermischen. Diese Vorgehensweise wurde für den Bau von Probefeldern gewählt, wobei auch gute Ergebnisse erzielt wurden.

Der Einbau und die Verdichtung kann mit herkömmlichen Erdbaugeräten, wie Raupen, Radladern und Vibrationsglattmantelwalzen erfolgen. Der Einsatz von Stampffußwalzen ist nicht notwendig und auch nicht mangels Oberflächenschluss gegen einwirkenden Regen erwünscht.

Das Gewebe zur Bewehrung ist aufgrund seiner hohen Flexibilität und der Anlieferung als Rollenware mit Bahnbreiten von ca. 4,5 m problemlos auf der untersten Dichtungslage aufzurollen, glattzuziehen und vor Kopf mit Abdichtungsboden zu überschütten. Eine optimale Einbettung wird erreicht, indem das Gewebe bei der Verdichtung der überlagernden Schüttlage von Abdichtungsboden durchdrungen wird.

Die mineralische Dichtung konnte mit herkömmlichen Erdbaugeräten auf Böschungen mit Neigungen von 1:3 bis 1:2,8 aufgetragen werden. Bei Böschungen mit Neigungen > 1:2,5 sind Seilführungen erforderlich. Auch steilere Böschungen mit Neigungen von 1:1,5 mit geringen Böschungshöhen (Ringwälle bzw. Gräben) konnten abgedichtet werden. Bei diesen Verdichtungsarbeiten wurden keine Abrisse bei der Verdichtung festgestellt. Auch hatten vorübergehende Niederschlagseinwirkungen keine negativen Folgen auf die Baufähigkeit, wenn das Abdichtungsmaterial vor dem Regen verdichtet wurde. Verdichte Abdichtungsschichten weichen bei langanhaltenden Niederschlägen nur oberflächlich um 2 cm auf. Nach ein bis zwei Tagen Trockenzeit kann die Abdichtungsschicht mit der nächsten Lage überschüttet werden, ohne dass besondere Nacharbeiten der unteren Dichtungslage erforderlich sind.

Bei Trockenwetter und starker Sonneneinstrahlung entsteht eine 1 bis 2 cm dicke Krümelschicht, die die tiefere Abdichtungsschicht gegen weitere Abtrocknung und insbesondere vor Rissbildungen schützt. Durch Anfeuchten und Nachverdichten kann diese Schicht wieder in die Abdichtungsschicht integriert werden.

8. Referenzobjekte

Wasserglasvergütete, mineralische Reststoffdichtungen werden seit 1997 in den Niederlanden als mineralische Abdichtungskomponente für Kombinationsabdichtungen an der Oberfläche angewendet. Je Deponie werden pro Jahr in Abhängigkeit der Witterungsverhältnisse 5 bis 7 ha abgedichtet. Die mineralische Abdichtungsschicht alleine besteht aus einer zweilagigen, 2 x 30 cm mächtigen Abdichtungsschicht. Die mineralische Abdichtungsschicht wird von einer 10 cm mächtigen Auflager- und Infiltrationsbodenschicht der Körnung 0/4 mm zur Auflagerung einer Folie abgedeckt. Insgesamt werden 56 ha Oberflächenabdichtung mit diesen Abdichtungssystem auf der Deponie Eindhoven in den Niederlanden abgedichtet. Des Weiteren wurden bisher 14 ha auf der Deponie Vlagheide (NL) nach dieser Technologie gesichert.

Die Arbeiten werden vom Fremdgutachter der INTRON bv, het institut voor Kwalität in de bouw 3136 GV Sittard, ständig kontrolliert und die hergestellte Fläche freigegeben.

Die Steuerung der Baustelle und die Eigenüberwachung wird vom Ingenieurbüro Kügler durchgeführt.

Bis zum heutigen Zeitpunkt hat es bisher keinerlei Beanstandungen gegeben, so dass die Abdichtungsarbeiten entsprechend den Witterungsverhältnissen zügig ausgeführt werden konnten.

Die Genehmigungsplanungen für Oberflächenabdichtungen in Belgien sind so weit mit den Behörden abgestimmt, dass im Jahre 2001 ebenfalls mit einer Kombinationsdichtung mit wasserglasvergüteten Abfällen als mineralische Dichtungskomponente auf Zentraldeponien begonnen werden soll.

Im Sommer 1996 wurden Probefelder zur Herstellung einer Oberflächenabdichtung der Alt-Deponie II in Monheim-Baumberg gebaut. Im Jahre 1997 wurde die Oberflächenabdichtung mit einer dreilagigen, 3 x 25 cm mächtigen, mineralischen

Abdichtungsschicht aus wasserglasvergüteten, industriellen Massenreststoffen und Klärschlämmen mit integrierter, aktiver Risssicherung hergestellt.

Es wurden ca. 5,0 ha abgedichtet. Die Abdichtungsarbeiten wurden im Februar 1998 abgeschlossen. Die Wirksamkeit der Abdichtung kann u.a. anhand der Sickerwassermengen beurteilt werden /6/. Im Januar 1998 wurden 340 m^3 Sickerwasser aus der Deponie abgepumpt und entsorgt, im Dezember 1998 nur noch ca. 3 m^3 und weniger bei relativ hohen Niederschlägen.

9. Schlussfolgerung

Die bisher gemachten baupraktischen Erfahrungen zeigen, dass es grundsätzlich möglich ist, mit den beschriebenen Verfahren in Verbindung mit einer fachgerechten Qualitätssicherung Abdichtungssysteme nach den technischen Vorgaben der TA-Siedlungsabfall herzustellen. Es handelt sich hierbei aber nicht um eine sogenannte Billigverwertung bzw. Scheinverwertung von Abfallstoffen auf Deponien.

Dieses Konzept eröffnet die Entwicklung eines regionalen Abfallwirtschaftskonzeptes für industrielle und kommunale Klärschlämme und Abfälle, wodurch der sogenannte Mülltourismus ohne besondere Auflagen erheblich eingedämmt und hinsichtlich des Umweltschutzes natürliche Ressourcen und damit die Landschaft zur Ausbeutung derartige Materialien geschont sowie die Verkehrsbelastung durch Ferntransporte mit Abfällen und Klärschlamm zugunsten der Verwertung nach dem Kreislaufwirtschaftsgesetz eingeschränkt wird. Derartige Verwertungen sind volkswirtschaftlich sinnvoll. Abfälle erfahren somit eine auf lange Sicht kalkulierbare Verwertung. Dies gilt insbesondere für Klärschlamm.

Es ist daher notwendig, rechtzeitig eine alternative, großtechnische Verwertungsmaßnahme anstelle der Feldverbringung und der Verbrennung mit hohem Energieaufwand ohne zusätzliche Kostenbelastung im Gebührenhaushalt aufzuweisen.

Dieses wird sich auch positiv auf den Umweltschutz hinsichtlich der Verkehrsbelastung aus, da der Mülltourismus in entlegene Regionen hierdurch unterbunden wird.

10. Literatur

/1/ Belouschek, P., Kügler, J.U. und Schürtz, J.: Wasserglasvergütete mineralische Abdeckung von Deponien und Altlasten unter dem besonderen Gesichtspunkt der aktiven Risssicherung in „Abdichtung von Deponien und Altlasten - Grundkursus". Hrsg. K. Thomé-Kozmiensky, E.-F.-Verlag, Berlin 1992

/2/ P. Belouschek, J.U. Kügler: Wasserglasvergütete mineralische. Hrsg. K. Thomé-Kozmiensky, E.-F.-Verlag, Berlin 1992

/3/ Belouschek, P., und Novotny, R.: Zur Chemie von pulverförmigem Wasserglas und seinen Folgeprodukten Kieselsäuresole und -gele in Wasser als Ausgangsmaterial für die Herstellung einer hochwertigen mineralischen Abdichtungsschicht aus bindigen Böden. Müll und Abfall (12) 89.

/4/ Belouschek, P., Kügler, J.U. und Novotny, R.:Zur Wasserglasvergütung von bindigen feinkörnigen Böden in DEPONIE 3, Hrsg. K. Thomé-Kozmiensky, E.-F.-Verlag, Berlin 1989

/5/ Kügler, J.U. und Belouschek, P.: Labortechnische Untersuchungen zur Rissbildung sowie zur Risssicherung von mineralischen Dichtsystemen für Zwischen- und Deckelabdichtungen. Hrsg. K. Thomé-Kozmiensky, E.-F.-Verlag, Berlin 1990

/6/ J. Schütz: „Klärschlamm sowie andere Reststoff und Deposil als Material zur Oberflächenabdichtung von Deponien". Haus der Technik (Essen), 1999

Testfeldergebnisse der konventionellen Kapillarsperre und der Kapillarblockbahn im Oberflächenabdichtungssystem der Deponie Breinermoor

Nico von der Hude[*], Stefan Möckel[**] & Walter Menke[***]

Inhalt

1. Einleitung..295
2. Aufbau und Wirkungsweise des Kapillarsperrensystems..........296
3. Das Projekt der Kapillarsperre auf der Deponie Breinermoor...298
4. Testfeld mit konventioneller Kapillarsperre (EU-Testfeld).......305
5. Zusätzliches Testfeld mit Kapillarblockbahn (KBB).................307
6. Zusammenfassung und Ausblick..313
7. Literaturverzeichnis..314

1. Einleitung

Die Kapillarsperre als Teil von Oberflächenabdichtungssystemen von Deponien und Altlasten in Böschungsbereichen hat sich zunehmend durchgesetzt und den Stand der Technik erreicht [1]-[5]. Versickerndes Niederschlagswasser soll hiermit nachhaltig lateral abgeführt werden, ohne Kontaminationen in den Boden und das Grundwasser zu verschleppen.

Auf der Deponie Breinermoor wurde 1998 ein zwei Hektar großer Böschungsbereich mit einer erweiterten Kapillarsperre hergestellt, der im Wesentlichen folgenden Schichtaufbau von oben nach unten aufweist:

- Rekultivierungsschicht
- Dränschicht
- Kunststoffdichtungsbahn (KDB)

---

[*] Dr.-Ing. Nico von der Hude, Bilfinger Berger AG, Frankfurt a. M.
[**] Dipl.-Geol. Stefan Möckel, Abfallwirtschaftsbetrieb Landkreis Leer
[***] Dipl.-Ing. Walter Menke, Gebrüder Friedrich GmbH, Salzgitter

- Kapillarsperre und
- Ausgleichsschicht

Das Projekt läuft seit mehreren Jahren und umfasst die Genehmigungsplanung, einschließlich der Erstellung eines Verwendbarkeitsnachweises, eine Materialrecherche mit Laborversuchen sowie die Ausführungsplanung mit mehreren Ausschreibungen. Die Kapillarsperre wurde aus genehmigungsrechtlichen Gründen (Deponie der Klasse II) mit einer obenliegenden KDB kombiniert. In einem integrierten Teststreifen wird das Abdichtungsverhalten der Kapillarsperre (ohne bedeckende KDB) seit 1999 überprüft. Ferner wurde ein zusätzliches Testfeld konzipiert, bei dem eine "Kapillarblockbahn" als technische Neuerung eingebaut wurde.

Das Projekt wird durch die Europäische Union als Demonstrationsvorhaben finanziell unterstützt (LIFE-Programm). In mehreren Publikationen wurden das Grundkonzept und die Erfahrungen bei der Umsetzung, d. h. während des Baus, des Projektes dokumentiert [6]-[10]. Teil des Vorhabens und thematischer Schwerpunkt des vorliegenden Beitrages ist es, die Abschirmwirkung der Kapillarsperre zu dokumentieren.

2. Aufbau und Wirkungsweise des Kapillarsperrensystems

Eine Kapillarsperre auf einer Deponieböschung besteht aus einem Fein- bis Mittelsand (Kapillarschicht), der auf einer kiesigen Schicht (Kapillarblock) liegt. Das einsickernde Wasser wird durch Kapillarkräfte in der Sandschicht gehalten und fließt lateral über der Schichtgrenze dem Böschungsgefälle folgend ab (ungesättigte Wasserbewegung) [11]-[16].

Ein einfaches Kapillarsperrensystem besteht aus einer Kapillarsperre mit darüber liegender Wasserhaushaltsschicht. In Abhängigkeit der im Einzelfall gestellten, genehmigungsrechtlichen Anforderungen kann eine Kapillarsperre mit weiteren Dichtungselementen wie z. B. einer Kunststoffdichtungsbahn kombiniert werden. In diesem Fall, wie hier bei der Deponie Breinermoor, spricht man von einem erweiterten Kapillarsperrensystem.

Aufgrund der besonderen Funktionsweise der Kapillarsperre (ungesättigter, lateraler Abfluss) hängt das Abschirmverhalten insbesondere von den Materialien und den örtlichen Gegebenheiten wie Klima und der Oberflächengeometrie ab. Es wurde für die Anwendung auf der Deponie Breinermoor in Abhängigkeit der einzusetzenden, örtlich verfügbaren Materialien die Leistungsfähigkeit des Kapillarsperrensystems in Kipprinnenversuchen bestimmt. Bereits während der Materialsuche im Rahmen der Planung konnte so eine Aussage über die zu erwartende Abschirmwirkung des Systems getroffen werden und Planungssicherheit für das Projekt gewährleistet werden.

Die Leistungsfähigkeit einer Kapillarsperre wird über die laterale Dränkapazität definiert. Sie gibt die in der Kapillarschicht maximal hangparallel abführbare Wassermenge an, bevor es zum Durchbruchsereignis kommt [13]. Der Wert ist zunächst unabhängig von der Böschungslänge und wird in Liter pro Tag und Meter Böschungsbreite angegeben. Je nach Böschungslänge bedeutet dies eine unterschiedliche maximale Beaufschlagung in mm/d aus der Wasserhaushaltsschicht.

Die laterale Dränkapazität einer Kapillarsperre wird bestimmt durch:

- Materialeigenschaften von Kapillarschicht und -block
- Böschungsneigung.

Da sich die in der Kapillarschicht abzuführende Wassermenge über die Böschungslänge akkumuliert, wird die maximale Belastung der Kapillarsperre am Böschungsfuß bzw. vor der Wasserfassung erreicht.

Die Frage nach der Leistungsfähigkeit einer Kapillarsperre kann nur in Kombination mit der darüber liegenden Wasserhaushaltsschicht als Zwischenspeicher des eindringenden Niederschlags und zur Rekultivierung beantwortet werden. Da die Abschirmfunktion der Kapillarsperre nicht auf dem Prinzip der Abdichtung, sondern der Umlenkung bzw. Ableitung des Wassers zum Böschungsfuß hin basiert, kann es bei einer zu großen Belastung zu Durchbrüchen kommen. Der Komplex Wasserhaushaltsschicht - Vegetation ist daher ein wesentlicher Faktor für die Abschirmwirkung. Je besser dieses Element der Oberflächenabdichtung Wasser speichern kann und je gleichmäßiger dieses Wasser an die Kapillarsperre weitergeleitet wird, desto geringer ist letztendlich die Belastung der Kapillarsperre.

Bei Kapillarsperren kommt es nun darauf an, Materialien, Schichtdicken, Gefälle und Feldlänge so zu dimensionieren, dass das einsickernde Wasser im Kapillarsaum der sandigen Schicht fast vollständig lateral abgeführt wird und so gut wie kein Wasser in die Schicht des groben Materials absickert [17] – [19].

Die Kapillarsperre ist nicht gasdicht. Muss die Deponieoberfläche gegen Gas abgedichtet werden, so ist eine Kombination mit anderen Dichtungselementen erforderlich.

3. Das Projekt der Kapillarsperre auf der Deponie Breinermoor

Die Deponie Breinermoor besteht aus einem rechteckigen Haldenkörper mit einer Grundfläche von ca. 19 ha bei maximal 30 m Höhe. Derzeit sind etwa 2,7 Mio. m³ Hausmüll, hausmüllähnlichem Gewerbeabfall, Shredderabfall (aus der Fahrzeugverwertung), Bauschutt und Rückstände aus der Papierverarbeitung abgelagert worden. Die erweiterte Kapillarsperre wurde als endgültige Abdichtung im westlichen Bereich der Südböschung auf einer Fläche von 2 ha gebaut. Die Abmessungen des gesamten Baufeldes betragen ca. 100 m x 220 m (Hanglänge x Breite).

In das Baufeld ist ein Hangstreifen von 79 m Länge und 15 m Breite als Testfeld integriert (Bild 1). Im Testfeld liegt die KDB nicht oberhalb, sondern unter der Kapillarsperre, um deren Leistungsfähigkeit als alleinige Dichtung ermitteln zu können. Direkt neben dem Testfeld wurde ein weiteres Testfeld mit einer Kapillarblockbahn (KBB), initiiert durch die Fa. Gebr. Friedrich, errichtet. Dieses Testfeld wurde ausschließlich im oberen flacheren Hangbereich angeordnet, da hier die Belastung der Kapillarsperre am größten ist.

Die Böschung weist im Wesentlichen zwei Abschnitte mit unterschiedlichen Neigungen auf. Der flache, obere Abschnitt erreicht Hanglängen bis ca. 36 m bei einem Einbaugefälle bis 8,5° (1:6,7). Dieser Bereich stellt aufgrund seines geringen Gefälles die höchsten Anforderungen an die Leistungsfähigkeit der Kapillarsperre. Im unteren, ca. 41 m langen Böschungsabschnitt, beträgt die Neigung ca. 14° (1:4). Hier galt es in erster Linie, das Einbauverfahren bei steiler Hangneigung zu erproben. Für eine separate Entwässerung des flachen Hangabschnitts wurde die Kapillarschicht im Bereich des Übergangs vom Flach- zum Steilhang mit einem Fangdrän versehen. Auch die Dränschicht (oberhalb der KDB) erhält hier eine Zwischenrigole. Der steile Bereich der Kapillarsperre wird in einer Wasserfassung am Hangfuß entwässert. Das gesamte erfassbare Oberflächen- und Bodensickerwasser wird im freien Gefälle in einen Graben am Böschungsfuß geleitet und von dort der Vorflut zugeführt (Bild 2). Die Lage der verschiedenen Wassererfassungen der Kapillarsperre im Grundriss zeigt Bild 1.

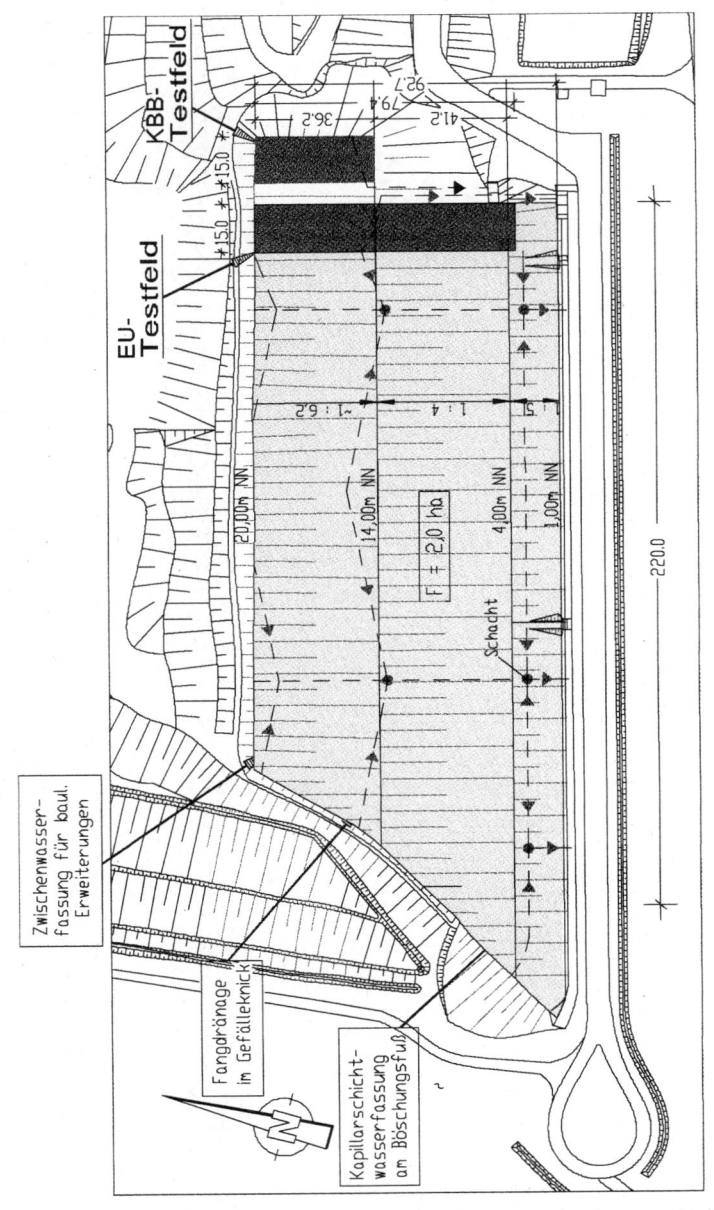

Bild 1: Darstellung des Baufeldes samt Wassererfassungen der Kapillarsperre im Grundriss

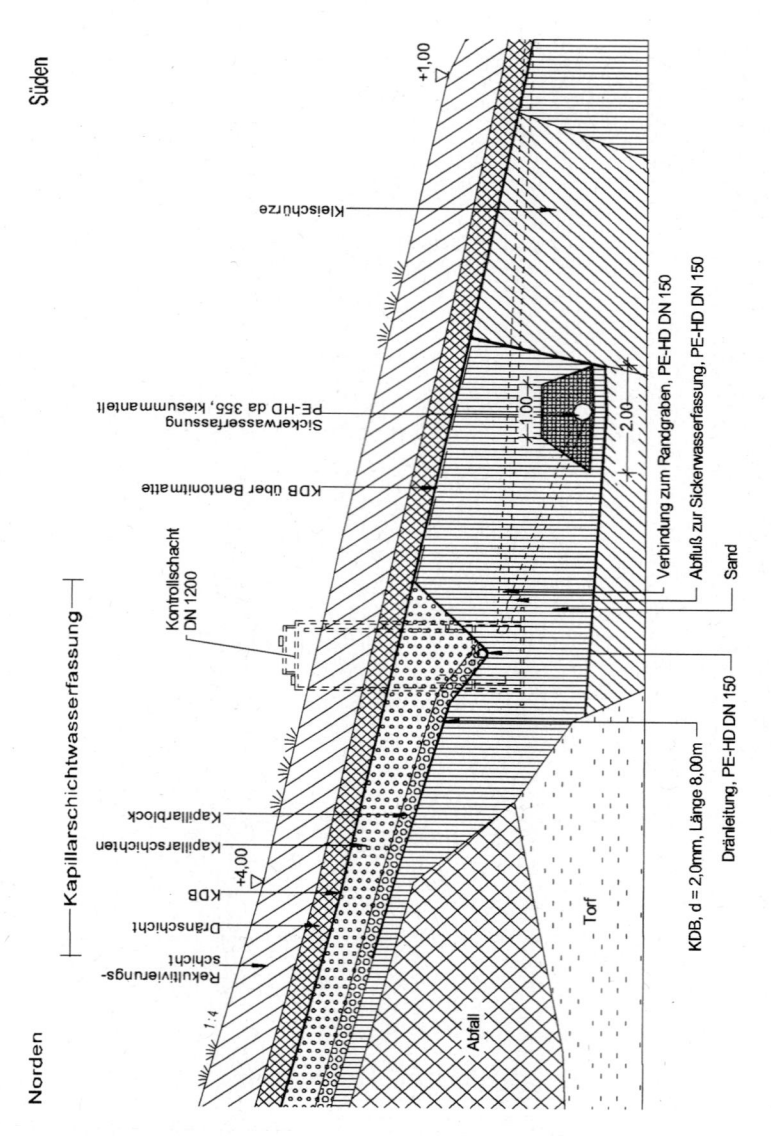

Bild 2: Schnittdarstellung der Wassererfassungen am Hangfuß

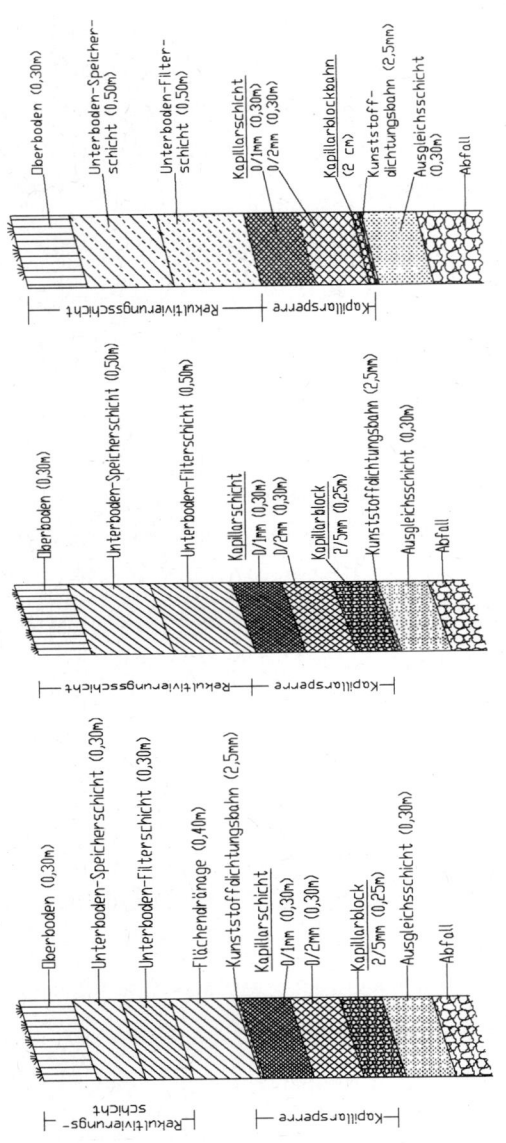

Bild 3: Schichtaufbau der erweiterten Kapillarsperre in der Großfläche (links), im konventionellen Testfeld (EU-Testfeld mitte) und im Kapillarblockbahntestfeld (KBB rechts)

In Bild 3 sind die Schichtaufbauten der erweiterten Kapillarsperre in der Großfläche (über der Kapillarsperre ist eine KDB angeordnet) im Vergleich zum Testfeld mit der konventionellen Kapillarsperre und der Kapillarblockbahn dargestellt.

Das Projekt begann 1996 mit der Vorplanung und gliedert sich wie folgt:

bis 1997   Bildung eines Arbeitskreises „Kapillarsperre"

           Erstellung der Genehmigungsunterlagen

           Erstellung eines Verwendbarkeitsnachweises (Gleichwertigkeit)

           Antragstellung und Bewilligung von EU-Fördermitteln

1997   Erlangen aller notwendigen Genehmigungen

           Baufeldprofilierung mit Restabfall

           Aufbringen der Ausgleichsschicht

           Bau einer Sickerwasserfassung und einer vertikalen Dichtung am Böschungsfuß

           Suche und geotechnische Vorprüfung von Kapillarsperrenmaterialien

           Materialspezifische Dimensionierung der Kapillarsperre mit der Wasserhaushaltsschicht

           Ausschreibung der Kapillarsperrenmaterialien und Rinnenversuche

1998   Freigabe einer Materialkombination nach einem Rinnenversuch

           Bau der Schichten vom Kapillarblock bis zur Wasserhaushaltsschicht

           Konzeption und Bau des Kapillarblockbahn-Testfeldes bis zur Speicherschicht der Wasserhaushaltsschicht

           Technische Ausrüstung der Testfelder / Messstationen

ab 1999   Beginn des Messprogramms (insbesondere Abflussmessungen)

           Fertigstellung der Wasserhaushaltsschicht inkl. Anpflanzung

           Berichterstattung und Empfehlungen für eine Übertragbarkeit auf andere Standorte

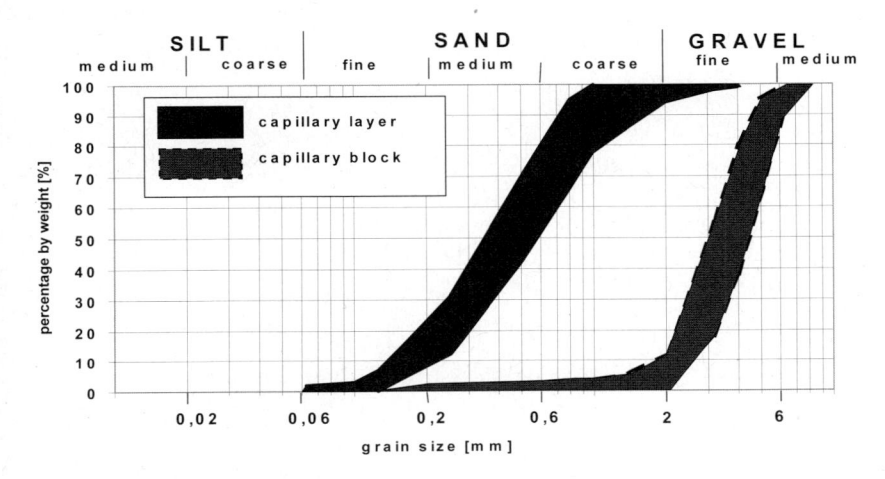

Bild 4: Zulässige Bandbreiten der Korngrößenverteilung der Kapillarsperrenmaterialien im konventionellen Testfeld (EU-Testfeld) und im Kapillarblockbahn-Testfeld (KBB)

Die Projektergebnisse lassen sich mit dem Status quo in folgenden 10 Punkten zusammenfassen:

1. Die ausgewählten Kapillarsperrenmaterialien bestehen aus handelsüblichen Körnungen: Verwendung fanden ein Schmelzwassersand der Körnung 0/2 mm aus der Region Weser-Ems und ein norwegischer Granodioritsplitt der Körnung 2/5 mm.

2. Bei bislang ungeprüften Materialkombinationen sind vor einer Auftragsvergabe hydraulische Belastungstests unerlässlich. In Kipprinnenversuchen wurde eine laterale Dränkapazität von 335 l/m x d erreicht.

3. Im Falle des Einsatzes einer konventionellen Kapillarsperre empfiehlt es sich grundsätzlich zu prüfen, ob die Lieferung der Materialien und deren Test in einer neigbaren Kipprinne in eine vorgezogene VOL - Ausschreibung oder in die VOB - Ausschreibung der Baumaßnahme zu integrieren ist. In Regionen mit vergleichsweise geringer Materialverfügbarkeit kann eine separate VOL - Ausschreibung mehr Planungssicherheit bieten und in der Summe der beiden Ausschreibungen den wirtschaftlicheren Preis erzielen. Eine getrennte Ausschrei-

bung erfordert auf der anderen Seite eine exakte Schnittstellendefinition zwischen den Auftragnehmern der Lieferung und des Einbaus.

4. Die Kapillarsperre lässt sich in der vorgegebenen Qualität mit konventionellen Bauverfahren großtechnisch herstellen. Alle Schichten (u. a. Kapillarblock d = 0,25 m, Kapillarschicht d = 0,30 m) wurden mit gängigen Kettenlaufwerkgeräten („Raupen") eingebaut.

5. Nach einer Einarbeitungsphase wurde mit 2 Einbaugeräten/Kolonnen ein Baufortschritt von durchaus 1.000 m²/Tag erzielt. Dies umfasst den Einbau des Kapillarblocks sowie die Abdeckung mit der nachfolgenden Kapillarschicht.

6. Bei windexponierten Böschungsbereichen existiert eine Gefährdung offenliegender Kapillarblockoberflächen durch Flugsandeinträge. Als Emissionsquellen kommen in Frage: Die Ausgleichsschicht, die Kapillarschicht, die umliegenden Freiflächen oder eine Kombination der vorgenannten Bereiche. Die Flugsandgefährdung ist in der Regel technisch und bauablaufsteuernd beherrschbar. Wichtigste Maßnahme ist ein „getakteter" Bauablauf: Einbau des Kapillarblocks über ganze Hanglängen, der möglichst am gleichen Arbeitstag und insbesondere vor dem Wochenende mit der nachfolgenden Kapillarschicht abgedeckt wird.

7. Bei der Qualitätssicherung wurde der Schwerpunkt der Prüfungen auf die obersten Zentimeter des eingebauten Kapillarblocks gelegt. Organoleptische Prüfungen (z. B. Farbton) und mindestens 2 Korngrößenverteilungen (Trockensiebung) pro Hektar waren Entscheidungsgrundlagen für Freigaben.

8. Die Kosten für die Kapillarsperrenschichten betragen rund 50 DM/m² inkl. Umsatzsteuer. Die größten Anteile beinhalten die Lieferung des Blockmaterials (knapp 17 DM/m²) und die Wasserfassung der Kapillarschicht (gut 12 DM). Unter anderen Bedingungen (z. B. Wegfall der Kapillarschicht 0/1 mm, Nutzung der Wasserfassung für weitere Flächen) dürften sich die Kosten am Standort auf etwa 37 DM/m² reduzieren lassen.

9. Im EU-Testfeld wurden die bislang besten Ergebnisse im Flachhangbereich im Jahre 2000 erzielt. Dort wurde eine Abschirmwirkung von gut 97 % erzielt (23 mm Kapillarblockabfluss von rund 800 mm Jahresniederschlag). Verschiedene Indizien deuten daraufhin, dass die geringen Blockabflüsse den Randumläufig-

keiten im Bereich der Testfeldseitenwände zuzuschreiben sind und dass dies nicht auf die Großfläche übertragbar ist (s. Kapitel 4).

10. In einem weiteren Testfeld ersetzen Kapillarblockbahnen den rein mineralischen Kapillarblock. Sie bestehen aus beschichtetem Doppelabstandsgewebe, die das mineralische Füllmaterial umschließen. Eine Bahn ist etwa 2 cm dick und direkt auf der KDB angeordnet. Beim Ausrollen der Bahnen treten keine nennenswerten mechanischen Beanspruchungen des Füllmaterials auf. Außerdem sind keine Sicherungsmaßnahmen gegen Flugsand erforderlich, da dieser von der KBB sehr einfach entfernt werden könnte. Am Standort ist bis heute eine Abschirmung von über 99 % belegt (s. Kapitel 5).

4. Testfeld mit konventioneller Kapillarsperre (EU-Testfeld)

Das Testfeld der konventionellen Kapillarsperre ist knapp 1.200 m² groß und befindet sich am Ostrand des Großversuchsfeldes. Die Lage des Hangstreifens ist in Bild 1 dargestellt.

Die Gefällesituation, die verwendeten Materialien und die Abschlagslängen (Länge der Fließwege innerhalb der Kapillarschicht bis zur Wasserfassung) entsprechen der Bauausführung in der Großfläche. Allein die KDB ist nicht oberhalb, sondern - wie oben erwähnt - als eine Art Auffangwanne unterhalb der Kapillarsperre angeordnet. An den Rändern ist die KDB aufgekantet und bis an die Geländeoberfläche geführt, um das Baufeld eindeutig zu begrenzen.

Das Testfeld ist am unteren Rand und in der Mitte im Bereich des Gefälleknicks mit Wasserfassungen versehen. Erfasst werden jeweils die Abflüsse des Kapillarblocks und der Kapillarschicht. Der Interflow mit Oberflächenwasserabfluss gelangt komplett in die Wasserfassung am Böschungsfuß (s. Bild 5).

Die vorgenannten 5 Abflüsse werden von den Wasserfassungen in eine Messstation geleitet und dort in Kunststoffbehältern zwischengespeichert.

Die Ermittlung der Abflussvolumina erfolgen mit Hilfe einer speicherprogrammierbaren Steuerung (SPS), die die Behälterentleerungen vornimmt: Hydrostatische Sonden registrieren Maximal- bzw. Minimalfüllstände. Beim Erreichen der Maximalfüllstände werden die Behälter durch Magnetventile bzw. durch eine Pumpe bis zum Minimalfüllstand entleert. Dann schließen sich die jeweiligen Magnetventile wieder bzw. die Pumpe stellt sich aus. Das Wasser aus den Behältnissen passiert jeweils ein Durchflussmessgerät (MID), verlässt die Messstation über eine Ablaufrinne und wird schließlich der weiteren Vorflut zugeleitet. Die SPS gibt ferner die Messdaten an die EDV weiter.

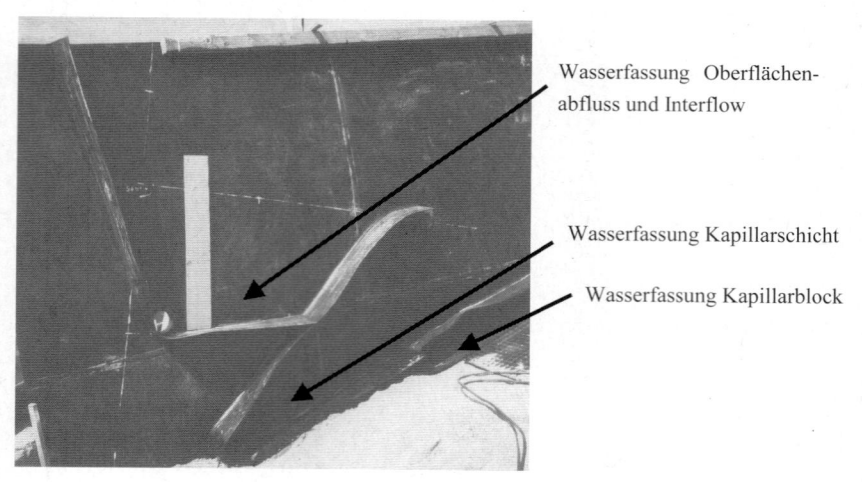

Bild 5: Aufnahme während des Baus der seitlichen KDB-Wange an der unteren Wasserfassung im konventionellen Testfeld (EU-Testfeld)

Im Wesentlichen speichert die EDV die Anzahl der Behälterentleerungen und die Messwerte von den Durchflussmessgeräten, so dass eine Redundanz der Messwerterfassung gegeben ist.

Die nachfolgende Tabelle weist zusammenfassend Messergebnisse aus dem Flachhangbereich aus, der verglichen mit dem Steilhangbereich den höheren hydraulischen Belastungen ausgesetzt ist.

In 1999 wurden etwa 40 mm als Durchbrüche unter den Randbedingungen registriert, dass erst Mitte 1999 der Oberboden eingebaut und eine Gräseransaat vorgenommen worden ist. Insofern war die volle Leistungsfähigkeit des Systems nicht gegeben. Ferner waren im Dezember 1999 Niederschläge in der Höhe von etwa 150 mm zu verzeichnen, die das langjährige Mittel um gut 100 % überschreiten.

In 2000 wurden Kapillarblockabflüsse in Höhe von etwa 23 mm festgestellt. Die Blockabflüsse in 2001 dürften in der Größenordnung des Vorjahres liegen.

Aufgrabungen am nördlichen Testfeldrand zeigten Sandtaschen zwischen dem Kapillarblock und der KDB-Seitenwand, die Randumläufigkeiten (Kapillarblockabflüsse) zur Folge haben. Die Blockabflüsse sind demnach zum Negativen verfälscht. Mit Tracerversuchen soll im nächsten Schritt erkundet werden, ob sich auch im weiteren Gefälleverlauf der KDB-Seitenwände Randumläufigkeiten feststellen lassen. Es wird davon ausgegangen, dass es sich um Besonderheiten/Randbedingungen des Testfeldes handelt, die in der Großfläche nicht gegeben sind.

Nicht dargestellt ist der erwartungsgemäß jahreszeitliche Verlauf der Kapillarblockabflüsse, der insbesondere im hydrologischen Winterhalbjahr stattfindet.

Tabelle 1: Messergebnisse der konventionellen Kapillarsperre im flachen oberen Böschungsabschnitt

Jahr	Jahresniederschlag in mm	Q_{KS-f} in mm	Q_{KB-f} in mm	Q_{o+I} in mm
1999	895,3	248,1	40,9	-
2000	790,5	170,7	22,8	15
2001 (bis 05.06.)	300,2	156,8	15,3	7,5

Q_{KS-f} = Kapillarschichtabflüsse
Q_{KB-f} = Kapillarblockabflüsse
Q_{O+I} = Oberflächenwasserabfluss und Interflow

5. Zusätzliches Testfeld mit Kapillarblockbahn (KBB)

Als aktuelle Entwicklung ist die Kapillarblockbahn (KBB) zu nennen. Hierzu wurde neben dem EU-Testfeld ein weiteres Testfeld errichtet (15 m x 36 m, s. Bild 1). In diesem Testfeld wurde der 0,25 m mächtige Kapillarblock durch eine Matte, mit Kapillarblockmaterial gefüllt, ersetzt (s. Bild 6). Für das Prinzip und die Funktionsweise der Kapillarsperre ist nicht die Schichtmächtigkeit der groben Körnung entscheidend, da in erster Linie der Sprung in der Porengrößenverteilung an der Schichtgrenze maßgebend ist. Die Mächtigkeit des Kapillarblocks mit 0,25 m im konventionellen Aufbau hat nur konstruktive und baupraktische Gründe.

Bild 6: Antransport der Kapillarblockbahnen (KBB)

5.1 Technische Angaben zur KBB

Die werkseitig hergestellte KBB besteht aus einem beidseitig beschichteten Doppelabstandsgewebe, mit einer Füllung aus Feinkies der Körnung 2/5 mm.

Die Länge der Bahnen richtet sich nach den örtlichen Verhältnissen der Deponien, vergleichbar mit einem Verlegeplan bei der KDB. Die Bahnen werden entsprechend dem erforderlichen Längenmaß produziert, produktionstechnisch sind Längen bis ca. 80 m möglich. Die Bahnbreite beträgt 2,10 m. Die Längskanten sind keilförmig ausgebildet, um einen optimalen Überlappungsbereich ohne Aufkantung zu erhalten. Die Dicke der KBB weist i. M. 20 mm auf, die während des Füllvorgangs im Herstellerwerk über eine Messtraverse mit Sensoren kontrolliert und aufgezeichnet wird (s. Tabelle 2).

Die gesamte Produktion sowie die eingesetzten Materialien unterliegen der Eigen- und Fremdüberwachung, so dass eine gleichbleibende Fertigungsqualität sichergestellt ist. Die Ergebnisse der Eigenüberwachung werden zusammengestellt und mit den maßgebenden Produktionsdaten für jede Rolle in übersichtlicher Form in einem Werksprüfzeugnis nach EN 10204 dokumentiert. Es werden verbindliche Angaben zu den Rohstoffen und Vorprodukten gemacht und belegt. Die einzelnen Rollen werden fortlaufend so gekennzeichnet, dass eine einwandfreie Zuordnung sichergestellt ist.

Tabelle 2: Technische Daten der Kapillarblockbahn (KBB)

Produktbezeichnung Kapillarblockbahn (KBB)	
Herstellungsart	Doppelabstandsgewebe beidseitig beschichtet und mit Feinkies befüllt
Geweberohstoff	PE-HD
Mineralische Komponente	Kapillarblockmaterial: Feinkies der Körnung 2/5 mm
Bahnenbreite	2,10 m
Bahnenlänge max. 80 m	Gemäß Böschungsgeometrie
Bahnendicke	20 mm
Flächengewicht (befüllt)	ca. 30 kg/m²

Nach der Produktion und Qualitätskontrolle werden die Kapillarblockbahnen als Rollenware zu den Deponiebaustellen transportiert. Mit jeder Lieferung werden folgende Unterlagen übergeben:

- Lieferschein mit Rollenanzahl, Rollennummer und Rollenlänge
- Werksprüfzeugnis inkl. Schichtdickenmessprotokollen

5.2 Bauausführung

Auf der Deponiebaustelle werden die Transportfahrzeuge mittels Radlader, Bagger oder Kran mit entsprechender Anschlagausrüstung (Dorn oder Traverse) entladen. Die KBB Bahnen werden im Böschungsbereich im Regelfalle am Böschungsfuß abgesetzt. Das Ausrollen erfolgt z. B. mittels Seilwindengeräten (Seilbagger, Radlader mit Seilwinde) oder Bagger mit Traverse. Die Kapillarblockbahnen weisen an den Überlappungsbereichen eine rote Markierung sowie an dem Kopfende einen roten Strich auf. Diese Markierungen sind Orientierungslinien zur korrekten Überlappung der KBB. Eine Positionskorrektur nicht ordnungsgemäßer überlappender Randbereiche erfolgt nach Ausrollen der Bahn durch manuelles verrücken. Im Bedarfsfall kann die Überlappungsrichtung durch einfaches Umschlagen nach der Verlegung geändert werden (s. Bild 7).

Im Bereich von Durchdringungen wie Gasdome oder Brunnen wird die KBB aufgeschnitten und mit einer Handnähmaschine wieder vernäht. Die KBB kann jeder Deponiegeometrie örtlich angepasst werden.

Bild 7: Einbau der Kapillarblockbahnen im KBB – Testfeld (September 1999)

Durch die Kapillarblockbahn ist eine witterungsunabhängige und zügige Verlegung vor Ort möglich, mit entsprechend geringen Aufwand bei der Qualitätssicherung auf der Baustelle.

Oberhalb der KBB wird die Kapillarschicht aus Sand im Vor-Kopf-Verfahren aufgebracht. Ein direktes Befahren der KBB mit Fahrzeugen und Baugeräten ist nicht zulässig. Dieser Bauphase entspricht wieder dem Einbau der konventionelle Kapillarsperre, jedoch ohne Behinderung durch eine mögliche Vermischung der beiden Körnungen aus der Kapillarschicht und dem Block.

5.3 Das Testfeld mit der KBB

Für die Anordnung des KBB – Testfeldes wurden folgende Randbedingungen eingehalten:

- die beiden Testfelder weisen gleiche Flächenabmessungen und Neigungen auf, (bezogen auf den oberen flacheren Böschungsbereich)
- es wurde das gleiche Material des Kapillarblocks eingesetzt
- der Schichtenaufbau wurde nur in Bezug auf die Mächtigkeit der Kapillarblockschicht geändert

- die Felder liegen unmittelbar nebeneinander, um eine Vergleichbarkeit in der Belastung aus Niederschlag zu erhalten
- die Neigung wird im flachen Bereich gewählt (1:6,7) um den ungünstigen hydraulischen Fall zu erhalten

Das KBB - Testfeld direkt neben den EU - Testfeld hat die Abmessungen:
Länge: 37,50 m   Breite: 15,00 m   Neigung: 1:6,7 (~ 8,5°)

Der gesamte Schichtenaufbau des KBB - Testfeldes entspricht dem Aufbau des EU - Testfeldes, wobei der Kapillarblock des EU - Testfeldes in einer Stärke von 25 cm durch die KBB mit 2 cm ersetzt wurde. Der Aufbau ist in Bild 3 dargestellt.

Das Testfeld ist nach unten mit einer KDB ausgelegt, die mit einer umlaufenden Aufkantung die Bilanzfläche abgrenzt.

5.4 Ergebnisse der Abfußmessungen aus dem KBB-Testfeld

Aus dem KBB-Testfeld werden die zwei wesentlichen Abflusse aus der Kapillarschicht und dem Kapillarblock erfasst. Hierzu wurden am unteren Ende des Testfeldes entsprechende Fassungssysteme angeordnet.

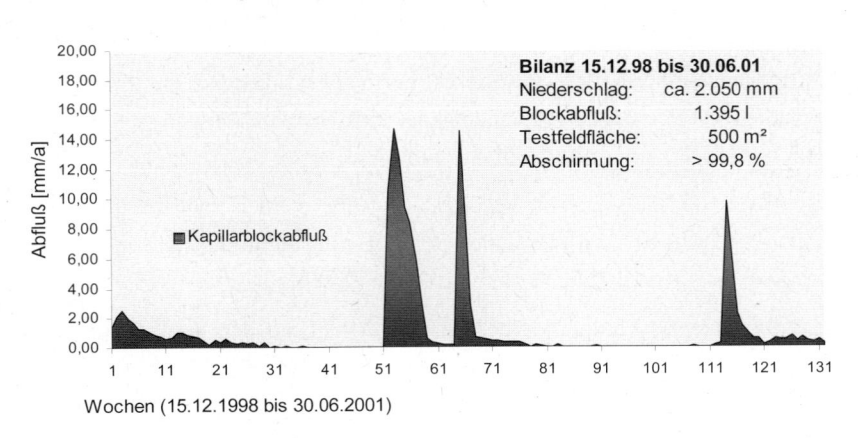

Bild 8:   Ergebnisse der Abflussmessungen des KBB - Testfeldes ab Dezember 1998

Über ein angeschlossenes Rohrleitungssystem werden die Abflüsse in eine Beobachtungsstation geführt. Aus Kostengründen wurde auf eine aufwendige elektronische Datenerfassung verzichtet. Sammelbehälter und Wasseruhren werden ein bis zwei mal wöchentlich abgelesen. In Bild 8 sind die Ergebnisse aus den Wochenwerten dargestellt (Kapillarblock und Niederschlag).

5.5 Vorteile und Anwendungsgrenzen der KBB

Die Kapillarblockbahn weist unter anderem den Vorteil auf, dass bereits ab Werk ein definiertes und kontrolliertes Produkt zur Verfügung steht und aufwendige Untersuchungen und Prüfungen vor Ort entfallen können.

Mit der flachen Neigung von 1:6,7 wird ein ungünstiger hydraulischer Fall berücksichtigt. In Kuppenbereichen von Deponien gilt die gleiche Einschränkung wie bei der konventionellen Kapillarsperre mit einer Mindestneigung von 1:7 (> 8°), in Abhängigkeit der örtlichen Randbedingungen und insbesondere der Abschlagslänge (Anordnung der Wasserfassung). Auf steilen Böschungen muss für die KBB der Verbundreibungswinkel zu den angrenzenden Schichten nachgewiesen werden. Dies betrifft insbesondere das Auflager der KBB, da die Kapillarschicht mit dem vergleichsweise einkörnigen Sand einen eher hohen inneren Reibungswinkel besitzt. In Böschungsbereichen mit Neigungen von 1:3 kann die KBB mit unterliegender oberflächen-strukturierter KDB standsicher aufgebracht werden.

Mit der Kapillarsperre ohne KDB direkt auf einer Ausgleichs- und Profilierungsschicht sind steilere Böschungsneigungen standsicher auszubilden.

Durch die reduzierte Kapillarblockschicht wird weniger Kapillarblockmaterial, z. B. aus Kies- und Sandgruben, benötigt und somit werden natürliche Ressourcen geschont. Zusätzlich wird wertvoller Deponieraum durch die reduzierte Schichtmächtigkeit des Kapillarblocks zur Verfügung gestellt.

Die Verlegung des Fertigproduktes vor Ort erfolgt mit den im Tiefbau üblichen Einbaugeräten, ist witterungsunabhängig und reduziert die herkömmlichen Einbauzeiten erheblich. Tagesleitungen von 5000 m² und mehr sind beim Verlegen der KBB problemlos zu erreichen. Die Tagesleistung wird daher in der Praxis durch den Einbau der anderen Schichten des Oberflächenabdichtungssystems begrenzt (z. B. auch eine KDB).

Die Kosten der KBB liegen in Abhängigkeit der Lage und Größe der Deponie bei ca. 15,00 DM/m² fertig verlegt. Hierzu kommen die Kosten der Kapillarschicht, die in Abhängigkeit der örtlich zur Verfügung stehenden Sande (Aufbereitung durch Siebung, Transportentfernung etc.) Schwankungen unterliegen.

Die Kapillarblockbahn für Kapillarsperren in Oberflächenabdichtungen kann sowohl für die Deponieklasse I als auch in Verbindung mit einer Kunststoffdichtungsbahn für die Deponieklasse II eingesetzt werden.

Die KBB als Ersatz für den rein mineralischen Kapillarblock lässt einen Wettbewerb zur konventionellen Kapillarsperre erwarten, insbesondere in Regionen in denen die grobkörnigen Materialien vergleichsweise teuer sind.

6. Zusammenfassung und Ausblick

Ein Kapillarsperrensystem stellt aufgrund der örtlichen Gegebenheiten immer eine Anwendung im Einzelfall dar. Durch die Dimensionierung des Kapillarsperrensystems als Oberflächenabdichtung von Deponien und Altlasten über eine Simulation des Wasserhaushaltes kann bereits im Rahmen der Planung während der Materialsuche eine fundierte Aussage über die zu erwartende Abschirmwirkung getroffen werden. So kann zusätzliche Sicherheit und Akzeptanz für ein System geschaffen werden, das aufgrund der Verwendung von geogenen Materialien eine große Langzeitsicherheit verspricht.

Bei dem Einsatz der KBB gibt es zusätzliche Planungssicherheit in Bezug auf die Kosten, die Materialverfügbarkeit und die Ausführung. Bei der Verwendung des bereits in Kipprinnenversuchen getesteten Kapillarblockmaterials mit einem dazugehörigen Sand der Kapillarschicht besteht die Möglichkeit der einfachen Übertragung auf einen anderen Deponiestandort. Die KBB wird dann mit dem freigegebenen und bewährten Kapillarblockmaterial gefüllt und der entsprechende Sand der Kapillarschicht wird vor Ort nach den Kriterien der Korngrößenverteilung und der geogenen Herkunft gesucht. Eine solche Kombination erfordert dann keine weitere Freigabe durch Kipprinnenversuche.

Die Variation der Materialien des Kapillarsperrensystems und des Aufbaus der Wasserhaushaltsschicht lassen in der Praxis einen weiten Spielraum. Hier ist z. B. eine Schichtung der Materialien der Wasserhaushaltsschicht mit unterschiedlichen, sich aber ergänzenden bodenhydraulischen Eigenschaften möglich. Bislang wurde bei der Wahl der Materialien der Wasserhaushaltsschicht vornehmlich auf die chemischen Inhaltsstoffe und die geotechnischen Parameter zur Bestimmung der Standsicherheit geachtet. Die zusätzlichen Anforderungen an einen optimalen Wasserhaushalt (hohes Wasserspeichervermögen) können in vielen Fällen mit den in der Umgebung vorgefundenen Böden erreicht werden, wenn die Einbautechnik (möglichst geringe Verdichtung) und eine Schichtung verschiedener Materialien (Filter-, Speicher- und Rekultivierungsschicht) entsprechend abgestimmt wird, so wie am Beispiel der Deponie Breinermoor zu sehen ist. Bei dem Einsatz der KBB ist nur noch auf die Auswahl der Materialien der Rekultivierungsschicht Wert zu legen, so wie bei der konventionellen Kapillarsperre.

Die Vorteile einer Kapillarsperre sind:
- keine Beeinträchtigung durch Austrocknung
- hohe Widerstandsfähigkeit gegen Durchwurzelung, Setzung, Verwitterung
- temperaturunempfindlich
- einfacher Einbau und Qualitätssicherung
- je nach Materialherkunft günstige Herstellkosten

Für die KBB gelten besonders die letzten beiden Punkte.

Die Anwendungsgrenzen einer Kapillarsperre sind:
- nur als Oberflächenabdichtung bei Mindestneigung (z. B. 1:7)
- Gasdurchlässigkeit (bei der KBB durch das Doppelabstandsgewebe reduziert)
- Rekultivierungsschicht mit erhöhten Anforderungen
- erhöhter Planungs- und Zeitaufwand vor Baubeginn (gilt nicht für die KBB) (Akzeptanz, Genehmigung, Materialauswahl, Dimensionierung etc.)

Das Testfeld der KBB zeigt Durchlässigkeiten des Kapillarsperrensystems deutlich unter 1 % des Niederschlags. Dieser Wert läßt gegenüber anderen Abdichtungssystemen ein hohes Maß an Sicherheiten erkennen.

7. Literaturverzeichnis

[1] von der Hude, N.; Katzenbach, R.; Neff, K.: Kapillarsperren als Oberflächenabdichtungssystem. – In: Geotechnik 22 (1999) Heft 2, S. 143-152

[2] Melchior, S.; Steinert, B.: Die Kapillarsperre – Stand der Technik, Leistungsfähigkeit und Kosten. – In: Oberflächenabdichtungen für Deponien: Technische Entwicklungen, Wirtschaftlichkeit, Genehmigungsfähigkeit. – Berlin: 2001, S. 19-32 (Veröffentlichungen des Grundbauinstitutes der Technischen Universität Berlin; 29)

[3] Jelinek, D.; Weiß, J.: Planung und Bau von Kapillarsperren als Oberflächenabdichtung am Beispiel zweier Deponien in Hessen. – In: Abfallwirtschaft in Forschung und Praxis Band 116, Berlin: Schmidt, 1999

[4] Schulze, B.; Illig, S.; Reiersloh, D.; Thewes, U.: Erfahrungen beim Bau einer Kapillarsperre und einer Asphaltbetondichtung zur Oberflächenabdichtung einer ehemaligen Industriemülldeponie. – In: Geotechnik 21 (1999) Heft 4, S. 335-342

[5] Großmann, M.; Stimm, A.; Mehlisch, C.: Bautechnische Umsetzung einer Kapilarsperre als Oberflächenabdichtung am Beispiel der Deponie Penig (Modellstandort Sachsen). – In: Oberflächenabdichtung von Deponien und Altlasten 2000 / hrsg. von Thomas Egloffstein – Berlin: Schmidt, 2000, S. 275-292 (Abfallwirtschaft in Forschung und Praxis; 119)

[6] von der Hude, N.; Melchior, S.; Möckel, S.: Bau einer Kapillarsperre im Oberflächenabdichtungssystem der Deponie Breinermoor, Teil 2. – In: Müll und Abfall 29 (1997) Heft 11, S. 681–683

[7] von der Hude, N; Melchior, S.; Möckel, S.: Bau einer Kapillarsperre im Oberflächenabdichtungssystem der Deponie Breinermoor, Teil 2 Materialauswahl und bautechnische Erfahrungen, Müll und Abfall 31, H 4 1999, S. 186 – 193.

[8] von der Hude, N., Möckel, S.: Bau einer Kapillarsperre im Oberflächenabdichtungssystem der Deponie Breinermoor, 15. Fachtagung "Die sichere Deponie" 18. - 19. Februar 1999, Süddeutsches Kunststoff-Zentrum, Würzburg 1999, S. D1 - D12

[9] Möckel, S.; von der Hude, N.; Schierhold, G.: Deponie Breinermoor - Abdichtung und Rekultivierung mit einer Kapillarsperre. Innovation – Das DSV-Magazin für die moderne Landwirtschaft, 4/1999, S. 21-23.

[10] von der Hude, N; Melchior, S.; Möckel, S.: construction of a capillary barrier in the cover of the Breinermoor landfill, Sardinia '99, Seventh international Waste Management and landfill symposium, proceedings, Vol III, 1999. S. 393 - 402.

[11] von der Hude, N.: Kapillarsperren als Oberflächenabdichtung auf Deponien und Altlasten – Laborversuche und Bemessungsregeln, Dissertation, TU Darmstadt, 1999 (Institut für Wasserbau und Wasserwirtschaft der TU Darmstadt; Mitteilungen; 41)

[12] Melchior, S.: Wasserhaushalt und Wirksamkeit mehrschichtiger Abdecksysteme für Deponien und Altlasten, Dissertation, Univ. Hamburg, 1993 (Hamburger Bodenkundliche Arbeiten; 22)

[13] Melchior, S.; Steinert, B.; Burger, K.; Miehlich, G.: Dimensionierung von Kapillarsperren zur Oberflächenabdichtung von Deponien und Altlasten (BMBF-Verbundforschungsvorhaben Weiterentwicklung von Deponieabdichtungssystemen, Teilvorhaben 39), Hamburg, 1997 (Hamburger Bodenkundliche Arbeiten; 32)

[14] Kämpf, M.; Holfelder, T.; Montenegro, H.: Bemessungskonzept für Oberflächenabdichtungen mit Kapillarsperren, Braunschweiger Deponieseminar 1998 „Entwicklungen im Deponie- und Dichtwandbau,", 1998 (Mitteilungen des Institutes für Grundbau und Bodenmechanik; 56)

[15] Steinert, B.: Kapillarsperren für die Oberflächenabdichtung von Deponien und Altlasten – Bodenphysikalische Grundlagen und Kipprinnenuntersuchungen, Dissertation, Univ. Hamburg, 1999 (Hamburger Bodenkundliche Arbeiten; 45)

[16] Jelinek, D.: Die Kapillarsperre als Oberflächenbarriere für Deponien und Altlasten - Langzeitstudien und praktische Erfahrungen in Feldversuchen, Dissertation, TH Darmstadt, 1997 (Institut für Wasserbau und Wasserwirtschaft der TH Darmstadt; Mitteilungen; 97)

[17] von der Hude, N.; Hoppe, U.: Dimensionierung und Überprüfung der Elemente eines Kapillarsperrensystems zur Oberflächenabdichtung von Deponien und Altlasten, Geotechnik 23 (2000) Heft 1, S. 48–52.

[18] Berger, K.: Neues zur Entwicklung des HELP-Modells und zu Möglichkeiten und Grenzen seiner Anwendung. – In: Wasserhaushalt der Oberflächenabdichtungssysteme von Deponien und Altlasten / hrsg. von H. G. Ramke, Hamburg, 2000, S. 19-50 (Hamburger Bodenkundliche Arbeiten; 47)

[19] von der Hude, N.: Anwendung des HELP-Modells bei der Dimensionierung von Kapillarsperren. Tagung am 8. September 2000 „Wasserhaushalt der Oberflächenabdichtungssysteme von Deponien und Altlasten,", Hamburger Bodenkundliche Arbeiten, 47, 2000, S. 123 – 134.

Geprüfte Sicherheit für Deponieoberflächendichtungen - Bentofix® BZ und DZ 6000!

Unsere geosynthetischen Tondichtungsbahnen Bentofix® werden als Dichtung gegen Flüssigkeiten und Gase im Deponiebau eingesetzt.

Bentofix® BZ und DZ 6000 sind unter anderem nachweislich ganzjährig austrocknungssicher und haben ihre Leistungsfähigkeit bereits in vielen Anwendungsfällen bewiesen.

Beide Produkttypen haben die Zulassung des Deutschen Institutes für Bautechnik, Berlin.

Sicherheit aus bewährtem Hause.

NAUE FASERTECHNIK

Naue Fasertechnik GmbH & Co. KG
Wartturmstr. 1 · 32312 Lübbecke
Tel.: 0 57 41 / 40 08 - 0
Fax: 0 57 41 / 40 08 - 40
e-mail: info@naue.com
Internet: www.naue.com
www.bentofix.com

Referenzobjekt: Deponie Misttal

Ingenieurgesellschaft
Prof. Czurda und
Partner mbH
Eisenbahnstraße 36
76229 Karlsruhe
Tel. 0721/94477-0
Fax: 0721/94477-70
icp@icp-ing.de
www.icp-ing.de

ICP
Geologen und Ingenieure
für Wasser und Boden

Karlsruhe

Ludwigsburg

Kaiserslautern

Kempten

Leipzig

Begutachtung • Erkundung • Planung • Überwachung

Altlasten

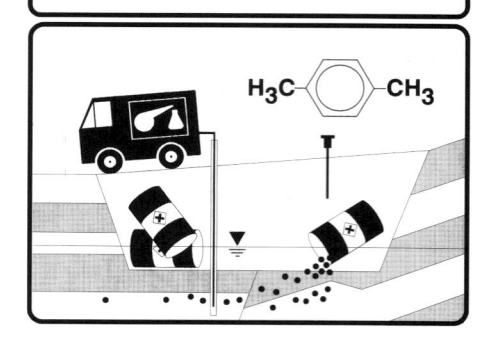

Abfallwirtschaft/Umwelttechnik

Geotechnik

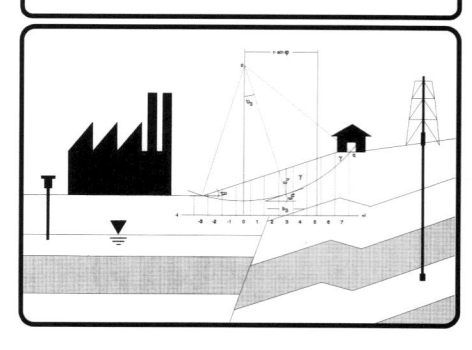

Kommunaler Tiefbau/Infrastrukturplanung

Die Wasserhaushaltsschicht als „Ewigkeitskomponente" für alle „mineralischen" Oberflächenabdichtungen (Erdstoffdichtung, Bentonitmatte, Kapillarsperre)?

Thomas Egloffstein & Gerd Burkhardt[*]

Inhalt

1. Einleitung 317
2. Stand der Diskussion 319
3. Rekultivierungsschichten 324
4. Zusammenfassung und Ausblick 340
5. Literatur: 342

1. Einleitung

Oberflächenabdichtungen von Deponien sollen die abgelagerten Abfälle über einen sehr langen Zeitraum vor der Auslaugung durch Niederschlagswasser schützen. Deponien wurden und werden als Endlager für die Abfälle gebaut und betrieben. Nach der Entlassung aus der Nachsorge möchte man die Deponie häufig am liebsten vergessen können. Dies bedeutet, dass alle einmal gebauten Abdichtungssysteme über einen sehr langen Zeitraum (z.B. 10.000 Jahre => Forderung einer Genehmigungsbehörde) wartungsfrei funktionieren sollen. Technische Systeme und Bauwerke haben jedoch in aller Regel nur eine begrenzte Lebensdauer. Ein gutes Beispiel für diese Diskussion um die Lebensdauer ist die Frage nach der Langzeitfunktionsfähigkeit von Kunststoffdichtungsbahnen. In dieser, seit ca. Mitte der achtziger Jahre, z.T. bis heute geführten Diskussion, geht man inzwischen von einer Funktionsfähigkeit über Zeiträume von ≥ 100 bis mehrere hundert Jahre aus (Müller 2001). Zeiträume von ≥ 100 Jahren waren jedoch den Vätern der Technischen Anleitungen Abfall (1991) und Siedlungsabfall (1993) für ein Deponiebau-

---

[*] ICP Ingenieurgesellschaft Prof. Czurda & Partner mbH
Eisenbahnstr. 36, D-76229 Karlsruhe

werk zu gering bemessen, und so soll nach dem alterungsbedingten „Versagen" der künstlichen Polymerdichtung (KDB) die Langzeitkomponente „mineralische Dichtung" die langfristige Dichtheit des Bauwerks Deponie gewährleisten. Dem natürlichen mineralischen Dichtungsmaterial (i.d.R. ein Lehm, d.h. eine Mischung aus Ton, Schluff und Sand) traut man eine höhere Beständigkeit gegenüber Alterungsprozessen zu, als künstlichen Polymerdichtungen. Aufgrund der geologischen Entstehungsgeschichte dieses Materials, als Rückstand der chemisch-physikalischen Gesteinsverwitterung (insbesondere von Ton als wichtigste Komponente für die Dichtungsfunktion) ist dies sicherlich richtig. Dennoch muss bei diesem Dichtungsmaterial begrifflich zwischen Beständigkeit im Sinne von Alterungsbeständigkeit oder gegenüber dem Angriff von Medien bzw. von Atmosphärillien und der Funktionsfähigkeit (Dichtungswirkung) unterschieden werden. Diese ist nämlich wesentlich vom Anteil und der Zustandsform des im mineralischen Dichtungsmaterial vorhandenen Wassers abhängig. Sowohl Frost als auch Austrocknung können die geschlossene Struktur einer mineralischen Abdichtung soweit auflockern, dass sie ihre Dichtungsfunktion nicht mehr in ausreichendem Maße erfüllt. Ergebnisse aus Testfeldern bzw. aus Aufgrabungen an bereits abgedichteten Deponien belegen dies.

Um die langfristige Funktionsfähigkeit bindiger, mineralischer Abdichtungen unter den für diese Dichtungsart eher ungünstigen Randbedingungen als Oberflächenabdichtung einer Deponie (vom kapillarem Aufstieg aus dem Grundwasser abgeschnitten) gewährleisten zu können, muss die Rekultivierungsschicht gleichzeitig auch als Wasserhaushaltsschicht fungieren, und für das zu schützende Dichtungselement einen weitgehend gleichbleibenden bzw. nur in bestimmten Grenzen schwankenden Wassergehalt garantieren können. Dies gilt unter etwas anderen Randbedingungen und Besonderheiten prinzipiell auch für das „mineralische" Dichtungselement Bentonitmatte (Dichtungsmaterial Bentonit => quellfähiger Ton). Für die nichtbindige (rollige), „mineralische" Kapillarsperrenabdichtung wird eine entsprechend dimensionierte Rekultivierungs-/Wasserhaushaltschicht langfristig die für diese Dichtungsart wichtige Funktion der Zuflussbegrenzung übernehmen müssen.

2. Stand der Diskussion

Über den Wasserhaushalt von Deponien ist in den letzten Jahren sehr viel veröffentlicht worden (z.b. Brechtel 1984, Melchior 1993, Wessolek & Döll 1994, Egloffstein et al 1995, Relinghaus & Hütter 1995, Roth 1995, Sokollek, & Weigelt-McGlone 1997, Melchior et. al 2001). Während frühe Beiträge zu diesem Thema, so z.b. Brechtel (1984) sich mit dem Wasserhaushalt von i.w. Deponiedeckschichten (Abdeckungen) von Deponien beschäftigten, hat sich dies insbesondere seit den Erkenntnissen aus den Testfeldern auf der Deponie Hamburg-Georgswerder sehr stark auf den Wasserhaushalt der Dichtungsschichten und in Folge der z.t. negativen Erkenntnisse (z.b. Melchior 1996, 1999, Maier-Harth & Melchior 2001) auf die, den Wasserhaushalt des gesamten Oberflächenabdichtungssystems maßgeblich beeinflussenden Rekultivierungsschichten verlagert (Melchior 1998, GDA E 2-31 2000). Gegenwärtig werden erste Ausführungsbeispiele von Rekultivierungsschichten in Veröffentlichungen vorgestellt, welche die Funktion einer Wasserhaushaltsschicht erfüllen sollen (Fein & Manz 2001, Krath & Rieger 2001). Ebenfalls brandaktuelle Beiträge beschäftigen sich wieder mit der Frage, ob optimierte Rekultivierungsschichten nicht doch in der Lage sind, langfristig die Aufgaben von Dichtungsschichten zu übernehmen (z.B. Berger 2000, Bönecke 2001).

Zumindest besteht zwischenzeitlich weitgehende Übereinstimmung, dass Rekultivierungsschichten eine große Bedeutung für die langfristige Funktionsfähigkeit von Oberflächenabdichtungssystem haben (Lottner 1998, Bothmann 2000, LAGA 2000, Nienhaus 2000). Eine sehr große Anzahl von Veröffentlichungen befasst sich naturgemäß mit den Werkzeugen zur Nachbildung und Modellierung des Wasserhaushalts von Deponien, insbesondere mit dem HELP-Modell (z.B. Schroeder et al. 1994, 1998, Berger, Lückewille, Ramke, von der Hude, Markwardt, GDA E 2-30 alle 2000, Berger 2001) und weiteren Wasserhaushaltsmodellen (Dunger 2001, Obermann 2001, beide Beiträge in diesem Tagungsband).

Einen nach Ansicht der Autoren wichtigen Beitrag möchten wir an dieser Stelle hervorheben: die Frage, ob qualifizierte Abdeckungen (ohne technische Dichtungsschicht) unter den klimatischen Voraussetzungen sinnvoll und möglich sind, beantworten Berger & Sokolek (1997), ausgenommen für niederschlagsarme Gebiete vor allem im Osten der BRD bei weiteren Einschränkungen, unter dem Strich mit

Nein! Benötigt man also aufgrund des vorhandenen Gefährdungspotentials der Deponie eine starke Zuflussbegrenzung für in die Deponie eindringendes Niederschlagswasser unter ca. 100 mm/a oder ca. 15 % des durchschnittlichen Jahresniederschlags, ist dies in weiten Teilen der BRD, auch bei qualifizierter Abdeckung und gut entwickeltem Bewuchs, nur mit technischen Dichtungssystemen machbar. Die in Fragen des Abfallrechts als liberaler geltenden Niederländer geben z.B. eine Zielvorgabe für die Funktion des Gesamtsystems von unter 20 mm Versickerung pro Jahr vor (ca. 2-3 % des durchschnittlichen Jahresniederschlages in der BRD). Eine solche Anforderung ist u.E. auch mit optimierten Wasserhaushalts und Vegetationsschichten in der BRD in der Regel nicht zu erfüllen.

Der nach Ansicht der Autoren derzeit herrschende Meinungstenor der Fachöffentlichkeit ist, dass Abdichtungssysteme über kurz oder lang ihre Dichtungsfunktion verlieren und bis dahin eine entsprechend optimal ausgebildete Rekultivierungsschicht mit einem Bewuchs, der bis dahin in das „Waldstadium" übergegangen ist (ca. 50 - 60 Jahre), die Aufgaben der Dichtungsschicht weitgehend übernimmt. Diese Meinung kann man bei vielen Deponien durchaus vertreten. Dennoch ist die gegenwärtige Diskussion, so meinen wir, noch nicht „rund". In ihr vermischen sich neu herausgebildete Meinungen auf der Grundlage von jüngsten Forschungsergebnissen und Praxiserfahrungen mit Vorgaben aus den geltenden Vorschriften, die noch zu keinem abschließenden und ganzheitlichen Konzept geführt haben.

Die (bekannten) Argumente auf der Grundlage der TA Abfall (1991) und TA Siedlungsabfall (1993) für die Deponieklasse II und III Deponien sind:

Die Kunststoffdichtungsbahn (KDB) als Konvektions- und Wurzelsperre hat nur eine zeitlich begrenzte Lebensdauer. Nach dem Versagen der KDB übernimmt die mineralische Dichtung die Funktion als dauerhafte Abdichtung.

Diese aus dem Kenntnisstand der späten 80er und beginnenden 90er Jahren resultierende Ansicht hat sich vor allem durch die Ergebnisse aus den Testfeldern auf der Deponie Hamburg-Georgswerder (Melchior 1993, 1996) und anderen Aufgrabungen (z.B. Maier-Harth & Melchior 2001) dahingehend relativiert, dass bei einem großflächigen Versagen der Kunststoffdichtungsbahn, in vielen Fällen die darunter liegende mineralische Abdichtung nur wenige Jahre später ebenfalls versagen wird. Dies kann nicht Sinn und Zweck des Einsatzes der Kombinationsdichtung als Oberflächenabdichtung von Deponien sein. Schnittger (1998) berichtet von einer Aufgrabung des Testfeldes Kombinationsdichtung auf der Deponie Georgswerder, bei der sowohl KDB als auch mineralische Dichtung völlig intakt waren, jedoch Anzeichen einer oberflächlichen Entwässerung der mineralischen Abdichtung an der Grenzfläche zur KDB beobachtet werden können. Der Transport von Wasser und Wasserdampf aufgrund von Temperaturgradienten von der warmen zur kalten Seite ist ein in mehreren wissenschaftlichen Arbeiten untersuchtes und belegtes Phänomen (z.b. Wessolek & Döll 1994, Stoffregen et al. 2001). Bei Deponien mit Wärmeentwicklung (z.b. Hausmülldeponien) ist mit einem im Jahresmittel nach oben gerichteten Temperaturgradienten zu rechnen. Obwohl diese Prozesse sehr langsam vonstatten gehen, ist gerade bei einer durch die konvektionsdichte KDB nach oben abgeschirmten mineralischen Dichtung unter bestimmten Voraussetzungen eine laterale Entwässerung der mineralischen Dichtung entlang der Grenzfläche zur KDB nicht völlig auszuschließen.

Vielhaber 1995 geht zwar davon aus, dass die sommerliche Wasserabgabe von wärmeproduzierenden Deponien im Winter, Herbst und Frühjahr regelmäßig kompensiert wird, stellte aber gleichzeitig fest, dass bei abgekühlten Deponien unter hiesigen Klimaverhältnissen geringfügig mehr Wasser die Kombinationsdichtung verlässt als von ihr wieder aufgenommen wird. Nach Vielhaber (1995) ist „frühestens nach mehreren Jahrzehnten mit einer Schädigung der mineralischen Dichtung" durch temperaturabhängigen Wasseraustrag zu rechen. Nach dieser Aussage wäre jedoch, aufgrund der heute angenommenen langen Lebensdauer der KDB ($\geq$ 100 bis mehrere hundert Jahre) eine austrocknungsbedingte Schädigung der mineralischen Abdichtung (Trocknungsrisse) allein durch temperaturinduzierten Wasseraustrag möglich, bevor die mineralische Dichtung die ihr zugedachte Funktion überhaupt übernehmen kann. Die logische Schlussfolgerung daraus wäre:

- entweder ein rein mineralisches Dichtungssystem (Erdstoffdichtung, Bentonitmatte, Kapillarsperre) so zu dimensionieren, welches in Anlehnung an die Deponieklasse I der TA-Si, kurz- und langfristig, ohne Kunststoffdichtungsbahn (Konvektions- und Wurzelsperre) auskommt (i.W. frost-, austrocknungs- und durchwurzelungssicher mit funktionsfähiger Dänschicht {Erdstoffdichtung, Bentonitmatte} bzw. geschützt vor hydraulischer Überlastung, d.h. mit Zuflussbegrenzung {Kapillarsperre}). Die Evapotranspirationsleistung der Rekultivierungsschicht verbessert die Eigenschaften des Gesamtsystems zusätzlich.

- oder eine Kunststoffdichtungsbahn als einziges Dichtungselement zuwählen. Falls eine Kombinationsdichtung gefordert wird, welche in der Deponiebasis aufgrund ihrer Sperrwirkung für Schadstoffe ihre absolute Berechtigung hat (August et al. 1994), sollte als Redundantes Dichtungselement aus heutiger Sicht keine Erdstoffdichtung gewählt werden. Vor dem Hintergrund der bei Oberflächenabdichtungen u.E. häufig überschätzten Fehlstellenproblematik bei KDB´s sollte eher ein kontrollierbares Abdichtungssystem, eine Bentonitmatte oder eine Kapillarsperre als Kombination gewählt werden.

Vor dem Hintergrund der Diskussion um die Langzeitbeständigkeit von Kunststoffdichtungsbahnen (KDB´s) gäbe es zwei Varianten

a) KDB mit Schutz-/Entwässerungs- und Rekultivierungsschicht nur mit geringen Anforderungen an die Mächtigkeit und das Bodensubstrat, ggf. mit Kontrollsystem als temporäre Abdichtung (für Zeiträume von ca. 30 – 50 a, ggf. länger)

b) KDB mit Schutz-/Entwässerungs- und Rekultivierungsschicht mit qualifizierten Anforderungen an die Mächtigkeit, den Aufbau und die Qualität des Bodensubstrats, mit dem Ziel die Deponie aus der Nachsorge zu entlassen. Zu einem späten Zeitpunkt lässt die Dichtungsfunktion der KDB langsam nach, was zumindest weitgehend durch die inzwischen voll ausgebildete Evapotranspirationswirkung der Bepflanzung (optimierter Deponiewald, s. Bönecke 2001) und Speicherfähigkeit der Wasserhaushalts- und Reklutivierungsschicht ausgeglichen wird.

Ein theoretischer Nachteil des Konzepts b) ist die Mumifizierung des Deponiekörpers durch den völligen Abschluss durch eine KDB. Nach dem späten, langsamen Funktionsverlust der KDB wird trotz optimierter Wasserhaushalts-/Rekultivierungsschicht wieder (etwas) Wasser in die Deponie eindringen, und evtl. bis dahin zum Erliegen gekommene biologische Abbauprozesse reaktivieren. Aus dieser theoretischen Überlegungen heraus erscheint den Autoren die Variante mit „mineralsicher" Dichtung, welche gewisse Restdurchlässigkeiten aufweist, mit der die biologischen Abbauprozesse zumindest im verminderten Umfang aufrechterhalten werden, etwas günstiger (s.a. Egloffstein & Burkhardt 1999).

Der in der TA Siedlungsabfall geforderte Aufbau aus 1 m Rekultivierungsschicht, 30 cm Entwässerungsschicht, 2 x 25 cm mineralischer Abdichtung der Anforderung $k \leq 5 \cdot 10^{-9}$ m/s mit (Dk II) oder ohne (DK I) KDB, ist auf der Basis der heutigen Erkenntnisse nach Ansicht der Autoren nicht mehr zeitgemäß. Zum einen ist der geforderte Durchlässigkeitsbeiwert der mineralischen Abdichtung mit $k \leq 5 \cdot 10^{-9}$ m/s zu hoch angegeben. Nach HELP-Modellierungen (Egloffstein et al. 1995) ergeben sich beim Regelaufbau nach TA-Si und durchschnittlichen Niederschlagsannahmen für die BRD rechnerisch noch Durchsickerungen von ca. 10 bis 12 % des Jahresniederschlages. Bestätigt wird dies durch Erfahrungen aus Bayern, die bei durch mineralische Abdichtungen abgedichteten Deponien in der Regel ca. 5 - 12 % des Jahresniederschlages als Sickerwasser gemessen werden (Drexler 2000). Drexler (2001) gibt in seinem Beitrag in diesem Tagungsband für drei Deponien Sickerwassermengen im Verhältnis zum Niederschlag an, die im Mittel ca. 12 % Versickerung des Niederschlages liegen.

Aufgrund der Erfahrungen der Aufgrabungen in Georgswerder (Melchior 1996) und Sprendlingen (Maier-Harth & Melchior 2001) muss heute davon ausgegangen werden, dass eine bindige, mineralische Dichtung, welche mit nur einem Meter Rekultivierungsschicht oder weniger (in o.g. Beispielen 0,75 u. 0,8 m) ohne besondere Anforderungen an das Bodenmaterial und dessen Einbau an vielen Standorten in der BRD langfristig:

- austrocknen wird (Schrumpfrisse => Zunahme der Durchlässigkeit) und/oder
- durchwurzelt wird (zusätzlicher Wasserentzug und Wurzelkanäle, s.o.)

sofern sie nicht durch eine Kunststoffdichtungsbahn gegen Austrocknung geschützt ist.

Deshalb sollten Rekultivierungsschichten in der Regel:

- zweischichtig aufgebaut sein (humoser Oberboden-/mineralischer Unterboden
- größere Schichtmächtigkeiten als 1 m aufweisen (s.u.)

- aus Bodenmaterial mit hohem pflanzenverfügbarem Wasserspeichervermögen (nFKWe > 200 mm/m) aufgebaut sein
- als Bodenmaterial mit geringer Trockendichte aufgebracht werden

Der derzeit häufig diskutierte Ansatz, dass hinsichtlich des Bodenaufbaus und der Pflanzendecke optimierte Rekultivierungsschichten nach dem Versagen der technischen Dichtungselemente die „Abdichtung" der Deponie übernehmen sollen, kann auch unter einer anderen Schwerpunktsetzung gesehen werden.

Der planende Ingenieur wird sich immer bemühen, seine technischen Abdichtungssysteme, die, sofern sie intakt sind, in den meistens Fällen eine undurchlässigere Barriere darstellen als hinsichtlich der Evapotranspirationsleistung optimierte Rekultivierungsschichten, so lange wie irgend möglich funktionsfähig zu halten. Dies kann bei den bindigen „mineralischen" Dichtungen, zu denen hier auch die Bentonitmatte (Dichtungsmaterial Bentonit) gezählt werden muss i.W. durch die:

- mechanische Stabilität des Gesamtsystems (Standsicherheit, Setzungen)
- Erosionssicherheit
- Frostsicherheit
- Austrocknungssicherheit
- Durchwurzelungssicherheit

geschehen. Die Anforderungen hinsichtlich Austrocknungssicherheit und der Durchwurzelungssicherheit der Dichtungsschichten machen aus der Rekultivierungsschicht eine Wasserhaushaltsschicht für diese Dichtungsschicht. Für die langfristige Funktionsfähigkeit einer bindigen, mineralischen Abdichtung ist es erforderlich, diese dauerhaft feucht zu halten. Dies ist die wichtigste Aufgabe der Rekultivierungs-/Wasserhaushaltschicht als Schutzschicht über bindigen, mineralischen Dichtungen. Ein weiterer wichtiger Aspekt ist es, die Pflanzen vor Trockenstress zu bewahren, damit die Wurzeln in der Wasserhaushaltsschicht verbleiben und nicht tiefer in der bindigen mineralischen Abdichtung wurzeln.

3. Rekultivierungsschichten

Gemäß den GDA - Empfehlungen E 2-31 „Rekultivierungsschichten" (2000) der Deutschen Gesellschaft für Geotechnik haben Rekultivierungsschichten nachfolgenden Funktionen im Oberflächenabdichtungssystem einer Deponie zu übernehmen (verändert nach GDA E 2-31 2000):

(1) Abschirmung der schädlichen Abfälle von der Umwelt (Mensch, Tier, Pflanzen, Luft, Boden)

(2) Pflanzenstandort

(3) Schutz der tieferen Funktionsschichten vor schädlichen Einflüssen (Entwässerungsschicht, Dichtungsschicht)

(4) Optimierung des Wasserhaushaltes des Gesamtsystems

Um die genannten Funktionen erfüllen zu können, sind folgende generelle Anforderungen an die Eigenschaften der Rekultivierungsschicht zu stellen.

zu 1:

- ausreichende Mächtigkeit
- Aufbau aus umweltverträglichen Materialien (i.d.R. unbelasteter Boden)
- standsicherer Aufbau

zu 2:

- gute Durchwurzelbarkehit
- hohe nutzbare Feldkapazität und ausreichende Luftkapazität
- ausreichendes Infiltrationsvermögen
- Vermeidung von Stauhorizonten
- ausreichende pflanzenverfügbare Nährstoffgehalte
- günstige Bodenreaktion und Pufferung

zu 3:

- ausreichende Mächtigkeit
- Beständigkeit gegenüber allen Formen der Erosion (Wind-, Wasser, äußere Erosion, Suffusion, Kontakterosion)
- Frostschutz sowie Dämpfung von atmosphärischen Temperaturschwankungen

- Schutz von schrumpfungsanfälligen Dichtungen vor Wasserverlust (Wasserspeichervermögen)
- Schutz der Entwässerungs- und Kapillarschichten vor Überlastung (Reduzierung und Dämpfung der Dränspende)
- Schutz der Entwässerungs- und Dichtungsschichten vor Durchwurzelung und Durchwühlung (ausreichender effektiver Wurzelraum, ggf. Wurzelsperren oder „biologische Barrieren")
- Stabiles Korngerüst und gleichmäßiges Bodengefüge (keine Lösungserscheinungen, keine Bildung von Makroporengefüge)
- Filterstabilität gegenüber Entwässerungs- und Kapillarschichten

zu 4:

a) *im Hinblick auf die Durchlässigkeit des Gesamtsystems*

- Maximierung der Evapotranspiration durch optimierte Speicherung des pflanzenverfügbaren Wassers im effektiven Wurzelraum der Rekultivierungsschicht
- Reduzierung und Dämpfung der Dränspende (Zuflussbegrenzung) um Entwässerungs- und Kapillarschichten nicht zu überlasten und die potentielle Versickerung in den Abfallkörper zu minimieren

b) *im Hinblick auf die Schutzfunktion der tieferen Schichten*

- ausreichendes Wasserspeichervermögen um schrumpfungsanfällige Dichtungsschichten auch in Trockenperioden feucht zu halten und vor höheren Wasserspannungen zu schützen

Der Schichtaufbau der Rekultivierungsschicht erfolgt in der Regel in zwei Lagen:

1) ≤ 30 cm humushaltiger Oberbodenboden
2) ≥ 70 cm $- 2,7$ m mineralischer Unterboden mit wenig organischer Substanz (unbedingt zu vermeiden ist der Einbau organischer Substanz im Unterboden da es aufgrund von Sauerstoffmangel zu anaerober Zersetzung (Faulung) kommen kann)

ggf. können zusätzliche verdichtete Mineralböden als Wurzelsperre dienen. Diese sollten, wenn sie eingesetzt werden (die GDA E 2-31 gibt derzeit keine Empfehlung hierfür), aus verdichteten sandigen Böden oder steinreichen sandigen Böden bestehen, um unerwünschten Begleiterscheineinungen wie Staunässebildungen (ggf. Hangquellen, Luftmangel für Pflanzenwurzeln) und Standsicherheitsprobleme zu vermeiden. Eine Abstimmung auf die Entwässerungsschicht bzw. eine differenzierte Entwässerungsschicht mit kombinierter Wurzelsperre als oberer Teil der Entwässerungsschicht sind denkbar (siehe hierzu auch Abb. 1).

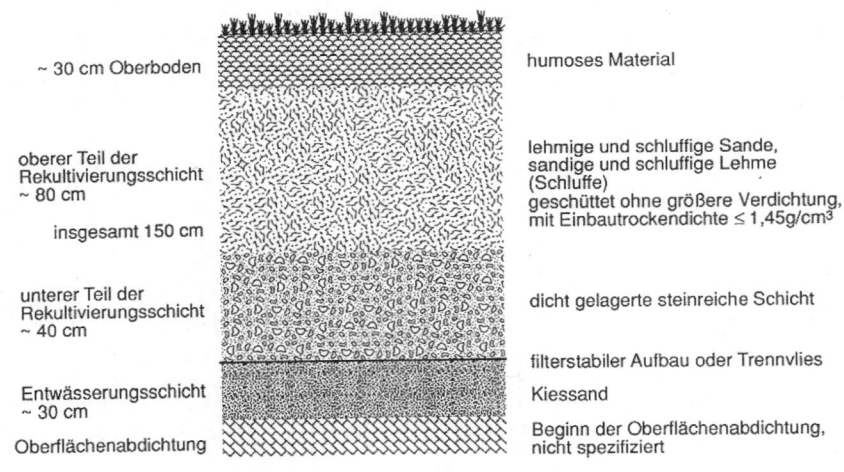

~ 30 cm Oberboden	humoses Material
oberer Teil der Rekultivierungsschicht ~ 80 cm	lehmige und schluffige Sande, sandige und schluffige Lehme (Schluffe) geschüttet ohne größere Verdichtung, mit Einbautrockendichte ≤ 1,45g/cm³
insgesamt 150 cm	
unterer Teil der Rekultivierungsschicht ~ 40 cm	dicht gelagerte steinreiche Schicht
	filterstabiler Aufbau oder Trennvlies
Entwässerungsschicht ~ 30 cm	Kiessand
Oberflächenabdichtung	Beginn der Oberflächenabdichtung, nicht spezifiziert

Abb.1: Von DIBt und LfU Bayern empfohlenes Oberflächenabdichtungssystem (ausreichend mächtig für Sträucher, aber nicht für Bäume (Lottner 1998)

3.1 Mächtigkeit der Rekultivierungsschicht

Von verschiedenen Autoren werden Angaben zur Mächtigkeit von Rekultivierungsschichten gemacht. Neumann (1999) nennt Mindeststärken der Rekultivierungsschicht lediglich auf Grundlage der Wachstumsbedingungen für Pflanzen:

 Für Gräser und Kräutersaaten: ≥ 0,30 m

 Für Strauchpflanzen: ≥ 0,50 m

 Für Bäume 1. Ordnung (Wuchshöhen > 15 m): ≥ 1,50 m

Geht man von einer Brache mit ungestörter Vegetationsentwicklung aus (die Vegetation wird nach einer Ersteinsaat als Erosionsschutz sich selbst überlassen) wird nach ca. 50 – 60 Jahren ein „Waldstadium" erreicht (GDA E 2-32 2000). Dies bedeutet im Umkehrschluss, dass für Deponien, die irgendwann sich selbst überlassen werden sollen eine Mindestmächtigkeit von 1,5 m Rekultivierungsschicht bereits aus o.g. Gründen nicht unterschritten werden sollte. Neumann (1999) geht bei diesen Angaben bereits davon aus, dass es aufgrund der Dränwirkung der Dränschicht unterhalb der Rekultivierungsschicht bereits zu Wuchsbeeinträchtigungen kommen kann, obwohl Bäume i.d.R. auch an natürlichen Standorten keine tieferen Wurzeln ausbilden.

Bönecke 1994 geht vor dem Hintergrund der Durchwurzelungsproblematik der Entwässerungs- und Dichtungsschicht davon aus, dass ab einer Überdeckung von 3,0 m keine Beeinträchtigung durch Baumwurzeln mehr auftreten. Auch er weist auf die Dränwirkung der Entwässerungsschicht auf die tiefere Rekultivierungsschicht hin und führt aus, dass durch Gras-/Krautsaaten sehr viel Tiefere Wurzelungstiefen erreicht werden, als durch heimische Baumarten (Schafgarbe > 4 m, Luzerne 2-5 m, Rotklee 0,8 – 2 m). In diesem Tagungsband gibt Bönecke (2001) die Schichtmächtigkeit für Deponiewald je nach Hauptbodenart mit einer Dicke > 2,5 – 3 m an.

Konold et al. (1997) führt aus, dass, um die Dichtung vor Wurzelschäden zu bewahren, die Rekultivierungsschicht beim Rekultivierungsziel Wald unabhängig vom Substrat mindestens 2 m mächtig sein müsste. Bei dieser Schichtstärke sollte zusätzlich geprüft werden, ob nicht zusätzliche Maßnahmen zur Begrenzung des Wurzelwachstums ergriffen werden sollten, da Wurzeln vor allem in sandreichen Substraten tiefer reichen können. Vor diesem Hintergrund (sandreiche Substrate sollten jedoch in Rekultivierungsschichten vermieden werden!) kann als höchste Anforderung 3,5 m Überdeckung definiert werden. Vom Blickwinkel des Wasserbedarfs der Pflanzen (Rekultivierungsziel Wald) sollte der Wurzelraum eine nutzbare Feldkapazität von 195 – 225 mm aufweisen. Eine geringe Lagerungsdichte über das ganze Profil und ein 30 cm mächtiger mittelhumoser Oberboden vorausgesetzt, sind dafür Mächtigkeiten des Unterbodens von 80 cm bei sandigem Schluff und 1,15 m bei tonigem Sand erforderlich. Nach diesen Aussagen könnte eine Schichtstärke der Rekultivierungsschicht von 1,5 m bei Auftrag eines für die Wasserspeicherung günstigen Substrats (z.B. sandiger Schluff) und des o.g. Korngrößensprungs einer weitgehend „trockenen" Drainage ausreichend sein, um ein Tiefenwachstum der Wurzeln zu begrenzen.

Der Landesarbeitskreis „Forstliche Rekultivierung von Abbaustätten" (ISTE 2000) gibt in seiner Schrift Forstliche Rekultivierung an, dass nach bisheriger Erfahrung Rekultivierungsschichten von ca. 1,2 m bis 1,5 m Mächtigkeit bei guter Durchwurzelbarkeit für den Wasserhaushalt und die Nährstoffversorgung als günstiger Pflanzenstandort angesprochen werden. In anderem Zusammenhang steht zu lesen, dass alter Waldboden über Kiesvorkommen (vor dem Kiesabbau!) selten mehr als 80 cm Mächtigkeit besitzt. Leider gibt es in diesem Zusammenhang keine Aussage zur Durchwurzelung des Kieses.

Lottner (1998) schreibt, dass es bislang bei den in Südbayern (feuchterer Teil Bayerns) durchgeführten Aufgrabungen keine Hinweise auf eine Austrocknung der mineralischen Abdichtung gegeben habe, wegen der Durchwurzelungsgefahr jedoch die LfU in Bayern empfohlen habe die Rekultivierungsschichtdicke auf 1,5 m zu erhöhen.

Das DIBt (1997) geht in seinen Zulassungsgrundsätzen aus natürlichen mineralischen Baustoffen davon aus, dass nur günstige Bedingungen für Schichtstärken der Rekultivierungsschicht von 1,0 m ausreichende Sicherheit gegenüber Durchwurzelung bieten. Je nach Randbedingungen (Klima, verfügbares Bodenmaterial, Einbauqualität, Bepflanzungsart) werden Rekultivierungsschichten von ca. 1,5 m, bei Bepflanzung mit Bäumen (keine Tiefwurzler) noch einmal deutlich mehr, erforderlich werden.

Die GDA-Emfpehlung E 2-31 „Rekultivierungsschichten" (2000) gibt mit Hinweis auf die Spanne üblicher Wurzeltiefen an, dass meist 1,5 – 3,0 m Rekultivierungsschicht erforderlich sind, um die Entwässerungsschicht und die Abdichtungsschicht wurzelfrei zu halten. Auch die LAGA (2000) hat in ihrem Arbeitspapier „Rekultivierung" 1,5 – 3 m Mächtigkeit der Rekultivierungsschicht vorgeschlagen.

Das geologische Landesamt Rheinland-Pfalz (Maier-Harth 2000) empfiehlt auf seiner Internetseite für niederschlagsarme Gebiete bis 650 mm/a den Aufbau einer Wasserhaushaltsschicht mit oben liegender 0,5 m mächtiger Infiltrationsschicht aus stark durchlässigem, humosen, leicht sandigem Boden, im obersten Bereich (ca. 30 cm) mit Kompost vermischt und mit Rindenmulch abgedeckt, und einem darunterliegenden Wasserspeicherhorizont von 1,4 m Mächtigkeit aus schluffigem Boden mit einer nutzbaren Feldkapazität von ca. 215 mm/m. Nach 30 cm Entwässerungsschicht folgt eine 2,5 mm mächtige Kunststoffdichtungsbahn.

Zusammenfassend kann u.E. gesagt werden, dass gegenwärtig noch keine gesicherten Erfahrungen vorliegen, die es erlauben die Schichtstärken der Rekultivierungsschicht auch bei Vorgabe detaillierter Randbedingungen im Hinblick auf die Durchwurzelungssicherheit der darunter liegenden Drän- und Dichtungsschicht festzulegen. Gut begründet erscheint uns nur die Mindestmächtigkeit der Rekultivierungsschicht von 1,5 m, ausgenommen die Kunststoffdichtungsbahn wird im Abdichtungskonzept als Konvektions- und Wurzelsperre fest eingeplant. Hier erscheint uns jedoch die darunter liegende, mineralische Abdichtung überflüssig, da zu befürchten steht, dass bei einem Versagen der KDB auch die mineralische Abdichtung nur unwesentlich länger funktionsfähig bleibt. Für Deponien die nach der Entlassung aus der Nachsorge sich selbst überlassen werden sollen (Brache mit ungestörter Vegetationsentwicklung => Waldstadium nach ca. 50 - 60 Jahren), kann nach heutigem Kenntnisstand das Bemessungsziel wurzelfreie Drän- und Dichtungsschichten nur mit Rekultivierungsschichten von ≥ 3 m Mächtigkeit mit relativ großer Sicherheit erreicht werden. Ähnliche Mächtigkeiten der Rekultivierungsschicht, evtl. unter günstigen Voraussetzungen etwas weniger (ca. 2 – 2,5 m) sind erforderlich, wenn die Rekultivierungsschicht als „qualifizierte Abdeckung mit einem standortgerechten höheren Bewuchs" langfristig durch ihre Evapotranspirationsleistung die „Abdichtung" der Deponie gewährleisten soll.

3.2 Begrenzung der Durchwurzelungstiefe

Für alle „mineralischen" Abdichtungen im o.g. Sinn ist die Durchwurzelung der Dichtung zu vermeiden. Dies trifft zwar überwiegend auf die bindigen, mineralischen Abdichtungen zu (bindige Erdstoffdichtung und Bentonitmatte), es kann aber nicht völlig ausgeschlossen werden, dass auch Kapillarsperrendichtungen aufgrund von Trockenstress in die aus Wassermangel einwachsende Wurzeln in ihrer Funktion beeinträchtigt werden. Dies trifft vermehrt auch auf mineralische und geotextile Entwässerungsschichten zu, die von Pflanzenwurzeln auf der Suche nach Wasser durchwurzelt werden können. Gemäß GDA Empfehlung E2-32 „Gestaltung des Bewuchses auf Abfalldeponien (Entwurf) (2000) enthalten Gehölze aber auch Grünlandbestände Arten die als Tiefwurzler bekannt sind. Bei verschiedenen Aufgrabungen von Deponieoberflächenabdichtungen wurden in der Entwässerungsschicht und der mineralische Abdichtung Wurzeln auch in Tiefenbereichen von mehr als 1,50 m angetroffen (z.B. Maier-Harth & Melchior 2001). Häufig vertreten waren dabei Ampfer, Meerettich, Disteln, Lupinien, Hornklee oder Löwenzahn. Den Aufwuchs dieser Pflanzen einzudämmen, ist in der Praxis kaum möglich.

Ob eine Pflanzenart tief- oder flachstreifende Wurzeln ausbildet, ist überwiegend standortbedingt und erst in zweiter Linie artspezifisch. Bäume wurzeln dabei nicht grundsätzlich tiefer als manche Ackerunkräuter und Grünlandarten, sie bilden lediglich dickere und verholzte Wurzeln aus. Tab. 1 zeigt, dass eine Dicke der Rekultivierungsschicht im Regelfall von 1 m nicht ausreicht, um die Entwässerungs- und Abdichtungsschichten wurzelfrei zu halten. Hierfür sind meist 1,5 bis 3 m erforderlich. Die Wurzelausbildung einer Pflanze richtet sich in erster Linie nach dem pflanzenverfügbaren Bodenwasservorrat und der möglichst großzügig dimensionierten Übereinstimmung von mittlerer Durchwurzelungstiefe (effektivem Wurzelraum) der Pflanzen und der Tiefenausdehnungen der Wasserspeicher- bzw. Wasserhaushaushaltsschicht. Bei der Dimensionierung der Rekultivierungsschicht ist es deshalb vor dem Hintergrund der Schutzfunktion das oberste Ziel, den effektiven Wurzelraum für die Bepflanzung durch geeignete Bodeneigenschaften (i.W. Bodenart und verdichtungsarmer Einbau) so zu dimensionieren, dass auch in sehr trockenen Jahren ausreichend pflanzenverfügbares Wasser zur Verfügung steht, damit die Masse der Pflanzenwurzeln in diesem effektiven Wurzelraum verbleit und nicht aufgrund des Trockenstresses in tiefere Schichten wurzelt. Die bodenkundliche Kartieranleitung (AG Boden 1994) gibt für Böden mit einem hohen und sehr hohen Wassererspeichervermögen, ausgedrückt als nutzbare Feldkapaziät des effektiven Wurzelraumes nFKWe = 141 – 200 mm/m (hoch = stark lehmiger Sand und sandiger Lehm) bzw. > 200 mm/m (sehr hoch = lehmiger Schluff, schluffiger Lehm und schluffiger Sand) eine mittlere Durchwurzelungstiefe von 0,9 – 1,1 mm an.

Ob die zur Verfügungsstellung eines gut durchwurzelbaren effektiven Wurzelraumes oben genannter Größenordnung von ca. 1,1 m (ca. 30 cm Oberboden + ca. 80 cm Unterboden) nach AG Boden 1994 zur Sicherstellung der Wasserversorgung über einer Entwässerungsschicht, die einen für das Wurzelwachstum behindernden Korngrößensprung darstellt, ausreicht, um das Wurzelwachstum auf den effektiven Wurzelraum zu begrenzen, kann heute mangels Erfahrung nicht sicher ausgesagt werden. Nach Konold et al. (1997) gibt es einige Maßnahmen die das Tiefenwachstum von Wurzeln begrenzen.

Tab. 1: *Anhaltswerte für die Spannen üblicher Wurzeltiefen ausgewählter Pflanzenarten nach Kutschera & Lichtenegger 1982/1992 und Konold 1995 (GDA E2-31 2000)*

Pflanzenart	Wurzeltiefe [cm]
Grünlandvegetation (Gräser, Kräuter, Stauden)	
Wiesen-Hornklee	30–120
Gemeine Kratzdistel	bis 200
Wiesenrispengras	70–200
Glatthafer	100–200
Löwenzahn	70–240
Ackerkratzdistel	40–300
Mehlige Königskerze	bis 320
Krauser Ampfer	70–320
Gehölzvegetation (Sträucher, Bäume)	
Kratzbeere	bis 200
Scheinakazie	über 200
Silberweide	bis 300
Buche	180–300

Mögliche Maßnahmen zur Begrenzung des Wurzelwachstums bei Oberflächenabdichtung von Deponien sind (verändert bzw. ergänzt nach Konold et al. 1995):

1) Sicherstellung einer ausreichenden Wasserversorgung in der Rekultivierungsschicht (Ausreichende Mächtigkeit und hohes Wasserspeichervermögen des Bodens)

2) Einbau eines Korngrößensprungs
   Schichten unterschiedlicher Korngröße behindern ganz allgemein die Durchwurzelung. Sie sind jedoch auch nicht als absolute Wachstumsbarriere anzusehen.

   a) Drainageschicht
   Drainageschichten können in Verbindung mit 1) als Begrenzungsschicht für das Wurzelwachstum fungieren, wenn die obersten 20-30 cm nur in

Ausnahmefällen durchnässt werden. Die Drainageschicht wäre hinsichtlich dieses Ansatzes zu dimensionieren (s. a. Ramke 2000b). Diesen Ansatz unterstützen dürfte auch die Vorgabe der EU-Deponierichtlinie (bzw. Entwurf der Deponieverordnung) mit eine Entwässerungsschicht von 50 cm.

   b) steinreiche Schicht
die U.S. EPA (1989) schlägt eine steinreiche Schicht (Cobbles) über der mineralischen Abdichtung als Wurzelsperre vor. Das DIBt und die LfU Bayern schlagen eine ca. 40 cm mächtige, dicht gelagerte, steinreiche Schicht vor (s. Abb. 1)

3) Einbau einer verdichteten Schicht im Unterboden
Eine wirkungsvolle Wurzelsperre wäre z.B. der Einbau einer verdichteten Schicht des Unterbodens unterhalb des effektiven Wurzelraumes mit einer Lagerungsdichte $> 1,8$ g/cm^3 als wassergesättigte Wurzelsperre. Stark bindige Bodenarten (Ton) werden dabei schlecht durchwurzelt, es dürfen sich jedoch keine wurzelgängigen Schrumpffrisse ausbilden. Die ohne zusätzliche Entwässerungsschicht i.d.R. entstehende Staunässe ist Teil der wurzelabweisenden Maßnahme. Aus geotechnischer Sicht ist dies problematisch anzusehen, da dieser Stauhorizont zu Hangwasseraustritten und Standsicherheitsproblemen führen kann.

4) Technische Wurzelsperren
Kunststoffdichtungsbahn
Die bekannteste und wohl am besten untersuchte Wurzelsperre ist eine verschweißte Kunststoffdichtungsbahn wie sie gemäß TA-Si bzw. BAM-Zulassung eingesetzt wird. Unabhängig von den Vorgaben der TA Abfall und TA Siedlungsabfall wird das Konzept des Einsatzes einer Konvektionssperre an anderer Stelle diskutiert.

5) Geotextilien
Übliche Geotextilien stellen keine Wurzelsperre dar

5a) Geotextilien mit z.B. Kupferfolieneinlage
Eine interessante Idee wird von einem Bentonitmattenhersteller vertrieben. Eine im Deckvlies eingelegte, dünne Kupferfolie verhindert aufgrund der phytotoxischen Eigenschaften von Kupfer das Einwachsen von Wurzeln in die Ben-

tonitmatte. Über die Langzeitbeständigkeit der dünnen Kupferfolie liegen u.E. noch keine gesicherten Aussagen vor.

Zusammenfassend ist dem Konzept, die Rekultivierungsschicht so zu bemessen:

- dass den Pflanzen auch in trockenen Jahren ausreichend Wasser in ihrem effektiven Wurzelraum zur Verfügung steht (Mächtigkeit, Bodenart und geringe Lagerungsdichte) und darauf folgend möglichst keinem Trockenstress ausgesetzt sind
- in Kombination mit einem Korngrößensprung, i.d.R. eine aus diesem Grund großzügig bemessene Drainagemächtigkeit der Vorzug vor anderen Maßnahmen zu beben (ausgenommen Wurzelsperre durch KDB).

Zur Vergrößerung des o.g. Korngrößensprunges zwischen den Schichten ist es wahrscheinlich sinnvoll, einem Trenngeotextil den Vorzug vor einer filterstabilen Kornabstufung zwischen Rekultivierungsschicht und Dränageschicht zu geben.

3.3 Rekultivierungsschichten über Erdstoffdichtungen

Aus Testfeldergebnissen (Melchior 1993 und 1996, Schnatmeyer 1998, Breh & Hötzl 1999) und durch Aufgrabungen an bestehenden Deponien Hämmerle & Lottner 1997, Rödel et al. 1999, Maier Harth & Melchior 2001, Drexler 2001) ergibt sich noch kein einheitliches Bild hinsichtlich der Fragestellung, wie eine Rekultivierungsschicht aufgebaut sein muss, um mineralische Abdichtungen langfristig Funktionsfähig zu halten. Eine starke Austrocknung der mineralischen Abdichtung verbunden mit einem weitgehenden Funktionsverlust unter einer Rekultivierungsschicht von 75 cm und einer Entwässerungsschicht von 25 cm stellte Melchior (1996) bei den Testfeldern auf der Deponie Hamburg-Georgeswerder fest. Auch Breh & Hötzl (1999) berichten, dass die mineralische Abdichtung unter 1 m Wurzelboden und 15 cm Entwässerungsschicht auf dem Testfeld der Deponie Karlsruhe West schon nach ca. 3 Jahren in ihrer hydraulischen Dichtwirkung signifikant nachlässt. Schnatmeyer (1998) berichtet über die Testfelder auf der Deponie Esch Belval, Luxemburg, von nur geringen Durchsickerungsraten bei mineralischen Abdichtungen, die unter 0,75 m bindigem Boden und 0,25 cm Entwässerungsschicht lagen (anm: Der Betrieb des Testfeldes betrug lediglich ca. 3 Jahre). Aufgrabungen in Bayern an vier Deponien mit ca. 0,7 – 1,3 m (z.T. auch mehr) Rekultivierungsschicht zeigten keine Austrocknungserscheinungen. Es wurde jedoch aufgrund der Durchwurzelungsproblematik empfohlen, die doch aufgrund der Durchwurzelungsproblematik empfohlen, die Mindeststärke der Rekultivierungsschicht auf 1,5 m anzuheben (Hämmerle & Lottner 1997). Weitere zehn Aufgrabungen in Bayern (Rödl et al. 1999) an Deponien mit Schichtstärken für die Rekultivierungsschicht von 0,75 – 2,70 m (im Mittel ca. 1,4 m) und 0,1 – 0,4 m für die Entwässerungsschicht ergaben kein klares Bild. Die überwiegende Anzahl der Dichtungen war wohl in Takt, es gab jedoch auch Trocknungsrisse, Durchwurzelung (i.W. entlang von Trocknungsrissen) und eine halbfeste Konsistenz mancher mineralischer Dichtungen. Maier-Harth & Melchior (2001) berichten von der Aufgrabung der mineralischen Oberflächenabdichtungen der Deponie Sprendlingen im niederschlagsarmen Mainzer Becken (ca. 500 mm/a) unterhalb einer Rekultivierungsschicht von ca. 0,8 m von irreversible Schäden an der mineralischen Dichtung durch Trocknungsrisse, Grabgänge von Regenwürmern und in die Risse eingewachsenen Pflanzenwurzeln. Diese Beispiel verdeutlicht möglicherweise (ggf. weitere Ursachen) den Zielkonflikt: weniger Niederschlag => weniger Tiefensickerung, wenn bindige, mineralische Abdichtungen nicht ganzjährig ausreichend feucht gehalten werden können. Weitergehende Schlussfolgerungen zur mineralischen Abdichtungen siehe Beitrag Burkhardt & Egloffstein (2001) in diesem Tagungsband.

3.4 Rekultivierungsschichten über Bentonitmattenabdichtungen

Für Bentonitmatten, eine Sonderform der bindigen, mineralischen Abdichtung (das Dichtungsmaterial Bentonit ist ein hochplastischer, quellfähiger Ton), gilt grundsätzlich das gleiche wie für die Erdstoffdichtung. Frost, Austrocknung und Durchwurzelung sollten möglichst vermieden werden. Über Bentonitmatten in Testfeldern und als Oberflächenabdichtungen von Deponien berichten Schnatmeyer 1998, Melchior 1999, Maile 1997, Egloffstein 2000, Marquardt 2001, Henken-Mellies et al. 2001, Siegmund et. al 2001. Bentonitmatten besitzen im Gegensatz zu mineralischen Abdichtungen nach partieller Austrocknung und unter bestimmten Randbedingungen ein gewisses Selbstheilungsvermögen (Maile 1997, Egloffstein 2000), welches aber bei der Bemessung der Rekultivierungsschicht nicht in Ansatz gebracht werden sollte. Auch Bentonitmatten sollten, wie bindige, mineralische Abdichtungen frost-, austrocknungs- und durchwurzelungssicher eingebaut werden. Auch hier kommt der Rekultivierungsschicht als Wasserhaushaltschicht eine besondere Bedeutung zu. Unter Berücksichtigung des Wasserhaushaltes lassen sich gute Wirksamkeiten von Bentonitmattenabdichtungen erreichen (Marquardt 2001, Siegmund et al. 2001, Henken-Mellies et al. 2001).

3.5 Rekultivierungsschichten über Kapillarsperrenabdichtungen

Über Kapillarsperrenabdichtungen als Oberflächenabdichtungen in Kipprinnenuntersuchungen, Testfeldern und als Oberflächenabdichtung von Deponien berichten Zischak 1997, Jelinek & Weiß 1999, Steinert 1999, von der Hude 1999, Wohnlich 1999, Burkhardt & Egloffstein 2000, Kämpf 2000. Kapillarsperrenabdichtungen führen das aus der Deckschicht zusickernde Wasser in der Kapillarschicht lateral ab. Neben einer gut abgestimmten Materialkombination für die Kapillarschicht und den darunter liegenden Kapillarblock sind für das einwandfreie Funktionieren der Kapillarsperre eine auf die Neigung und laterale Dränkapazität der Kapillarschicht abgestimmte Zuflussbegrenzung erforderlich. Kommt mehr Wasser aus der Deckschicht als die Kapillarschicht lateral abführen kann, wird die Kapillarschicht durchsickert und das Sickerwasser gelangt in die Deponie. Die Zusickerung muss also auf die spezifischen Eigenschaften der Kapillarsperre ausgelegt werden (Zuflussbegrenzung). Hierzu stehen prinzipiell alle bekannten Arten von Dichtungen zur Kombination zur Verfügung. Da die Zuflussbegrenzung jedoch für die Funktionsfähigkeit der Kapillarsperrenabdichtung eine der Voraussetzungen ist, stellt sich die gleiche Frage nach der Lanzeitfunktionsfähigkeit der Abdichtung als Zuflussbegrenzung der Kapillarsperre, wie sie oben bereits für einige der Abdichtungssysteme diskutiert wurde. Aus diesem Grund bietet sich eine hinsichtlich des Wasserhaushaltes und der Bepflanzung optimierte Rekultivierungsschicht als Zuflussbegrenzung und –vergleichmäßigung an. Bis zur Ausbildung eines für die notwendig Evapotranspirationsleistung erforderlichen Bewuchses können ggf. temporäre Abdichtungen eingesetzt werden (z.B. Kunststoffdichtungsbahnen mit etwas geringeren Anforderungen).

3.6 Beschaffung geeigneter Bodensubstrate - Aufbringen von Wasserhaushalts-/Rekultivierungsschichten

Über die Eigenschaften und Anforderungen an die Bodenarten, die Dimensionierung und Herstellung der Rekultivierungsschicht berichten AG Boden 1994, Melchior (1998), Neumann (1999), GDA E 2-31 (2000), Krath & Rieger (2001), Dumbeck (2001), Fein & Manz (2001).

Wie bereits weiter oben erläutert sollen Rekultivierungsschichten aus einer unteren Mineralbodenschicht aus Schluffen, lehmigen und schluffigen Sanden und mit Abstrichen sandige und schluffige Lehme (AG Boden 1994, GDA E 2-31 2000) mit wenig organischer Substanz und einer humosen Oberbodenschicht bestehen (s.a. Tab. 2).

Tab. 2:   *Maßgebliche Kennwerte ausgewählter Bodenarten nach AG Boden (1994) (GDA E 2-31 2000)*

Bezeichnung	Kurzzeichen			Kornfraktionen [Ma-%]			nFK [mm/m]	
	AG Boden	DIN 4022	DIN 18196	Ton	Schluff	Sand	pt 1–2	pt 3
reiner Sand	Ss	S	SE, SW	0–5	0–10	85–100	155	111
reiner Schluff	Uu	U	UL, UM	0–8	80–100	0–20	280	255
reiner Ton	Tt	T, u, s	TL, TM	65–100	0–35	0–35	160	115
mittellehmiger Sand	Sl3	S, u, t ˜	SŪ	8–12	10–40	48–82	225	185
schluffig-lehmiger Sand	Slu	S + U, t ˜	SL, UM	8–17	40–50	33–52	270	215
sandigtoniger Lehm	Lts	S, t, u	ST	25–45	15–30	25–60	150	120
lehmiger Ton	Tl	T, ū, s	TL, TM	45–65	15–30	5–40	140	90

pt 1: sehr geringe Trockendichte   ($< 1{,}25$ g/cm^3)
pt 2: geringe Trockendichte   ($1{,}25$–$1{,}45$ g/cm^3)
pt 3: mittlere Trockendichte   ($1{,}45$–$1{,}65$ g/cm^3)
pt 4: hohe Trockendichte   ($1{,}65$–$1{,}85$ g/cm^3)
pt 5: sehr hohe Trockendichte   ($> 1{,}85$ g/cm^3)

Die Böden stammen bei größeren Rekultivierungsmaßnahmen aus unterschiedlichen Gewinnungsstätten, i.d.R. Baugruben, großen Erdbaumaßnahmen oder Abraummassen bei der Kies-, Sand- und Gesteinsgewinnung. Ober- und Unterböden sind dabei in der Regel getrennt zu gewinnen und aufzubringen.

Bei Abdichtungsmaßnahmen von Deponien und Altlasten mit mehreren Hektar Größe werden große Mengen an Rekultivierungsboden benötigt. Je spezifischer die

Anforderungen an das Bodenmaterial für die Rekultivierungsschicht sind, desto schwieriger, langwieriger und teurer wird die Beschaffung des Bodens. Da die längerfristige Zwischenlagerung zu Qualitätsverlusten führen kann (s.a. DIN E 19731), ist aus fachlicher Sicht eigentlich die Entnahme und der Einbau ohne Zwischenlagerung zu empfehlen.

Dies gestaltet sich bei größeren Baumaßnahmen jedoch schwierig, da kontinuierlich große Bodenmengen zum Schutz der bereits aufgebrachten Dichtung benötigt werden und der Boden zudem in einem Arbeitsgang und möglichst verdichtungsarm eingebaut werden soll.

Neben der Beschaffung großer Mengen geeigneter Bodenarten ist die unzulässige Verdichtung das Hauptproblem bei der Herstellung der Rekultivierungsschichten. Dies darf nur durch geeignetes Einbaugerät erfolgen, d.h. beim Einschieben des Bodens vor Kopf ist mindestens eine Moorraupe mit überbreiten Gleisketten einzusetzen, die eine möglichst geringe Bodenpressung von unter 20 kPa (s. hierzu Dumbek 2001) erzeugt. Der Auftrag des Bodens sollte auf der „trockenen" Seite, d.h. im steifen bis halbfesten Zustand bzw. einem Wassergehalt der im Bereich oder unterhalb der Ausrollgrenze liegt, um eine schädliche Verdichtung mit nachteiligen Auswirkungen auf den Porenraum zu vermeiden. Dass der unverdichtete Auftrag des Bodenmaterials eine Grundvoraussetzung für die Funktion der Rekultivierungsschicht als Wasserhaushaltsschicht darstellt, kann gar nicht stark genug betont werden. Da die meisten Baufirmen zwar große Erfahrung im Einbau von verdichteten Boden nach Proctorkurve haben, ist hier hinsichtlich des unverdichteten Aufbringens der Rekultivierungsschicht sicherlich des öfteren noch Überzeugungsarbeit zu leisten. Hat bereits eine unzulässige Verdichtung des Bodens stattgefunden, d.h. wurden bestimmte Grenzwerte der Rohdichte bzw. der Grobporengehalte über- bzw. unterschritten so sind Meliorationsmaßnahmen erforderlich. Die Meliorationsbedürftigkeit wird durch Rohdichten von > 1,65 g/cm^3 bzw. durch die mittels Packungsdichte vorgenommene Beurteilung der funktionalen Gefügeeigenschaften bestimmt (Dumbek 2001).

Die Qualität des Bodenmaterials ist gemäß den Anforderungen (DIN 18915, DIN 19731) in einer geotechnischen und bodenkundlichen Eignungsprüfung festzustellen und bei der Herstellung der Rekultivierungsschicht gemäß eines zuvor aufzustellenden Qualitätssicherungsplans laufend zu überwachen. Angaben zum Umfang der Eignungs- und Kontrollprüfung für Bodenmaterial gibt Tab. 3.

Im Rahmen der Fremdüberwachung wird für die bodenkundlichen Versuche ein Beprobungsraster von 1/5000 m² empfohlen.

Eine Liste mit den anzustrebenden bodenkundlichen Kennwerten ist z. Zt. in Bearbeitung.

Tab. 3: *Eignungs- und Kontrollprüfungen für Bodenmaterial in Deponie-Rekultivierungsschichten nach GDA 2-31 (2000), ergänzt durch das Geologische Landesamt Rheinland Pfalz (Maier-Harth 2000)*

Parameter	Eignungsprüfung	Kontrollprüfung
Schichtmächtigkeit	-	F
Korngrößenverteilung	L	L
Grobbodenanteil	F	F
Steinanteil (> 20 cm Kantenlänge)	F	F
Wassergehalt, Zustandsgrenzen/Konsistenz	L	F/L
Trockendichte (Rohdichte)	L	L
Gesamtporenvolumen	L	L
Luftkapazität	L	L
nutzbare Feldkapazität	L	L
pH-Wert	L	L
Gehalt an org. Material (Humusgehalt)	L	L
Kalkgehalt bei pH > 8, Eisengehalte und -fraktionen	L	L
Nährstoffgehalte	(L)	(L)
bodengefährdende Stoffe	(L)	(L)
Durchlässigkeit, Infiltrationsvermögen	-	F/L
Feuchtdichte	L	L
Proctorversuch/Verdichtungsgrad (nur bei sehr steilen Böschungen)	L	L
Kohäsion	L	L
Winkel der inneren Reibung	L	L
Wasseraufnahme	L	-

L: Laboruntersuchung, F: Feldtest, ( ): bei Bedarf

Aus ökonomischen und ökologischen Gründen (s.a. Egloffstein et al. 2001) sollten die Bodenmaterialien aus der entsprechenden Region kommen. In einigen Teilen der BRD werden Schluffe und Lehme nur schwer in der erforderlichen Menge zu beschaffen sein, da z.b. sandige Bodenarten vorherrschen. Insgesamt sind die Anforderungen an die Bodenart und das qualitative Aufbringen der Wasserhaushaltschichten sowie der Überwachungs- und Kontrollaufwand (s.a. Tab. 3) vom Aufwand her vergleichbar mit dem Einbau hochwertiger mineralischer Dichtungen. Die Kosten werden sich in einem ähnlichen Rahmen bewegen. Zu Bedenken gilt, dass es sich bei Schichtstärken von > 1 bzw. ≥ 1,5 m um fast die doppelte bzw. eher um die dreifache Menge Boden und mehr handelt, als für mineralische Oberflächenabdichtungen (d ≥ 0,5 m) erforderlich ist. Man muss kein Prophet sein, um vorherzusehen, dass deutlich höherer Anforderungen an die Rekultivierungsschicht als Wasserhaushaltschicht unter den heutigen Kostendruck i.d.R. nicht einfach „draufgesattelt" werden können, ohne über Abstriche bei anderen Systemkomponenten des Oberflächenabdichtungssystems zu diskutieren.

4. Zusammenfassung und Ausblick

Bis in die 80er Jahre hinein wurden Deponien nach ihrer Verfüllung mit Boden abgedeckt. Besondere Anforderungen gab es nicht. Der Boden musste lediglich einbaufähig sein und die Bodenschicht so mächtig, dass darauf Pflanzen wachsen konnten. Durch die TA Abfall/TA Siedlungsabfall wurde die Rekultivierungsschicht lediglich durch die Angabe einer Mindestmächtigkeit und durch die Aussage, dass es sich um kulturfähigen Boden handeln soll, definiert. Bis vor wenigen Jahren stand die Diskussion um die Regel-Abdichtung der TA-Si und Alternative Abdichtungssysteme und deren Gleichwertigkeit im Vordergrund. Dies hat sich mit den prägenden, überwiegend negativen Erfahrungen i.W. aus den Testfeldern der Deponie Hamburg-Georgswerder geändert. Eine intensive Diskussion wird seither um den Wasserhaushalt, die Austrocknungs- und Durchwurzelungssicherheit von mineralischen Abdichtungen und Bentonitmatten geführt. Damit war i.W. zum Schutz der mineralischen Abdichtung die Diskussion um den Aufbau vor allem aber um die Mächtigkeit der Rekultivierungsschicht in Gang gekommen. Gleichzeitig wird gegenwärtig diskutiert, verknüpft mit der Entwicklung und Weiterentwicklung von Wasserhaushaltsmodellen (HELP u.a.), die qualifizierte Abdeckung in Verbindung mit der Gestaltung und Entwicklung eines optimierten, standortgerechten Bewuchses, als eine zumindest an trockenen Standorten und für Deponien von geringem Gefährdungspotential, mögliche Alternative zur Abdichtung in Betracht zu ziehen. Der Beitrag von Böneke (2001) in diesem Tagungsband „Verzicht auf Oberflächenabdichtungen durch forstliche Rekultivierung von Deponien – Deponiewald statt Oberflächenabdichtungen spiegelt= diese Diskussion am weitesten fortgeschritten wieder.

Der Verzicht auf Abdichtungen zugunsten von qualifizierten Abdeckungen wird bei Deponien die dem Abfallrecht unterliegen sicherlich die wohlbegründete Ausnahme bleiben. Bei zahlreichen Altablagerungen und bei bereits rekultivierten Abschnitten von noch nicht geschlossen Deponien können die neu gewonnenen Erkenntnisse und Erfahrungen aus der wissenschaftlichen Diskussion zu einer nicht unwesentlichen Verbesserung der bestehenden Situation beitragen.

Die im Titel dieses Beitrages aufgeworfene Frage nach der Wasserhaushaltsschicht als „Ewigkeitskomponente" für alle „mineralischen" Abdichtungen muss insoweit relativiert werden, dass es praktisch kaum Ingenieurbauwerke gibt, die auf eine Lebensdauer von über >> 100 Jahre konzipiert werden können. Im Deponiebau wird dies zwar immer wieder versucht, das Ergebnis bleibt jedoch ein Geheimnis zukünftiger Generationen. Sicher ist jedoch, dass die langfristige Funktionsfähigkeit aller bindigen mineralischen Abdichtungen und Erdstoffdichtung wie Bentonitmatte an die Funktionsfähigkeit der darüberliegenden Rekultivierungsschicht geknüpft ist. Aufgrund des hohen Anteils an Wasser in mineralischen Abdichtungen, welcher sich nur in engen Grenzen erniedrigen darf, garantiert die Rekultivierungsschicht als Wasserhaushaltsschicht die langfristige Funktionsfähigkeit der Dichtungsschicht. Auch wenn eine Kunststoffdichtungsbahn über einer bindigen, mineralischen Abdichtungen verlegt wird, muss die Rekultivierungsschicht langfristig die Funktion einer Wasserhaushaltsschicht übernehmen können, ansonsten könnte man auf die bindige, mineralische Dichtung verzichten. Bei Kapillarsperrenabdichtungen ist für die Funktionsfähigkeit eine Zuflussbegrenzung, bzw. vergleichmäßigung der Dränspende erforderlich. Falls dies durch bindige, mineralische Abdichtungen erfolgen soll, gilt das oben gesagte. Es bietet sich jedoch an, die Rekultivierungsschicht so auszulegen, dass sie, ggf. nach Ausbildung eines entsprechenden Bewuchses, die Aufgabe als Wasserhaushaltsschicht übernehmen kann. Temporäre Zwischenlösungen bis zu diesem Zeitpunkt sind denkbar.

Grundsätzlich sind die Autoren der Meinung, dass der heutige Kenntnisstand noch nicht völlig ausreicht um mineralische Abdichtungen und dazugehörende Rekultivierungs-/Wasserhaushaltsschichten und Entwässerungsschichten im Hinblick auf die langfristige Funktionsfähigkeit sicher zu bemessen. Dies muss zum gegenwärtigen Zeitpunkt noch vergleichsweise weit auf der „Sicheren Seite" und mit verbleibenden Restunsicherheiten erfolgen. Wir erwarten jedoch, dass weitere Erkenntnisse aus Wissenschaft und Praxis in den nächsten Jahren die Restunsicherheiten beseitigen und eine sichere Dimensionierung ermöglichen werden.

5. Literatur

AG Boden - Arbeitsgruppe Bodenkunde der geologischen Landesämter und der Bundesanstalt für Geowissenschaften und Rohstoffe in der Bundesrepublik Deutschland (1994): Bodenkundliche Kartieranleitung, 4. Auflage. E. Schweizerbart'sche Verlagsbuchhandlung, Stuttgart.

August, H., Müller W., Tazky-Gerth (1994): Kunststoffdichtungsbahnen – Kombinationsdichtung. Schr.Angew.Geol. Karlsruhe, Bd. 30.

Berger, K. (2000): Neues zur Entwicklung des HELP-Modells und zu Möglichkeiten und Grenzen seiner Anwendung. In: Ramke, H.-G., Berger, K., Stief, K. (Hrsg.) Wasserhaushalt der Oberflächenabdichtungssysteme von Deponien und Altlasten. Hamburger Bodenkundliche Arbeiten, Bd. 47.

Berger, K. (2001): Weiterentwickeltes HELP-Modell 3.50 D zur Simulation des Wasserhaushaltes von Deponieabdichtungssystemen verfügbar. Müll und Abfall, Heft 8/01, Erich Schmidt Verlag, Berlin.

Berger, K., Sokollek, V. (1997): Sind qualifizierte Abdeckungen von Altdeponien unter den gegebenen klimatischen Voraussetzungen der BRD sinnvoll und möglich? Abfallwirtschaft in Forschung und Praxis, Band 103, Erich Schmidt Verlag, Berlin.

Bönicke, G. (1994): Forstliche Belange bei der Oberflächenabdichtung und Rekultivierung von Deponien und Altlasten.. Schr.Angew.Geol. Karlsruhe, Bd. 34.

Bönicke, G. (2001): Verzicht auf Oberflächenabdichtungen durch forstliche Rekultivierung von Deponien – Deponiewald statt Oberflächenabdichtungen? Abfallwirtschaft in Forschung und Praxis, Band 122, Erich Schmidt Verlag, Berlin.

Bothmann, P. (2000): Bedeutung der Rekultivierungsschicht für die langfristige Sicherheit von Deponien. In: Ramke, H.-G., Berger, K., Stief, K. (Hrsg.) Wasserhaushalt der Oberflächenabdichtungssysteme von Deponien und Altlasten. Hamburger Bodenkundliche Arbeiten, Bd. 47.

Breh, W. und Hötzl, H. (1999): Langzeituntersuchungen zur Wirksamkeit des Oberflächenabdichtungssystems mit Kapillarsperre der Deponie Karlsruhe West – Ergebnisse, Schlussfolgerungen und Ausblick. Abfallwirtschaft in Forschung und Praxis, Band 116, Erich Schmidt Verlag, Berlin.

Burkhardt, G. und Egloffstein, Th. (2000): Die Kapillarsperre mit Wasserhaushaltsschicht – Ein Ausführungsbeispiel. Abfallwirtschaft in Forschung und Praxis, Band 119, Erich Schmidt Verlag, Berlin.

Burkhardt, G. und Egloffstein, Th. (2001): Die mineralische Oberflächenabdichtung – Quo Vadis ? Abfallwirtschaft in Forschung und Praxis, Band 122, Erich Schmidt Verlag, Berlin

DIBt Deutsches Institut für Bautechnik (1995): Grundsätze für den Eignungsnachweis von Dichtungselementen in Deponieabdichtungssystemen. DIBt, Berlin.

DIBt Deutsches Institut für Bautechnik (1997): Zulassungsgrundsätze für Dichtungsschichten aus natürlichen mineralischen Baustoffen in Basis- und Oberflächenabdichtungen von Deponien. 22 S. 1 Anh. DIBt, Berlin.

DIN Deutsches Institut für Normung 18915 (1990): Vegetationstechnik im Landschaftsbau; Bodenarbeiten Beuth Verlag, Berlin.

DIN Deutsches Institut für Normung 19731 (1998): Bodenbeschaffenheit – Verwertung von Bodenmaterial. Beuth Verlag, Berlin.

Drexler, K. (2000): Frdl. mündl. Mitt. an Herrn Burkhardt.

Drexler, K. (2001): Überprüfung der Wirksamkeit von mineralischen Oberflächenabdichtungen in Bayern. Abfallwirtschaft in Forschung und Praxis, Band 122, Erich Schmidt Verlag, Berlin.

Dumbeck, G. (2001): Langjährige Erfahrungen aus den rekultivierten Braunkohletagebauen im Hinblick auf die Rekultivierung von Deponien. In: Maier-Harth, U. (Hrsg.): Oberflächenabdichtung und Rekultivierung von Deponien. 4. Deponieseminar des Geologischen Landesamtes Rheinland-Pfalz am 28.03.2001. Eigenverlag GLA Rheinland-Pfalz, Mainz.

Dunger, V. (2001): Modellierung des Wasserhaushaltes von Systemen zur Oberflächensicherung von Deponien mit dem Deponie- und Haldenwasserhaushaltsmodell BOWAHALD. Abfallwirtschaft in Forschung und Praxis, Band 122, Erich Schmidt Verlag, Berlin.

Egloffstein, Th. (2000): „Der Einfluss des Ionenaustausches auf die Dichtwirkung von Bentonitmatten in Oberflächenabdichtung von Deponien". Dissertation. ICP Eigenverlag Bauen und Umwelt, Band 3, Karlsruhe 2000.

Egloffstein, Th. & Burkhardt, G. (1999): „Dimensionierung von teildurchlässigen Oberflächen-Abdichtungen – Wechselwirkungen zwischen technischer Barriere und Abfall-Körper, 14". ZAF Seminar Deponierung von vorbehandelten Siedlungsabfällen, Veröffentlichung des Zentrums für Abfallforschung, Heft 14, Braunschweig.

Egloffstein, Th., Burkhardt, G. (2001): Welche Dichtungs-/Rekultivierungssysteme sind an welchen Standorten anwendbar?. Müll und Abfall, Heft 6/01, Erich Schmidt Verlag, Berlin.

Egloffstein, Th., Burkhardt, G., Heidrich, A. (1995): Wasserhaushaltsbetrachtungen bei Oberflächenabdichtungen und -abdeckungen. Schr.Angew.Geol. Karlsruhe, Bd. 37.

Egloffstein, Th.: Burkhardt, G., Frank, Ph. (2001): „Vergleichende Öko-/Energiebilanz für Geokunststoffe und mineralische Dichtungs- sowie Entwässerungsschichten bei Oberflächenabdichtung von Deponien. 17. Fachtagung „Die sichere Deponie. Süddeutsches Kunststoffzentrum, Würzburg, 2001.

Fein, W., Manz, E. (2001) Bau einer Wasserhaushaltschicht – die Praxis zur Theorie am Beispiel der Deponie Eisenberg (Donnersberg). In: Maier-Harth, U. (Hrsg.): Oberflächenabdichtung und Rekultivierung von Deponien. 4. Deponieseminar des Geologischen Landesamtes Rheinland-Pfalz am 28.03.2001. Eigenverlag GLA Rheinland-Pfalz, Mainz.

GDA E2 –30 (2000): Modellierung des Wasserhaushaltes der Oberflächenabdichtungssysteme von Deponien. DGGT Deutsche Gesellschaft für Geotechnik, Ak. 6.1 Geotechnik der Deponiebauwerke, UG 7 „Oberflächenabdichtungssysteme". In: Ramke, H.-G., Berger, K., Stief, K. (Hrsg.) Wasserhaushalt der Oberflächenabdichtungssysteme von Deponien und Altlasten. Hamburger Bodenkundliche Arbeiten, Bd. 47.

GDA E2 –31 (2000): Rekultivierungsschichten (Entwurf). DGGT Deutsche Gesellschaft für Geotechnik, Ak. 6.1 Geotechnik der Deponiebauwerke, UG 7 „Oberflächenabdichtungssysteme". Bautechnik 77 (2000), Heft 9, Ernst & Sohn.

GDA E2 –32 (2000): Gestaltung des Bewuchses auf Abfalldeponien (Entwurf). DGGT Deutsche Gesellschaft für Geotechnik, Ak. 6.1 Geotechnik der Deponiebauwerke, UG 7 „Oberflächenabdichtungssysteme". Bautechnik 77 (2000), Heft 9, Ernst & Sohn.

GDA E2 –33 (2000): Kapillarsperren als Oberflächenabdichtungssysteme (Entwurf). DGGT Deutsche Gesellschaft für Geotechnik, Ak. 6.1 Geotechnik der Deponiebauwerke, UG 7 „Oberflächenabdichtungssysteme". Bautechnik 77 (2000), Heft 9, Ernst & Sohn.

Hämmerle, E., Lottner, U. (1997): Ergebnisse der Aufgrabungen mineralsicher Oberflächenabdichtungen. Abfallwirtschaft in Forschung und Praxis, Band 103, Erich Schmidt Verlag, Berlin.

Hartge, K.-H., Horn, R. (1989): Die physikalische Untersuchung von Böden. Ferdinand Enke Verlag, Stuttgart.

Hartge, K.-H., Horn, R. (1991): Einführung in die Bodenphysik. Ferdinand Enke Verlag, Stuttgart.

Henken-Mellies, U., Gartung, E., Zanzinger, H. 2001. Langzeitwirksamkeit von geosynthetischen Tondichtungsbahnen und Dränkomposits in Deponie-Oberflächenabdichtungen – Zwischenergebnisse eines Feldversuches. 7. Informations- und Vortragsveranstaltung „Kunststoffe in der Geotechnik" am 20./21.03.2001 in München.

Huppe, K., Unger, A., Heyer, K.-U., Stegmann, R. (2001): Alternative Oberflächenabdichtungssystemen für in situ stabilisierte Deponien – Bau der Versuchsfelder auf der Altdeponie Kuhstedt. Wasser und Abfall 7-8 2001.

ISTE Umweltberatung im Industrieverband Stein und Erden Baden Württemberg e.V. (Hrsg.) (2000): Forstliche Rekultivierung. Planung, Rohstoffgewinnung, Rekultivierung, Wiederbewaldung. Landesarbeitskreis Forstliche Rekultivierung von Abbaustätten, ISTE, Bd. 3, 62 S.

Jelinek, D., Weiß, J. (1999): Planung und Bau von Kapillarsperren als Oberflächenabdichtung am Beispiel zweier Deponien in Hessen. Abfallwirtschaft in Forschung und Praxis, Band 116, Erich Schmidt Verlag, Berlin 1999.

Kämpf, M. (2000): Fließprozesse in Kapillarsperren zur Oberflächenabdichtung von Deponien und Altlasten. Dissertation am Inst. für Wasserbau und Wasserwirtschaft, TU Darmstadt, Mitteilungen, Heft 109.

Konold, W., Wattendorf, P., Leisner, B. (1997): Anforderungen an die Reklutivierungsschicht beim Rekultivierungsziel Wald. Abfallwirtschaft in Forschung und Praxis, Band 103, Erich Schmidt Verlag, Berlin.

Krath, U., Rieger, D. (2001): Deponieabschluss mit Wasserhaushaltsschicht – Optimierung nach bodenphysikalischen, hydrogeologischen und landschaftspflegerischen Gesichtspunkten. Wasser und Abfall 7-8 2001.

Kutschera, L., Lichtenegger, E. (1982): Wurzelatlas mitteleuropäischer Grünlandpflanzen, Band I: Monocotyledoneae. Verlag Gustav Fischer, Stuttgart, New York (1982).

Kutschera, L., Lichtenegger, E.: Wurzelatlas mitteleuropäischer Grünlandpflanzen, Band II: Pteridophyta und Dicotyledoneae (Magnoliopsida), Teil 1: Morphologie, Anatomie, Ökologie, Verbreitung, Soziologie, Wirtschaft. Verlag Gustav Fischer, Stuttgart, Jena, New York (1992).

LAGA Länderarbeitsgemeinschaft Abfall (2000): „Rekultivierung". Arbeitspapier, eingeführt durch die Erlasse der Bundesländer, z.B. mit Erlass des Landes Baden-Württemberg an die Regierungspräsidien vom 12.05.2000.

Linert, U. (1995): Verhalten von Pflanzenwurzeln in Oberflächenabdichtungssystemen. Schr.Angew.Geol. Karlsruhe, Bd. 37.

Lottner, U. (1998): Anforderungen an den Aufbau und die Dimensionierung der Rekultivierungsschicht. In: Neuere Erkenntnisse zur Austrocknung und Durchwurzelung mineralischer Oberflächenabdichtungen. Seminar des Bayerischen Ladesamtes für Umweltschutz am 21.10.1998 in Wackersdorf. Eigenverlag LfU, Augsburg.

Lückewille, W. (2000): Erfahrungen mit der Anwendung es HELP-Modells. In: Ramke, H.-G., Berger, K., Stief, K. (Hrsg.) Wasserhaushalt der Oberflächenabdichtungssysteme von Deponien und Altlasten. Hamburger Bodenkundliche Arbeiten, Bd. 47.

Maier-Harth, U. (2000): Wasserhaushalts und Rekultivierungsschicht/Eignungs- und Kontrollprüfung für Bodenmaterial in Deponie-Rekultivierungsschichten. Internet: http://www.gla-rlp.de, unter Projekte, Kap. 3 Zukunftsweisender Deponiebau in Rheinland-Pfalz, Punkt 3 Wasserhaushalts- und Rekultivierungsschicht.

Maier-Harth, U., Melchior, S. (2001): Überprüfung der Wirksamkeit der 10 Jahre alten mineralischen Oberflächenabdichtung der ehemaligen Industriemülldeponie Prael in Sprendlingen, Kreis Mainz-Bingen. In: Maier-Harth, U. (Hrsg.): Oberflächenabdichtung und Rekultivierung von Deponien. 4. Deponieseminar des Geologischen Landesamtes Rheinland-Pfalz am 28.03.2001. Eigenverlag GLA Rheinland-Pfalz, Mainz.

Maile, A. (1997): Leistungsfähigkeit von Oberflächenabdichtungssystemen zur Verminderung von Sickerwasser und Schadstoffemissionen bei Landschaftskörpern. Studienreihe Abfall Now, Band 15, Stuttgart, Dissertation, Universität GH Essen.

Marquardt, N. (2001): Gestaltung von Oberflächenabdichtungssystemen unter Verwendung des HELP-Modells. 17. Fachtagung „Die sichere Deponie. Süddeutsches Kunststoffzentrum, Würzburg, 2001.

Melchior, S. (1993): Wasserhaushalt und Wirksamkeit mehrschichtiger Abdeckungssysteme für Deponien und Altlasten. Dissertation Universität Hamburg, Hamburger Bodenkundliche Arbeiten, 22.

Melchior, S. (1996): Die Austrocknungsgefährdung von bindigen mineralischen Dichtungen und Bentonitmatten in der Oberflächenabdichtung. In: Maier-Harth, U. (Hrsg.): Geologische Barriere, Basisabdichtungs-Möglichkeiten zur standortbezogenen Optimierung. 3. Deponieseminar des Geologischen Landesamtes Rheinland-Pfalz am 30.5.1996 in Bingen-Büdesheim/Rhein, Selbstverlag, Mainz.

Melchior, S. (1998): Ansätze zur Gestaltung und Dimensionierung von Rekultivierungsschichten in Abdecksystemen für Altdeponien und Altlasten. In: Stief, K., Engelmann, B. (Hrsg.) Geforderte Maßnahmen bei der Stillegung von Altdeponien – Kostentreibende Willkür oder Notwendigkeit? Abfallwirtschaft in Forschung und Praxis, Band 107, Erich Schmidt Verlag, Berlin.

Melchior, S. (1999): Bentonitmatten als Elemente von Oberflächenabdichtungssystemen. 15. Fachtagung – Die sichere Deponie. Wirksamer Grundwasserschutz mit Kunststoffen. Süddeutsches Kunststoff-Zentrum, Würzburg.

Melchior, S. (2000): Materialauswahl, Schichtaufbau und Dimensionierung der Rekultivierungsschicht. In: Ramke, H.-G., Berger, K., Stief, K. (Hrsg.) Wasserhaushalt der Oberflächenabdichtungssysteme von Deponien und Altlasten. Hamburger Bodenkundliche Arbeiten, Bd. 47.

Melchior, S., Berger, K., Sokollek, V. (2001): Wasserhaushalt von Oberflächenabdichtungssystemen. Müll-Handbuch MuA Lfg. 1/01, Kennziffer 4338, Erich Schmidt Verlag, Berlin.

Müller, W. (2001): Handbuch der PE-HD Dichtungsbahnen in der Geotechnik. Birkhäuser Verlag, Basel.

Neumann, U. (1999): Rekultivierungsanleitung. Müll-Handbuch MuA Lfg. 5/99, Kennziffer 4622, Erich Schmidt Verlag, Berlin.

Nienhaus, U. (2000): Anforderungen an Entwurf und Gestaltung von Rekultivierungsschichten. In: Ramke, H.-G., Berger, K., Stief, K. (Hrsg.) Wasserhaushalt der Oberflächenabdichtungssysteme von Deponien und Altlasten. Hamburger Bodenkundliche Arbeiten, Bd. 47.

Obermann, I. (2001): Das Modell WATFLOW zur Simulation des Wasserhaushaltes von Deponien. Abfallwirtschaft in Forschung und Praxis, Band 122, Erich Schmidt Verlag, Berlin.

Ramke, H.-G- (2000a): Anwendung des HELP-Modells bei der Dimensionierung von Einrichtung zur Oberflächenwassererfassung und der Entwässerungsschicht. In: Ramke, H.-G., Berger, K., Stief, K. (Hrsg.) Wasserhaushalt der Oberflächenabdichtungssysteme von Deponien und Altlasten. Hamburger Bodenkundliche Arbeiten, Bd. 47.

Ramke, H.-G. (2000b): Anwendung des HELP-Modells und Gestaltung der Rekultivierungsschicht – Ergebnisse und Empfehlungen der Arbeitsgruppe „Oberflächenabdichtungssysteme" des AK 6.1 „Geotechnik der Deponien" der DGGT. Abfallwirtschaft in Forschung und Praxis, Band 119, Erich Schmidt Verlag, Berlin.

Rehlinghaus, B., Hütter, M. (1995): Auswirkungen unterschiedlicher Abdichtungsmaßnahmen auf den Wasserhaushalt der Deponieoberfläche. Wasser & Boden 2/1995.

Rödl, P, Heyer, D. und Ranis, D. (1999): Aufgrabungsergebnisse an mineralischen Oberflächendichtungen in Bayern. Abfallwirtschaft in Forschung und Praxis, Band 116, Erich Schmidt Verlag, Berlin.

Roth, A. (1995): Der Wasserhaushalt von Oberflächenabdeckungen in: Jessberger (Hrsg.): Sanierung von Altlasten. Balkema, Rotterdam.

Schnittger, P. (1998): Oberflächenabdichtung für Altdeponien – Sind TA Siedlungsabfall und TA Abfall noch auf dem Stand der Technik? Abfallwirtschaft in Forschung und Praxis, Band 109, Erich Schmidt Verlag, Berlin.

Schnatmayer, C. (1998): Alternative Oberflächenabdichtungssysteme für Halden und Altstandorte am Beispiel einer Gichtstaubdeponie, Trierer Geologische Arbeiten, Band 1, Selbstverlag des Lehrstuhls für Geologie der Universität Trier

Schroeder, P.R. et al. (1994): The Hydrologic Evaluation of Landfill Performance (HELP-) Modell, User's Guide for Version 3, E.P.A., Cincinatti, USA.

Schroeder, P.R., Cheryl, M., Lloyd, M., Zappi, P.A., Aziz N.M., Berger, K. (1998): Hydrologic Evaluation of Landfill Performance (HELP-) Modell. Benutzerhandbuch für die deutsche Version 3. Institut für Bodenkunde, Universität Hamburg.

Siegmund, M., Witt, K.J., Alexiew, N. 2001. Calzium-Bentonitmatten unter Feuchtigkeitsänderungen. 7. Informations- und Vortragsveranstaltung „Kunststoffe in der Geotechnik" am 20./21.03.2001 in München.

Sokollek, V, Weigelt-McGlone (1997): Der Wasserhaushalt eines großflächigen Abdecksystems – Fallbeispiel Deponie Georgswerder (Hamburg). In: Franzius/Wolf/Brandt (Hrsg.) Handbuch der Altlastensanierung, Lfg. 5584. Verlag C.F. Müller, Karlsruhe.

Steinert, B. (1999): Kapillarsperren für die Oberflächenabdichtung von Deponien und Altlasten – Bodenphysikalische Grundlagen und Kipprinnenuntersuchungen. Dissertation am Fachbereich Geowissenschaften der Universität Hamburg. Hamburger Bodenkundliche Arbeiten, Heft 45.

Stoffregen, H., Döll, P., Wessolek, G., Renger, M. (2001): Austrocknungsgefährdung von Deponiebasisabdichtungen unter dem Einfluss von Temperaturgradienten. Wasser und Boden, Heft 6/2001. Parey Buchverlag, Berlin.

U.S. Environmental Protection Agency (1989): Technical Guidance Document. Final Caps on Hazardous Waste Landfills and Surface Impoundments. Washington, DC. EPA/530-SW-89-047.

Vielhaber, B. (1995): Temperaturabhängiger Wassertransport in Deponieoberflächenabdichtungen – Feldversuche in bindigen mineralische Dichtungen unter Kunststoffdichtungsbahnen. Dissertation, FB Geowissenschaften, Universität Hamburg. Hamburger Bodenkundliche Arbeiten 29.

Von der Hude, N. (1999): Kapillarsperren als Oberflächenabdichtung auf Deponien und Altlasten, Laborversuche und Bemessungsregeln. Mitt. d. Inst. f. Wasserbau und Wasserwirtschaft, TU Darmstadt, Heft 41.

Wattendorf, P. (2001): Anforderung an die Bepflanzung von Deponien aus deponietechnischer, forstwirtschaftlicher und landespflegerischer Sicht – eine Gratwanderung zwischen landespflegerischen Zielen und langfristigen Sicherung des Deponiebauwerks. In: Maier-Harth, U. (Hrsg.): Oberflächenabdichtung und Rekultivierung von Deponien. 4. Deponieseminar des Geologischen Landesamtes Rheinland-Pfalz am 28.03.2001. Eigenverlag GLA Rheinland-Pfalz, Mainz.

Wattendorf, P., Sokollek, V. (2000): Gestaltung und Entwicklung von standortgerechten Bewuchs auf Rekultivierungsschichten. In: Ramke, H.-G., Berger, K., Stief, K. (Hrsg.) Wasserhaushalt der Oberflächenabdichtungssysteme von Deponien und Altlasten. Hamburger Bodenkundliche Arbeiten, Bd. 47.

Wessoleck, G., Döll, P. (1994): Studien zum Wasserhaushalt von Deponie-Rekultivierungsschichten. Tagungsbericht: Umweltverträglichkeit von Oberflächenabdichtungen zur Sicherung von Altablagerungen. Workshop der LfU Baden-Württemberg am 22.11.1994, Karlsruhe.

Wohnlich, S. (1999): Die Kapillarsperre: Innovative Oberflächenabdichtung für Deponien und Altlasten. Akademie f. Bauen und Umwelt (Hrsg.), Springer Verlag, Berlin.

Zischak, R. (1997): Alternatives Oberflächenabdichtungssystem "verstärkte mineralische Abdichtung mit unerliegender Kapillarsperre" - Wasserbilanzierung und Gleichwertigkeit. Schr. Angew. Geol. Karlsruhe, Bd. 47.

SICKERWASSERBEHANDLUNG

OHNE DRUCK ZUM ERFOLG

innovatives Reinigungsverfahren für Deponiesickerwässer bei

- geringsten Betriebskosten
- wartungsfreundlicher und betriebssicherer Technik

durch Einsatz der optimierten und bewährten SBR-Technologie

61239 Ober-Mörlen
Dieselstraße 3
Telefon: 06002/9122-0
Telefax: 06002/9122-29
e-mail: grimmel@werkstoff-und-funktion.de
Internet: www.werkstoff-und-funktion.de

WERKSTOFF + FUNKTION
GRIMMEL WASSERTECHNIK GMBH

Qualifizierter Grundwasserschutz mit Dichtungsbahnen und Geokunststoffen
Fachgerechte Projektabwicklung sowie konstruktive Beratung bei der Planung

GeoLining

DURA SEAL-Dichtungsbahnen mit:

BAM-Zulassung
DIBT-Zulassung

sowie:

Geotextilien
Dränmatten
Bentonitmatten
Geogitter

Deponiebau
Altlastensicherung
Wasserbau
Betonkorrosionsschutz
Behälterauskleidung

Fachbetriebszertifikate:

WHG § 19l
AkGWS gem. BAM-Zulassung
DIN EN ISO 9002

Geolining Abdichtungstechnik GmbH · Altes Feld 21 · 22885 Barsbüttel / Hbg.
Tel.: 040-670505-0 · Fax: 040-670505-10 · info@geolining.de · www.geolining.de

Müll und Abfall

Fachzeitschrift für Behandlung und Beseitigung von Abfällen
Organ für Entsorgungspraxis und Kreislaufwirtschaft

Mitteilungen der Länderarbeitsgemeinschaft Abfall (LAGA)
Mitteilungen der DGAW – Deutsche Gesellschaft für Abfallwirtschaft e.V. – Mitteilungen des Arbeitskreises für die Nutzbarmachung von Siedlungsabfällen e.V. (ANS)

SCHRIFTLEITUNG: Dipl.-Ing. MICHAEL FERBER

ERSCHEINUNGSWEISE: Die Fachzeitschrift erscheint monatlich mit etwa 70 Seiten, DIN A4, Bezugsgebühren für ein Jahresabonnement: € (D) 117,60/DM 230,04/ sfr. 216,–; Einzelbezug je Heft € (D) 11,–/DM 21,51/sfr. 19,– jew. einschl. 7% Mwst. und zuzüglich Versandkosten.

▌ Informieren Sie sich monatlich über die folgenden redaktionellen Schwerpunkte in MÜLL und ABFALL:

Menge und Zusammensetzung der Abfallstoffe • Hygiene, Biologie und Chemie • Vermeidung von Abfällen • Wiederverwertung durch getrennte Erfassung oder Sortierung und Aufbereitung • Sammlung, Umschlag und Transport • Kompostierung und anaerobe Vergärung • Thermische Verwertung durch Verbrennung und Pyrolyse • Energie und Abfall, Schlackeverwertung, Schrott • Behandlung und Beseitigung von Schlämmen • Ablagerung, Sickerwasser, Deponiegas, Rekultivierung • Sonderabfälle, Gewerbeabfälle, Industrieabfälle • Bauschuttaufbereitung, Baustellenabfälle, Bodenaushub • Krankenhausabfälle • Altlastensuche, -bewertung und -sanierung • Straßenreinigung und Winterdienst • Planung, Organisation, Beratung, Zertifizierung • Rechtsfragen, Normen, Merkblätter, Sicherheitsfragen • Tagungen, Seminare, Ausstellungen • Industrienachrichten • Thema Abfall im Bundestag und in den Landtagen • Thema Abfall in der EU, EG-Vorschriften • Veranstaltungsvorschau

▌ Wir bieten Ihnen zum ausführlichen Kennenlernen von MÜLL und ABFALL die nächsten drei aufeinanderfolgenden Hefte zum Preis von nur € (D) 13,50/ DM 26,41/sfr. 23,50 an. Die Versandkosten sind im ermäßigten Preis enthalten. Dieses Kennenlern-Abonnement wandelt sich in ein normales Abonnement um, wenn wir innerhalb von zwei Wochen nach Erhalt des letzten der drei Hefte nichts Gegenteiliges von Ihnen hören.

Bitte fordern Sie ein kostenloses Probeheft an! Fax 030/25 00 85 19

ESV

ERICH SCHMIDT VERLAG
Berlin Bielefeld München

www.erich-schmidt-verlag.de
e-mail:esv@esvmedien.de
www.umweltonline.de

Kunststofftechnische Beratung und Überwachung bei der Planung und Ausführung von Grundwasserschutzmaßnahmen

Büro Dr. Knipschild

Ingenieurbüro und Prüflabor für die Anwendung von Kunststoffen in Geotechnik und Wasserbau.
Öffentlich bestellter und vereidigter Sachverständiger.

Hittfelder Straße 7	Tel.: 0 41 05 / 6 5 65-0	E-Mail: BueroKnipschild@t-online.de
21224 Rosengarten	Fax: 0 41 05 / 65 65 65	Internet: http://www.knipschild.com

---

Neuerscheinung des Umweltbundesamtes

Daten zur Umwelt

Der Zustand der Umwelt in Deutschland

Hrsg. vom Umweltbundesamt
2001, 7. Ausgabe 2000, 378 Seiten, DIN A4, kartoniert, incl. CD-ROM, € (D) 43,97/DM 87,62/sfr. 77,–.
ISBN 3 503 05973 3
CD-ROM ist auch ohne Print-Version lieferbar: € (D) 34,80/DM 68,06/ sfr. 59,50. ISBN 3 503 05974 1

Bitte fordern Sie ausführliche Informationen unter der Fax-Nr. 030/25 00 85 33 an.
www.erich-schmidt-verlag.de
e-mail: ESV@esvmedien.de
www.umweltonline.de

ESV ERICH SCHMIDT VERLAG
Berlin Bielefeld München

BAUER KG

Odenwälder Ton
für die Abdichtung von Deponien

BAUER KG
64384 Reichelsheim
Tel. 0 61 64 - 13 68
Fax 0 61 64 - 55 14 0

Klicken Sie doch mal auf **www.umweltonline.de**

Der Umwelt-Fachinformationsdienst aus dem Erich Schmidt Verlag – ständig aktuelle und informative Online-Daten zum Deutschen Umweltrecht für Fachleute aus Forschung und Praxis.

ESV ERICH SCHMIDT VERLAG
Berlin Bielefeld München

www.erich-schmidt-verlag.de
e-mail: ESV@esvmedien.de

Inserentenverzeichnis

BAUER KG, Fabrikstraße 11, 64385 Reichelsheim
Anzeigenteil

GEOLINING Abdichtungstechnik GmbH, Altes Feld 21, 22885 Barsbüttel
Anzeigenteil

ICP Ingenieurgesellschaft Prof. Czurda und Partner mbH, Eisenbahnstraße 36, 76229 Karlsruhe
vor Seite 317

BÜRO DR. KNIPSCHILD, Ingenieurbüro und Prüflabor, Hittfelder Straße 7, 21224 Rosengarten
Anzeigenteil

NAUE Fasertechnik GmbH & Co. KG, Wartturmstraße 1, 32312 Lübbecke
nach Seite 316

REHAU AG + CO., Verkauf Deponietechnik, Ytterbium 4, 91058 Erlangen
nach Seite 46

ERICH SCHMIDT VERLAG GmbH & Co., Genthiner Straße 30 G, 10785 Berlin
vor Seite 47, Anzeigenanhang

WERKSTOFF + FUNKTION, Grimmel Wassertechnik GmbH, Dieselstraße 3, 61239 Ober-Mörlen
Anzeigenteil